工学结合·基于工作过程导向的项目化创新系列教材
国家示范性高等职业教育土建类"十三五"规划教材

土力学与地基基础

（第2版）

TULIXUE
YU DIJI JICHU

主　审　吕凡任

主　编　金耀华　李永贵

副主编　梁　伟　沈　霁
　　　　傅鸣春　沙爱敏
　　　　邵红才　郑　娟

U0278850

华中科技大学出版社
http://www.hustp.com

内 容 简 介

本书按照"项目导向、任务驱动"的要求来组织内容,将基本理论融入工程实践中,从而让学生更有效地掌握相关知识。

全书内容由 11 个教学项目组成,分别为土的物理与工程性质的认识、土中应力计算、地基变形的计算、土的抗剪强度与地基承载力的确定、土压力与土坡稳定、岩土工程勘察、天然地基浅基础的设计、桩基础设计、基坑工程、地基处理及特殊土地基。为了方便读者的学习,本书每个任务还包括相应的任务小结、拓展练习题。

为了方便教学,本书还配有教学课件等教学资源包,任课教师和学生可以登录"我们爱读书"网(www.ibook4us.com)注册并浏览,任课教师还可以发邮件至 husttujian@163.com 免费索取。

本书的内容简洁扼要、实用性强,突出高职高专特色,注重反映地基基础领域的新标准、新规范及推广应用新技术、新工艺。本书可作为高职高专、成人高校及本科院校举办的二级职业技术学院的土建类房屋建筑工程专业的专业基础课程教材,也可作为各高校土建类相关专业的课程教材,同时可供土建类专业勘察、设计和施工技术人员参考使用。

图书在版编目(CIP)数据

土力学与地基基础/金耀华,李永贵主编. —2 版. —武汉:华中科技大学出版社,2018.1(2023.7 重印)
国家示范性高等职业教育土建类"十三五"规划教材
ISBN 978-7-5680-2994-0

Ⅰ.①土… Ⅱ.①金… ②李… Ⅲ.①土力学-高等职业教育-教材 ②地基-基础(工程)-高等职业教育-教材 Ⅳ.①TU4

中国版本图书馆 CIP 数据核字(2017)第 125692 号

土力学与地基基础(第 2 版)　　　　　　　　　　　　金耀华　李永贵　主编
Tulixue yu Diji Jichu

策划编辑:康　序
责任编辑:康　序
责任监印:朱　玢
出版发行:华中科技大学出版社(中国·武汉)　　　电话:(027)81321913
　　　　　武汉市东湖新技术开发区华工科技园　　　邮编:430223
录　　排:武汉正风天下文化发展有限公司
印　　刷:武汉市籍缘印刷厂
开　　本:787mm×1092mm　1/16
印　　张:22
字　　数:560 千字
版　　次:2023 年 7 月第 2 版第 6 次印刷
定　　价:45.00 元

前言

    本书是按照"项目导向、任务驱动"的要求编写而成的项目化教材。根据高职高专土建类房屋建筑工程专业教学的基本要求,科学地设计和选择项目,以完成一个完整的工程项目所需要的知识、能力和素质来设计教材的内容,以便于教师按照完成工程项目的流程来组织实施教学,使学生在完成项目的过程中掌握知识,达到人才培养目标的要求,从而满足高职高专培养技能型人才的需要。

    本书按72学时编写,主要根据高职高专学生的认知特点、知识水平,由浅入深,按能力递进的方式选择工程项目,按工作任务的难易程度编排全书内容。全书由11个教学项目组成,包括土的物理与工程性质的认识、土中应力计算、地基变形的计算、土的抗剪强度与地基承载力的确定、土压力与土坡稳定、岩土工程勘察、天然地基浅基础的设计、桩基础设计、基坑工程、地基处理及特殊土地基。全书内容简明扼要,实用性强;理论部分尽可能以够用为度,化繁为简;实用内容尽量充实,力求更新,突出高职高专教学的特色。

    本书由扬州市职业大学金耀华、武汉铁路职业技术学院李永贵主编,由上海中侨职业技术学院梁伟,甘肃能源化工职业学院沈霁,辽宁省交通高等专科学校傅鸣春,扬州市职业大学沙爱敏、邵红才和郑娟担任副主编,由扬州市职业大学吕凡任担任主审。其中,金耀华编写项目3、项目8,李永贵编写项目7,沈霁编写项目9,梁伟编写项目1、项目5,傅鸣春编写项目4,沙爱敏编写项目10,邵红才编写项目2,郑娟编写项目6。全书由金耀华统稿。

    为了方便教学,本书还配有教学课件等教学资源包,任课教师和学生可以登录"我们爱读书"网(www.ibook4us.com)注册并浏览,任课教师还可以发邮件至 husttujian@163.com 免费索取。

    由于作者水平有限,书中不妥之处在所难免,恳请读者批评指正。

编　者

2019 年 6 月

目录

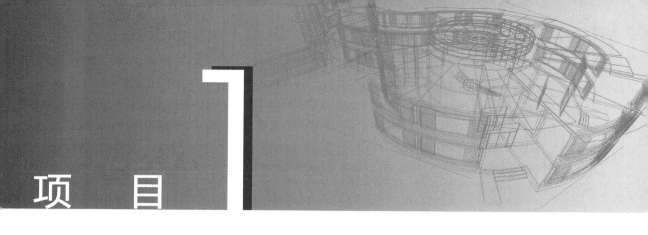

项目 1

土的物理与工程性质的认识

  土是岩石在风化作用下形成的大小悬殊的颗粒,经过不同方式的搬运,在各种自然环境中生成的沉积物。它是由作为土骨架的固态矿物颗粒、孔隙中的水及其溶解物质以及气体组成。因此,土是由颗粒(固相)、水(液相)和气体(气相)所组成的三相体系。不同土的颗粒大小和矿物成分差异很大,三相间的数量比例也各不相同,土的结构与构造也有多种类型。

  土的物理性质,如轻重、松密、干湿、软硬等在一定程度上决定了土的力学性质,它是土的最基本的工程特性。土的物理性质则是由三相组成物质的性质、相对含量以及土的结构构造等因素决定。在进行土力学计算及处理地基基础问题时,不仅要知道土的物理性质特征及其变化规律,了解各类土的特性,还必须熟练掌握反映土的三相组成比例和状态的各指标的定义、测定方法和指标间存在的换算关系,熟悉按有关特征及指标对地基土进行工程分类及初步判定土体的工程性质。

  本项目主要介绍土的成因、土的三相组成、土的物理性质及指标换算、无黏性土和黏性土的物理状态指标及土的工程分类等内容。这些内容的学习是土力学所必需的基本知识,也是评价土的工程性质、分析与解决土的工程技术问题的基础。

任务 1   土的认识

一、任务介绍

  土是岩石经风化、剥蚀、搬运、沉积而形成的大小悬殊的颗粒,是覆盖在地表碎散的、没有胶结或弱胶结的颗粒堆积物。在漫长的地质年代中,地球表面的整体岩石在大气中经受长期的风化作用而破碎，在各种内力和外力的作用下，在各种不同的自然环境中堆积下来形成土。堆积下来的土在长期的地质年代中发生复杂的物理化学变化，经压密固结、胶结硬化，最终又形成岩石。工程上遇到的土大多数是第四纪沉积物，是土力学研究的主要对象。土是由固体颗粒、水和空气所组成的三相体系。本任务主要介绍土的成因类型、土的颗粒组成、矿物成分和结构构造等知识，这些是从质的方面了解土的性质的依据。

二、理论知识

1. 土的成因

1）风化作用

岩石在其存在、搬运和沉积的各个过程中都在不断风化。岩石风化后变成粒状的物质，导致强度降低，透水性增强。风化作用根据其性质和影响因素的不同，可分为物理风化、化学风化和生物风化三种类型。它们经常是同时进行又相互加剧发展的进程。

（1）物理风化。

长期暴露在大气中的岩石由于受到温度、湿度变化等各种气候因素的影响，体积经常膨胀、收缩，从而逐渐崩解、破裂，或者在运动过程中因为碰撞和摩擦而破碎，形成大小和形状各异的碎块，这个过程称为物理风化。物理风化的过程仅使岩石机械破碎，仅限于体积大小和形状的改变，其化学成分并没有发生变化。风化产物的矿物成分与母岩相同，称为原生矿物，如石英、长石和云母等。砂、砾石和其他粗粒土即无黏性土就是物理风化的产物。

（2）化学风化。

地表岩石在水溶液、氧气、二氧化碳以及有机物、微生物的化学作用或生物化学作用下引起的破坏过程称为化学风化。它不仅破坏岩石的结构，而且使其化学成分改变，从而形成与原来岩石颗粒成分不同的新的矿物，称为次生矿物。化学风化所形成的细粒土之间具有黏结能力，该产物为黏土矿物，如蒙脱石、伊利石和高岭石等，通常称为黏性土。化学风化主要有氧化、水化、水解、溶解和碳酸化等作用。

（3）生物风化。

生物活动过程中对岩石产生的破坏过程称为生物风化。如穴居地下的蚯蚓的活动、树根生长时施加给周围岩石的压力、鼠类活动等都可以引起岩石的机械破碎。生长在岩石表面的细菌、苔藓类植物分泌的有机酸溶液可产生化学作用，分解岩石的成分，促使岩石发生变化。

2）土的沉积

土在地表分布极广，成因类型也很复杂。不同成因类型的沉淀物，各具有一定的分布规律、地形形态及工程性质，下面简单介绍几种主要类型。

（1）残积物。

残积物是残留在原地未被搬运的那一部分原岩风化剥蚀后的产物，如图1-1所示。其分布主要受地形的控制，如在宽广的分水岭地带及平缓的山坡，残积土较厚。残积土与基岩之间没有明显的界线，一般分布规律为，上部残积土、中部风化带、下部新鲜岩石。

残积物的主要工程特性：①颗粒矿物成分与下卧基岩相同；②厚度变化大，均匀性差；③孔隙大,易透水和产生不均匀沉降。

（2）坡积物。

坡积物是指由于雨雪水流的地质作用将高处岩石的风化产物缓慢地冲刷、剥蚀或由于重力的作用,顺着斜坡向下逐渐移动,沉积在较平缓的山坡上而形成的沉积物,如图 1-2 所示。

坡积物的工程性质特征:①颗粒随斜坡自上而下呈现由粗而细的分选现象;②颗粒成分与坡上的残积土基本一致,与下卧基岩没有直接关系,这是它与残积物明显的区别;③组成物质粗细颗粒混杂,土质不均匀,并且其厚度变化很大(上部有时不足一米,下部可达几十米),尤其是新近堆积的坡积物,土质疏松,压缩性较高;④由于坡积物形成于山坡,常常发生沿下卧基岩倾斜面滑动。

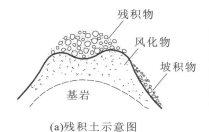

(a)残积土示意图

(b)石灰岩残积物

图 1-1　残积物示意图

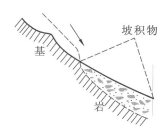

图 1-2　坡积物示意图

（3）洪积物。

碎屑物质经暴雨或大量融雪骤然集聚而成的暂时性山洪急流挟带在山沟的出口处或山前倾斜平原堆积形成的洪积土体称为洪积物。山洪携带的大量碎屑物质流出沟谷口后,因水流流速骤减而呈扇形的沉积体,称为洪积扇,如图 1-3 所示。

洪积物的工程特征:①具有分选性;②常具有不规则的交替层理构造,并具有夹层、尖灭或透镜体等构造;③近山前的洪积物具有较高的承载力,压缩性低;④远山地带的洪积物颗粒较细,成分较均匀,厚度较大。

图 1-3　洪积物示意图

（4）冲积物。

河流两岸的基岩及其上部覆盖的松散物质,被河流流水剥蚀后,经搬运、沉积于河道坡度较平缓的地带而形成的沉积物称为冲积物。冲积物的特点是具有明显的层理结构,经过长距离的搬运过程,颗粒磨圆度好。随着从上游到下游的流速逐渐减慢,冲积物具有明显的由粗到细的分选现象,常形成砂层和黏性土层交叠的地层。

冲积物的工程特征：①分布在河床、冲积扇、冲积平原或三角洲中，冲积层的成分非常复杂，河流汇水面积内的所有岩石和土都能成为该河流冲积层的物质来源；②分选性好、层理明显、磨圆度高；③分布广，表面坡度比较平缓，多数大、中城市都坐落在冲积层上；④冲积层中的砂、卵石、砾石层常被选用为建筑材料。

（5）其他沉积物。

除了上述几种成因类型的沉积物外，还有海洋沉积物、湖泊沉积物、冰川沉积物、海陆交互相沉积物和风积物等，它们分别是由海洋、湖泊、冰川及风化的地质作用而形成。

湖浪冲蚀湖岸而形成的碎屑物质在湖内或湖心沉积下来而形成湖相沉积物。在靠近湖岸地段沉积下来的多是粗颗粒的卵石、圆砾和砂土。远岸或湖心沉积下来的则是细砂或黏土，因此，近岸地区土的强度较高，而湖心最差。

2．土的三相组成

土是由固体颗粒、水和空气组成的三相体系。固体部分一般由矿物质所组成，有时含有有机质。土中的固体矿物构成土的骨架，骨架之间贯穿着大量的孔隙，这些孔隙有时完全被水充满，称为饱和土；有时一部分被水占据，另一部分被空气占据，称为非饱和土；有时也可能完全充满气体，就称为干土。水和溶解于水的物质构成土的液体部分。空气及其他一些气体构成土的气体部分。这三种组成部分本身的性质以及它们之间的比例关系和互相作用决定土的物理性质。

1）土的固体颗粒

土的固相物质包括无机矿物颗粒和有机质，是构成土的骨架最基本的物质，称为土中的固体颗粒（土粒）。

（1）土粒的矿物成分。

土的固体颗粒包括无机矿物颗粒和有机质，是构成土的骨架最基本的物质。土的无机矿物可分为原生矿物和次生矿物两大类。

原生矿物是岩石物理风化生成的颗粒，其矿物成分与母岩相同，土粒较粗，多呈浑圆状、块状或板状，比表面积小（单位体积内颗粒的总面积），吸附水的能力较弱，性质稳定，无塑性。漂石、卵石、砾石（圆砾、角砾）等粗大粒组都是岩石碎屑，它们的矿物成分与母岩相同。砂粒大部分是母岩中的单矿物颗粒，如石英、长石、云母等也都是原生矿物。

次生矿物是指岩石中矿物经化学风化作用后形成的新的矿物，性质与母岩完全不同，如三氧化二铝、三氧化二铁、次生二氧化硅及各种黏土矿物。由于其粒径非常小（小于 $2\ \mu m$），具有很大的比表面积，与水作用能力很强，能发生一系列复杂的物理、化学变化。次生矿物主要是黏土矿物，主要有高岭石、蒙脱石和伊利石三类，如图 1-4 所示。高岭石是在酸性介质条件下形成的，它的亲水性弱，遇水后膨胀性和可塑性小；蒙脱石亲水性强，遇水后具有极大的膨胀性与可塑性；伊利石的亲水性介于高岭石与蒙脱石之间，膨胀性和可塑性也介于高岭石与蒙脱石之间，比较接近蒙脱石。

（2）土粒的粒组划分。

天然土由无数大小不同的土粒组成，土粒的大小称为粒度。土颗粒的大小相差悬殊，有大于几十厘米的漂石，也有小于几微米的胶粒，随着土粒的粒径由粗变细，土的性质相应地会发生很大的变化，如土的渗透性由大变小，由无黏性变为有黏性等。同时，由于土粒的形状往往是不

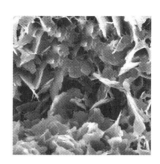

(a)高岭石　　　　　　　　　(b)蒙脱石　　　　　　　　　(c)伊利石

图 1-4　三种黏土矿物形状

规则的,很难直接测量土粒的大小,故只能用间接的方法来定量描述土粒的大小和各种颗粒的相对含量。工程上常用不同粒径颗粒的相对含量来描述土的颗粒组成情况,这种指标称为土的粒度成分又称土的颗粒级配。

天然土的粒径一般是连续变化的,为了描述方便,工程上常把大小、性质相近的土粒合并为组,称为粒组。划分粒组的分界尺寸称为界限粒径。对于粒组的划分,各个国家,甚至一个国家的各个部门,可能有不同的规定。土粒的粒组的划分方法如表 1-1 所示,表中根据国家标准《土的工程分类标准》(GB/T 50145—2007),按新规定的界限粒径 200 mm、60 mm、2 mm、0.075 mm 和 0.005 mm,分别将土粒粒组先分为巨粒、粗粒和细粒三个粒组统称,再细分为六个粒组,即漂石(块石)、卵石(碎石)、砾粒、砂粒、粉粒和黏粒。

表 1-1　土粒的粒组划分

粒组统称	粒组名称		粒径范围/mm	一　般　特　征
巨粒	漂石或块石颗粒		＞200	透水性很大,无黏性,无毛细水
	卵石或碎石颗粒		200～60	
粗粒	圆砾或角砾颗粒	粗	60～20	透水性大,无黏性,毛细水上升高度不超过粒径大小
		中	20～5	
		细	5～2	
	砂粒	粗	2～0.5	易透水,当混入云母等杂质时透水性减小,而压缩性增加;无黏性,遇水不膨胀,干燥时松散;毛细水上升高度不大,随粒径变小而增大
		中	0.5～0.25	
		细	0.25～0.075	
细粒	粉粒		0.075～0.005	透水性小,湿时稍有黏性,遇水膨胀小,干时稍有收缩;毛细水上升高度较大较快,极易出现冻胀现象
	黏粒		＜0.005	透水性很小,湿时有黏性、可塑性,遇水膨胀大,干时收缩显著;毛细水上升高度大,但速度较慢

(3)土的颗粒级配。

自然界里的天然土很少是单一粒组的土,往往由多个粒组混合而成。因此,为了说明天然土颗粒的组成情况，不仅要了解土颗粒的大小，而且要了解各种颗粒所占的比例，工程中常用土中各粒组的相对含量占总质量的百分数来表示，称为土的颗粒级配。这是决定无黏性土工程性质的主要因素，是确定土的名称和选用建筑材料的重要依据。

常用的颗粒级配的表示方法有表格法、累计曲线法和三角坐标法，下面仅介绍累计曲线法。根据颗粒分析试验结果，可以绘制如图 1-5 所示的颗粒级配累计曲线。因为土粒粒径相差常在百倍、千倍以上，所以表示粒径的横坐标常用对数坐标。曲线的纵坐标则表示小于某粒径的土粒质量含量百分比。对于不同的土类，可以得到不同的级配曲线。

根据粒径级配曲线的形态，可以大致判断土样所含颗粒的均匀程度。如曲线平缓表示粒径大小相差悬殊，颗粒不均匀，级配良好（如图 1-5 曲线 B）；反之，则颗粒均匀，级配不良（如图 1-5 曲线 A、C）。为了定量说明问题，工程中常用不均匀系数 C_u 和曲率系数 C_c 来反映土颗粒级配的不均匀程度。C_u 和 C_c 的计算公式如下。

$$C_u = \frac{d_{60}}{d_{10}} \tag{1-1}$$

$$C_c = \frac{d_{30}^2}{d_{10} \times d_{60}} \tag{1-2}$$

式中：d_{60}——小于某粒径的土粒质量占土总质量 60% 的粒径，称为限定粒径，mm；

$\quad\quad d_{10}$——小于某粒径的土粒质量占土总质量 10% 的粒径，称为有效粒径，mm；

$\quad\quad d_{30}$——小于某粒径的土粒质量占土总质量 30% 的粒径，称为中值粒径，mm。

不均匀系数 C_u 反映了大小不同粒组的分布情况：土的粒径范围窄，分布曲线陡，d_{10} 和 d_{60} 靠近，土的不均匀系数 C_u 小，表示土粒均匀；土的粒径范围宽，分布曲线缓，d_{10} 和 d_{60} 相距远，土的不均匀系数 C_u 大，表示土粒不均匀，即粗颗粒和细颗粒的大小相差越悬殊，土的级配越良好。但如果缺失中间粒径，土粒大小不连续，则形成不连续级配，级配曲线上呈台阶状（如图 1-5 中的曲线 C），此时需同时考虑曲率系数。故曲率系数 C_c 是描述累计曲线整体形状的指标。一般工程中将 $C_u < 5$ 的土称为匀粒土，属级配不良；$C_u > 10$ 的土称为级配良好土。考虑累计曲线整体

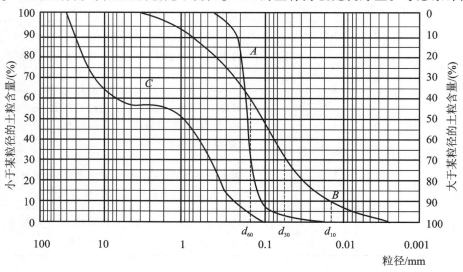

图 1-5　土的颗粒级配曲线

形状,则一般认为,砾类土或砂类土同时满足 $C_u > 5$ 及 $C_c = 1 \sim 3$ 两个条件时,称为级配良好。

对于级配良好的土,较粗颗粒间的孔隙被较细的颗粒所填充,因而土的密实度较好,相应的地基土的强度和稳定性也较好,透水性和压缩性也较小,可作为路堤、堤坝或其他土建工程的填方土料。

(4) 土的颗粒分析试验。

土的颗粒粒径及其级配是通过土的颗粒分析试验测定的。常用的方法有两种,即筛分法和密度计法。对粒径大于 0.075 mm 的土粒,常用筛分法。

筛分法是用一套不同孔径的标准筛,将风干、分散的具有代表性的试样,放入一套从上到下、孔径由粗到细排列的标准筛进行筛分,然后分别称出留在各筛子上的土重,并计算出各粒组的相对含量,由颗粒分析结果可判断土的颗粒级配及确定土的名称。标准筛孔径由粗筛孔径(60 mm、40 mm、20 mm、10 mm、5 mm、2 mm)及细筛孔径(1 mm、0.5 mm、0.25 mm、0.1 mm、0.075 mm)组成,如图1-6所示。

2) 土中水

土中水是指存在于土孔隙中的水。土中细粒越多,水对土的性质影响越大。按照水与土相互作用程度的强弱,可将土中水分为结合水和自由水两大类。

(1) 结合水。

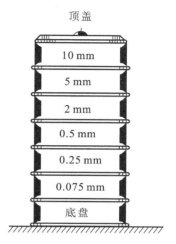

图 1-6 标准筛

结合水是指在电分子引力下吸附于土粒表面的水。由于土粒表面一般带有负电荷,围绕土粒形成电场,在土粒电场范围内的水分子和水溶液中的阳离子一起被吸附在土粒表面。极性水分子被吸附后呈定向排列,形成结合水膜,如图1-7所示。在靠近土粒表面处,静电引力最强,能把水化离子和极性水分子牢固地吸附在颗粒表面上形成固定层。在固定层外围,静电引力较小,水化离子和极性水分子活动性比在固定层中大些,形成扩散层。固定层与扩散层中的水分别称为强结合水和弱结合水。

强结合水是指紧靠土粒表面的结合水,受表面静电引力最强。这部分水的特征是没有溶解盐类的能力,它因受到表面引力的控制而不能传递静水压力,只有吸热变为蒸汽时才能移动,没有溶解盐类的能力,性质接近于固体。密度约为 1.2～2.4 g/cm³,冰点为 -78 ℃,具有极大的黏滞性、弹性和抗剪强度。如果将干燥的土样放在天然湿度和温度的空气中,土的质量增加,直到土中强结合水达到最大吸着度为止。土粒越细,土的比表面积越大,则土的吸着度越大。黏性土只含强结合水时,呈固体状态。

弱结合水是紧靠于的强结合水外围的一层结合水膜。在这层水膜范围内的水分子和水化阳离子仍受到一定程度的静电引力,随着离开土粒表面的距离增大,所受静电引力而迅速降低,距土粒表面稍远的地方,水分子虽仍为定向排列,但不如强吸结合水那么紧密和严格。这层水仍然不能传递静水压力,但弱结合水可以从较厚水膜处缓慢地迁移到较薄的水膜处。密度约为 1.0～1.7 g/cm³。当土中含有较多的弱结合水时,则土具有一定的可塑性。砂土比表面积较小,几乎不具有可塑性,但黏性土的比表面积较大,弱结合水含量较多,其可塑性范围较大,这就是黏性土具有黏性的原因。

弱结合水离土粒表面越远,其受到的电分子引力就越弱,并逐渐过渡为自由水。

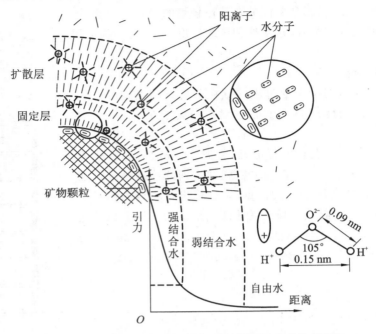

图 1-7　结合水分子定向排列及其所受电分子力变化的简图

（2）自由水。

自由水是存在于土孔隙中土粒表面电场影响范围以外的水。它的性质与普通水一样,能传递静水压力,具有溶解能力,冰点为 0 ℃。按照其移动所受作用力的不同,可分为重力水和毛细水。

在重力或水位差作用下能在土中流动的自由水称为重力水。它与普通水一样,具有溶解能力,能传递静水压力和动水压力,对土颗粒有浮力作用。它能溶蚀或析出土中的水溶盐,改变土的工程性质。当它在土孔隙中流动时,对所流经的土体施加渗流力(亦称动水压力、渗透力),计算中应该考虑其影响。重力水对基坑开挖时的排水、地下构筑物的防水等产生较大影响。

毛细水是受到水与空气界面处表面张力作用的自由水。毛细水存在于地下水位以上的透水层中。土体内部存在着相互贯通的弯曲孔道,可以看成是许多形状不一、大小不同,彼此连通的毛细管。由于水分子和土粒分子之间的吸附力及水、气界面上的表面张力,地下水将沿着这些毛细管被吸引上来,而在地下水位以上形成一定高度的毛细水带。这一高度称为毛细水上升高度。它与土中孔隙的大小和形状,土粒的矿物质成分以及水的性质有关。土颗粒越细,毛细水上升越高,黏性土的毛细水上升较高,可达几米。而对孔隙较大的粗粒土,毛细水几乎不存在。在毛细水带内,只有靠近地下水位的一部分土的孔隙才被认为是被水充满的,这一部分就称为毛细水饱和带。

在毛细水带内,由于水、气界面上弯液面和表面张力的存在,使水内的压力小于大气压力,即水压力为负值。

在潮湿的粉、细砂中孔隙水仅存在于土粒接触点周围,彼此是不连续的。这时,由于孔隙中的气与大气连通存在毛细现象,因此,孔隙水的压力将小于大气压力。于是,将引起迫使相邻土粒相互挤紧的压力,这个压力称为毛细水压力,如图 1-8 所示。由于毛细水压力的存在,增加了粒间错动的摩擦阻力。这种由毛细水压力引起的摩擦阻力犹如给予砂土以某些黏聚力,以致在潮湿的砂土中能开挖一定高度的直立坑壁。但一旦砂土被水浸饱和,则弯液面消失,毛细水压力变为零,这种黏聚力也就不再存在。因而,把这种黏聚力称为假黏聚力。

在工程中,应特别注意毛细水上升对建筑物地下部分的防潮措施、地基土的浸湿及地基与基础的冻胀的重要影响。

（3）土的冻胀。

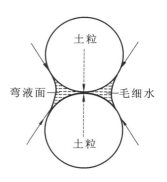

图 1-8　毛细水压力示意图

地面下一定深度的水温,随着大气温度的改变而改变。当大气负温传入土中时,土中的自由水首先冻结成冰晶体,随着气温的继续下降,弱结合水的最外层也开始冻结,使冰晶体逐渐扩大。这样使冰晶体周围土粒的结合水膜减薄,土里就会产生剩余的分子引力,另外,由于结合水膜的减薄,使得水膜中的离子浓度增加,产生了渗透压力（即当两种水溶液的浓度不同时,会在它们之间产生一种压力差,使浓度较小溶液中的水向浓度较大的溶液渗流）。在这两种引力的作用下,下卧未冻结区水膜较厚处的弱结合水被吸引到水膜较薄的冻结区,并参与冻结,使水晶体增大,而不平衡引力却继续存在。假使下卧未冻结区存在着水源（如地下水距冻结区很近）及适当的水源补给通道（即毛细通道）,能够源源不断地补充到冻结区来,那么未冻结区的水分（包括弱结合水和自由水）就会不断地向冻结区迁移和集聚,使冰晶体不断扩大,在土层中形成冰夹层,土体随之发生隆起,即产生冻胀现象。这种冰晶体的不断增大,一直要到水源的补给断绝后才停止。

当土层解冻时,土中集聚的冰晶体融化,土体随之下陷,即出现融陷现象。土的冻胀现象和融陷现象是季节性冻土的特征,亦即土的冻胀性。

可见,冻胀和融陷都会对工程产生不利影响。特别是高寒地区,发生冻胀时,使路基隆起,柔性路面鼓包、开裂,刚性路面错缝或折断;修建在冻土上的建筑物,冻胀引起建筑物的开裂、倾斜甚至使轻型构筑物倒塌。而发生融陷后,路基土在车辆的反复碾压下,轻者路面变得较软,重者路面翻浆,也会使房屋、桥梁、涵管发生大量下沉或不均匀下沉,引起建筑物的开裂破坏。

3）土中气体

土中气体是指充填在土的孔隙中的气体,包括与大气连通的和不连通的两类。

与大气连通的气体对土的工程性质没有多大的影响,当土受到外力作用时,这种气体很快从孔隙中挤出;但是密闭的气体对土的工程性质有很大的影响,密闭气体的成分可能是空气、水汽或天然气等。在压力作用下这种气体可被压缩或溶解于水中,而当压力减小时,气泡会恢复原状或重新游离出来。封闭气体的存在,增大了土的弹性和压缩性,降低了土的透水性。

土中气体的成分与大气成分比较,主要区别在于 CO_2、O_2 及 N_2 的含量不同。一般土中气体中含有更多的 CO_2,较少的 O_2,较多的 N_2。土中气体与大气的交换越困难,两者的差别就越大。

含气体的土称为非饱和土,非饱和土的工程性质研究已经形成土力学的一个新的分支。

4）土的结构

土的结构是指土粒的大小、形状、相互排列及其连接关系的综合特征。一般分为单粒结构、蜂窝结构和絮状结构三种基本类型,如图 1-9 所示。

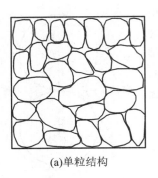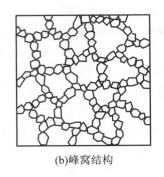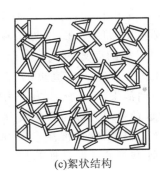

| (a)单粒结构 | (b)蜂窝结构 | (c)絮状结构 |

图 1-9　土的结构

（1）单粒结构。

单粒结构是无黏性土的结构特征，是由粗大土粒在水或空气中下沉而形成的。其特点是土粒间没有连接存在，或者连接非常微弱，可以忽略不计。

土的密实程度受沉积条件影响。如土粒受波浪的反复冲击推动作用，其结构紧密，强度大，压缩性小，是良好的天然地基。而洪水冲积形成的砂层和砾石层，一般较疏松，如图 1-10 所示。由于孔隙大，土的骨架不稳定，当受到动力荷载或其他外力作用时，土粒易于移动，从而趋于更加稳定的状态，同时产生较大变形，这种土不宜做天然地基。如果细砂或粉砂处于饱和疏松状态，在强烈的振动作用下，土的结构会突然破坏，在瞬间变成了流动状态，即所谓"液化"，使得土体强度丧失，在地震区将产生震害。1976 年唐山大地震后，当地许多地方出现了喷砂冒水现象，这就是砂土液化的结果。

| (a)紧密结构 | (b)疏松结构 |

图 1-10　单粒结构

密实状态的单粒结构，其土粒排列紧密，强度较大，压缩性小，是较为良好的天然地基。单粒结构的紧密程度取决于矿物成分、颗粒形状、颗粒级配。片状矿物颗粒组成的砂土最为疏松；浑圆的颗粒组成的土比带棱角的容易趋向密实；土粒的级配愈不均匀，结构愈紧密。

（2）蜂窝结构。

蜂窝状结构是以粉粒为主的土的结构特征。粒径在 $0.075 \sim 0.005$ mm 左右的土粒在水中沉积时，基本上是单个颗粒下沉，当碰上已沉积的土粒时，由于土粒间的引力大于其重力，因此颗粒就停留在最初的接触点上不再下沉，形成大孔隙的蜂窝状结构，如图 1-11 所示。

（3）絮状结构。

絮状结构是黏土颗粒特有的结构特征。悬浮在水中的黏粒（粒径<0.005 mm）被带到电解

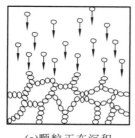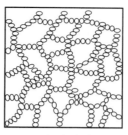

(a)颗粒正在沉积　　　　　　(b)沉积完成

图 1-11　蜂窝结构

质浓度较大的环境中(如海水),黏粒间的排斥力因电荷中和而破坏,土粒互相聚合,形成絮状物下沉,沉积为大孔隙的絮状结构,如图 1-12 所示。

具有蜂窝结构和絮状结构的土存在大量的细微孔隙,渗透性小,压缩性大,强度低,土粒间连接较弱,受扰动时土粒接触点可能脱离,导致结构强度损失,强度迅速下降;而后随着时间增长,强度还会逐渐恢复。其土粒之间的连接强度往往由于长期的压密作用和胶结作用而得到加强。

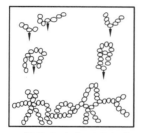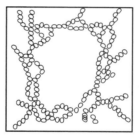

(a)絮状集合体正在沉积　　　　　　(b)沉积完毕

图 1-12　絮状结构

5) 土的构造

土的构造是指同一土层中土颗粒之间的相互关系特征。通常分为层状构造、分散构造和裂隙构造。

层状构造是指土粒在沉积过程中,由于不同阶段沉积的物质成分、粒径大小或颜色不同,沿竖向呈现层状特征。层状构造反映不同年代不同搬运条件形成的土层,是细粒土的一个重要特征。

分散构造的土层中的土粒分布均匀,性质相近,常见于厚度较大的粗粒土。通常其工程性质较好。

裂隙构造是指土体被许多不连续的小裂隙所分割。某些硬塑或坚硬状态的黏性土具有此种构造。裂隙的存在大大降低了土体的强度和稳定性,由于其增大了透水性,对工程不利。

三、任务实施

例 1-1　某三种土样,筛分结果如表 1-2 所示。试绘制级配曲线,并计算 C_c 和 C_u。

表1-2　例1-1中土样筛分结果

粒径/mm	10～2	2～0.075	0.075～0.005	＜0.005
A 试样粒组含量	0	96	4	0
B 试样粒组含量	0	52	44	4
C 试样粒组含量	44	56	0	0

解　用横坐标表示土粒直径（由于粒径相差数百倍，采用对数坐标），纵坐标表示小于某粒径土重百分比，由表得到如图1-13所示的颗粒级配曲线。

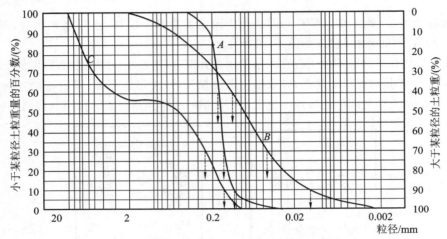

图1-13　例1-1中颗粒级配曲线

根据级配曲线，计算不均匀系数和曲率系数见下表。

表1-3　例1-1计算结果

试样编号	d_{60}	d_{10}	d_{30}	C_u	C_c
A	0.165	0.11	0.15	1.5	1.24
B	0.115	0.012	0.044	9.6	1.40
C	3.00	0.15	0.25	20.0	0.14

通过判别，B类土样为级配良好土。

四、任务小结

1. 土的定义

土是岩石经风化、剥蚀、搬运、沉积而形成的大小悬殊的颗粒，是覆盖在地表碎散的、没有胶结或弱胶结的颗粒堆积物。

2. 土的组成

（1）固体颗粒：颗粒的形状、大小、矿物成分及组成情况是决定土的物理力学性质的主要因素。

土的颗粒级配是决定无黏性土工程性质的主要因素,是确定土的名称和选用建筑材料的重要依据。

（2）土中水:土中水是指存在于土孔隙中的水。土中细粒越多,水对土的性质影响越大。按水与土相互作用程度的强弱,土中水分为在电分子引力下吸附于土粒表面的结合水和存在于土孔隙中土粒表面电场影响范围以外的自由水。

（3）土中气体:根据存在形式分为与大气连通的气体和不连通的密闭气体两类。

五、拓展提高

对于小于 0.075 mm 的土粒,则用沉降分析法分析。常用的有密度计法(比重计法)和移液管法。两种方法的理论基础都是依据斯托克斯(Stokes)定律,即球状的细颗粒在水中的下沉速度与颗粒直径的平方成正比,用公式表示如下。

$$d = \sqrt{\frac{1800 \times 10^4 \cdot \eta}{(G_s - G_{wT})\rho_{wT} g} \cdot \frac{L}{t}} \qquad (1\text{-}3)$$

式中:d——试样颗粒粒径,mm;

η——水的动力黏滞系数,kPa·s×10^{-6}(查《土工试验方法标准》);

G_s——土粒比重;

G_{wT}——T ℃时水的比重;

ρ_{wT}——4 ℃时纯水的密度,g/cm³;

t——沉降时间,s;

g——重力加速度,m/s²;

L——某一时间内的土粒沉降距离,cm。

将过筛的风干试样 m_s(g)盛入 1 000 mL 的量筒中,注入蒸馏水搅拌制成一定体积的均匀浓度的悬浮液,如图 1-14 所示。停止搅拌静置一段时间 t 后,根据公式(1-3),在液面以下深度 L_i 以上的溶液中就不会有大于 d_i 的颗粒,如在 L_i 处考虑一小区段 $m \sim n$,则 $m \sim n$ 内的悬浮液中只有等于及小于 d_i 的颗粒,而且等于及小于 d_i 颗粒的浓度与开始时均匀悬浮液中等于及小于颗粒的浓度相等。其效果如同土样在孔径为 d_i 的筛子里一样。这样,任一时刻在任一 L_i 处悬浮液中颗粒 d_i 的浓度可用比重计法或移液管法测定。比重计的外形如图 1-15 所示。关于具体的试验操作及计算可参见《土工试验方法标准》。

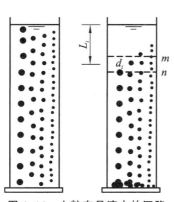

图 1-14　土粒在悬液中的沉降

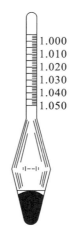

图 1-15　比重计

六、拓展练习

1. 土由哪几部分组成？土中次生矿物是怎样生成的？

2. 土颗粒的矿物质按其成分分为哪两类？

3. 何谓土粒粒组？土粒粒组的划分标准是什么？

4. 何谓土的粒径级配？粒径级配曲线的纵横坐标各表示什么？不均匀系数 $C_u > 10$ 反映土的什么性质？

5. 什么是土的结构？其基本类型是什么？简述每种结构土体的特点？

6. 什么是土的构造？其主要特征是什么？

7. 试述毛细水的性质和对工程的影响。在那些土中毛细现象最显著？

8. 土发生冻胀的原因是什么？

9. 某土样颗粒分写结果如下表所示，试绘制级配曲线，计算 C_c 和 C_u，以及评价土的级配情况。

粒径/mm	>2	2~0.05	0.5~0.25	0.25~0.1	0.1~0.05	<0.05
粒组含量/(%)	9	27	28	19	8	9

任务 2 土的物理性质

一、任务介绍

自然界的土体由固相（固体颗粒）、液相（土中水）和气相（土中气体）组成，通常称为三相分散体系。土中三相物质本身的特性及它们之间的相互作用，对土的工程性质有着本质的影响，但土体三相之间量的比例关系也是一个非常重要的影响因素。另外，土所表现出的干湿、软硬、疏松或紧密等特征即土的物理状态对土的工程性质影响也较大，类别不同的土所表现出的物理状态指标也不同。本任务主要介绍土的物理性质指标和物理状态指标。

二、理论知识

1. 土的物理性质指标

土的物理性质指标反映土的工程性质的特征。土的三相组成物质的性质、三相之间的比例关系及相互作用决定了土的物理性质。土的三相组成物质在体积和质量上的比例关系称为三相比例指标。三相比例指标反映土的干燥与潮湿、疏松与紧密，是评价土的工程性质的最基本的物理性质指标,也是工程地质勘察报告中的基本内容。

1)土的三相简图

土的三相物质是混杂在一起的,为了便于计算和说明,工程中常将三相分别集中起来,画成如图 1-16 所示的土的三项组成草图的形式。图的左边标出各相的质量,土的右边标出各相的体积。

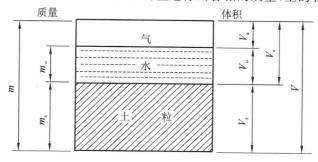

图 1-16　土的三相关系图

图中各部分符号的含义如下。

m_s——土粒质量,g;

m_ω——土中水质量,g;

m——土的总质量,g;

V_s——土粒体积,cm³;

V_ω——土中水体积,cm³;

V_a——土中气体体积,cm³;

V_v——土中孔隙体积,cm³;

V——土的总体积,cm³。

2)由试验直接测定的指标

通过试验直接测定的指标有土的密度 ρ、土粒比重 d_s 和含水量 ω。它们是土的三项基本物理性质指标。

(1)土的密度 ρ。

在天然状态下(即保持原始状态的含水量不变),单位土体积内湿土的质量称为土的湿密度 ρ,简称天然密度或密度(单位为 g/cm³),用公式表示如下。

$$\rho = \frac{m}{V} \tag{1-4}$$

工程中还常用重度 γ 来表示类似的概念。单位体积的土受到的重力称为土的湿重度,又称土的重力密度或重度(单位为 kN/m³),其值等于土的湿密度乘以重力加速度 g,工程中可取 $g = 10 \text{ m/s}^2$,则用公式表示如下。

$$\gamma = \rho g \tag{1-5}$$

天然状态下土的密度变化范围很大,随着土的矿物成分、孔隙体积和水的含量而异。一般为 $\rho = 1.6 \sim 2.2 \text{ g/cm}^3$,若土较软则介于 $1.2 \sim 1.8 \text{ g/cm}^3$ 之间,有机质含量高或塑性指数大的极软黏土可降至 1.2 g/cm^3 以下。

天然密度一般采用"环刀法"测定,用一个圆环刀(刀刃向下)放置于削平的原状土样面上,垂直边压边削至土样伸出环刀口为止,削去两端余土,使其与环刀面齐平,称出环刀内土质量,求它与环刀容积的比值即为土的密度。

（2）土粒比重（土粒相对密度）d_s。

土粒的密度与 4 ℃时纯水的密度的比值称为土粒比重（无量纲）或土粒性对密度，即

$$d_s = \frac{m_s}{V_s \rho_\omega} = \frac{\rho_s}{\rho_\omega} \tag{1-6}$$

式中：ρ_s——土粒密度，g/cm³；

ρ_ω——纯水在 4 ℃时的密度（单位体积的质量），取 1 g/cm³。

土粒比重取决于土的矿物成分，不同土类的土粒比重变化幅度不大，在有经验的地区可按经验值选用。一般砂土为 2.65～2.69，粉土为 2.70～2.71，黏性土为 2.72～2.75。

土粒的相对密度可在试验室采用"比重瓶法"测定。将风干碾碎的土样注入比重瓶内，由排出同体积的水的质量原理测定土粒的体积 V_s。

（3）土的含水量 ω。

土中水的质量与土粒质量之比称为土的含水量，以百分数表示，用公式表示如下。

$$\omega = \frac{m_\omega}{m_s} \times 100 \% \tag{1-7}$$

含水量是表示土的湿度的一个重要指标。天然土层的含水量变化范围很大，它与土的种类、埋藏条件及其所处的自然地理环境等有关。一般砂土为 0%～40%，黏性土为 20%～60%。一般来说，同一类土含水量越大，则其强度就越低。

含水量的测定方法一般采用烘干法，适用于黏性土、粉土和砂土的常规试验。即称得天然土样的质量 m，然后置于电烘箱内，在温度 100～150 ℃下烘至恒重，称得干土质量 m_s，湿土与干土质量之差即为土中水的质量 m_ω。

3）换算指标

除了上述三个试验指标之外，还有六个可以通过计算求得的指标，称为换算指标。换算指标包括特定条件下土的密度（重度）指标：干密度（干重度）、饱和密度（饱和重度）、有效密度（有效重度）；反映土的松密程度的指标：孔隙比、孔隙率。反映土的含水程度的指标：饱和度。

（1）表示土的密度和容重的指标。

① 土的干密度 ρ_d 和干重度 γ_d。

单位体积土中土颗粒的质量称为土的干密度或干土密度 ρ_d（g/cm³），即

$$\rho_d = \frac{m_s}{V} \tag{1-8}$$

单位体积土中土颗粒受到的重力称为土的干重度或干土的重力密度 γ_d（kN/m³），即

$$\gamma_d = \rho_d g \tag{1-9}$$

土的干密度一般为 1.3～2.0 g/cm³。工程中常用土的干密度作为填方工程土体压实质量控制的标准。土的干密度越大，土体压的越密实，土的工程质量就越好。

② 土的饱和密度 ρ_{sat} 和饱和重度 γ_{sat}。

当土孔隙中充满水时的单位体积土的质量，称为土的饱和密度 ρ_{sat}（g/cm³），即

$$\rho_{sat} = \frac{m_s + V_v \rho_\omega}{V} \tag{1-10}$$

单位体积土饱和时受到的重力称为土的饱和重度 γ_{sat}（kN/m³），即

$$\gamma_{sat} = \rho_{sat} g \tag{1-11}$$

土的饱和密度一般为 $1.8 \sim 2.3 \ \text{g/cm}^3$。

③ 土的有效密度 ρ' 和有效重度 γ'。

地下水位以下,土体受到水的浮力作用时,扣除水的浮力后单位体积土的质量称为土的有效密度或浮密度 $\rho' \ (\text{g/cm}^3)$,即

$$\rho' = \frac{m_s - V_s \rho_\omega}{V} = \rho_{sat} - \rho_\omega \tag{1-12}$$

地下水位以下,土体受到水的浮力作用时,扣除水的浮力后单位体积土受到的重力称为土的有效重度或浮重度 $\gamma' \ (\text{kN/m}^3)$,即

$$\gamma' = \rho' g = \gamma_{sat} - \gamma_\omega \tag{1-13}$$

式中:$\gamma_\omega = 10 \ \text{kN/m}^3$。土的有效密度一般为 $0.8 \sim 1.3 \ \text{g/cm}^3$。

④ 土粒密度 ρ_s。

单位颗粒体积内颗粒的质量称为土粒密度 ρ_s(单位为 t/m^3 或 g/cm^3),即

$$\rho_s = \frac{m_s}{V_s} \tag{1-14}$$

这几种密度在数值上有如下关系:$\rho_{sat} \geqslant \rho \geqslant \rho_d > \rho'$。同样的,这几种容重在数值上有如下关系:$\gamma_{sat} \geqslant \gamma \geqslant \gamma_d > \gamma'$。

（2）反映土松密程度的指标。

① 土的孔隙比 e。

土中孔隙体积与土颗粒体积之比称为土的孔隙比,以小数表示,即

$$e = \frac{V_v}{V_s} \tag{1-15}$$

孔隙比可用来评价天然土层的密实程度。一般砂土为 $0.5 \sim 1.0$,黏性土为 $0.5 \sim 1.2$。当砂土 $e < 0.6$ 时,呈密实状态,为良好地基;当黏性土 $e > 1.0$ 时,为软弱地基。

② 土的孔隙率 n。

土中孔隙体积与土总体积之比称为土的孔隙率,以百分数表示,即

$$n = \frac{V_v}{V} \times 100\% \tag{1-16}$$

e 与 n 的关系为

$$n = \frac{e}{1+e} \tag{1-17}$$

土的孔隙比或孔隙率都可用来表示土的松、密程度。它随土形成过程中所受到压力、粒径级配和颗粒排列的状况而变化。一般来说,粗粒土的孔隙率小,细粒土的孔隙率大。例如,砂类土的孔隙率一般是 $28 \sim 35\%$,黏性土的孔隙率有时可高达 $60 \sim 70\%$。

（3）饱和度 S_r。

土中被水充满的孔隙体积与孔隙总体积之比称为土的饱和度,以百分数表示,即

$$S_r = \frac{V_\omega}{V_v} \times 100\% \tag{1-18}$$

饱和度是评价土的潮湿程度的物理性质指标。当 $S_r \leqslant 50\%$ 时,土为稍湿的;当 $50\% < S_r \leqslant 80\%$ 时,土为很湿的;当 $S_r > 80\%$ 时,土为饱和的。当 $S_r = 100\%$ 时,则土处于完全饱和状态;而

干土的饱和度 $S_r = 0$。

4) 三相比例指标的换算关系

以上对各指标进行了定义,如测得三个基本物理性质指标后,替换三相图中的各符号即可得出其他三相比例指标,如图 1-17 所示。

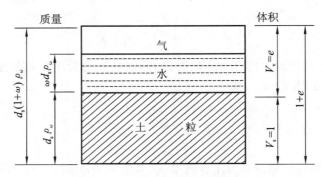

图 1-17　土的三相物理指标换算图

在推导换算指标时,假设 $V_s = 1$,由式(1-14)得,$m_s = \rho_s$,由式(1-6)得,$m_s = d_s\rho_w$,由式(1-7)得,$m_w = \omega d_s\rho_w$。

因为

$$\rho_w = m_w / V_w$$

所以

$$V_w = \omega d_s; \quad m = d_s(1+\omega)\rho_w; \quad V = \frac{d_s(1+\omega)\rho_w}{\rho}; \quad V_a = \frac{d_s(1+\omega)\rho_w}{\rho} - \omega d_s - 1$$

推导得

$$\rho_d = \frac{m_s}{V} = \frac{\rho}{1+\omega} \tag{1-19}$$

$$e = \frac{V_v}{V_s} = \frac{d_s(1+\omega)\rho_w}{\rho} - 1 \tag{1-20}$$

$$n = \frac{V_v}{V} = 1 - \frac{\rho}{d_s(1+\omega)\rho_w} \tag{1-21}$$

其他指标推导过程略,将换算公式一并列于表 1-5 中。

表 1-5　土的三相比例指标换算公式

名　称	符号	表 达 式	常用换算公式	单　位	常见的数值范围
含水量	ω	$\omega = \frac{m_w}{m_s} \times 100\%$	$\omega = \frac{S_r e}{d_s} = \frac{\gamma}{\gamma_d} - 1$		$20\% \sim 60\%$
土粒比重	d_s	$d_s = \frac{\rho_s}{\rho_w}$	$d_s = \frac{S_r e}{\omega}$		一般黏性土:$2.67 \sim 2.75$ 砂　　土:$2.63 \sim 2.67$
密度	ρ	$\rho = \frac{m}{V}$	$\rho = \frac{d_s + S_r e}{1+e}\rho_w$	g/cm³	$1.6 \sim 2.2$
重度	γ	$\gamma = \rho g$	$\gamma = \frac{d_s + S_r e}{1+e}\gamma_w$	kN/m³	$16 \sim 20$

续表

名 称	符号	表 达 式	常用换算公式	单 位	常见的数值范围
干土密度	ρ_d	$\rho_d = \dfrac{m_s}{V}$	$\rho_d = \dfrac{\rho}{1+\omega}$	g/cm³	1.3~1.8
干土重度	γ_d	$\gamma_d = \rho_d g$	$\gamma_d = \dfrac{\rho}{1+\omega}g = \dfrac{\gamma}{1+\omega}$	kN/m³	13~18
饱和土密度	ρ_{sat}	$\rho_{sat} = \dfrac{m_s + V_v\rho_\omega}{V}$	$\rho_{sat} = \dfrac{d_s+e}{1+e}\rho_\omega$	g/cm³	1.8~2.3
饱和土重度	γ_{sat}	$\gamma_{sat} = \rho_{sat} g$	$\gamma_{sat} = \dfrac{d_s+e}{1+e}\gamma_\omega$	kN/m³	18~23
浮密度	ρ'	$\rho' = \dfrac{m_s - V_s\rho_\omega}{V}$	$\rho' = \rho_{sat} - \rho_\omega$	g/cm³	0.8~1.3
浮重度	γ'	$\gamma' = \dfrac{m_s g - V_s\rho_\omega g}{V}$	$\gamma' = \gamma_{sat} - \gamma_\omega$	kN/m³	8~13
孔隙比	e	$e = V_v/V_s$	$e = \dfrac{d_s\rho_\omega}{\rho_d} - 1$		一般黏性土:0.40~1.20 砂　　土:0.30~0.90
孔隙率	n	$n = \dfrac{V_v}{V} \times 100\%$	$n = \dfrac{e}{1+e} \times 100\%$		一般黏性土:30%~60% 砂　　土:25%~45%
饱和度	s_r	$S_r = \dfrac{V_\omega}{V_v} \times 100\%$	$S_r = \dfrac{\omega d_s}{e}$		0~1.0

2. 土的物理状态指标

土的物理状态指标用于研究土的松密和软硬状态。由于无黏性土与黏性土的颗粒大小相差较大,土粒与土中水的相互作用各不相同,即影响土的物理状态的因素不同,因此需分别进行阐述。

1) 无黏性土的物理特性

无黏性土为单粒结构,土粒与土中水的相互作用不明显,影响其工程性质的主要因素是密实度。土的密实度通常是指单位体积中固体颗粒的含量。土颗粒含量多,土就密实;土颗粒含量少,土就疏散。无黏性土的密实度与其工程性质有着密切的关系。无黏性土呈密实状态时,其结构就稳定,压缩变形小,强度较高,属于良好的天然地基;呈松散状态时,其结构不稳定,压缩变形大,强度低,则属不良地基。

（1）砂土的密实度评价。

① 孔隙比确定法。

土的基本物理性质指标中,孔隙比 e 的定义就表示土中孔隙的大小。e 大,表示土中孔隙大,则土疏松;反之,土为密实。因此,可以用孔隙比的大小来衡量土的密实性,如表 1-6 所示。

表 1-6　砂土的密实度

土名　密实度	密实	中密	稍密	松散
砾砂,粗砂,中砂	$e<0.6$	$0.6 \leqslant e \leqslant 0.75$	$0.75 < e \leqslant 0.85$	$e > 0.85$
细砂,粉砂	$e<0.70$	$0.7 \leqslant e \leqslant 0.85$	$0.85 < e \leqslant 0.9$	$e > 0.95$

孔隙比确定法的评价如下。

● 优点：用一个指标 e 即可判别砂土的密实度，应用方便简捷。

● 缺点：由于颗粒的形状和级配对孔隙比有极大的影响，而只用一个指标 e 无法反映土的粒径级配的因素。例如，对两种级配不同的砂，采用孔隙比 e 来评判其密实度，其结果是颗粒均匀的密砂的孔隙比大于级配良好的松砂的孔隙比，结果密砂的密实度小于松砂的密实度，而与实际不符。

② 相对密实度法。

为了考虑颗粒级配的影响，引入砂土相对密实度的概念。即用天然孔隙比 e 与该砂土的最松状态孔隙比 e_{max} 和最密实状态孔隙比 e_{min} 进行对比，根据 e 是靠近 e_{max} 或是靠近 e_{min} 来判别砂土的密实度。其表达式如下。

$$D_r = \frac{e_{max} - e}{e_{max} - e_{min}} \tag{1-22}$$

砂土的最小孔隙比 e_{min} 和最大孔隙比 e_{max} 采用一定的方法进行测定。

由式(1-22)可以看出，当砂土的天然孔隙比 e 接近于 e_{min} 时，相对密实度 D_r 接近于 1，表明砂土接近于最密实的状态；当 e 接近于 e_{max} 时，相对密实度接近于 0，表明砂土处于最松散的状态。根据 D_r 值将砂土密实度划分为以下三种状态。

● $0.67 < D_r \leqslant 1$，密实。

● $0.33 < D_r \leqslant 0.67$，中密。

● $0 < D_r \leqslant 0.33$，松散。

相对密实度法的评价如下。

● 优点：把土的级配因素考虑在内，理论上较为完善。

● 缺点：e，e_{max}，e_{min} 都难以准确测定。目前主要应用 D_r 于填方质量的控制，对于天然土尚难以应用。

③ 现场标准贯入试验法。

《建筑地基基础设计规范》(GB 50007—2011，以下均简称《规范》)采用未经修正的标准贯入试验锤击数 N 来划分砂土的密实度，如表 1-7 所示。标准贯入试验是一种原位测试方法。试验方法为：将质量为 63.5 kg 的锤头，提升到 76 cm 的高度，让锤自由下落，打击标准贯入器，使贯入器入土深为 30 cm 所需的锤击数，记为 $N_{63.5}$，这是一种简便的测试方法。$N_{63.5}$ 的大小，综合反映了土的贯入阻力的大小，亦即密实度的大小。

表 1-7　砂土的密实度

标准贯入试验锤击数 $N_{63.5}$	$N_{63.5} \leqslant 10$	$10 < N_{63.5} \leqslant 15$	$15 < N_{63.5} \leqslant 30$	$N_{63.5} > 30$
密实度	松散	稍密	中密	密实

(2) 碎石土的密实度。

碎石土既不易获得原状土样，也难以将贯入器击入土中。对于卵石、碎石、圆砾、角砾，《规范》采用重型圆锥动力触探锤击数 $N_{63.5}$ 来划分其密实度，如表 1-8 所示。

表 1-8　碎石土的密实度

重型圆锥动力触探锤击数 $N_{63.5}$	$N_{63.5} \leqslant 5$	$5 < N_{63.5} \leqslant 10$	$10 < N_{63.5} \leqslant 20$	$N_{63.5} > 20$
密实度	松散	稍密	中密	密实

注：表内 $N_{63.5}$ 为经综合修正后的平均值。

对于漂石、块石以及粒径大于 200 mm 的颗粒含量较多的碎石土，可根据《规范》要求，按野外鉴别方法划分为密实、中密、稍密、松散四种，如表 1-9 所示。

表 1-9　碎石土密实度野外鉴别方法

密实度	骨架颗粒含量和排列	可挖性	可钻性
密实	骨架颗粒含量大于总重的 70%，呈交错排列，连续接触	锹镐挖掘困难，用撬棍方能松动，井壁一般较稳定	钻进极困难，冲击钻探时，钻杆、吊锤跳动剧烈，孔壁较稳定
中密	骨架颗粒含量等于总重的 60%～70%，呈交错排列，大部分接触	锹镐可挖掘，井壁有掉块现象，从井壁取出大颗粒处，能保持颗粒凹面形状	钻进较困难，冲击钻探时，钻杆、吊锤跳动不剧烈，孔壁有坍塌现象
稍密	骨架颗粒含量等于总重的 55%～60%，排列混乱，大部分不接触	锹可以挖掘，井壁易坍塌，从井壁取出大颗粒后，砂土立即坍落	钻进较容易，冲击钻探时，钻杆稍有跳动，孔壁易坍塌
松散	骨架颗粒含量小于总重的 55%，排列十分混乱，绝大部分不接触	锹易挖掘，井壁极易坍塌	钻进很容易，冲击钻探时，钻杆无跳动，孔壁极易坍塌

注：(1) 骨架颗粒系指与表 1-1 分类名称相对应粒径的颗粒；
　　(2) 碎石土的密实度应按表列各项要求综合确定。

2）黏性土的物理特性

（1）黏性土的状态。

黏性土的颗粒很细，土粒与土中水相互作用很显著。随着含水量的不断增加，黏性土的状态变化为固态—半固态—可塑状态—流动状态，相应土的承载力逐渐下降。我们将黏性土对外力引起的变化或破坏的抵抗能力（即软硬程度）称为黏性土的稠度。因此，可用稠度表示黏性土的物理特征。

土中含水量很少时，由于颗粒表面的电荷的作用，水紧紧吸附于颗粒表面，成为强结合水。按水膜厚薄的不同，土表现为固态或半固态。当含水量增加时，被吸附在颗粒周围的水膜加厚，土粒周围有强结合水和弱结合水，在这种含水量情况下，土体可以被捏成任意形状而不破裂，这种状态称为塑态。弱结合水的存在是土具有可塑状态的原因。当含水量再增加，土中除结合水外，土中出现了较多的自由水，黏性土变成了液体呈流动状态。黏性土随含水量的减少可从流动状态转变为可塑状态、半固态及固态。

（2）界限含水量。

黏性土从一种状态过渡到另一种状态的分界含水量称为界限含水量。

土由可塑状态变化到流动状态的界限含水量称为液限（或流限），用 ω_L 表示；土由半固态变化到可塑状态的界限含水量称为塑限，用 ω_P 表示；土由半固体状态不断蒸发水分，体积逐渐缩小，直到体积不再缩小时土的界限含水量称为缩限，用 ω_S 表示，如图 1-18 所示，界限含水量均以百分数表示。它对黏性土的分类及工程性质的评价有重要意义。界限含水量首先由瑞典科学家阿太堡（Atterberg）于 1911 年提出，故这些界限含水量又称为阿太堡界限。

图 1-18　黏性土的状态与含水量的关系

（3）界限含水量的测定方法。

① 液限 ω_L 测定方法：常采用锥式液限仪测定法和碟式液限仪测定法，分别介绍如下。

● 锥式液限仪测定法，如图 1-19 所示，其工作过程是如下。

将调成均匀的浓糊状试样装满盛土杯内（盛土杯置于底座上），刮平杯口表面，用质量为 76 g 的圆锥式液限仪测定。提住锥体上端手柄，使锥尖正好接触试样表面中部，松手使锥体在其自重作用下沉入土中。若圆锥体经 5 s 恰好沉入 17 mm 深度，这时杯内土样的含水量就是液限 ω_L 值。如果沉入土中的深度超过或低于 17 mm，则表示试样的含水量高于或低于液限，均应重新试验至满足要求。

由于该法采用手工操作，人为因素影响较大，故《土工试验方法标准》（GB/T 50123—1999）中规定采用的是下述液限、塑限联合测定法。

● 碟式液限仪测定法。如图 1-20 所示。美国、日本等国家使用碟式液限仪来测定黏性土的液限。其工作过程如下。

将调成浓糊状的试样装在碟内，刮平表面，用切槽器在土中成 V 形槽，槽底宽度为 2 mm，然后将碟子抬高 10 mm，使碟下落，连续下落 25 次后，如土槽合拢长度为 13 mm，这时试样的含水量就是液限。

(a)实物图片

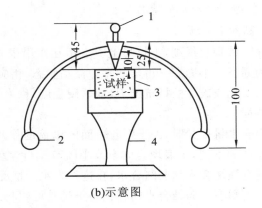

(b)示意图

图 1-19　锥式（瓦氏）液限仪

1—手柄；2—平衡金属球；3—盛土杯；4—底座

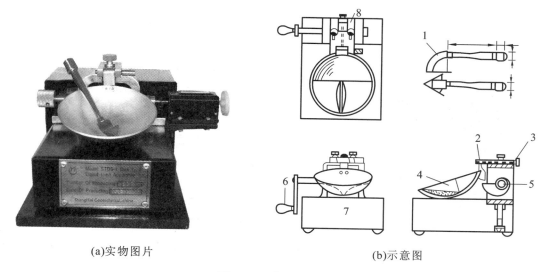

(a)实物图片　　　　　　　　　　　　　(b)示意图

图 1-20　碟式液限仪

1—开槽器；2—销子；3—支架；4—土碟；5—涡轮；6—摇柄；7—底座；8—调整板

② 塑限 ω_P 的测定方法，常采用滚搓法，具体工作过程如下。

将土样过 0.5 mm 的筛，取略高于塑限含水量的试样 8~10 g，先用手搓成椭圆形，然后放在干燥清洁的毛玻璃板上用手掌滚搓。手掌的压力要均匀地施加在土条上，不得使土条在毛玻璃上无力滚动。当土条搓至 3 mm 直径时，表面开始出现裂纹并断裂成数段，此时土条的含水量就是塑限。若土条搓至 3 mm 直径时，仍未出现裂纹和断裂，则表示此时试样的含水量高于塑限；若土条直径大于 3 mm 时，已出现裂纹和断裂，则表示试样的含水量低于塑限。遇此两种情况，均应重取试样进行试验。

由于搓条法采用手工操作，人为因素影响较大，故成果不稳定，因而常常将滚搓法与碟式液限仪法配套使用。

③ 液限、塑限联合测定法。该方法是根据圆锥仪的圆锥入土深度与其相应的含水量在双对数坐标上具有线性关系的特性来进行测定的。利用圆锥质量为 76 g 的液、塑限联合测定仪进行测定，如图 1-21 所示。

测定时，将土调成不同含水量的试样（制备 3 份不同稠度的试样，试样的含水量分别为接近液限、塑限和两者的中间状态），先后分别装满盛土杯，刮平杯口表面，将 76 g 质量的圆锥仪放在试样表面中心，使其在重力作用下徐徐沉入试样，测定圆锥仪在 5 s 时下沉的深度和相应的含水量，然后以含量为横坐标，圆锥下沉深度为纵坐标，绘于双对数坐标纸上，将测得的 3 点连成直线，如图 1-22 所示。由含水量与圆锥下沉深度关系曲线，可在图上查得圆锥下沉深度为 17 mm 所对应的含水量即为液限 ω_L，查得圆锥下沉深度为 2 mm 所对应的含水量为塑限 ω_P，取值以百分数表示，准确至 0.1%。下沉 2 mm 对应的含水量即为塑限。

（4）塑性指数 I_P 与液性指数 I_L。

① 塑性指数 I_P。

可塑性是黏性土区别于无黏性土的重要特征。可塑性的大小用土处于可塑状态的含水量变化范围，即塑性指数来衡量，即

$$I_P = \omega_L - \omega_P \qquad (1-23)$$

(a)实物图片

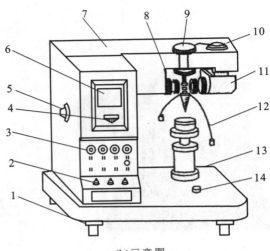
(b)示意图

图 1-21　光电式液、塑限联合测定仪

1—水平调节螺丝；2—控制开关；3—指示灯；4—零线调节螺丝；5—反光镜调节螺丝；6—显示屏；7—机壳；
8—物镜调节螺丝；9—电磁铁装置；10—光源调节装置；11—光源；12—圆锥仪；13—升降台；14—水平泡

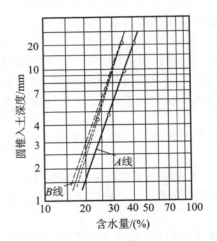

图 1-22　圆锥入土深度与含水量关系图

塑性指数习惯上用不带百分号的数值表示。塑性指数越大，则土处于可塑状态的含水量范围越大，土的可塑性就越好。也就是说，塑性指数的大小与土可能吸附的结合水的多少有关，一般土中黏粒含量越高或矿物成分吸水能力越强，则塑性指数越大。《规范》用 I_P 作为黏性土与粉土的定名标准。

② 液性指数 I_L。

液性指数是指黏性土的天然含水量与塑限的差值和塑性指数之比。它是表示天然含水量与界限含水量相对关系的指标，反映黏性土天然状态的软硬程度，又称为相对稠度，其表达式为

$$I_L = \frac{\omega - \omega_P}{I_P} = \frac{\omega - \omega_P}{\omega_L - \omega_P} \tag{1-24}$$

可塑状态土的液性指数 I_L 在 0 到 1 之间，I_L 越大，表示土越软；I_L 大于 1 的土处于流动状态；

I_L 小于 0 的土则处于固体状态或半固体状态。建筑工程中将液性指数 I_L 用作确定黏性土承载力的重要指标。

《规范》按 I_L 的大小将黏性土划分为 5 种软硬状态,如表 1-10 所示。

表 1-10　黏性土软硬状态的划分

液性指数	$I_L \leqslant 0$	$0 < I_L \leqslant 0.25$	$0.25 < I_L \leqslant 0.75$	$0.75 < I_L \leqslant 1.0$	$I_L > 1.0$
状态	坚硬	硬塑	可塑	软塑	流塑

(5)灵敏度 S_t。

天然状态的黏性土通常都具有一定的结构性,当受到外来因素的扰动时,其结构破坏,强度降低,压缩性增大。土的结构性对强度的这种影响通常用灵敏度来衡量。原状土无侧限抗压强度与原土结构完全破坏的重塑土(含水量与密度不变)的无侧限抗压强度之比称为土的灵敏度 S_t,即

$$S_t = \frac{q_u}{q'_u} \tag{1-25}$$

式中:q_u——原状土的无侧限抗压强度,kPa;

q'_u——重塑土的无侧限抗压强度,kPa。

根据灵敏度的大小,可将黏性土分为低灵敏($1.0 < S_t \leqslant 2.0$)、中灵敏($2.0 < S_t \leqslant 4.0$)和高灵敏($S_t > 4.0$)三类。土体灵敏度越高,其结构性越强,受扰动后强度降低越多,所以在施工时应特别注意保护基槽,尽量减少对土体的扰动(如人为践踏基槽)。

黏性土的结构受到扰动后,强度降低。但静置一段时间后,土的强度会逐渐增长,这种性质称为土的触变性。这是由于土粒、离子和水分子体系随时间而逐渐趋于新的平衡状态之故。例如,在黏性土地基中打桩时,桩周土的结构受到破坏而强度降低,而打桩停止后,土的强度会部分恢复,所以打桩时要"一气呵成",才能进展顺利,提高工效。

三、任务实施

例 1-2　某工程地基勘察中,一个钻孔原状土试样试验结果为:土的密度 $\rho = 1.95 \text{ g/cm}^3$,含水量 $\omega = 26.1\%$,土粒比重 $d_s = 2.72$。求其余 6 个物理性质指标。

解　(1)孔隙比 $e = \dfrac{d_s(1+\omega)\rho_\omega}{\rho} - 1 = \dfrac{2.72(1+0.261)}{1.95} - 1 = 0.759$

(2)孔隙率　$n = \dfrac{e}{1+e} \times 100\% = \dfrac{0.759}{1+0.759} \times 100\% = 43.1\%$

(3)饱和度　$S_r = \dfrac{\omega d_s}{e} \times 100\% = \dfrac{0.261 \times 2.72}{0.759} \times 100\% = 94\%$

(4)干密度　$\rho_d = \dfrac{\rho}{1+\omega} = \dfrac{1.95}{1+0.261} \text{ g/cm}^3 = 1.55 \text{ g/cm}^3$

(5)饱和密度　$\rho_{sat} = \dfrac{(d_s+e)\rho_\omega}{1+e} = \dfrac{(2.72+0.759) \times 1}{1+0.759} \text{ g/cm}^3 = 1.98 \text{ g/cm}^3$

(6)有效密度　$\rho' = \rho_{sat} - \rho_\omega = (1.98 - 1) \text{ g/cm}^3 = 0.98 \text{ g/cm}^3$

例1-3 某土样经试验测得体积为 100 cm³，湿土质量为 187 g，烘干后，干土质量为 167 g。若土粒的相对密度 d_s 为 2.66，求该土样的含水量 ω、密度 ρ、重度 γ、干重度 γ_d、孔隙比 e、饱和重度 γ_{sat} 和有效重度 γ'。

解 （1）含水量 $= \dfrac{m_\omega}{m_s} \times 100\% = \dfrac{187-167}{167} = 11.98\%$

（2）密度 $\qquad\qquad\qquad \rho = \dfrac{m}{V} = \dfrac{187}{100}$ g/cm³ $= 1.87$ g/cm³

（3）重度 $\qquad\qquad\qquad \gamma = \rho g = 1.87 \times 10$ kN/m³ $= 18.7$ kN/m³

（4）干重度 $\qquad\qquad \gamma_d = \rho_d g = \dfrac{167}{100} \times 10$ kN/m³ $= 16.7$ kN/m³

（5）孔隙比 $\qquad e = \dfrac{d_s(1+\omega)\rho_\omega}{\rho} - 1 = \dfrac{2.66(1+0.1198)}{1.87} - 1 = 0.593$

（6）饱和重度 $\quad \gamma_{sat} = \dfrac{d_s + e}{1+e}\gamma_\omega = \dfrac{2.66+0.593}{1+0.593} \times 10$ kN/m³ $= 20.4$ kN/m³

（7）有效重度 $\quad \gamma' = \gamma_{sat} - \gamma_\omega = (20.4-10)$ kN/m³ $= 10.4$ kN/m³

例1-4 某砂土土样的天然密度为 1.77 g/cm³，天然含水量为 9.8%，土粒相对密度为 2.67，烘干后测定最小孔隙比为 0.461，最大孔隙比为 0.943，试求天然孔隙比 e 和相对密度 D_r，并评定该砂土的密实度。

解 由题意可知

$$\rho = \frac{m}{V} = 1.77, \qquad \omega = \frac{m_\omega}{m_s} = 0.098, \qquad d_s = \frac{m_s}{V_s} = 2.67$$

令 $V_s = 1$ cm³，则

$$m_s = 2.67, \qquad m_\omega = 0.262, \qquad m = m_s + m_\omega = 2.932, \qquad V = 2.932/1.77 = 1.656$$

所以

$$e = \frac{V_v}{V_s} = \frac{1.656-1}{1} = 0.656$$

$$D_r = \frac{e_{max} - e}{e_{max} - e_{min}} = 0.595$$

可知 $0.33 \leqslant D_r \leqslant 0.67$，故该砂土处于呈中密状态。

例1-5 从某地基取原状土样，测得土的液限为 37.4%，塑限为 23.0%，天然含水量为 26.0%，问地基土处于何种状态？

解 已知 $\omega_L = 37.4\%$，$\omega_P = 23.0\%$，$\omega = 16.0\%$

$$I_P = \omega_L - \omega_P = 37.4 - 23 = 14.4$$

$$I_L = \frac{\omega - \omega_P}{I_P} = \frac{26-23}{14.4} = 0.21$$

可知 $0 < I_L \leqslant 0.25$，故该地基土处于硬塑状态。

四、任务小结

1. 土的物理性质指标

（1）通过试验直接测定的指标：土的密度 ρ、土粒比重 d_s 和含水量 ω。

（2）间接换算的指标：ρ_d、ρ_{sat}、ρ'、e、n、S_r。

2. 土的物理状态指标

（1）无黏性土的密实度：衡量砂土密实度的方法有孔隙比确定法、相对密实度法和《规范》采用的现场标准贯入试验法；衡量碎石土密实度的方法有《规范》采用的适用于卵石、碎石、圆砾、角砾的重型圆锥动力触探锤击法和适用于碎石土的野外鉴别方法。

（2）黏性土的稠度的指标如下。

① 黏性土的界限含水量（液限 ω_L、塑限 ω_P、缩限 ω_S）以及 ω_L、ω_P 的测定方法。界限含水量均以百分数表示。它对黏性土的分类及工程性质的评价有重要意义。

② 塑性指数 I_P。《规范》用 I_P 作为黏性土与粉土的定名标准。

③ 液性指数 I_L。反映黏性土天然状态的软硬程度，又称相对稠度。建筑工程中将液限指数 I_L 用作确定黏性土承载力的重要指标。《规范》按 I_L 的大小将黏性土划分为 5 种软硬状态——坚硬、硬塑、可塑、软塑、流塑。

五、拓展提高

黏性土中含水量的变化不仅引起土稠度发生变化，也同时引起土的体积发生变化。黏性土由于含水量的增加，土体体积增大的性能称为膨胀性；由于含水量的减少，体积减小的性能称为收缩性。这种湿胀干缩的性质，统称为土的胀缩性。膨胀、收缩等特性是说明土与水作用时的稳定程度，故又称土的抗水性。

土的膨胀可造成基坑隆起、坑壁拱起或边坡的滑移、道路翻浆；土体积的收缩时常伴随着产生裂隙，从而增大了土的透水性，降低了土的强度和边坡的稳定性。因此，研究土的胀缩性对工程建筑物的安全和稳定具有重要意义。另外，还可利用细粒土的膨胀特性，将其作为填料或灌浆材料来处理裂隙。

对土吸水膨胀、失水收缩的原因，有多种解释。但多数认为，主要是黏粒与水作用后，由于双电层的形成，使扩散层或弱结合水厚度变化所引起的；或者是由于某些亲水性较强的黏土矿物（如蒙脱石）层间结合水的吸入或析出所致。

六、拓展练习

1. 在土的三相比例指标中，哪些指标是直接测定的？其余指标如何导出？

2. 无黏性土最重要的物理状态指标是什么？用孔隙比、相对密实度和标准贯入试验锤击数 N 来划分密实度各有何优缺点？

3. 黏性土最重要的物理特征是什么？什么是液限？什么是塑限？

4. 一办公楼地基土样，用体积为 100 cm³ 的环刀取样试验，用天平加湿土的质量为 241.0 g，环刀质量为 55.0 g，烘干后土样质量为 162.0 g，土粒比重为 2.70。计算该土样的含水量、饱和度、孔隙比、孔隙率、天然密度、饱和密度、浮密度和干密度，并比较各种密度的大小？

5. 用体积为 72 cm³ 的环刀取得某原状土样重为 129.5 g，烘干后土样质量为 121.5 g，土粒比重为 2.70。计算该土样的含水量、饱和度、孔隙比、重度、饱和重度、浮重度和干重度。

6. 某住宅工程地质勘察中取原状土做试验。用天平称 50 cm³ 湿土质量为 95.15 g，烘干后质量为 75.05 g，土粒比重为 2.67。计算此土样的天然密度、干密度、饱和密度、有效密度、天然含水量、孔隙比、孔隙率和饱和度。

7. 已知某土样的土粒比重为 2.72，孔隙比为 0.95，饱和度为 0.37。若将此土样的饱和密度提高到 0.90 时，每 1 m³ 的土应加多少水？

8. 某土样处于完全饱和状态，土粒比重为 2.68，含水量为 32%，试求该土样的孔隙比和重度？

9. 某湿土样重 180 g，已知其含水量为 18%，现需制备含水量为 25% 的土样，需加水多少？

10. 某黏性土的含水量 $\omega = 36.4\%$，液限 $\omega_L = 48\%$，塑限 $\omega_P = 35.4\%$，试求：①计算该土的塑性指数 I_p；②根据塑性指数确定该土的名称；③计算该土的液性指数 I_L；④按液性指数指定土的状态。

任务 3 土的工程分类

一、任务介绍

自然界中土的种类很多，工程性质各异。为了便于研究，需要按其主要特征进行分类。任何一种土的分类体系，其目的无非是想提供一种通用的鉴别标准，以便在不同土类之间可作有价值的比较、评价，以及积累和交流经验。为了能够具有通用性，这种分类体系首先应当是简明的，而且尽可能直接与土的工程性质相联系。可惜，土的分类法不仅各国尚未统一，就连一个国家的各个部门也都制定了结合本行业的特点的分类体系。本任务主要介绍《建筑地基基础设计规范》（GB 50007—2011）分类方法。

二、理论知识

地基土（岩）的工程分类是指根据分类用途和土（岩）的各种性质的差异将其划分为一定的类别，其意义在于根据分类名称可以大致判断土（岩）的工程特性，评价土（岩）作为建筑材料的适宜性以及结合其他指标来确定地基的承载力等。根据《建筑地基基础设计规范》（GB 50007—2011）中的分类方法，作为建筑地基的岩土，可分成岩石、碎石土、砂土、粉土、黏性土和人工填土六大类。

1. 岩石

1) 定义
岩石是指颗粒间牢固连接，形成整体或具有节理裂隙的岩体。

2）分类

（1）根据其成因分为岩浆岩、沉积岩和变质岩。

（2）根据其坚硬程度划分为坚硬岩、较硬岩、较软岩、软岩和极软岩，如表 1-11 所示。

表 1-11　岩石坚硬程度的划分

坚硬程度类别	坚硬岩	较硬岩	较软岩	软岩	极软岩
饱和单轴抗压强度标准值 f_{rk}/MPa	$f_{rk} > 60$	$60 \geqslant f_{rk} > 30$	$30 \geqslant f_{rk} > 15$	$15 \geqslant f_{rk} > 5$	$f_{rk} \leqslant 5$

当缺乏饱和单轴抗压强度资料或不能进行该项试验时，可在现场通过观察定性划分，划分标准如表 1-12 所示。

表 1-12　岩石坚硬程度的定性划分

名　称		定性鉴定	代表性岩石
硬质岩	坚硬岩	锤击声清脆，有回弹，震手，难击碎；基本无吸水反应	未风化或微风化的花岗岩、闪长岩、辉绿岩、玄武岩、安山岩、片麻岩、石英岩、硅质砾岩、石英砂岩、硅质石灰岩等
	较硬岩	锤击声较清脆，有轻微回弹，稍震手，较难击碎；有轻微吸水反应	1. 微风化的坚硬岩； 2. 未风化或微风化的大理岩、板岩、石灰岩、钙质砂岩等
软质岩	较软岩	锤击声不清脆，无回弹，较易击碎；指甲可刻出印痕	1. 中风化的坚硬岩和较硬岩； 2. 未风化或微风化的凝灰岩、千枚岩、砂质泥岩、泥灰岩等
	软岩	锤击声哑，无回弹，有凹痕，易击碎；浸水后，可捏成团	1. 强风化的坚硬岩和较硬岩； 2. 中风化的较软岩； 3. 未风化或微风化的泥质砂岩、泥岩等
极软岩		锤击声哑，无回弹，有较深凹痕，手可捏碎；浸水后，可捏成团	1. 风化的软岩； 2. 全风化的各种岩石； 3. 各种半成岩

（3）根据风化程度分为未风化、微风化、中风化、强风化和全风化，如表 1-13 所示。

表 1-13　岩石按风化程度分类

风化程度	坚硬程度分类	
	硬质岩石	软质岩石
	野　外　特　征	
未风化	岩质新鲜，未见风化痕迹	岩质新鲜，未见风化痕迹
微风化	组织结构基本未变，仅节理面有铁锰质渲染或矿物略有变色，有少量风化裂隙	组织结构基本未变，仅节理面有铁锰质渲染或矿物略有变色，有少量风化裂隙

风化程度	坚硬程度分类	
	硬质岩石	软质岩石
	野 外 特 征	
中等风化	组织结构部分破坏,矿物成分基本未变化,仅沿节理面出现次生矿物。风化裂隙发育,岩体被切割成 20~50 cm 的岩块。锤击声脆且不易击碎;不能用镐挖掘,用岩芯钻方可钻进	组织结构部分破坏,矿物成分发生变化,节理面附近的矿物已风化成土状。风化裂隙发育。岩体被切割成 20~50 cm 的岩块。锤击易碎,用镐难挖掘。用岩芯钻方可钻进
强风化	组织结构已大部分破坏,矿物成分已显著变化。长石、云母已风化成次生矿物。风化裂隙很发育,岩体破碎。岩体被切割成 2~20 cm 的岩块,可用手折断。用镐可挖掘,干钻不易钻进	组织结构已大部分破坏,矿物成分已显著变化,含大量黏土质黏土矿物。风化裂隙很发育,岩体被切割成碎块,干时可用手折断或捏碎,浸水或干湿交替时可较迅速地软化或崩解。用镐或锹可挖掘,干钻可钻进
全风化	组织结构已基本破坏,但尚可辨认,并且有微弱的残余结构强度,可用镐挖,干钻可钻进	组织结构已基本破坏,但尚可辨认,并且有微弱的残余结构强度,可用镐挖,干钻可钻进

（4）按岩体的完整性划分。岩体还可根据完整性指数划分其完整程度,如表 1-14 所示。

表 1-14　岩石按完整程度划分

完整程度等级	完整	较完整	较破碎	破碎	极破碎
完整性指数	>0.75	0.75~0.55	0.55~0.35	0.35~0.15	<0.15

当缺乏试验数据时,可按表 1-15 判断其完整程度。

表 1-15　岩体完整程度判定标准

名　称	结构面组数	结构面平均间距/m	代表性结构类型
完整	1~2	>1.0	整体状结构
破碎	2~3	0.4~1	块状结构
极破碎	>3	0.2~0.4	镶嵌状结构
破碎	>3	<0.2	破碎状结构
极破碎	无序	—	散体状结构

3）工程性质

微风化的硬质岩石为最优良的地基;强风化的软质岩石工程性质差,这类地基的承载力不如一般卵石地基承载力高。

2. 碎石土

1）定义

碎石土是指粒径大于 2 mm 的颗粒含量超过全重 50％的土。

2）分类

根据土的粒径级配中各粒组含量和颗粒形状,分为漂石、块石、卵石、碎石、圆砾和角砾,如表 1-16 所示。

表 1-16　碎石土的分类

土的名称	颗粒形状	粒组含量
漂石 块石	圆形及亚圆形为主 棱角形为主	粒径大于 200 mm 的颗粒含量超过全重的 50％
卵石 碎石	圆形及亚圆形为主 棱角形为主	粒径大于 20 mm 的颗粒含量超过全重的 50％
圆砾 角砾	圆形及亚圆形为主 棱角形为主	粒径大于 2 mm 的颗粒含量超过全重的 50％

注:分类时应在粒组含量栏中按从上到下的顺序确定最先符合者。

3）工程性质

常见的碎石土强度大,压缩性小,渗透性大,为优良地基。其中,密实碎石土为优等地基;中密碎石土为优良地基;稍密碎石土为良好地基。

4）碎石土的现场鉴别

碎石土的现场鉴别方法见表 1-17。

表 1-17　碎石土现场鉴别方法

类别	土的名称	观察颗粒粗细	干燥时的状态	湿润时拍击状态	黏着程度
碎石土	卵（碎）石	一半以上的粒径超过 20 mm	颗粒完全分散	表面无变化	无黏着感
	圆（角）砾	一半以上的粒径超过 2 mm（小高粱粒大小）	颗粒完全分散	表面无变化	无黏着感

3. 砂土

1）定义

砂土是指粒径大于 2 mm 的颗粒含量不超过全重的 50％、粒径大于 0.075 mm 的颗粒含量超过全重的 50％的土。

2）分类

根据粒组含量，砂土可分为砾砂、粗砂、中砂、细砂和粉砂，如表1-18所示。

表1-18　砂土的分类

土 的 名 称	粒 组 含 量
砾　砂	粒径大于 2 mm 的颗粒含量占全重的 25％～50％
粗　砂	粒径大于 0.5 mm 的颗粒含量超过全重的 50％
中　砂	粒径大于 0.25 mm 的颗粒含量超过全重的 50％
细　砂	粒径大于 0.075 mm 的颗粒含量超过全重的 85％
粉　砂	粒径大于 0.075 mm 的颗粒含量超过全重的 50％

注：分类时应在粒组含量栏中按从上到下的顺序确定最先符合者。

3）工程性质

（1）密实与中密状态的砾砂、粗砂、中砂为优良地基；稍密状态的砾砂、粗砂、中砂为良好地基。

（2）粉砂与细砂要具体分析：密实状态时为良好地基；饱和疏松状态时为不良地基。

4）砂土的现场鉴别

砂土的现场鉴别方法见表1-19。

表1-19　砂土分类现场鉴别方法

特　征	砾　砂	粗　砂	中　砂	细　砂	粉　砂
颗粒粗细	约有 25％以上的颗粒接近或超过高粱米（大于 2 mm）	约有 50％以上的颗粒接近或超过细小米粒大小（大于 0.5 mm）	约有 50％以上的颗粒接近或超过鸡冠花籽粒大小（近似大于 0.25 mm）	颗粒粗细程度较精制食盐稍粗，与粗玉米粉相当（大于 0.1 mm）	颗粒粗细程度较精制食盐稍细，与小米粉相当（大部分颗粒呈粉状）
干燥时的状态	颗粒完全分散	颗粒绝大部分分散，个别胶结	颗粒基本分散，部分胶结，一碰即散	颗粒大部分分散，少量胶结，胶结部分稍加碰撞即散	颗粒少部分分散，大部分胶结，稍加压即散
湿润时用手拍后的状态	表面无变化	表面无变化	表面偶有水印	表面有水印（翻浆）	表面有显著翻浆现象
黏着感	无黏着感	无黏着感	无黏着感	偶有轻微黏着感	有轻微黏着感

4. 粉土

1）定义

粉土是指粒径大于 0.075 mm 的颗粒含量不超过全重的 50％，并且塑性指数 $I_P \leqslant 10$ 的土。

2）分类

粉土的性质介于砂土和黏性土之间。砂粒含量较多的粉土,地震时可能产生液化,类似于砂土的性质。黏粒含量较多(＞10％)的粉土不会液化,性质近似于黏性土。而西北一带的黄土,颗粒成分以粉粒为主,砂粒和黏粒含量都很低。因此,将粉土细分为亚类是符合工程需要的。但目前,由于经验积累的不同和认识上的差别,尚难确定一个能被普遍接受的划分亚类标准。

3）工程性质

密实的粉土为良好地基;饱和稍密的粉土,地震时易产生液化,为不良地基。

4）粉土的现场鉴别

粉土的现场鉴别方法见表1-20。

表 1-20　粉土的现场鉴别

鉴别方法	粉　　　　土
湿润时用刀切	无光滑面,切面比较粗糙
用手捻摸时的感觉	感觉有细颗粒存在或感觉粗糙,有轻微黏滞感或无黏滞感
黏着程度	一般不黏着物体,干燥后一碰就掉
湿土搓条情况	能搓成2～3 mm的土条
干土的性质	用手很易捏碎
光泽反应	土面粗糙
摇震试验	出水或消失都很迅速
韧性试验	不能再揉成土团后重新搓条
干强度试验	易于用手指捏碎和碾成粉末

5. 黏性土

1）定义

黏性土是指塑性指数 $I_P > 10$ 的土。

2）分类

根据塑性指数大小,黏性土分为黏土和粉质黏土,当 $10 < I_P \leqslant 17$ 时为粉质黏土,当 $I_P > 17$ 时为黏土。

黏性土的工程性质受土的成因、生成年代的影响很大,不同成因和年代的黏性土,即使某些物理性质指标很接近,但其工程性质可能相差很悬殊。因此《岩土工程勘察规范》按土的沉积年代将黏性土分为老黏性土(第四纪晚更新世 Q_3 及其以前沉积的黏性土)、一般黏性土(第四纪全新世 Q_4 沉积的黏性土)和新近沉积黏性土(文化期以来新近沉积的黏性土)。

3）工程性质

黏性土的工程性质与其含水量的大小密切相关。密实硬塑的黏性土为优良地基;疏松流塑状态的黏性土为软弱地基。

4）黏性土的现场鉴别

黏性土的现场鉴别方法见表1-21。

表 1-21　黏性土的现场鉴别

鉴别方法	分　类	
	黏　土	粉质黏土
湿润时用刀切	切面非常光滑,刀刃有黏腻的阻力	稍有光滑面,切面规则
用手捻摸时的感觉	湿土用手捻摸有滑腻感,当水分较大时极易黏手,感觉不到有颗粒的存在	仔细捻摸感觉到有少量细颗粒,稍有滑腻感,有黏滞感
黏着程度	湿土极易黏着物体(包括金属与玻璃),干燥后不易剥去,用水反复洗才能去掉	能黏着物体,干燥后较易剥掉
湿土搓条情况	能搓成小于 0.5 mm 的土条(长度不短于手掌),手持一端不易断裂	能搓成 0.5～2 mm 的土条
干土的性质	坚硬,类似陶器碎片,用锤击方可打碎,不易击成粉末	用锤易击碎,用手难捏碎
光泽反应	土面有油脂光泽	土面光滑但无光泽
摇震试验	没有反应	反应很慢或基本没有反应
韧性试验	能再揉成土团后重新搓条,手捏不碎	可以再揉成土团,但手捏即碎
干强度试验	捏不碎,抗折强度大,断后有棱角,断口光滑	用力才能捏碎,容易折断

6. 人工填土

1）定义

人工填土是指由于人类活动而堆积的土。其成分复杂,均质性差。

2）分类

根据人工填土的组成与成因分为素填土、压实填土、杂填土和冲填土四类,如表 1-22 所示。

表 1-22　人工填土按组成物质分类

土的名称	组成物质
素填土	由碎石土、砂土、粉土、黏性土等组成
压实填土	经过压实或夯实的素填土
杂填土	含有建筑物垃圾、工业废料、生活垃圾等杂物
冲填土	由水力冲填泥沙形成

根据人工填土的堆积年代分为老填土和新填土。通常黏性土堆填时间超过 10 年,粉土堆填时间超过 5 年的称为老填土;黏性土堆填时间少于 10 年,粉土堆填时间少于 5 年的称为新填土。

3）工程性质

通常人工填土的工程性质不良,强度低,压缩性大且不均匀。其中,压实填土相对较好。杂填土因成分复杂,平面与立面分布很不均匀、无规律,工程性质较差。

7. 特殊土

特殊土是指在特定的地理环境下形成的具有特殊性质的土。它的分布一般具有明显的区域性,包括淤泥、淤泥质土、红黏土、湿陷性土、膨胀土、多年冻土等。

1）淤泥和淤泥质土

在静水或缓慢的流水环境中沉积,并经生物化学作用形成,其天然含水量大于液限($\omega > \omega_L$),天然孔隙比 $e \geq 1.5$ 的黏性土为淤泥;天然含水量大于液限($\omega > \omega_L$),而天然孔隙比 $1.0 \leq e < 1.5$ 的黏性土或粉土为淤泥质土。

工程性质:压缩性高、强度低、透水性低,为不良地基。

2）红黏土和次生红黏土

红黏土和次生红黏土为碳酸盐岩系的岩石经红土化作用形成的高塑性黏土。红黏土的液限 ω_L 一般大于 50,红黏土经再搬运后仍保留其基本特征。液限 ω_L 大于 45 的土为次生红黏土。

工程性质:强度高、压缩性低、上硬下软,具有明显的收缩性。

3）湿陷性土

浸水后产生附加沉降,其湿陷系数大于或等于 0.015 的土。根据上覆土自重压力下是否发生湿陷变形,可划分为自重湿陷性土和非自重湿陷性土。

4）膨胀土

膨胀土中黏粒成分主要由亲水性矿物组成,同时具有显著的吸水膨胀和失水收缩特性。膨胀土为自由膨胀率大于或等于 40% 的黏性土。

5）多年冻土

多年冻土是指土的温度等于或低于摄氏零度、含有固态水,并且这种状态在自然界连续保持 3 年或 3 年以上的土。当自然条件改变时,会产生冻胀、融陷、热融滑塌等特殊不良地质现象及发生物理力学性质的改变。

三、任务实施

例 1-6 某土样,测定其土粒比重 $d_s = 2.73$,天然密度 $\rho = 20.9 \text{ kN/m}^3$,含水量 $\omega = 24.2\%$,液限 $\omega_L = 34\%$,塑限为 $\omega_P = 19.8\%$。试确定:(1)土的干密度;(2)土的名称和软硬状态。

解 (1) 土的干密度。

$$\rho_d = \frac{\rho}{1+\omega} = \frac{20.9}{1+0.242} \text{ kN/m}^3 = 16.83 \text{ kN/m}^3$$

(2) 土的塑性指数。

$$I_P = \omega_L - \omega_P = 34 - 19.8 = 14.2$$

可知 $10 < I_P < 17$,故该土为粉质黏土。

（3）土的液性指数。

$$I_L=\frac{\omega-\omega_P}{\omega_L-\omega_P}=\frac{24.2-19.8}{34-19.8}=0.31$$

可知：$0.25<I_L<0.75$，故该土处于可塑状态。

例 1-7　某砂土，标准贯入试验锤击数 $N_{63.5}=28$，土样筛分试验结果如表 1-23 所示，试确定该土的名称和状态。

表 1-23　例 1-7 中土样筛分试验结果

筛孔直径/mm	20	2	0.5	0.25	0.075	＜0.075（底盘）	总计
留筛土重/g	0	30	120	160	150	40	500
占全部土重的百分比/（%）	0	6	24	32	30	8	100
大于某筛孔径的土重百分比/（%）	0	6	30	62	92		

解　按照定名时以粒组含量由大到小最先符合者为准的原则确定。

粒径大于 0.25 mm 的颗粒占全部土重的百分数为 62%，大于 50%。同时，按表 1-14 排列的名称顺序又是第一个适合规定的条件，所以将该砂土定名为中砂。

四、任务小结

粗粒土（粒径大于 0.075 mm）按各粒组含量和颗粒形状分类；细粒土（粒径小于 0.075 mm）按塑性指数分类。但需注意黏性土的工程性质受土的成因、生成年代的影响很大。

地基土（岩）的分类方法很多，我国不同行业根据其用途对土采用各自的分类方法。作为建筑地基的岩土，可分成岩石、碎石土、砂土、粉土、黏性土和人工填土六大类。

五、拓展提高

从分类体系讲，国外存在两种主要的分类体系。这两种分类体系的共同点是：对粗粒土按粒度成分来分类；对细粒按土的阿太堡界限来分类。其主要区别是：第一种分类体系对粗粒土按大于某一粒径的百分含量超过某一界限值来定名，并按从粗到细的顺序以最先符合为准，对细粒土按塑性指数分类；第二种分类体系对粗粒土根据两个粒组相对含量的多少，以含量多的来定名，对细粒土按塑性图分类。第一种分类体系的代表是苏联的土分类方法，第二种分类体系的代表是美国 ASTM 的统一分类法。

第一种分类体系中，土分为以下三个大类。

① 大块碎石类土　粒径大于 2 mm 的颗粒含量超过全重 50% 的土，再按颗粒级配和形状分为三个亚类，见表 1-24。

② 砂土　粒径大于 2 mm 的颗粒含量不超过 50%，并且塑性指数不大于 1 的土，再按颗粒级配分为五个亚类，见表 1-25。

③ 黏性土　塑性指数 $I_P>1$ 的土，按 I_P 值大小分为三个亚类，见表 1-26。

表 1-24　苏联大块碎石类土的分类

土的名称	颗粒级配	附　　注
漂石（块石）	粒径大于 200 mm 颗粒超过全重的 50%	定名时应根据粒径从大到小的顺序以最先符合者定名
卵石（砾石）	粒径大于 20 mm 的颗粒超过全重的 50%	
圆砾（角砾）	粒径大于 2 mm 的颗粒超过全重的 50%	

表 1-25　苏联砂土的分类

土的名称	颗粒级配
砾　砂	粒径大于 2 mm 的颗粒占全重的 25～50%
粗　砂	粒径大于 0.5 mm 的颗粒超过全重的 50%
中　砂	粒径大于 0.25 mm 的颗粒超过全重的 50%
细　砂	粒径大于 0.1 mm 的颗粒超过全重的 75%
粉　砂	粒径大于 0.1 mm 的颗粒不超过全重的 75%

注：定名时应根据粒径从大到小的顺序，以最先符合者定名。

表 1-26　苏联黏性土的分类

土的名称	塑性指数 I_P
黏土	$I_P > 17$
亚黏土	$10 < I_P \leqslant 17$
亚砂土	$1 < I_P \leqslant 10$

　　这一分类体系的主要优点是简单明了，易于掌握，全部土类只有十一个亚类，在此基础上可再根据成因、年代、有机质含量和其他特性进一步描述，或者在基本土名前冠以定语，如淤泥质黏土等。对于由洪积、冲积形成的，以及分选性较好的土层，这种分类方法能反映土的主要特征，满足各类建筑地基的评价与设计的要求。但对于残积土及分选性较差的土层，这个分类法只反映了主要粒组的影响，而不能评价其他粒组的影响，特别对于用作材料的土，其级配特征不能全面描述，难以满足评价土石料的要求。对于细粒土，如用以评价成分和成因非常特殊的土，也过于简单而不能反映更多的特性。同时，这个分类体系在某些划分界限上不尽妥当，如砂土与黏性土的划分界限、亚砂土定名等。

　　第二种分类体系的特点是逻辑性强，按二分法从粗到细来逐步分类。第一步，按 200 号筛或下侧定名为黏质砾石（或砂）或粉质砾石（或砂），见表 1-27。对细粒土，按是否是在 A 线下侧区分为有机土或无机土，对无机土用 A 线划分为黏土或粉土，见表 1-28 和图 1-23。这种分类的方法能比较全面地考虑粒径级配情况和次要粒组的影响，特别适用于作为材料用土的评价，也适用于残坡积土，但分类的类别太多。尽管 ASTM 的分类是这种体系中最简单的分类法，但粗粒土一共至少有 18 个类别。即使如此，有时还感到太粗，无法对某些土加以区分，如砾粗中砂和粉细砂的性质有明显差异，但按这种分类方法无法区分开来。又如卵石和圆砾也是不同的，但也不能加以区别开来。

表 1-27   ASTM 粗粒土（过 200 号筛余量大于 50％）分类

土的分类及符号			分类标准		
			4 号筛余量	过 200 号筛量	级配或细粒部分情况
砾石	纯砾石	级配好的砾石 GW	>50％	<5％	$C_u>4$ 且 $C_c=1\sim3$
		级配不好的砾石 GP			不满足上述两条标准
	带细粒的砾石	粉质砾石 GM		12％～50％	A 线以下或 $I_P<4$
		黏质砾石 GC			A 线以上且 $I_P>7$
砂	纯砂	级配好的砂 SW	<50％	<5％	$C_u>6$ 且 $C_c=1\sim3$
		级配不好的砂 SP			不满足上述两条标准
	带细粒砂	粉质砂 SM		12％～50％	A 线以下或 $I_P<4$
		黏质砂 SC			A 线以上且 $I_P>7$

注：过 200 号筛量在 5％～12％或 A 线以上且 $4<I_P<7$ 时分类用二元符号。

表 1-28   ASTM 细粒土（200 号筛余量小于 50％）分类

土类	液限	符号	土的典型名称
低塑性黏土和粉土	$\omega_L\leqslant50\％$	ML	A 线以下，无机粉土，极细砂，岩粉，粉性土或黏土质细砂
		CL	A 线以上，低到中塑性无机黏土，含砾黏土，砂质黏土，粉质黏土
		OL	A 线以下，低塑性有机粉土和有机黏土质黏土
高塑性黏土和粉土	$\omega_L>50\％$	MH	A 线以下，无机粉土，云母质或含二价离子的细砂或粉土
		CH	A 线以上，高塑性无机黏土
		OH	A 线以下，中到高塑性无机黏土
高有机质土		PT	泥炭，污泥和其他高有机质土

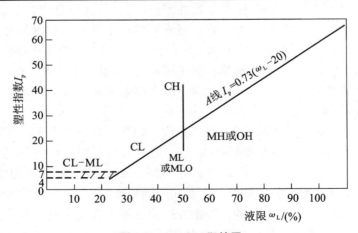

图 1-23   ASTM 塑性图

除了上述两种主要分类体系外，还有别的一些分类体系，如美国各州公路工作者协会（AASHTO）的分类方法，美国联邦航空管理局（FAA）的分类方法以及在美国和苏联应用很广的三角坐标分类法。这些分类法都有各自的特点,在一定范围内能行之有效地使用。有兴趣的读者可参阅相关参考书。

六、拓展练习

1. 地基土如何按照其工程性质进行分类?

2. 岩石按其成因可分为哪几类?其坚硬程度应如何划分?

3. 碎石土的定义及工程分类情况是怎样的?

4. 砂土的定义及工程分类情况是怎样的?

5. 黏土和粉质黏土应如何区分?

6. 什么是淤泥和淤泥质土?

7. 某黏性土的含水量 $\omega=36.4\%$,液限 $\omega_L=48\%$,塑限 $\omega_P=25.4\%$,试求:计算该土的塑性指数 I_p,根据塑性指数确定该土的名称;计算该土的液性指数 I_L;按液性指数确定土的状态。

8. 某砂土土样,其标准贯入试验锤击数 $N=20$,土样颗粒分析结果如下表所示,试求土的名称和状态。

粒径/mm	2~0.5	0.5~0.25	0.25~0.075	0.075~0.05	0.05~0.01	<0.01
粒组含量	5.6	17.5	27.4	24.0	15.5	10

9. 某无黏性土样,筛分结果如下表所示,试确定土的名称。

粒径/mm	<0.075	0.075~0.25	0.25~0.5	0.5~1	>1
粒组含量/(%)	6.0	34.0	45.0	12.0	3.0

项目 2
土中应力的计算

　　土体作为建筑的地基,承受着建筑物传来的荷载,而土体在荷载的作用下又将产生应力、变形,使建筑物发生沉降、倾斜、水平位移。土的变形过大时,往往会影响建筑物的安全使用。此外,土中应力过大时也会导致土的强度破坏,甚至使土体发生滑动、失去稳定。因此,在研究土的变形、强度及稳定性时,都必须先了解土中应力的分布规律,研究土中应力分布是土力学的重要内容之一。

　　本项目主要介绍自重应力、基底压力和附加应力的基本概念及它们的计算方法,为后面研究地基变形和稳定问题打下基础。

任务 1　土中自重应力

一、任务介绍

　　土的自重应力是由于土体自重产生的应力,是确定地基土体初始应力状态的基础。由于自重应力产生的时间较为久远,对地基产生的压缩变形过程早已结束,所以建造建筑物后地基不会因自重应力而产生变形,只有新沉积的欠固结土或人工填土,在土的自重作用下尚未固结,需要考虑土的自重应力引起的地基变形。本任务主要介绍土中自重应力的基本概念及其计算方法。

二、理论知识

　　在计算土中自重应力时,假设天然地面为一无限大的水平面,因而任一竖直面可视为对称面,对称面上的剪应力均为零。按照剪应力互等定理,可知任意水平面上的剪应力也等于零。

因此,竖直面和水平面上只有正应力(为主应力)存在,其中竖直面和水平面为主平面。

1. 竖向自重应力

1) 均匀土的自重应力

设地基中某单元体离地面的距离为 $z(\mathrm{m})$,土的天然重度为 $\gamma(\mathrm{kN/m^3})$,则该单元体上的竖向自重应力等于其单位面积上土柱的有效重量,如图 2-1(a)所示,即

$$\sigma_{cz} = \gamma z \tag{2-1}$$

式中:σ_{cz}——竖向自重应力,kPa;

γ——土的天然重度,$\mathrm{kN/m^3}$。

均质地基中,竖直向自重应力随深度的增加而增大,沿铅垂线的分布是一条向下倾斜的直线,如图 2-1(b)所示。

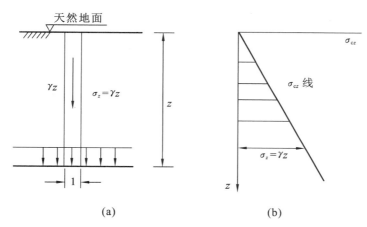

(a)   (b)

图 2-1 均质土自重应力的计算简图及分布

2) 成层土的自重应力

若地基是由几层不同天然重度的土层组成,则深度 z 处的自重应力为:

$$\sigma_{cz} = \gamma_1 z_1 + \gamma_2 z_2 + \cdots + \gamma_n z_n = \sum_{i=1}^{n} \gamma_i z_i \tag{2-2}$$

式中:n——地基中土的层数;

γ_i——第 i 层土的天然重度,$\mathrm{kN/m^3}$;

z_i——第 i 层土的厚度,m。

成层土地基中,竖直向自重应力也是随深度的增加而增大,但沿铅垂线的分布图是一条折线,转折点在不同土层的分界面上,如图 2-2 所示。

2. 水平向自重应力

在地面以下深度 z 处,由土的自重而产生的水平向应力 σ_{cx}、σ_{cy} 可用下式计算。

$$\sigma_{cx} = \sigma_{cy} = K_0 \sigma_{cz} \tag{2-3}$$

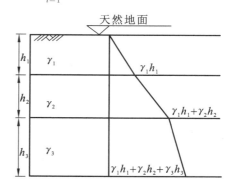

图 2-2 成层土自重应力的计算简图及分布

式中：K_0——土的侧压力系数（也称静止土压力系数）。

K_0是在侧限条件下，土中水平向有效应力与竖直向有效应力之比。K_0的大小与土的性质、结构和形成条件等有关，具体数值可通过室内或原位试验测定，对于正常固结黏土，可按下式计算。

$$K_0 \approx 1 - \sin\varphi' \tag{2-4}$$

式中：φ'——土的有效内摩擦角。

某些常见土的侧压力系数，可参考表 2-1 取值。

表 2-1　常见土侧压力系数参考值

松砂	0.40～0.45
密砂	0.45～0.50
密实填土	0.8～1.5
正常固结黏土	0.5～0.6
超固结黏土	1.0～4.0

3. 地下水对自重应力的影响

地下水位以下的土一般呈饱和状态，由于受到水的浮力作用，其自重应力会减小。

在计算自重应力时，地下水位以下的土采用有效重度计算。当地下水位下降时，在水位变化部分，无黏性土采用天然重度计算，黏性土因为透水性能不好，可采用饱和重度计算，计算结果偏于安全。

地下水位以下存在不透水层时（岩石或只含强结合水的坚硬黏土层可认为是不透水层），因为不透水层中不存在浮力作用，所以计算不透水层层面及其以下部分自重应力时，应取上覆土和水的总重，如图 2-3 所示。

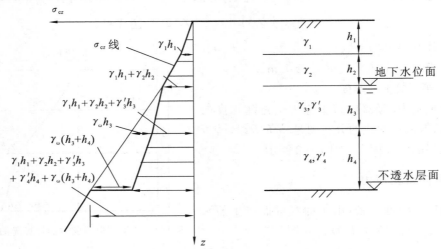

图 2-3　地基土自重应力的计算简图及分布

三、任务实施

例 2-1 有一多层地基,地质剖面如图 2-4(a)所示。试计算并绘制自重应力 σ_{cz} 沿深度的分布图。

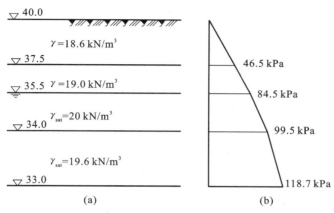

图 2-4 例 2-1 示意图

解 ① 37.5 处:$h_1 = 2.5$ m

$$\sigma_{cz} = \gamma_1 h_1 = 18.6 \times 2.5 \text{ kPa} = 46.5 \text{ kPa}$$

② 35.5 处:$h_2 = 2$ m

$$\sigma_{cz} = \gamma_1 h_1 + \gamma_2 h_2 = (46.5 + 19 \times 2) \text{ kPa} = 84.5 \text{ kPa}$$

③ 34.0 处:$h_3 = 1.5$ m

$$\sigma_{cz} = \gamma_1 h_1 + \gamma_2 h_2 + \gamma_3' h_3 = (84.5 + 10 \times 1.5) \text{ kPa} = 99.5 \text{ kPa}$$

④ 32.0 处:$h_4 = 2$ m

$$\sigma_{cz} = \gamma_1 h_1 + \gamma_2 h_2 + \gamma_3' h_3 + \gamma_4' h_4 = (99.5 + 9.6 \times 2) \text{ kPa} = 118.7 \text{ kPa}$$

自重应力 σ_{cz} 沿深度的分布图绘于图 2-4(b)中。

例 2-2 某工程地基第一层土为粉质黏土,厚 2 m,$\gamma = 17.5$ kN/m³,$\gamma_{sat} = 18.8$ kN/m³;第二层土为砂质黏土,厚 3 m,$\gamma_{sat} = 18.6$ kN/m³;第三层为不透水岩层,厚 2 m,$\gamma = 19.2$ kN/m³;地下水位在地表以下 1.0 m。计算地基中的自重应力,并绘制分布图。

解 A 点: $z = 0$

$$\sigma_{cz} = 17.5 \times 0 = 0$$

B 点: $z = 1$ m

$$\sigma_{cz} = 17.5 \times 1 \text{ kPa} = 17.5 \text{ kPa}$$

C 点: $z = 2$ m

$$\sigma_{cz} = [17.5 + (18.8 - 9.8) \times 1] \text{ kPa} = 26.5 \text{ kPa}$$

D 点: $z = 5$ m

第二层底面: $\sigma_{cz} = [26.5 + (18.6 - 9.8) \times 3] \text{ kPa} = 52.9 \text{ kPa}$

第三层顶面：$\sigma_{cz}=(52.9+9.8\times4)\ kPa=92.1\ kPa$

E 点： $z=7\ m$

$\sigma_{cz}=(92.1+19.2\times2)\ kPa=130.5\ kPa$

地基中的自重应力分布如图 2-5 所示。

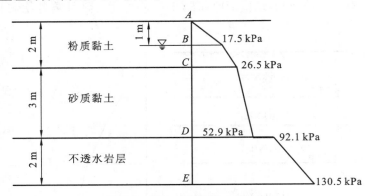

图 2-5 例 2-2 自重应力分布图

四、任务小结

（1）地基中任意一点竖向自重应力的计算公式如下。

$$\sigma_{cz}=\sum_{i=1}^{n}\gamma_i h_i$$

（2）地基中地面以下深度 z 处水平自重应力的计算公式如下。

$$\sigma_{cx}=\sigma_{cy}=K_0\sigma_{cz}$$

五、拓展提高

地下水位升降及填土对土中自重应力的影响

形成年代已久的天然土层在自重应力作用下的变形早已稳定，但当地下水位发生下降或土层为新近沉积，又或者地面有大面积人工填土时，土中的自重应力会增大，如图 2-6 所示。这时应考虑土体在自重应力增量作用下的变形（此处自重应力的增量部分属于附加应力）。

造成地下水位下降的原因主要是城市超量开采地下水及基坑开挖时的降水，其直接后果是导致地面下沉。地下水位下降后，新增加的自重应力会引起土体本身产生压缩变形。由于这部分自重应力的影响深度很大，故所引起的地面沉降往往是很可观的。我国相当一部分城市由于超量开采地下水，出现了地表大面积沉降、地面塌陷等严重问题。在进行基坑开挖时，若降水过深、时间过长，则常引起坑外地表下沉而导致邻近建筑物开裂、倾斜。解决这一问题的方法是：在坑外设置端部进入不透水层或弱透水层、平面上呈封闭状的截水帷幕或地下连续墙（防渗墙），以便将坑内外的地下水分隔开。此外，还可以在邻近建筑物的基坑一侧设置回灌沟或回灌井，通过水的回灌来维持邻近建筑物下方的地下水位不变。

地下水位上升也会带来一些不利影响。在人工抬高蓄水水位的地区，滑坡现象常增多。在基础工程完工之前,如停止基坑降水工作而使地下水位回升,则可能导致基坑边坡坍塌,或使新浇筑、强度尚低的基础底板断裂。一些地下结构(如水池等)可能因水位上升而上浮,并带来新的问题和麻烦。

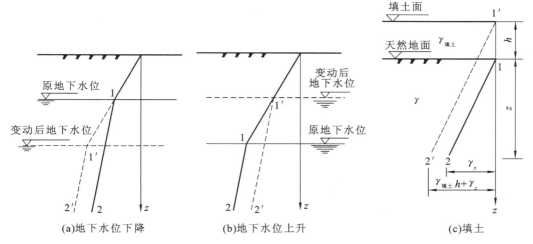

图 2-6 由于填土或地下水位升降引起自重应力的变化
虚线—变化后的自重应力;实线—变化前的自重应力

六、拓展练习

1. 地下水位升降对土中自重应力的分布会造成哪些影响?对工程实践会造成哪些影响?

2. 为什么在自重应力作用下,土体只产生竖向变形?

3. 如图 2-7 所示为某一地基的剖面图,请根据有关参数绘制土的自重应力分布图。

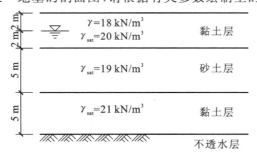

图 2-7 题 3 图

4. 已知地基土的重度为 16.5 N/m³,静止压力系数为 0.5。试求在深度 3 m 处的竖向及侧向自重应力。

5. 地基土的重度为 17.28 N/m³,静止侧压力系数为 0.45。试求竖向和侧向自重应力从地表面至 15 m 深处的分布图。

6. 某工程地基剖面如 2-8 图所示。基岩埋深 7.5 m,其上分别为粗砂及黏土层,粗砂层厚 4.5 m,黏土层厚 3.0 m,地下水位在地面以下 2.1 m 处。各土层的物理性质指标都标于图 2-8 中,试计算点 0,1,2,3 的 σ_{cz} 大小,并绘制其分布图(提示:黏土层完全饱和)。

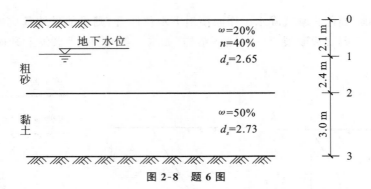

图 2-8　题 6 图

7. 试计算图 2-9 中各土层界面处及地下水位处土的自重应力,并绘制出自重应力沿深度方向的分布图。

8. 某地层剖面如图 2-10 所示,试求该土层的竖向应力分布图。如果地层中的地下水位从原来的天然地面以下 2.0 m 处下降 3.0 m,则土中的自重应力分布将如何变化?

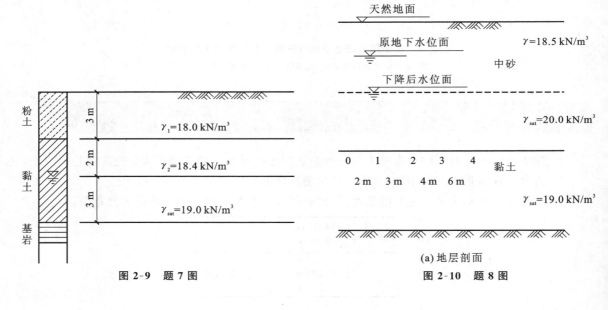

图 2-9　题 7 图

(a)地层剖面

图 2-10　题 8 图

任务 2　基底压力

一、任务介绍

建筑物将荷载通过基础传给地基,在基础底面与地基接触面上便产生了接触压力。通过基础底面传给地基的压力称为基础底面压力,简称为基底压力;地基反作用于基础底面的压力称为地基反力,两者大小相等、方向相反。土中的附加应力是由建筑物、桥梁等荷载作用所引起的土中应力增量,它是通过基底传到土中的,基底压力分布形式和大小将对土中附加应力大小及分布产生直接影响,因此,在计算土中附加应力之前,首先要研究基底压力的分布和大小。本任务主要介绍基底压力和附加压力的概念及其计算。

二、理论知识

1. 基础底面压力的分布

精确确定基地压力的大小和分布,是一个很复杂的课题。影响基地压力大小和分布的因素很多,其主要取决于地基与基础的相对刚度、荷载大小与分布、基础的埋深以及地基土的性质等。

1)柔性基础

对于绝对柔性基础(EI=0),由于它能够适应地基土的变形。所以,基底压力的分布与作用在基础上的荷载分布完全一致。

荷载均匀分布时,基底压力(常用基底反力形式表示,下同)也是均匀分布。这时,基础底面的沉陷量各处不同,为中间大两边小,如图 2-11(a)所示。在实际工程中并没有绝对柔性基础,常把土路堤、土坝等视为柔性基础。因此,在计算土路堤、土坝底部的基底压力分布时,可认为与土路堤、土坝的外形轮廓相同,其大小等于各点以上的土柱重量,如图 2-11(b)所示。

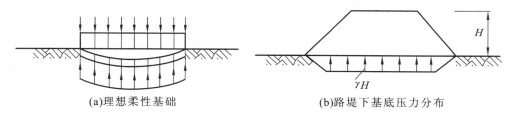

(a)理想柔性基础   (b)路堤下基底压力分布

图 2-11　柔性基础下的基底压力分布

2)刚性基础

对于刚性基础(如箱形基础),由于其刚度很大,不能适应地基土的变形,其基底压力分布将随上部荷载的大小、基础的埋深和地基土的性质而异。假设基础是刚性基础,地基是弹性地基,在如图 2-12 所示的均布荷载的作用下,地基将产生均匀沉降,根据弹性理论解得的基底接触压力分布如图 2-12 中虚线所示。由于基础不是绝对刚性,应力会重新分布,实测基底压力如图 2-13 中实线所示。由此可见,对于刚性基础而言,基底接触压力的分布形式与作用在它上面的荷载分布形式不相一致。

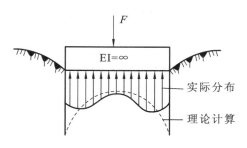

图 2-12　绝对刚性基础的压力分布

实测结果表明,刚性基础底面上的压力情况为:当外荷载 P_1 较小时,根据弹性理论,分布形状呈拱形,如图 2-13(a)所示,此时的地基土可大致视为弹性体;当荷载增大至 P_2 时,基底压力呈马鞍形,如图 2-13(b)所示;当荷载继续增大至 P_3 时,两侧的压力不能再大,荷载所增加的压力添加在中部，基底压力分布变为抛物线形，如图 2-13(c)所示；当荷载继续增大至 P_4 时，基底压力分布即为钟形，如图 2-13(d)所示。

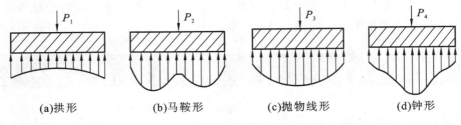

(a)拱形　　　　(b)马鞍形　　　　(c)抛物线形　　　　(d)钟形

图 2-13　刚性基础底面压力分布图

此外，实测结果还表明，若地基为砂土，则它比坚硬的黏性土更容易发展成抛物形和钟形的基底压力分布；在相同的地基上，施加相同的平均压力，则浅埋的和面积小的基础，其基底压力分布趋近于抛物形或钟形；而深埋的或面积大的基础，其基底压力分布则为鞍形。

根据弹性力学中的圣维南原理，基底压力的具体分布形式对地基中附加应力计算的影响将随深度的增加而减少，至一定深度后，地基中的应力分布几乎与基底压力的分布形状无关，而只取决于荷载合力的大小和位置。因此，目前在地基计算中，常采用材料力学的简化方法，即假定基底压力按直线分布。由此引起的误差在工程计算中是允许的，也是工程中经常采用的计算方法。

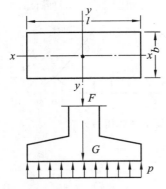

图 2-14　轴心荷载作用下基底压力分布

2. 轴心受压基础的基底压力

作用在基础上的荷载合力通过基础底面的形心时，为轴心受压基础，基底压力假定为均匀分布的，如图2-14所示。基底的均布压力 p 可按下式计算。

$$p=\frac{F+G}{A} \tag{2-5}$$

式中：F——上部结构传至基础顶面的竖向力设计值，kN；

　　　G——基础自重设计值及其上回填土重标准值，kN。

$$G=\gamma_G A d \tag{2-6}$$

式中：γ_G——基础及回填土的平均重度，一般取 20 kN/m³，在地下水位以下部分用有效重度；

　　　d——基础埋深，必须从设计地面或室内外平均设计地面起算，m；

　　　A——基础底面面积，m²。

对于荷载沿长度方向均划分布的条形基础，则截取沿长度方向 1 m 的基底面积来计算。此时用基础宽度 b(m)取代式(2-5)中的 A，而 $F+G$ 则为沿基础延伸方向取 1 m 截条的相应值(kN/m)。

3. 偏心受压基础的基底压力

1）单向偏心荷载

在基底的一个主轴平面内作用的偏心集中力与弯矩同时作用时，称为单向偏心受压基础，如图 2-15 所示。基底压力可按材料力学偏心受压公式计算,基底边缘的最大压力 p_{max} 与最小压力 p_{min} 为

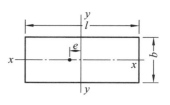

$$p_{min}^{max}=\frac{F+G}{A}\pm\frac{M}{W}=\frac{F+G}{lb}\left(1\pm\frac{6e}{l}\right) \qquad (2\text{-}7)$$

式中: M——作用在基础底面的力矩,kN·m;

　　W——基础底面的抗弯截面模量, $W=\frac{bl^2}{6}$,m³;

　　e——偏心距, $e=\frac{M}{F+G}$,m;

　　l——基础平面中弯矩作用方向上的边长;

　　b——另一边的边长。

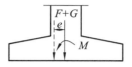

图 2-15　单向偏心荷载
受压简图

根据式(2-7),按荷载偏心距的大小,实际计算中基底压力的分布可出现如下三种情况。

(1) 当 $e<l/6$ 时, $p_{min}>0$,基底压力呈梯形分布,如图2-16(a)所示。

(2) 当 $e=l/6$ 时, $p_{min}=0$,基底压力呈三角分布,如图2-16(b)所示。

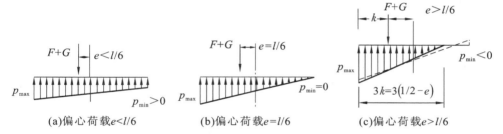

(a)偏心荷载 $e<l/6$　　　(b)偏心荷载 $e=l/6$　　　(c)偏心荷载 $e>l/6$

图 2-16　偏心荷载作用下基底压力的简化计算

(3) 当 $e>l/6$ 时, $p_{min}<0$,基底压力出现负值,即基底出现拉力,如图 2-16(c)所示。由于基底与地基之间不能承受拉力,此时基底与地基之间将出现局部脱开,而使基底压力重新分布。根据地基反力与作用在基础面上的荷载的平衡条件可知,偏心竖向荷载($F+G$)必定作用在基底压力图形的形心处,如图 2-16(c)所示。因而,基底压力图形底边必为 $3k$,则由

$$F+G=\frac{1}{2}\times3k\,p_{max}b \qquad (2\text{-}8)$$

可得

$$p_{max}=\frac{2(F+G)}{3kb} \qquad (2\text{-}9)$$

式中: k——单向偏心荷载作用点至基底最大压力边缘的距离, $k=\frac{l}{2}-e$,m;

　　b——基础底面宽度,m。

2)双向偏心荷载

如图 2-17 所示,矩形基础在双向偏心荷载作用下,若基底最小压力 $p_{min}\geqslant0$,则矩形基底边缘四个角点处的压力计算式如下。

$$p_{min}^{max}=\frac{F+G}{bl}\pm\frac{M_x}{W_x}\pm\frac{M_y}{W_y} \qquad (2\text{-}10a)$$

$$p_2^1=\frac{F+G}{bl}\mp\frac{M_x}{W_x}\pm\frac{M_y}{W_y} \qquad (2\text{-}10b)$$

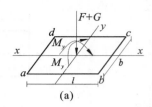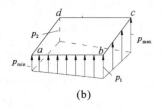

图 2-17 双向偏心荷载下基底反力分布

式中：M_x、M_y——作用在矩形基础底面处绕 x 轴和 y 轴的力矩，$kN \cdot m$；

W_x、W_y——矩形基础底面处绕 x 轴和 y 轴的弯矩抵抗矩，m^3；

b、l——分别为垂直于 x 轴和 y 轴的基础底面边长。

基础底面任意点的压力为

$$p(x,y) = \frac{F+G}{bl} + \frac{M_x}{I_x}y + \frac{M_y}{I_y}x \tag{2-11}$$

式中：I_x、I_y——矩形基础底面处绕 x 轴和 y 轴的惯性矩，m^4。

若条形基础在宽度方向上受偏心荷载作用，同样可在长度方向取 1 m 来进行计算，则基底宽度方向两端的压力为

$$p_{min}^{max} = \frac{F+G}{bl}\left(1 \pm \frac{6e}{b}\right) \tag{2-12}$$

式中：e——基础底面竖向荷载在宽度方向上的偏心矩。

4. 基底附加压力

基础通常埋置在天然地面下的一定深度。由于天然土层在自重应力作用下的变形已经完成（欠固结土除外），故只有超出基底处原有自重应力的那部分应力才能使地基产生附加变形。使地基产生附加变形的基底压力称为基底附加压力 p_0。因此，基底附加压力是基底压力与基底处原先存在于土中的自重应力之差，按式（2-13）计算。

$$p_0 = p - \gamma_0 d \tag{2-13}$$

式中：p——基底压力，kPa；

γ_0——基底标高以上天然土层按分层厚度的加权重度（基础底面在地下水位以下，地下水位以下的土层用有效重度计算），kN/m^3；

d——基础的埋深，m。

三、任务实施

例 2-3 某基础 $l=2$ m，$b=1.6$ m，埋深 $d=1.3$ m，其上作用荷载如图 2-18(a)所示。$M'=82$ kN·m，轴心荷载 $P=350$ kN，偏心荷载 $Q=60$ kN，偏心距为 0.4 m。试计算基底压力（绘出分布图）和基底附加压力。

解 （1）计算基础及基础上的覆土重。

$$G = \gamma_G A d = 20 \times 2 \times 1.6 \times 1.3 \text{ kN} = 83.2 \text{ kN}$$

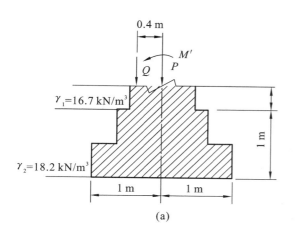

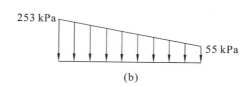

图 2-18　例 2-3 示意图

（2）计算作用在基础上竖直方向的合力。

$$F = P + Q = (350 + 60) \text{ kN} = 410 \text{ kN}$$

（3）以基础底面中心为矩心，计算作用于基础底面以上的合力矩。

$$M = M' + 0.4Q = (82 + 0.4 \times 60) \text{ kN} \cdot \text{m} = 106 \text{ kN} \cdot \text{m}$$

（4）求偏心矩 e。

$$e = \frac{M}{F + G} = \frac{106}{410 + 83.2} \text{ m} = 0.215 \text{ m}$$

（5）求基底压力。

$$p_{\min}^{\max} = \frac{F + G}{lb}\left(1 \pm \frac{6e}{l}\right) = \frac{410 + 83.2}{2 \times 1.6}\left(1 \pm \frac{6 \times 0.215}{2}\right) \text{ kPa} = \frac{253}{55} \text{ kPa}$$

基底压力分布如图 2-18（b）所示。

（6）求基底附加压力。

$$\gamma_0 = \frac{16.7 \times 0.3 + 18.2 \times 1}{1.3} \text{ kN/m}^3 = 17.85 \text{ kN/m}^3$$

$$p_{0\min}^{\max} = p_{\min}^{\max} - \gamma_0 d = \left(\frac{253}{55} - 17.85 \times 1.3\right) \text{ kPa} = \frac{230}{32} \text{ kPa}$$

四、任务小结

基底压力为基础底面处单位面积土体所受到的压力，又称接触压力。基底压力分布近似按直线变化考虑。

（1）中心荷载作用下基底压力按 $p = \dfrac{F + G}{A}$ 计算。

（2）偏心荷载作用下基底压力按 $p_{\min}^{\max} = \dfrac{F + G}{bl} \pm \dfrac{M}{W} = \dfrac{F + G}{bl}\left(1 \pm \dfrac{6e}{l}\right)$ 计算。

（3）基底附加压力按 $p_0 = p - \gamma_0 d$ 计算。

五、拓展提高

共同作用分析理论

在工程实际中,基底压力分布图形大多属于马鞍形,其发展趋向于均匀分布。对于尺寸较小的基础(如柱下独立基础、墙下条形基础等),基底压力可看成为直线分布。而梁板式基础、连续梁基础则需采用共同作用理论计算基础内力和结构计算。

下面介绍一下以上部结构、基础和地基的共同作用为理论基础来分析基底压力的分布。

在实际工程中,上部结构和基础是一个整体结构,共同作用在地基上。上部结构、基础和地基的共同作用问题就是该整体结构与地基的共同作用问题。这里将上部结构和基础组成的整体结构也分为刚性结构、柔性结构和半刚性结构三类。有关文献指出:基础反力是指地基土出现压缩变形时,上部结构调整地基不均匀变形过程中出现的接触压力。由此可见,基底反力是共同作用的结果,不同刚度的结构调整不均匀沉降的能力不同,因此基底反力也不同。图 2-19 所示为结构刚度对基础沉降及基底反力状况的影响情况。图 2-19(a)中上部结构为刚性,当地基变形时,基础各柱均匀下沉,或者基础梁相对弯曲值不超过万分之二,不产生整体弯曲,却以基底分布反力为外荷载,产生局部弯曲。刚性结构可以是烟囱、水塔、钢筋混凝土筒仓或其他高耸物。长高比小于 2.5、荷载分布均匀、体形简单的高层建筑也可按刚性结构考虑。此外基础刚度很大时,如桩基、沉井、多层箱基,其相对弯曲值很小,也可按刚性结构考虑。刚性结构基础的基底反力分布如图 2-19(a)所示。

上部结构为柔性结构且基础的刚度也较小时,上部结构对基础的变形毫无约束作用,于是基础不仅要随结构的变形而产生整体弯曲,同时跨间还受地基反力而产生局部弯曲,两者叠加将产生较大的变形。其基底反力情况如图 2-19(b)所示。

半刚性结构是介于柔性结构与刚性结构之间的一种中间型结构。它具有一定的承受弯曲变形的能力,也具有减小地基不均匀变形的能力。当土质较好,并呈硬塑状态时,它几乎没有调整地基不均匀变形的能力;当遇到软弱地基时,它又可能改变地基的接触压力,使地基的不均匀变形减小。半刚性结构应用范围很广,如一般的砖石结构和框架结构。半刚性结构的基底反力及沉降如图 2-19(c)所示。

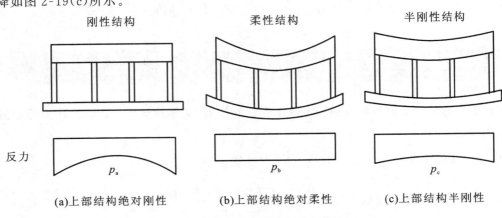

| (a)上部结构绝对刚性 | (b)上部结构绝对柔性 | (c)上部结构半刚性 |

图 2-19 上部结构刚度对基础的影响

六、拓展练习

1. 计算基底压力和计算基底附加压力时，所用到的基础埋深 d 是否相同？

2. 计算基底附加压力时，是否需要考虑荷载偏心的影响？

3. 简述基底压力、基底附加压力的含义及它们之间的关系。

4. 如何计算基底附加压力？在计算中为什么要减去基底自重应力？

5. 如图 2-20 所示，基础尺寸 4 m×5 m。求基底平均压力 p_k、基底最大压力 $p_{k,max}$、基底附加压力 p_0。

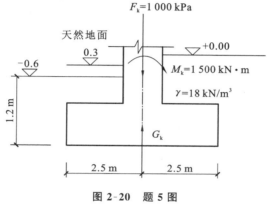

图 2-20　题 5 图

6. 某墙下条形基础底宽 1 m，埋深 1 m，承重墙传给基础的竖向荷载为 150 kN/m，试求基底压力。

7. 某柱下方形基础边长为 2 m，埋深为 1.5 m。柱传给基础的竖向力为 800 kN，地下水位在地表下 0.5 m 处（即地下水埋深为 0.5 m），试求基底压力。

8. 图 2-21 中的柱下单独基础底面尺寸为 3 m×2 m，柱传给基础的竖向力为 1 000 kN，弯矩为 180 kN·m，试按图 2-21 中所给资料计算基底压力和基底附加压力，并画出基底压力分布图。

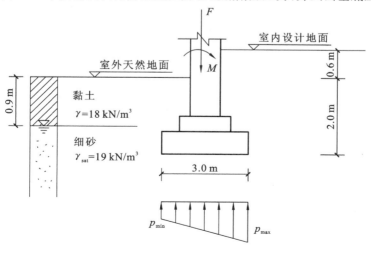

图 2-21　题 8 图

任务 3 土中附加应力

一、任务介绍

土中附加应力是因建筑物的荷载作用在地基中引起的，它是附加于原有自重应力之上的那部分应力。对一般天然土层来说，自重应力作用下的变形已稳定，而附加应力则是使地基发生变形、引起建筑物沉降的根本原因。因此要计算地基的变形，必须首先计算地基的附加应力。在均质地基中，通常采用弹性半空间模型，以弹性理论为基础求解地基附加应力。本任务主要介绍了地基中各种情况下附加应力的计算方法。

二、理论知识

计算地基附加应力时假定：①基础刚度为零，即基底作用的是柔性荷载；②地基是连续、均匀、各向同性的线性变形半无限体。下面介绍工程中常遇到的一些荷载情况和应力计算方法。

1. 竖向集中力作用

集中荷载作用下地基中应力的计算是求解其他形式荷载作用下地基小应力分布的基础。在均匀的、各向同性的半无限弹性体表面作用一竖向集中力 F 时，半无限弹性体内任意点 M 的全部应力可利用布辛尼斯克解来计算，如图 2-22 所示。

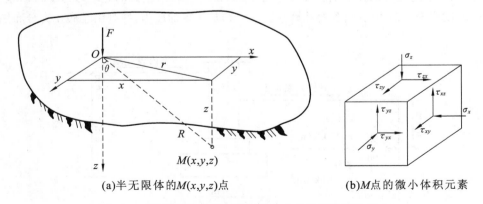

(a)半无限体的$M(x,y,z)$点　　　　(b)M点的微小体积元素

图 2-22　弹性半无限体在竖向集中力作用下的附加应力

在各个应力分量中，对建筑工程地基沉降计算直接有关的应力为竖向正应力 σ_z。地基中任意点 M 的竖向应力的表达式为

$$\sigma_z = \frac{3F}{2\pi} \cdot \frac{z^3}{R^5} = \frac{3F}{2\pi \cdot z^2} \cdot \frac{1}{\left[1 + \left(\frac{r}{z}\right)^2\right]^{\frac{5}{2}}} = \alpha \frac{F}{z^2} \qquad (2\text{-}14)$$

式中:R——M 点与集中力 F 作用点 O 的距离,$R = \sqrt{r^2 + z^2}$;

$\alpha = \dfrac{3}{2\pi} \cdot \dfrac{1}{\left[1 + \left(\dfrac{r}{z}\right)^2\right]^{\frac{5}{2}}}$——竖向集中力作用下地基竖向附加应力系数,为 r/z 的函数,其

值可查表 2-2。

表 2-2　竖向集中力作用下地基附加应力系数 α

r/z	α	r/z	α	r/z	α	r/z	α	r/z	α
0	0.477 5	0.50	0.273 3	1.00	0.084 4	1.50	0.025 1	2.00	0.008 5
0.05	0.474 5	0.55	0.246 6	1.05	0.074 4	1.55	0.022 4	2.20	0.005 8
0.10	0.465 7	0.60	0.221 4	1.10	0.065 8	1.60	0.020 0	2.40	0.004 0
0.15	0.451 6	0.65	0.197 8	1.15	0.058 1	1.65	0.017 9	2.60	0.002 9
0.20	0.432 9	0.70	0.176 2	1.20	0.051 3	1.70	0.016 0	2.80	0.002 1
0.25	0.410 3	0.75	0.156 5	1.25	0.045 4	1.75	0.014 4	3.00	0.001 5
0.30	0.384 9	0.80	0.138 6	1.30	0.040 2	1.80	0.012 9	3.50	0.000 7
0.35	0.357 7	0.85	0.122 6	1.35	0.035 7	1.85	0.011 6	4.00	0.000 4
0.40	0.329 4	0.90	0.108 3	1.40	0.031 7	1.90	0.010 5	4.50	0.000 2
0.45	0.301 1	0.95	0.095 6	1.45	0.028 2	1.95	0.009 5	5.00	0.000 1

地基中附加应力的分布可由式(2-14)计算得出。由于竖向集中力作用下地基中的应力状态是轴对称空间问题,因此,地基中附加应力的分布规律可通过 F 作用线切出的任意竖直面来表示,如图 2-23 所示。

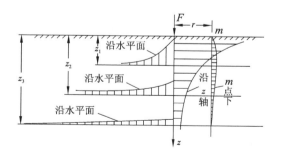

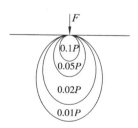

图 2-23　在荷载轴线及不同深度上 σ_z 的分布　　　图 2-24　σ_z 等值线图

其分布规律可归纳如下。

(1)在地面下任意深度的水平面上,各点的附加应力非等值,在集中力作用线上的附加应力最大,向两侧逐渐减小。

(2)在集中力 F 的作用线上($r = 0$),附加应力的分布随着深度的增加而递减。

（3）在 $r>0$ 的竖直线上，随着深度的增加，附加应力从小逐渐增大，至一定深度后又随深度的增加而逐渐变小。

（4）距离地面越远，附加应力分布的范围越广，如图 2-24 所示。

2. 矩形基底受铅直均布荷载作用

实际工程中，土工结构物是通过一定尺寸的基础把荷载传给地基的。尽管基础的形状和基础底面上的压力始终各不相同，但都可以利用集中荷载下附加应力的计算方法和弹性体中的应力叠加原理，通过对面积分布荷载的积分，计算地基内任意点的附加应力。

设地基表面有一矩形面积，宽度为 b，长度为 l，其上作用着竖直均布荷载，荷载强度为 P（实际计算时，采用基底附加压力，下同），确定地基内各点的附加应力时，先求出矩形面积角下的应力，再按叠加法原理进行计算，即可求得任意点下的附加应力。

1）角点下的附加应力

角点下的附加应力是指图 2-25 中所示的 O、A、C、D 四个角点下，任意深度处的附加应力，只要深度 z 相同，则四个角点下的附加应力值相同。将坐标原点取在角点 O 上，在荷载面积内任取微分面积 $dA=dx \cdot dy$，并将其上作用的荷载以 dp 代替，则 $dp=p \cdot dA=p \cdot dxdy$。求出该集中力在角点 O 以下深度 z 处 M 点所引起的竖直向附加应力 $d\sigma_z$。

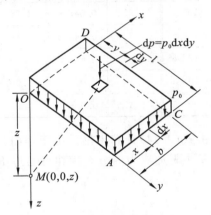

图 2-25　矩形基底铅直均布荷载作用下角点下的附加应力

$$d\sigma_z = \frac{3dp z^3}{2\pi R^5} = \frac{3p}{2\pi} \frac{z^3}{(x^2+y^2+z^2)^{\frac{5}{2}}} dxdy \qquad (2-15)$$

用式（2-16）沿整个矩形面积 $OACD$ 积分，即可得矩形基础底面上均布荷载 p 在 M 点引起的附加应力。

$$\sigma_z = \int_0^l \int_0^b \frac{3p}{2\pi} \frac{z^3}{(x^2+y^2+z^2)^{\frac{5}{2}}} dxdy \qquad (2-16)$$

$$\sigma_z = \frac{p}{2\pi} \left[\arctan \frac{m}{n\sqrt{1+m^2+n^2}} \times \left(\frac{1}{m^2+n^2} + \frac{1}{1+n^2} \right) \right] \qquad (2-17)$$

式中：$m=l/b$；$n=z/b$。其中，l 为矩形的长边，b 为矩形的短边。

为计算的方便，可将式（2-17）简写成：

$$\sigma_z = \alpha_c p \qquad (2-18)$$

其中,$\alpha_c = \dfrac{1}{2\pi}\left[\arctan\dfrac{m}{n\sqrt{1+m^2+n^2}}+\dfrac{m\cdot n}{n\sqrt{1+m^2+n^2}}\left(\dfrac{1}{m^2+n^2}+\dfrac{1}{1+n^2}\right)\right]$。

式中:α_c——矩形基础底面受竖直均布荷载作用角点下竖向附加应力系数,其值可从表2-3中查得。

表 2-3 矩形基底受铅直均布荷载作用下的竖向附加应力系数

z/b	l/b											
	1.0	1.2	1.4	1.6	1.8	2.0	3.0	4.0	5.0	6.0	10.0	条形
0.0	0.250	0.250	0.250	0.250	0.250	0.250	0.250	0.250	0.250	0.250	0.250	0.250
0.2	0.249	0.249	0.249	0.249	0.249	0.249	0.249	0.249	0.249	0.249	0.249	0.249
0.4	0.240	0.242	0.243	0.243	0.244	0.244	0.244	0.244	0.244	0.244	0.244	0.244
0.6	0.223	0.228	0.230	0.232	0.232	0.233	0.234	0.234	0.234	0.234	0.234	0.234
0.8	0.200	0.207	0.212	0.215	0.216	0.218	0.220	0.220	0.220	0.220	0.220	0.220
1.0	0.175	0.185	0.191	0.195	0.198	0.200	0.203	0.204	0.204	0.204	0.205	0.205
1.2	0.152	0.163	0.171	0.176	0.179	0.182	0.187	0.188	0.189	0.189	0.189	0.189
1.4	0.131	0.142	0.151	0.157	0.161	0.164	0.171	0.171	0.174	0.174	0.174	0.174
1.6	0.112	0.124	0.133	0.140	0.145	0.148	0.157	0.159	0.160	0.160	0.160	0.160
1.8	0.097	0.108	0.117	0.124	0.129	0.133	0.143	0.146	0.147	0.148	0.148	0.148
2.0	0.084	0.095	0.103	0.110	0.116	0.120	0.131	0.135	0.136	0.137	0.137	0.137
2.2	0.073	0.083	0.092	0.098	0.104	0.108	0.121	0.125	0.126	0.127	0.128	0.128
2.4	0.064	0.073	0.081	0.088	0.093	0.098	0.111	0.116	0.118	0.118	0.119	0.119
2.6	0.057	0.065	0.072	0.079	0.084	0.089	0.102	0.107	0.110	0.111	0.112	0.112
2.8	0.050	0.058	0.065	0.071	0.076	0.080	0.094	0.100	0.102	0.104	0.105	0.105
3.0	0.045	0.052	0.058	0.064	0.069	0.073	0.087	0.093	0.096	0.070	0.099	0.099
3.2	0.040	0.047	0.053	0.058	0.063	0.067	0.081	0.087	0.099	0.092	0.093	0.094
3.4	0.036	0.042	0.048	0.053	0.057	0.061	0.075	0.810	0.085	0.086	0.088	0.089
3.6	0.033	0.038	0.043	0.048	0.052	0.056	0.069	0.076	0.000	0.082	0.084	0.084
3.8	0.030	0.350	0.040	0.043	0.048	0.052	0.065	0.072	1.750	0.077	0.080	0.080
4.0	0.027	0.320	0.036	0.040	0.044	0.048	0.060	0.067	0.071	0.073	0.076	0.076
4.2	0.025	0.029	0.033	0.037	0.041	0.044	0.056	0.063	0.067	0.700	0.072	0.073
4.4	0.023	0.027	0.031	0.034	0.038	0.041	0.053	0.060	0.064	0.066	0.069	0.070
4.6	0.021	0.025	0.028	0.032	0.035	0.038	0.049	0.056	0.061	0.063	0.066	0.067
4.8	0.019	0.023	0.026	0.029	0.032	0.035	0.046	0.053	0.058	0.060	0.064	0.064
5.0	0.018	0.021	0.024	0.027	0.030	0.033	0.043	0.050	0.055	0.057	0.061	0.062
6.0	0.013	0.015	0.017	0.020	0.022	0.024	0.033	0.039	0.043	0.046	0.051	0.052
7.0	0.009	0.011	0.013	0.015	0.016	0.018	0.025	0.031	0.035	0.038	0.043	0.045

z/b	l/b											条形
---	1.0	1.2	1.4	1.6	1.8	2.0	3.0	4.0	5.0	6.0	10.0	
8.0	0.007	0.009	0.010	0.011	0.013	0.014	0.020	0.025	0.028	0.031	0.037	0.039
9.0	0.006	0.007	0.008	0.009	0.010	0.011	0.016	0.020	0.024	0.026	0.032	0.035
10.0	0.005	0.006	0.007	0.007	0.008	0.009	0.013	0.017	0.020	0.022	0.028	0.032
12.0	0.003	0.004	0.005	0.005	0.006	0.006	0.009	0.012	0.014	0.017	0.022	0.026
14.0	0.002	0.003	0.004	0.004	0.004	0.005	0.007	0.009	0.011	0.013	0.018	0.023
16.0	0.002	0.002	0.003	0.003	0.003	0.004	0.005	0.007	0.009	0.010	0.014	0.020
18.0	0.001	0.001	0.002	0.002	0.002	0.002	0.004	0.005	0.006	0.007	0.010	0.015
20.0	0.001	0.001	0.002	0.002	0.002	0.002	0.004	0.005	0.006	0.007	0.010	0.015
25.0	0.001	0.001	0.001	0.001	0.001	0.001	0.002	0.003	0.003	0.004	0.007	0.013
30.0	0.001	0.001	0.001	0.001	0.001	0.001	0.002	0.002	0.003	0.003	0.005	0.011
35.0	0.000	0.001	0.001	0.001	0.001	0.001	0.001	0.002	0.002	0.003	0.004	0.009
40.0	0.000	0.000	0.000	0.000	0.001	0.001	0.001	0.001	0.001	0.002	0.003	0.008

2）任意点的附加应力

在实际工作中，常需计算地基中任意点的附加应力。如图 2-26 所示的荷载平面，求 O 点下的附加应力时，先通过 O 点做平行于矩形两边的辅助线，使 O 点成为几个小矩形的公共角点，分别求各矩形角点 O 下同一深度的附加应为，再利用应力叠加原理，求得 O 点的附加应力，此方法称为角点法。

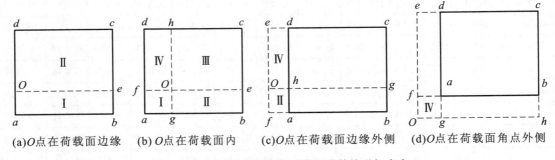

(a) O 点在荷载面边缘　　(b) O 点在荷载面内　　(c) O 点在荷载面边缘外侧　　(d) O 点在荷载面角点外侧

图 2-26　应用角点法计算 O 点下地基的附加应力

（1）矩形受荷面边缘任意点 O 以下的附加应力，如图 2-26(a) 所示。

$$\sigma_z = (\alpha_{c1} + \alpha_{c2}) p \qquad (2\text{-}19)$$

（2）矩形受荷面内，任意点 O 以下的附加应力，如图 2-26(b) 所示。

$$\sigma_z = (\alpha_{c1} + \alpha_{c2} + \alpha_{c3} + \alpha_{c4}) p \qquad (2\text{-}20)$$

（3）矩形受荷面边缘外侧，任意点 O 以下的附加应力，如图 2-26(c) 所示。

$$\sigma_z = (\alpha_{c1} + \alpha_{c2} - \alpha_{c3} - \alpha_{c4}) p \qquad (2\text{-}21)$$

（4）矩形受荷面角点外侧，任意点 O 以下的附加应力，如图 2-26(d) 所示。

$$\sigma_z = (\alpha_{c1} - \alpha_{c2} - \alpha_{c3} + \alpha_{c4})p \tag{2-22}$$

以上各式中 α_{c1}、α_{c2}、α_{c3}、α_{c4} 分别为矩形 $Ohbe$、$Ofce$、$Ohag$、$Ofdg$ 的角点应力系数；p 为作用在矩形面积上的均布荷载。

应用角点法时应注意以下问题：①画出的每一个矩形，都有一个角点 O 点；②所有画出的各矩形面积的代数和应等于原有受荷的面积；③所画出的每一个矩形面积中，l 为长边，b 为短边。

3. 矩形基底受竖直三角形荷载作用

由于弯矩作用，基底荷载呈梯形分布，此时可采用均匀分布及三角形分布的荷载叠加来计算地基中的附加应力。

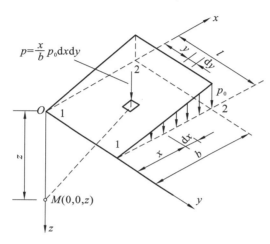

图 2-27　矩形基底受铅直三角形分布荷载下的竖向附加应力计算

如图 2-27 所示，在矩形基础底面上作用着三角形分布荷载，最大荷载强度为 p_0，把荷载强度为零的角点 1（或荷载强度为最大的角点 2）作为坐标原点，利用积分方法，经简化得角点 1（或 2）任意深度的竖向附加应力计算公式为

$$\sigma_z = \alpha_{c1} \cdot p_0 \quad \text{或} \quad \sigma_z = \alpha_{c2} \cdot p_0 \tag{2-23}$$

式中：α_{c1}——三角形荷载零角点下的竖向附加应力系数，其值由 l/b，z/b 查表 2-4 可得；

α_{c2}——三角形荷载最大值角点下的竖向附加应力基数，其值由 l/b，z/b 查表 2-4 可得；

b——三角形荷载分布方向的基础边长。

表 2-4　矩形基底受铅直三角形荷载作用下的竖向附加应力系数

z/b \ l/b	0.2		0.4		0.6		0.8		1.0	
	1	2	1	2	1	2	1	2	1	2
0.0	0.000 0	0.250 0	0.000 0	0.250 0	0.000 0	0.250 0	0.000 0	0.250 0	0.000 0	0.250 0
0.2	0.022 3	0.182 1	0.028 0	0.211 5	0.029 6	0.216 5	0.030 1	0.217 8	0.030 4	0.218 2
0.4	0.026 9	0.109 4	0.042 0	0.160 4	0.048 7	0.178 1	0.051 7	0.184 4	0.053 1	0.187 0
0.6	0.025 9	0.070 0	0.044 8	0.116 5	0.056 0	0.140 5	0.062 1	0.152 0	0.065 4	0.157 5
0.8	0.023 2	0.048 0	0.042 1	0.085 3	0.055 3	0.109 3	0.063 7	0.123 2	0.068 8	0.131 1

续表

z/b \ l/b	0.2		0.4		0.6		0.8		1.0	
	1	2	1	2	1	2	1	2	1	2
1.0	0.020 1	0.034 6	0.037 5	0.063 8	0.050 8	0.085 2	0.060 2	0.099 6	0.066 6	0.108 6
1.2	0.017 1	0.026 0	0.032 4	0.049 1	0.045 0	0.067 3	0.054 6	0.080 7	0.061 5	0.090 1
1.4	0.014 5	0.020 2	0.027 8	0.038 6	0.039 2	0.054 0	0.048 3	0.066 1	0.055 4	0.075 1
1.6	0.012 3	0.016 0	0.023 8	0.031 0	0.033 9	0.044 0	0.042 4	0.054 7	0.049 2	0.062 8
1.8	0.010 5	0.013 0	0.020 4	0.025 4	0.029 4	0.036 3	0.037 1	0.045 7	0.043 5	0.053 4
2.0	0.009 0	0.010 8	0.017 6	0.021 1	0.025 5	0.030 4	0.032 4	0.038 7	0.038 4	0.045 6
2.5	0.006 3	0.007 2	0.012 5	0.014 0	0.018 3	0.020 5	0.023 6	0.026 5	0.028 4	0.031 3
3.0	0.004 6	0.005 1	0.009 2	0.010 0	0.013 5	0.014 8	0.017 6	0.019 2	0.021 4	0.023 3
5.0	0.001 8	0.001 9	0.003 6	0.003 8	0.005 4	0.005 6	0.007 1	0.007 4	0.008 8	0.009 1
7.0	0.000 9	0.001 0	0.001 9	0.001 9	0.002 8	0.002 9	0.003 8	0.003 8	0.004 7	0.004 7
10.0	0.000 5	0.000 4	0.000 9	0.001 0	0.001 4	0.001 4	0.001 9	0.001 9	0.002 3	0.002 4

z/b \ l/b	1.2		1.4		1.6		1.8		2.0	
	1	2	1	2	1	2	1	2	1	2
0.0	0.000 0	0.250 0	0.000 0	0.250 0	0.000 0	0.250 0	0.000 0	0.250 0	0.000 0	0.250 0
0.2	0.030 5	0.218 4	0.030 5	0.218 5	0.030 6	0.218 5	0.030 6	0.218 5	0.030 6	0.218 5
0.4	0.053 9	0.188 1	0.054 3	0.188 6	0.054 3	0.188 9	0.054 6	0.189 1	0.054 7	0.189 2
0.6	0.067 3	0.160 2	0.068 4	0.161 6	0.069 0	0.162 5	0.069 4	0.163 0	0.069 6	0.163 3
0.8	0.072 0	0.135 5	0.073 9	0.138 1	0.075 1	0.139 6	0.075 9	0.140 5	0.076 4	0.141 2
1.0	0.070 8	0.114 3	0.073 5	0.117 6	0.075 3	0.120 2	0.076 6	0.121 5	0.077 4	0.122 5
1.2	0.066 4	0.096 2	0.069 8	0.100 7	0.072 1	0.103 7	0.073 8	0.105 5	0.074 9	0.106 9
1.4	0.060 6	0.081 7	0.064 4	0.086 4	0.067 2	0.089 7	0.069 2	0.092 1	0.070 7	0.093 7
1.6	0.054 5	0.069 6	0.058 6	0.074 3	0.061 6	0.078 0	0.063 9	0.080 6	0.065 6	0.082 6
1.8	0.048 7	0.059 6	0.052 8	0.064 4	0.056 0	0.068 1	0.058 5	0.070 9	0.060 4	0.073 0
2.0	0.043 4	0.051 3	0.047 4	0.056 0	0.050 7	0.059 6	0.053 3	0.062 5	0.055 3	0.064 9
2.5	0.032 6	0.036 5	0.036 2	0.040 5	0.039 3	0.044 0	0.041 9	0.046 9	0.044 0	0.049 1
3.0	0.024 9	0.027 0	0.028 0	0.030 3	0.030 7	0.033 3	0.033 1	0.035 9	0.035 2	0.038 0
5.0	0.010 4	0.010 8	0.012 0	0.012 3	0.013 5	0.013 9	0.014 8	0.015 4	0.016 1	0.016 7
7.0	0.005 6	0.005 6	0.006 4	0.006 6	0.007 3	0.007 4	0.008 1	0.008 5	0.008 9	0.009 1
10.0	0.002 8	0.002 8	0.003 3	0.003 2	0.003 7	0.003 7	0.004 1	0.004 2	0.004 6	0.004 6

l/b z/b	3.0		4.0		6.0		8.0		10.0	
	1	2	1	2	1	2	1	2	1	2
0.0	0.000 0	0.250 0	0.000 0	0.250 0	0.000 0	0.250 0	0.000 0	0.250 0	0.000 0	0.250 0
0.2	0.030 6	0.218 6	0.030 6	0.218 6	0.030 6	0.218 6	0.030 6	0.218 6	0.030 6	0.218 6
0.4	0.054 8	0.189 4	0.054 9	0.189 4	0.054 5	0.189 4	0.054 9	0.189 4	0.054 9	0.189 4
0.6	0.070 1	0.163 8	0.070 2	0.163 9	0.070 2	0.164 0	0.070 2	0.164 0	0.070 2	0.164 0
0.8	0.077 3	0.142 3	0.077 6	0.142 4	0.077 6	0.142 6	0.077 6	0.142 6	0.077 6	0.142 6
1.0	0.079 0	0.124 4	0.079 4	0.124 8	0.079 5	0.125 0	0.079 6	0.125 0	0.079 6	0.125 0
1.2	0.077 4	0.109 2	0.077 8	0.110 3	0.078 2	0.110 5	0.078 3	0.110 5	0.078 3	0.110 5
1.4	0.073 9	0.097 3	0.074 8	0.098 2	0.075 2	0.098 6	0.075 2	0.098 7	0.075 3	0.098 7
1.6	0.069 7	0.087 0	0.070 8	0.088 2	0.071 4	0.088 7	0.071 5	0.088 8	0.071 3	0.088 9
1.8	0.065 2	0.078 2	0.066 6	0.079 7	0.067 3	0.080 5	0.067 5	0.080 6	0.067 5	0.080 8
2.0	0.060 7	0.070 7	0.062 4	0.072 6	0.063 4	0.073 4	0.063 6	0.073 6	0.063 6	0.073 8
2.5	0.050 4	0.059 9	0.052 5	0.058 5	0.054 3	0.060 1	0.054 7	0.060 4	0.054 8	0.060 5
3.0	0.041 9	0.045 1	0.044 9	0.048 2	0.046 9	0.050 0	0.047 4	0.050 9	0.047 6	0.051 1
5.0	0.021 4	0.022 1	0.024 8	0.026 5	0.028 3	0.029 0	0.029 6	0.030 3	0.030 1	0.030 9
7.0	0.012 4	0.012 6	0.015 2	0.015 4	0.018 6	0.019 0	0.020 4	0.020 7	0.021 2	0.021 6
10.0	0.006 6	0.006 6	0.008 4	0.008 3	0.011 1	0.011 1	0.012 8	0.013 0	0.013 9	0.014 1

4. 圆形基底受均布荷载作用

如图 2-28 所示,地表圆形面积上作用竖直均布荷载 p 时,荷载中心点下任意深度 z 处 M 点的附加应力 σ_z,仍可通过布辛尼斯克解在圆面积内积分求得。

将极坐标原点放在圆心 O 处,在荷载面积内取一微分面积 $dA = d\theta d\xi$,将其上作用的荷载视为集中力 $dp = pdA = pd\theta d\rho$,$dp$ 作用点与 M 点距离为 $R = \sqrt{\rho^2 + z^2}$,则 dp 在 M 点引起的附加应力为 $d\sigma_z$,$d\sigma_z = \dfrac{3pz^3}{2\pi} \cdot \dfrac{pd\theta d\rho}{(\rho^2 + z^2)^{\frac{5}{2}}}$,整个圆面积上均布荷载在 M 点引起的应力,经积分简化为

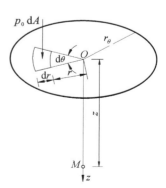

$$\sigma_z = \alpha_0 p \tag{2-24}$$

式中:α_0——圆形基础底面受均布荷载作用在中心点下附加应力系数,由 z/r_0 查表 2-5 可得。

同理,可计算圆形基础底面受均布荷载作用在边下的竖向附加应力为

图 2-28 圆形基底受铅直均布荷载下中心点的附加应力计算

$$\sigma_r = \alpha_r p \tag{2-25}$$

式中：α_r——圆形基础底面受均布荷载作用在边点下竖向附加应力系数，由 z/r_0 查表 2-5 可得。

表 2-5　圆形基础底面受铅直均布荷载作用下的竖向附加应力系数

系数 z/r_0	α_0	α_r	系数 z/r_0	α_0	α_r	系数 z/r_0	α_0	α_r
0.0	1.000	0.500	1.6	0.390	0.244	3.2	0.130	0.103
0.1	0.999	0.482	1.7	0.360	0.229	3.3	0.124	0.099
0.2	0.993	0.464	1.8	0.332	0.217	3.4	0.117	0.094
0.3	0.976	0.447	1.9	0.307	0.204	3.5	0.111	0.089
0.4	0.949	0.432	2.0	0.285	0.193	3.6	0.106	0.084
0.5	0.911	0.412	2.1	0.264	0.182	3.7	0.100	0.079
0.6	0.864	0.374	2.2	0.246	0.172	3.8	0.096	0.074
0.7	0.811	0.369	2.3	0.229	0.162	3.9	0.091	0.070
0.8	0.756	0.363	2.4	0.211	0.154	4.0	0.087	0.066
0.9	0.701	0.347	2.5	0.200	0.146	4.2	0.079	0.058
1.0	0.646	0.332	2.6	0.187	0.139	4.4	0.073	0.052
1.1	0.595	0.313	2.7	0.175	0.133	4.6	0.067	0.049
1.2	0.547	0.303	2.8	0.165	0.125	4.8	0.062	0.047
1.3	0.502	0.286	2.9	0.155	0.119	5.0	0.057	0.045
1.4	0.461	0.270	3.0	0.146	0.113			
1.5	0.424	0.256	3.1	0.138	0.108			

5. 条形基底受铅直均布荷载作用

条形均布荷载下土中应力计算属于平面应变问题，对路堤、堤坝、挡土墙等及长宽比 $l/b \geqslant 10$ 的条形基础均可视为平面应变问题进行处理。

在土体表面分布宽度为 b 的均布条形荷载 p_0 时，坐标原点 O 取在条形面积的中点（见图 2-29），土中任一点可采用弹性理论中的弗拉曼公式在荷载分布宽度范围内积分得到。

$$\sigma_z = \alpha_{sz} \cdot p_0 \tag{2-26}$$

$$\sigma_x = \alpha_{sx} \cdot p_0 \tag{2-27}$$

$$\tau_{zx} = \tau_{xz} = \alpha_{szx} p_0 \tag{2-28}$$

式中：α_{sz}、α_{sx}、α_{szx}——σ_z、σ_x、τ_{zx} 的附加应力系数，可由 x/b 及 z/b 查表 2-6 得出。

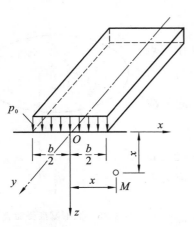

图 2-29　条形基底受铅直均布荷载下的竖向附加应力

表 2-6　条形基础底面受均不荷载下的附加应力系数

z/b	x/b 0.00			0.25			0.50			1.00			1.50			2.00		
	α_{sz}	α_{sx}	α_{szx}	α_{sz}	α_{sx}	α_{szx}	α_{sz}	α_{sx}	α_{szx}	α_{sz}	α_{sx}	α_{szx}	α_{sz}	α_{sx}	α_{szx}	α_{sz}	α_{sx}	α_{szx}
0.00	1.00	1.00	0	1.00	1.00	0	0.50	0.50	0.32	0	0	0	0	0	0	0	0	0
0.25	0.96	0.45	0	0.90	0.39	0.13	0.50	0.35	0.30	0.02	0.17	0.05	0.00	0.07	0.01		0.04	0
0.50	0.82	0.18	0	0.74	0.19	0.16	0.48	0.23	0.26	0.08	0.21	0.13	0.02	0.12	0.04	0	0.07	0.02
0.75	0.67	0.08	0	0.61	0.10	0.13	0.45	0.14	0.20	0.15	0.22	0.16	0.04	0.14	0.07	0.02	0.10	0.04
1.00	0.55	0.04	0	0.51	0.05	0.10	0.41	0.09	0.16	0.19	0.15	0.16	0.07	0.14	0.10	0.03	0.13	0.05
1.25	0.46	0.02	0	0.44	0.03	0.07	0.37	0.06	0.12	0.20	0.11	0.14	0.10	0.12	0.10	0.04	0.11	0.07
1.50	0.40	0.01	0	0.38	0.02	0.06	0.33	0.04	0.11	0.21	0.08	0.13	0.11	0.10	0.10	0.06	0.10	0.07
1.75	0.35	—	0	0.34	0.01	0.04	0.30	0.03	0.08	0.21	0.06	0.11	0.13	0.09	0.09	0.07	0.09	0.08
2.00	0.31	—	0	0.31	—	0.03	0.28	0.02	0.06	0.20	0.05	0.10	0.14	0.07	0.10	0.08	0.08	0.08
3.00	0.21	—	0	0.21	—	0.02	0.20	0.01	0.03	0.17	0.02	0.06	0.13	0.03	0.07	0.08	0.04	0.07
4.00	0.16	—	0	0.16	—	0.01	0.15	—	0.02	0.14	0.01	0.03	0.12	0.02	0.05	0.10	0.03	0.05
5.00	0.13	—	0	0.13	—	—	0.12	—	—	0.12	—	—	0.11	—	—	0.09	—	—
6.00	0.11	—	0	0.10	—	—	0.10	—	—	0.10	—	—	0.10	—	—		—	—

6. 条形基底受竖直三角形分布荷载作用

在基底表面作用三角形分布条形荷载时(见图 2-30),其最大值为 p_t,即坐标原点 O 取条形基础三角荷载零点线上的基底中任一点。则深度 z 处的附加应力,仍可利用布辛尼斯克解。

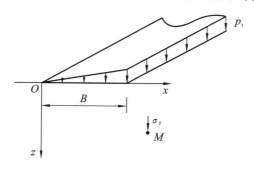

图 2-30　条形基底受三角形荷载作用下的竖向附加应力

通过积分得到

$$\sigma_z = \alpha_{tz} p_t \qquad\qquad (2-29)$$

$$\sigma_x = \alpha_{tx} p_t \qquad\qquad (2-30)$$

$$\tau_{zx} = \alpha_{tzx} p_t \qquad\qquad (2-31)$$

式中:α_{tz}、α_{tx}、α_{tzx}——σ_z、σ_x、τ_{zx} 的附加应力系数,可由 x/b 及 z/b 查表 2-7 得出。

表 2-7　条形基底受铅直三角形分布荷载作用下的附加应力系数

z/b \ x/b		−0.25	零角点 0.00	0.25	中点 0.50	0.75	角点 1.00	1.25	1.5
0.01	α_{tz}	0.000	0.003	0.249	0.500	0.750	0.497	0.000	0.000
	α_{tx}	0.005	0.026	0.249	0.487	0.718	0.467	0.015	0.006
	α_{tzx}	0.000	−0.005	−0.010	−0.010	−0.009	0.313	0.001	0.000
0.1	α_{tz}	0.002	0.032	0.251	0.498	0.737	0.468	0.010	0.002
	α_{tx}	0.049	0.116	0.233	0.376	0.452	0.321	0.032	0.054
	α_{tzx}	−0.008	−0.044	−0.078	−0.075	−0.040	0.272	0.034	0.008
0.2	α_{tz}	0.009	0.061	0.255	0.489	0.682	0.437	0.050	0.009
	α_{tx}	0.084	0.146	0.219	0.269	0.259	0.230	0.186	0.097
	α_{tzx}	−0.025	−0.075	−0.129	−0.108	−0.016	0.231	0.091	0.028
0.4	α_{tz}	0.036	0.110	0.263	0.441	0.534	0.379	0.137	0.043
	α_{tx}	0.114	0.142	0.149	0.130	0.099	0.127	0.160	0.128
	α_{tzx}	−0.060	−0.108	−0.138	−0.104	0.020	0.167	0.139	0.071
0.6	α_{tz}	0.066	0.140	0.258	0.378	0.421	0.328	0.177	0.080
	α_{tx}	0.108	0.114	0.096	0.065	0.046	0.074	0.112	0.116
	α_{tzx}	−0.080	−0.112	−0.123	−0.077	0.025	0.122	0.132	0.093
0.8	α_{tz}	0.089	0.115	0.243	0.321	0.343	0.285	0.188	0.106
	α_{tx}	0.091	0.085	0.062	0.035	0.025	0.046	0.077	0.093
	α_{tzx}	−0.085	−0.104	−0.010	−0.056	0.021	0.090	0.112	0.096

7. 地基附加应力的分布规律

图 2-31 所示为地基中的附加应力等值线图。所谓等值线就是地基中具有相同附加应力数值的点的连线（类似于地形等高线）。由图 2-31(a)、(b)，地基中的竖向附加应力 σ_z 具有如下的分布规律。

（1）σ_z 的分布范围相当大，它不仅分布在荷载面积之内，而且还分布到荷载面积以外，这就是所谓的附加应力扩散现象。

（2）在离基础底面（地基表面）不同深度 z 处的各个水平面上，以基底中心点下轴线处的 σ_z 为最大。离开中心轴线愈远的点，σ_z 愈小。

（3）在荷载分布范围内任意点竖直线上的 σ_z 值，随着深度增大逐渐减小。

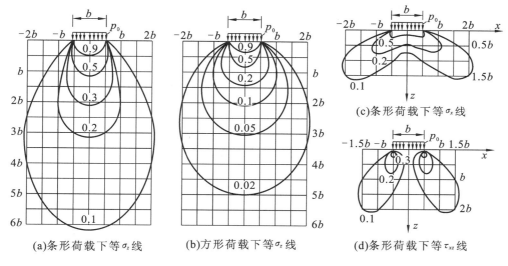

(a)条形荷载下等 σ_z 线　　(b)方形荷载下等 σ_z 线　　(c)条形荷载下等 σ_x 线

(d)条形荷载下等 τ_{xz} 线

图 2-31　附加应力等值线

（4）方形荷载所引起的 σ_z，其影响深度要比条形荷载小得多。例如，在方形荷载中心下 $z=2b$ 处，$\sigma_z \approx 0.1p_0$，而在条形荷载下的 $\sigma_z = 0.1p_0$ 等值线则约在中心下 $z=6b$ 处通过。这一等值线反映了附加应力在地基中的影响范围。在后面某些章节中还会提到地基主要受力层这一概念，它指的是基础底面至 $\sigma_z = 0.2p_0$ 深度处（对条形荷载，该深度约为 $3b$，方形荷载约为 $1.5b$）的这部分土层。建筑物荷载主要由地基的主要受力层承担，并且地基沉降的绝大部分是由这部分土层的压缩所形成的。

（5）当两个或多个荷载距离较近时，扩散到同一区域的竖向附加应力会彼此叠加起来，使该区域的附加应力比单个荷载作用时明显增大。这就是所谓的附加应力叠加现象。

由条形荷载下的 σ_x 和 τ_{xz} 的等值线图可知，σ_x 的影响范围较浅，所以基础下地基土的侧向变形主要发生于浅层；而 τ_{xz} 的最大值出现于荷载边缘，所以位于基础边缘下的土容易发生剪切破坏。

由上述分布规律可知，当地面上作用有大面积荷载（或地下水位大范围下降）时，附加应力 σ_z 随深度增大而衰减的速率将变缓，其影响深度将会相当大，因此往往会引起可观的地面沉降。当岩层或坚硬土层上可压缩土层的厚度小于或等于荷载面积宽度的一半时，荷载面积下的 σ_z 几乎不扩散，此时可认为荷载面中心点下的 σ_z 不随深度变化（见图 2-32）。

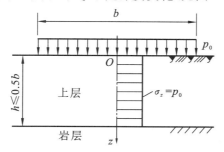

图 2-32　可压缩土层厚度 $h \leqslant 0.5b$ 时的 σ_z 分布

三、任务实施

例2-4 某荷载面为 $2\ \mathrm{m}\times1\ \mathrm{m}$，其上竖向均布荷载为 $p=100\ \mathrm{kPa}$，如图2-33所示。求荷载面上点 A、E、O 以及荷载面外点 F、G 等各点下 $z=1\ \mathrm{m}$ 深度处的附加应力。并利用计算结果说明附加应力的扩散规律。

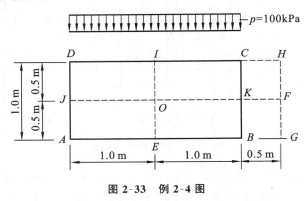

图2-33 例2-4图

解 （1）A 点下的应力。

A 点是矩形 $ABCD$ 的角点，$m=l/b=2$，$n=z/b=1$，由表2-3可得 $\alpha_c=0.200$，故
$$\sigma_{zA}=\alpha_c p=0.200\times100\ \mathrm{kPa}=20\ \mathrm{kPa}$$

（2）E 点下的应力。

通过 E 点将矩形荷载面分为两个相等矩形 $EADI$ 和 $EBCI$。求 $EADI$ 的角点的附加应力系数 α_c。

已知 $m=1$，$n=1$，由表2-3得 $\alpha_c=0.175$，故
$$\sigma_{zE}=2\alpha_c p=2\times0.175\times100\ \mathrm{kPa}=35\ \mathrm{kPa}$$

（3）O 点下的应力。

通过 O 点将原矩形面积分为4个相等矩形 $OEAJ$、$OJDI$、$OICK$ 和 $OKBE$，求 $OEAJ$ 角点的附加应力系数 α_c。

已知 $m=1/0.5=2$，$n=1/0.5=2$，由表2-3得 $\alpha_c=0.120$，故
$$\sigma_{zO}=4\alpha_c p=4\times0.120\times100\ \mathrm{kPa}=48\ \mathrm{kPa}$$

（4）F 点下的应力。

过 F 点作矩形 $FGAJ$、$FJDH$、$FGBK$ 和 $FKCH$。

设 α_{cI} 为矩形 $FGAJ$ 和 $FJDH$ 的角点的附加应力系数，α_{cII} 为矩形 $FGBK$ 和 $FKCH$ 的角点的附加应力系数。

求 α_{cI}：已知 $m=2.5/0.5=5$，$n=1/0.5=2$，由表2-3得 $\alpha_{cI}=0.136$；

求 α_{cII}：已知 $m=0.5/0.5=1$，$n=1/0.5=2$，由表2-3得 $\alpha_{cII}=0.084$，故
$$\sigma_{zF}=2(\alpha_{cI}-\alpha_{cII})p=2\times(0.136-0.084)\times100\ \mathrm{kPa}=10.4\ \mathrm{kPa}$$

（5）G 点下的应力。

通过 G 点作矩形 $GADH$ 和 $GBCH$，分别求出它们的角点的附加应力系数 α_{cI} 和 α_{cII}。

求 α_{cI}：已知 $m=2.5/1=2.5,n=1/1=1$，由表 2-3 得 $\alpha_{cI}=0.2015$；

求 α_{cII}：已知 $m=1/0.5=2,n=1/0.5=2$，由表 2-3 得 $\alpha_{cII}=0.120$，故

$$\sigma_{zG}=(\alpha_{cI}-\alpha_{cII})p=(0.2015-0.120)\times 100 \text{ kPa}=8.15 \text{ kPa}$$

将计算结果绘于图中，可得出附加应力的分布规律。

例 2-5 某条形基础，其荷载分布如图 2-34 所示。计算 G 点下深度为 3 m 处的附加应力 σ_z。

解 本例求解时需对荷载分布图形进行分解计算，然后叠加。

(1) 均布荷载（$ABDC$）作用，原点为 O_1（CD 段的中心），$p=150$ kPa。

由 $x/b=4/2=2,z/b=3/2=1.5$，查表 2-6，得 $\alpha_{sz}=0.06$。

$$\sigma_{z1}=0.06\times 150 \text{ kPa}=9.0 \text{ kPa}$$

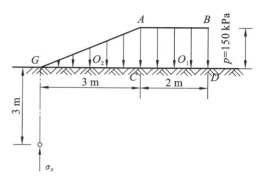

图 2-34 例 2-5 图

(2) 三角形分布荷载（ACG）作用，原点为 O_2（CG 段的中心），$p_t=150$ kPa

由 $x/b=0/3=0,z/b=3/3=1$，查表 2-7，得 $\alpha_{tz}=0.159$。

$$\sigma_{z2}=0.159\times 150 \text{ kPa}=23.85 \text{ kPa}$$

(3) $$\sigma_z=\sigma_{z1}+\sigma_{z2}=(9+23.85) \text{ kPa}=32.85 \text{ kPa}$$

四、任务小结

附加应力的计算小结见表 2-8。地基中附加应力的分布规律为：①距离地面越远，附加应力分布的范围越广；②在地面下任意深度的水平面上，基础中心点下附加应力最大，向四周逐渐减小；③基础中心点下，附加应力随着深度的增加而递减。

表 2-8 地基中附加应力计算小结

荷载类型	集中力	分布荷载	
		均布荷载	三角形荷载
矩形基础	$\sigma_z=a\cdot\dfrac{F}{z^2}$	角点下：$\sigma_z=\alpha_c\cdot p_0$ 任意点：角点法叠加 α_c 由 $l/b,z/b$ 查表 2-3	1 角点下：$\sigma_z=\alpha_{z1}\cdot p_0$ 2 角点下：$\sigma_z=\alpha_{z2}\cdot p_0$ $\alpha_{z1}\alpha_{z2}$ 由 $l/b,z/b$ 查表 2-4
圆形基础		圆心下：$\sigma_z=\alpha_0\cdot p_0$ 边缘下：$\sigma_z=\alpha_r\cdot p_0$ $\alpha_0\alpha_r$ 由 z/r_0 查表 2-5	
条形基础		任意点：$\sigma_z=\alpha_{sz}\cdot p_0$ α_{sz} 由 $x/b,z/b$ 查表 2-6	任意点：$\sigma_z=\alpha_{tz}\cdot p_0$ α_{tz} 由 $x/b,z/b$ 查表 2-7

五、拓展提高

非均质与各向异性地基中的应力计算

前面讨论地基附加应力的计算方法是假定地基土为均质和各向同性的半无限线性空间变形体,然后按照弹性力学理论进行附加应力计算的。而实际上土中应力并非如此,地基土往往是非均质的和各向异性的。在一般情况下按上述方法计算是可行的,但在某些情况下,应用上述应力计算方法得出的结果与实际情况的误差较大。

对非均质与各向异性地基应力计算往往比较复杂,目前对这些类别的土体在荷载作用下的工作机理尚不能建立合理的计算模型。下由对几种特殊地基进行讨论。

1. 双层地基

1）上软下硬的地基

在山区地基中,通常基岩埋藏较浅,表层为覆盖的可压缩土层,呈现上软下硬的情况。图2-32所示为这种地基模型,有上软下硬的现象,如图2-35(a)所示。此时,地基土层中的附加应力比均质土上有所增加,即出现应力集中现象。实验表明:岩层埋藏越浅,应力集中的影响越显著,但可压缩土层的厚度小于或等于荷载面积宽度一半时,荷载面积下的附加应力几乎不扩散,此时中点下的附加应力不随深度而变化,如图2-35(b)所示。

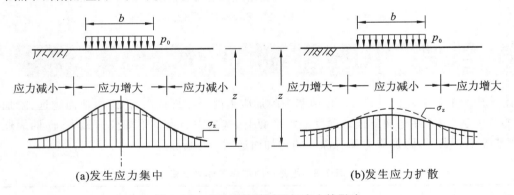

(a)发生应力集中　　　　　　　　　　　(b)发生应力扩散

图 2-35　非均质地基对附加应力的影响

(图中虚线表示均质地基中同一水平面上的附加应力分布)

2）上硬下软的地基

这是一种较常遇到的情况,如图2-36所示。例如,软土地区的地表硬壳层下有着很厚的软弱土层;道路工程中的刚性路面下有一层压缩性较大的土层等。此时,将出现地基中竖向应力分散现象。图2-36所示为均布荷载中心线下竖向应力分布的比较,图中曲线1(虚线)为均质地基中的附加应力的分布图,曲线2为岩层上可压缩土层中的附加应力分布图,而曲线3表示上层坚硬下层软弱的双层地基中的附加应力分布图。

2. 变形模量随深度增大的地基

由于地基土层沉积年代的不同,各层土应力值不同,因而各层土的变形模量也不同。即使

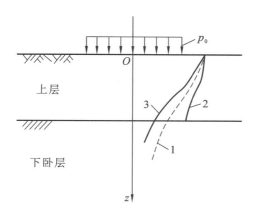

图 2-36　双层地基竖向应力分布的比较

地基土由单一土层构成,其变形模量 E 多少存在着随深度逐渐增加的现象。在沙砾土中,这种现象比黏性土更为明显。在此情况下,沿荷载对称轴上的附加应力较各向同性体时增大。一般认为这是由于较深处土的侧向变形受约束所致。应力集中的程度与变形模量 E 沿深度的变化规律及泊松比有关。弗洛列希(Frohlich)于 1942 年提出了在集中力作用下垂直附加应力的计算半经验公式。

$$\sigma_z = \frac{n p_0}{2\pi R^2} \cos^2 \theta \tag{2-32}$$

式中:n——应力集中因数。

3. 各向异性地基

由于土层生成时各个时期沉积物成分上的变化,土层薄的交互层地基,其水平向变形模量常大于竖向变形模量。与均质各向同性地基相比,此时各水平面上的附加应力的分布将发生扩散现象,即荷载中心线附近的附加应力减少,而远处则增加。沃尔夫(Wolf)于 1935 年提出,假设地基竖直和水平方向的泊松比相同,得出绝对柔性均布条形荷载中心线下竖直向附加应力计算理论。根据该理论知,在非均质地基中,当水平向变形模量大于竖向变形模量时,地基土中将出现应力集中现象,相反,当水平向变形模量小于竖向变形模量时,地基土中将出现应力分散现象。

威斯特卡德(Westergaard)于 1938 年假设半空间体内夹有间距极小的且完全柔性的水平薄层,这些薄层只允许产生竖向变形,从而得出了集中荷载 P 作用下地基中附加应力 σ_z 的计算公式如下。

$$\sigma_z = \frac{C}{2\pi} \cdot \frac{1}{\left[C^2 + \left(\frac{r}{2} \right)^2 \right]^{1.5}} \cdot \frac{P}{z^2} \tag{2-33}$$

将式(2-33)与布辛尼斯克解相比较,可知它们在形式上有相似之处,其中

$$C = \sqrt{\frac{1-2\mu}{2(1-\mu)}} \tag{2-34}$$

式中:μ——柔性薄层的泊松比。

六、拓展练习

1. 指出 2-37 图（a）、（b）、（c）中的 σ_{cz} 和 σ_z 分布图中哪个是正确的？为什么？

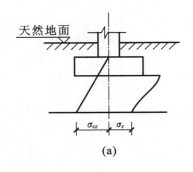 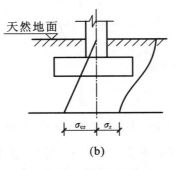 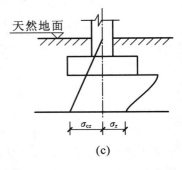

图 2-37　题 1 图

2. 甲基础的底面积比乙基础的底面积大一倍，其他条件均相同。试问在甲、乙两基础中点下，同一深度处的附加应力是否也相差一倍？

3. 如图 2-38 所示，已知 $p_0 = 100$ kPa。求建筑物 G 点下 10 m 处的地基附加应力值。

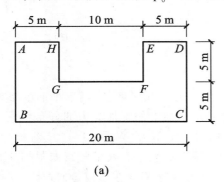 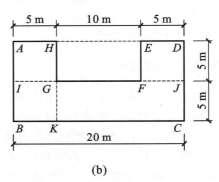

(a)　　　　　　　　　　　　　　　(b)

图 2-38　题 3 图

4. 有一墙下条形基础如图 2-39 所示，基底平均附加压力 $p_0 = 100$ kPa。求 A 点下深度为 10 m 处的附加应力。

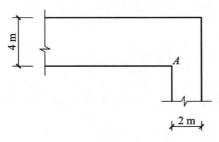

图 2-39　题 4 图

5. 试述地基中竖向附加应力的分布特点？

6. 矩形基础的长宽比(l/b)、深度比(z/b)对地基中附加应力的分布有何影响?

7. 如图 2-40 所示,正方形基础甲、基础乙底面尺寸相等,则基础中点下 3 m 深处 O 点的竖向附加应力是否相同?

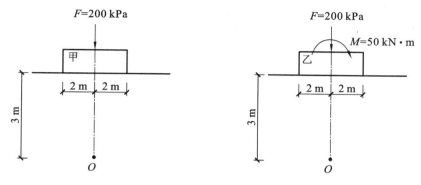

图 2-40　题 7 图

8. 考虑两条形相邻基础的相互影响,计算图中两基础中心点下 0,1,2 和 3 点处的竖向附加应力。

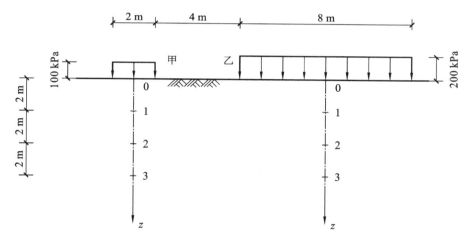

图 2-41　题 8 图

项目 3

地基变形的计算

地基土体在建筑物荷载的作用下会发生变形,建筑物基础亦随之沉降。如果沉降超过容许范围,就会导致建筑物开裂或影响其正常使用,甚至造成建筑物破坏。因此,在建筑物设计与施工时,必须重视基础的沉降与不均匀沉降问题,并将建筑物沉降量控制在《建筑地基基础设计规范》(GB 50007—2011)中允许的范围内。

为了准确计算地基的变形量,必须了解土的压缩性。通过室内和现场试验,可求出土的压缩性指标,利用这些指标,可计算基础的最终沉降量,并可研究地基变形与时间的关系,求出建筑物试用期间某一时刻的沉降量或完成一定沉降量所需要的时间。

任务 1 土的压缩性

一、任务介绍

土的压缩性是指土受压时体积压缩变小的性质。土的压缩性直接影响地基的变形值,为了计算地基的变形量,首先要了解土的压缩性。土的压缩性指标可通过室内试验或原位试验来测定。工程中常用室内压缩试验的结果来反映土压缩性的大小。本任务主要介绍工程中常用的压缩系数、压缩模量等压缩指标。

二、理论知识

1. 土的压缩原理

土体在外部压力和周围环境的作用下体积减小的特性称为土的压缩性。土体体积减小包括三个方面：①土颗粒发生相对位移，土中水及气体从孔隙中排出，从而使土孔隙体积减小；②土颗粒本身的压缩；③土中水及封闭在土中的气体被压缩。在一般情况下，土受到的压力常在 $100\sim600$ kPa 之间，这时土颗粒及水的压缩变形量不到全体土体压缩变形量的 $1/400$，可以忽略不计。因此，土的压缩变形主要是由于土体孔隙体积减小的缘故。

土体压缩变形是一个过程，其快慢取决于土中水排出的速度。土体在外部压力下，压缩随时间增长的过程称为土的固结。对于透水性大的砂土，其压缩过程在加荷后的较短时期内即可完成；对于黏性土，尤其是饱和软黏土，由于黏粒含量多，排水通道狭窄，孔隙水的排出速率很低，其压缩过程比砂性土要长得多。

2. 土的压缩试验与压缩曲线

土的室内压缩试验亦称固结试验，它是研究土压缩性的最基本方法。室内压缩试验采用的试验设备为压缩仪，如图 3-1 所示。试验时将切有土样的环刀置于刚性护环中，由于金属环刀及刚性护环的限制，使得土样在竖向压力的作用下只能发生竖向变形，而无侧向变形。在土样上下放置的透水石是土样受压后排出孔隙水的两个界面。压缩过程中竖向压力通过刚性板施加给土样，土样产生的压缩量可通过百分表量测。由于在整个压缩过程中土样不能侧向膨胀，这种方法又称为侧限压缩试验。常规压缩实验通过逐级加荷进行，常用的分级加荷量 p 为 50 kPa、100 kPa、200 kPa、300 kPa 和 400 kPa。

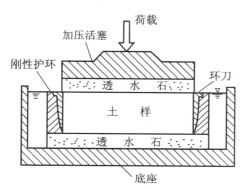

图 3-1　压缩仪的压缩容器简图

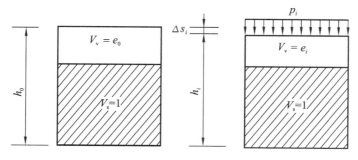

图 3-2　压缩试验土样变形示意图

如图 3-2 所示，设土样的初始高度为 h_0，受压后的高度为 h_i，Δs_i 为在压力 p_i 作用下土样压缩稳定后的沉降量。根据孔隙比的定义，假设土样的土粒体积 $V_s=1$，则土样在受压前的体积为

$1+e_0$（e_0为土的初始孔隙比），受压后的体积为$1+e_i$（e_i为受压稳定后土的孔隙比）。根据受压前后土粒体积不变和土样横截面积不变这两个条件，求土样压缩稳定后的孔隙比。

$$\frac{h_0}{1+e_0}=\frac{h_i}{1+e_i}=\frac{h_0-\Delta s_i}{1+e_i} \tag{3-1}$$

由式(3-1)可得

$$e_i=e_0-\frac{\Delta s_i}{h_0}(1+e_0) \tag{3-2}$$

式中：$e_0=\left(\dfrac{d_s\rho_\omega}{\rho_d}\right)-1$。

其中，d_s、ρ_ω、ρ_d分别为土粒的相对密度、水的密度和水样的初始干密度（即试验前土样的干密度）。

根据某级荷载下的稳定变形量Δs_i，按式(3-2)即可求出该级荷载下的孔隙比e_i，然后以横坐标表示压力p、纵坐标表示孔隙比e，可绘制出e-p关系曲线，此曲线称为压缩曲线，如图3-3(a)所示。

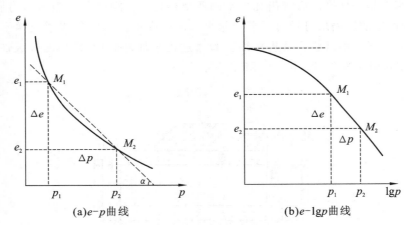

图3-3　压缩曲线

3. 压缩系数 a 和压缩指数 C_c

1）压缩系数 a

由压缩曲线可知，在侧限压缩条件下，孔隙比e随压力的增加而减小。在压缩曲线上对应的压力p处的切线斜率a，表示在压力p作用下土的压缩性，具体公式如下。

$$a=-\frac{\mathrm{d}e}{\mathrm{d}p} \tag{3-3}$$

式中的负号表示随着压力p的增加，孔隙比e减小。

当压力从p_1增至p_2，孔隙比由e_1减至e_2，在此区段内的压缩性可用割线M_1M_2的斜率表示，如图3-3(a)所示。设M_1M_2与横轴的夹角为α，则

$$a=\tan\alpha=-\frac{\Delta e}{\Delta p}=\frac{e_1-e_2}{p_2-p_1} \tag{3-4}$$

其中，a称为压缩系数。

《规范》中规定：p_1 和 p_2 的单位用 kPa 表示，a 的单位用 MPa^{-1}（或 m^2/MN）表示，则式（3-4）可写为

$$a = 1\,000\,\frac{e_1 - e_2}{p_2 - p_1} \tag{3-5}$$

由图 3-3（a），可见压缩系数越大，土的压缩性越高，不同类别不同状态的土，其压缩性可能相差较大。为了便于应用和比较，《规范》作了具体的规定，采用压力间隔 $p_1 = 100$ kPa 和 $p_2 = 200$ kPa 对应的压缩系数 a_{1-2} 来评价土的压缩性。根据式（3-5），a_{1-2} 可写为

$$a_{1-2} = \frac{e_1 - e_2}{0.1} \tag{3-6}$$

《规范》中规定如下。

（1）$a_{1-2} < 0.1$ MPa^{-1} 时，属于低压缩性土。

（2）0.1 $MPa^{-1} \leqslant a_{1-2} < 0.5$ MPa^{-1} 时，属于中压缩性土。

（3）$a_{1-2} \geqslant 0.5$ MPa^{-1} 时，属于高压缩性土。

2）压缩指数 C_c

根据压缩试验资料，如果横坐标采用对数值，可绘出 $e\text{-}\lg p$ 曲线，如图 3-3（b）所示，从图中可以看出，$e\text{-}\lg p$ 曲线的后半段接近于直线。它的斜率称为压缩指数，用 C_c 表示，具体公式如下。

$$C_c = \frac{e_{i1} - e_{i2}}{\lg p_{i2} - \lg p_{i1}} \tag{3-7}$$

压缩指数愈大，土的压缩性愈高。一般 $C_c > 0.4$ 时属高压缩性土；$C_c < 0.2$ 时为低压缩性土；$C_c = 0.2 \sim 0.4$ 时属于中等压缩性土。

3）压缩模量 E_s

压缩模量 E_s 是指土在完全侧限条件下的竖向附加应力与相应的竖向应变的比值，即

$$E_s = \frac{\sigma_z}{\varepsilon_z} \tag{3-8}$$

在压缩试验过程中，高度为 h_1 的土样，在 p_1 的作用下至变形稳定时，此时土样的孔隙比为 e_1。当压力增至 p_2，待土样变形稳定，其稳定变形量为 Δs，此时土样的高度为 h_2，相应的孔隙比为 e_2，根据式（3-1）可得

$$\Delta s = \frac{e_1 - e_2}{1 + e_1} h_1 \tag{3-9}$$

根据 E_s 的定义及式（3-4）可得

$$E_s = \frac{\sigma_z}{\varepsilon_z} = \frac{\Delta p_z}{(\Delta s / h_1)} = \frac{p_2 - p_1}{(e_1 - e_2 / 1 + e_1)} = \frac{1 + e_1}{a} \tag{3-10}$$

式中：E_s——土的压缩模量，MPa；

a——土的压缩系数，MPa^{-1}；

e_1——自重应力所对应的孔隙比，即初始孔隙比。

土的压缩模量 E_s 是表示土压缩性高低的又一个指标，从式（3-10）可知，E_s 与 a 成反比，即 a 越大，E_s 越小，土越软弱。一般 $E_s < 4$ MPa 属于高压缩性土，$E_s = 4 \sim 15$ MPa 属于中等压缩性土，$E_s > 15$ MPa 为低压缩性土。应当注意，这种划分与按压缩系数划分不完全一致，因为不同的土的天然孔隙比是不相同的。

4. 变形模量 E_0

土的变形模量 E_0 是土体在无侧限条件下的应力与应变的比值，可以由室内侧限压缩试验得到压缩模量后求得，也可通过静载荷试验确定。土的变形模量是反映土的压缩性的重要指标之一，现场静载荷试验测定的变形模量 E_0 与室内压缩试验测定的压缩模量 E_s 有以下关系

$$E_0 = \left(1 - \frac{2\mu^2}{1-\mu}\right)E_s \qquad (3\text{-}11)$$

式中：μ——地基土的泊松比。

三、任务实施

例 3-1 已知某土样的土粒相对密度 $d_s = 2.70$，重度 $\gamma = 19.9$ kN/m，含水量 $\omega = 20\%$，取该土样进行压缩试验，环刀高度 $h_0 = 2.0$ cm，试验数据见表 3-1。试求该土样 e_0、e_1、e_2、a_{1-2} 及 E_{s1-2}，并评价该土的压缩性。

表 3-1　例 3-1 中土样试验数据

p_i/kPa	50	100	200	400
Δs_i/mm	0.46	0.70	0.95	1.04

解

$$\rho = \gamma/g = \frac{19.9}{10} \text{ g/cm}^3 = 1.99 \text{ g/cm}^3$$

$$e_0 = \frac{d_s(1+w)\rho_w}{\rho} - 1 = 2.7 \times (1+20\%) \times 1/1.99 - 1 = 0.628$$

$$e_1 = e_0 - \frac{\Delta s_1}{h_0}(1+e_0) = 0.628 - 0.70/20 \times (1+0.628) = 0.571$$

$$e_2 = e_0 - \frac{\Delta s_2}{h_0}(1+e_0) = 0.628 - 0.95/20 \times (1+0.628) = 0.551$$

$$a_{1-2} = \frac{e_1 - e_2}{0.1} = \frac{0.571 - 0.551}{0.1} \text{ MPa}^{-1} = 0.2 \text{ MPa}^{-1}$$

当 $0.1 \text{ MPa}^{-1} \leqslant a_{1-2} < 0.5 \text{ MPa}^{-1}$ 时，属于中压缩性土。

$$E_{s1-2} = \frac{1+e_0}{a_{1-2}} = \frac{1+0.628}{0.2} \text{ MPa} = 8.14 \text{ MPa}$$

此时，$E_s = 4 \sim 15$ MPa，属于中等压缩性土。

四、任务小结

土的压缩性指标有以下几个。

（1）压缩系数　　　　　$a = 1\,000\dfrac{e_1-e_2}{p_2-p_1}$，　　$a_{1-2} = \dfrac{e_1-e_2}{0.1}$

当 $a_{1-2} < 0.1 \text{ MPa}^{-1}$ 时，属于低压缩性土；当 $0.1 \text{ MPa}^{-1} \leqslant a_{1-2} < 0.5 \text{ MPa}^{-1}$ 时，属于中压缩

性土；当 $a_{1-2} \geqslant 0.5$ MPa^{-1} 时，属于高压缩性土。

（2）压缩指数 $$C_c = \frac{e_{i1} - e_{i2}}{\lg p_{i2} - \lg p_{i1}}$$

当 $C_c > 0.4$ 时，属于高压缩性土；当 $C_c < 0.2$ 时，为低压缩性土；当 $C_c = 0.2 \sim 0.4$ 时，属于中等压缩性土。

（3）压缩模量 $$E_s = \frac{1 + e_0}{a}$$

当 $E_s < 4$ MPa 时，属于高压缩性土；当 $E_s = 4 \sim 15$ MPa 时，属于中等压缩性土；当 $E_s > 15$ MPa 时，为低压缩性土。

五、拓展提高

固结试验（压缩试验）规程（土工试验规程 SL237—015—1999）

1. 试验目的

（1）掌握试样在完全侧限条件下的室内压缩试验测定土的压缩系数的方法，并根据试验数据绘制空隙比与压力的关系曲线（即压缩曲线）。

（2）根据求得的压缩系数来评定土的压缩性。

2. 基本原理

土样在外力的作用下便产生压缩，其压缩量的大小与在土样上所加的荷重大小和土样的性质有关。如在相同的荷重作用下，软土的压缩量就大，而坚密的土则压缩量小；在同一种土样的条件下，压缩量随着荷重的增大而增加。施加不同的荷重，可得相应的空隙比，一般分级不要过大，视土的软硬程度及工程情况可取为 12.5 kPa、25 kPa、50 kPa、100 kPa、200 kPa、400 kPa、800 kPa、1 600 kPa、3 200 kPa。最后一级压力应比土层的计算压力大 100～200 kPa，这样便可绘制压缩曲线并求得压缩系数。

3. 仪器设备

压缩仪（或称固结仪）、百分表、环刀等。压缩仪如图 3-4 所示。

图 3-4　压缩仪

4. 试验步骤

（1）按密度试验所述方法用环刀切取土样，测定土样试验前的密度。

（2）按含水量试验的方法，用环刀切取土样后剩下的土样（不用沾有凡士林的那部分），测定土样试验前的含水量，并熟悉压缩仪各细节的构造及作用。

（3）在压缩容器底板上安置好一块透水石（注意一定要平稳），接着安放护环，并固定护环。

（4）将湿润滤纸一张放在压缩容器底部的透水石面上，然后将装有土样的环刀刀口向下放入护环内，在土样面上放润滤纸一张、透水石一块和加压上盖。

（5）将加压容器置于加压框架正中，安装百分表，施加 1 kPa 的预压力，使试样与仪器上下各部件之间接触，将百分表调零。

（6）施加第一级荷载，因每一级荷载下土样的变形稳定需要很长时间，限于学生时间，因此定为持续 10 min 即认为该级荷载下压缩变形已属稳定，即可加下一级荷载。

（7）在最后一级变形稳定后，即可卸除全部荷载，取下百分表、压缩容器，分别拆除钢球、加压上盖、护环、透水石和滤纸等，小心取出带土的环刀、清理环刀等。

5. 成果整理及计算

（1）各级荷载下的百分表稳定读数，即为该级荷载下土样的稳定变形量 s_i。

（2）计算土样的初始空隙比 e_0。

$$e_0 = \frac{(1+w_0)G_s\rho_\omega}{\rho_0} - 1$$

式中：G_s——土的颗粒比重；

ω_0——试样前土的初始含水量；

ρ_0——试验前土的初始密度，g/cm³。

（3）计算各级荷载下土样变形稳定后的空隙比 e_i。

$$e_i = e_0 - \frac{\Delta s_i}{h_0}(1+e_0)$$

式中：Δs_i——各级荷载下土样压缩量，mm；

h_0——环刀高度，一般取 20 mm。

（4）绘制 $e\text{-}\lg p$ 曲线，计算 a_{1-2}，E_{s1-2} 并评定土的压缩性。

六、拓展练习

1. 什么是土的压缩性？土体压缩变形的原因是什么？

2. 何谓土的压缩系数？它如何反映土的压缩性质？

3. 工程中为何需要用 a_{1-2} 来判断土的压缩性质？如何判断？

4. 何谓压缩模量？其与压缩系数有何关系？

5. 压缩模量、变形模量、弹性模量有什么区别？

6. 荷载试验与压缩试验的变形条件有何不同？哪个更符合地基的实际受力情况？

7. 某土样室内压缩试验结果如下表所示，已知初始孔隙比 $e_0 = 0.85$，试求土的压缩系数 a_{1-2} 和压缩模量 E_{s1-2}，并评价该土样的压缩性。

压应力 p/kPa	50	100	200	300	400
孔隙比	0.70	0.67	0.65	0.62	0.60

8. 已知某土样的土粒相对密度 $d_s = 2.70$，干密度 $\rho_d = 1.56$ g/cm³，取该土样进行压缩试验，环刀高 $h_0 = 2.0$ cm，当压力为 $p_1 = 100$ kPa 时，测得稳定压缩量 $\Delta s_1 = 0.65$ mm；$p_1 = 200$ kPa 时，$\Delta s_2 = 0.76$ mm，试求 a_{1-2}、E_{s1-2}，并评价该土样的压缩性。

任务 **2** 地基最终变形计算

一、任务介绍

地基最终变形是指地基在建筑物荷载作用下达到压缩稳定后地基表面的沉降量，是建筑物地基基础设计的重要内容，是进一步研究地基变形与时间的关系的前提。地基最终变形的计算方法较多，目前常用室内土的压缩指标来进行计算。本任务主要介绍现工程中常用的单向压缩分层总和法、规范法。

二、理论知识

1. 单向压缩分层总和法

1）基本假定

单向压缩分层总和法的基本假定条件如下，如图 3-5 所示。

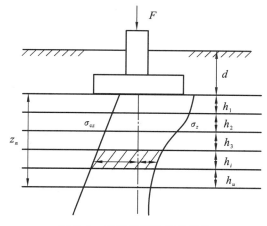

图 3-5　单向压缩分层总和法

（1）假设基底压力为线性分布。

（2）附加应力采用弹性理论计算。

（3）只发生铅直向压缩变形，不考虑侧向变形。

（4）将地基分成若干层，认为整个地基的最终沉降量 s 为各层沉降量 s_i 之和。

2）计算公式

如图 3-6 所示，在荷载 p_1 作用下，土体已压缩稳定，试样高度为 h_1，孔隙比为 e_1，试样截面积为 A_1。现在荷载由 p_1 增加到 p_2，荷载增量 $\Delta p = p_2 - p_1$，在荷载 p_2 的作用下，土样压缩稳定后的高度为 h_2，孔隙比为 e_2，截面积为 A_2，因为实验是在侧限条件下进行的，故 $A_1 = A_2$。

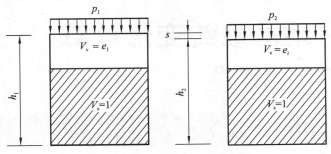

图 3-6　土的侧限压缩示意图

设压缩前的颗粒体积 $V_s = 1$，则 $V_v = e_1$，$V = 1 + e_1$，试样内颗粒的总体积为

$$\frac{1}{1+e_1}A_1 h_1 \tag{3-12}$$

同理，可得压缩后颗粒体积为

$$\frac{1}{1+e_2}A_2 h_2 \tag{3-13}$$

在压缩过程中，颗粒不可压缩，因而式（3-12）和（3-13）相等，有

$$h_2 = \frac{1+e_2}{1+e_1}h_1 \tag{3-14}$$

因为 $h_1 - h_2 = s$，所以

$$s = h_1 - h_2 = h_1 - \frac{1+e_2}{1+e_1}h_1 = \frac{e_1 - e_2}{1+e_1}h_1 \tag{3-15}$$

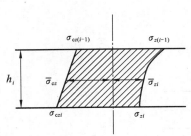

图 3-7　分层总和法单层土体压缩示意图

如图 3-7 所示，第 i 层土层厚度为 h_i，在自重应力下已压缩稳定，在受到由建筑荷载引起的附加应力后，土层压缩量为 s_i。由于假设土层只发生铅直向压缩变形，不考虑侧向变形，故土样处于侧限条件下，根据式（3-15），可得

$$s_i = \frac{e_{1i} - e_{2i}}{1+e_{1i}}h_i \tag{3-16}$$

式中：e_{1i}——第 i 层土的自重应力平均值 p_{1i} 对应的压缩曲线上的孔隙比；

e_{2i}——第 i 层土的自重应力平均值与附加应力平均值之和 p_{2i} 对应的压缩曲线上的孔隙比；

h_i——第 i 层土的厚度，m。

其中

$$p_{1i} = \frac{\sigma_{czi} + \sigma_{cz(i-1)}}{2}$$

式中：σ_{czi}、$\sigma_{cz(i-1)}$——第 i 层土底面、顶面处得自重应力，kPa。

将地基变形计算深度 z_n 范围的土划分为若干个分层，如图 3-5 所示，按式（3-16）分别计算各分层的压缩量，其总和即为基础最终沉降量。

$$s = \sum_{i=1}^{n} \frac{e_{1i} - e_{2i}}{1 + e_{1i}} h_i \tag{3-17}$$

3）计算步骤

采用分层总和法计算基础最终沉降量时，通常假定地基土压缩时不发生侧向变形，即采用侧限条件下的压缩指标。为了弥补这样计算得到的变形偏小的缺点，通常以基础中心点的沉降代表基础的沉降量。具体的计算步骤如下。

（1）土层分层。

将基础下的土层分为若干薄层，分层的原则是：① 不同土层的分界面；② 地下水位处；③ 应保证每薄层内附加应力分布线近似于直线，以便较准确地求出分层内附加应力平均值，一般可采用上薄下厚的方法分层；④ 每层土的厚度应小于基础宽度的 0.4 倍。

（2）计算自重应力。

按计算公式 $\sigma_{cz} = \sum_{i=1}^{n} \gamma_i h_i$ 计算出铅直自重应力在基础中心点沿深度 z 的分布，并按一定的比例将其绘于 z 深度线的左侧。

注意：若开挖基坑后土体不产生回弹，自重应力从地面算起；地下水位以下采用土的浮重度计算。

（3）计算附加应力。

计算附加应力在基底中心点处沿深度 z 的分布，按一定的比例将其绘于 z 深度线右侧。

注意：附加应力应从基础底面算起。

（4）确定压缩层深度。

从理论上讲，在无限深度处仍有微小的附加应力，仍能引起地基的变形。考虑到在一定的深度处，附加应力已很小，它对土体的压缩作用已不大，可以忽略不计。因此在实际工程计算中，可采用基底以下某一深度 z_n 作为基础沉降计算的下限深度。工程中常用的确定 z_n 的方法为：① 该深度处符合 $\sigma_{zn} \leqslant 0.2\sigma_{czn}$ 的要求；② 在高压缩性土层中则要符合 $\sigma_{zn} \leqslant 0.1\sigma_{czn}$ 的要求。

（5）计算各分层的自重应力、附加应力的平均值。

在计算各分层的自重应力平均值与附加应力平均值时，可将薄层底面与顶面的计算值相加除以 2（即取算术平均值）。即各分层的自重应力平均值为 $\overline{\sigma_{czi}} = \dfrac{\sigma_{czi} + \sigma_{cz(i-1)}}{2}$，附加应力平均值为 $\overline{\sigma_{zi}} = \dfrac{\sigma_{zi} + \sigma_{z(i-1)}}{2}$。

（6）确定各分层压缩前后的孔隙比。

由各分层平均自重应力 p_{1i}、平均自重应力与附加自重应力的和 p_{2i} 在相应的压缩曲线上查得初始孔隙比 e_{1i}、压缩稳定后的孔隙比 e_{2i}。

（7）计算各分层的压缩量。

$$s_i = \frac{e_{1i} - e_{2i}}{1 + e_{1i}} h_i$$

（8）计算地基最终变形量。

$$s = \sum_{i=1}^{n} \frac{e_{1i} - e_{2i}}{1 + e_{1i}} h_i$$

2. 规范法

为了简化分层总和法的计算过程，《建筑地基基础设计规范》（GB 50007—2011）中推荐了一种计算基础最终沉降量的方法，其实质是在分层总和法的基础上，采用平均附加应力的概念，按天然土层界面分层（以简化由于过多分层所引起的烦琐计算），并结合大量工程沉降观测的统计分析，以沉降计算经验系数对地基最终沉降量结果加以修正。

1）计算公式

在侧限条件下，将 $-\Delta e = a \Delta p$，$E_s = \dfrac{1 + e_1}{a}$ 代入式（3-15）得

$$s = \frac{\Delta p}{E_s} h_1 \tag{3-18}$$

假设地基是均质的，在侧限条件下土的压缩模量不随深度变化，如图 3-8 所示，由式（3-18）可知

z_i 深度范围内土体的变形量为

$$s = \frac{\Delta p_i}{E_s} z_i \tag{3-19}$$

z_{i-1} 深度范围内土体的变形量为

$$s = \frac{\Delta p_{i-1}}{E_s} z_i \tag{3-20}$$

$h_i = z_i - z_{i-1}$ 范围内土的变形量为

$$s_i' = s_i - s_{i-1} = \frac{\Delta p_i}{E_s} z_i - \frac{\Delta p_{i-1}}{E_s} z_{i-1} \tag{3-21}$$

式中：Δp_i——z_i 深度范围内附加应力平均值，kPa；

Δp_{i-1}——z_{i-1} 深度范围内附加应力平均值，kPa。

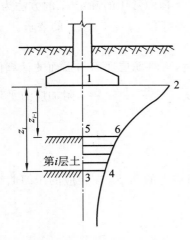

图 3-8　规范法的分层示意图

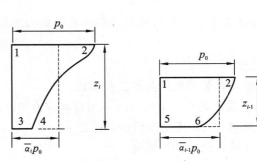

图 3-9　平均附加应力系数的物理意义

如图 3-9 所示，$\Delta p_i z_i$ 为 z_i 深度范围内附加应力面积 A_{1234}；$\Delta p_{i-1} z_{i-1}$ 为 z_{i-1} 深度范围内附加应力面积 A_{1256}。令 $\Delta p_i = \bar{\alpha}_i p_0$、$\Delta p_{i-1} = \bar{\alpha}_{i-1} p_0$，则有

$$A_{1234} = p_0 z_i \bar{a}_i$$

$$A_{1256} = p_0 z_{i-1} \bar{a}_{i-1}$$

即

$$\bar{a}_i = \frac{A_{1234}}{p_0 z_i}, \quad \bar{a}_{i-1} = \frac{A_{1256}}{p_0 z_{i-1}}$$

式中：$\bar{\alpha}_i$、$\bar{\alpha}_{i-1}$——对应 z_i、z_{i-1} 深度的平均附加应力系数。

计算出相应的附加应力面积后，可制成平均附加应力系数表格（见表 3-2、表 3-3）供查用。因此，《规范》称此方法为应力面积法。

将 $\Delta p_i = \bar{\alpha}_i p_0$、$\Delta p_{i-1} = \bar{\alpha}_{i-1} p_0$ 代入式(3-21)，则有

$$s_i' = \frac{p_0}{E_s} (\bar{\alpha}_i z_i - \bar{\alpha}_{i-1} z_{i-1}) \tag{3-22}$$

式中：s_i'——第 i 层土变形量，mm；

E_s——土的压缩模量，MPa；

p_0——基底附加应力，kPa；

$\bar{\alpha}_i$、$\bar{\alpha}_{i-1}$——对应 z_i、z_{i-1} 深度的附加应力系数，可查表 3-2、表 3-3；

z_i、z_{i-1}——基础底面至第 i 层底面和第 $i-1$ 层底面的距离，m。

对于成层土，式(3-22)可改写为

$$s' = \sum_{i=1}^{n} \frac{p_0}{E_s} (\bar{\alpha}_i z_i - \bar{\alpha}_{i-1} z_{i-1}) \tag{3-23}$$

表 3-2　矩形基底铅直均布荷载作用角点下的平均铅直向附加应力系数 $\bar{\alpha}$

z/b ＼ l/b	1.0	1.2	1.4	1.6	1.8	2.0	2.4	2.8	3.2	3.6	4.0	5.0	10.0
0.0	0.250 0	0.250 0	0.250 0	0.250 0	0.250 0	0.250 0	0.250 0	0.250 0	0.250 0	0.250 0	0.250 0	0.250 0	0.250 0
0.2	0.249 6	0.249 7	0.249 7	0.249 8	0.249 8	0.249 8	0.249 8	0.249 8	0.249 8	0.249 8	0.249 8	0.249 8	0.249 8
0.4	0.247 4	0.247 9	0.248 1	0.248 3	0.248 4	0.248 5	0.248 5	0.248 5	0.248 5	0.248 5	0.248 5	0.248 5	0.248 5
0.6	0.242 3	0.243 7	0.244 4	0.244 8	0.245 1	0.245 2	0.245 4	0.245 5	0.245 5	0.245 5	0.245 5	0.245 5	0.245 6
0.8	0.234 6	0.237 2	0.238 7	0.239 5	0.240 0	0.240 3	0.240 7	0.240 9	0.240 9	0.241 0	0.241 0	0.241 0	0.241 0
1.0	0.225 2	0.229 1	0.231 3	0.232 6	0.233 5	0.234 0	0.234 6	0.234 9	0.235 1	0.235 2	0.235 2	0.235 3	0.235 3
1.2	0.214 9	0.219 9	0.222 9	0.224 8	0.226 0	0.226 8	0.227 8	0.228 2	0.228 5	0.228 6	0.228 7	0.228 8	0.228 9
1.4	0.204 3	0.210 2	0.214 0	0.216 4	0.219 0	0.219 1	0.220 4	0.221 1	0.221 5	0.221 7	0.221 8	0.222 0	0.222 1
1.6	0.193 6	0.200 6	0.204 9	0.207 9	0.209 9	0.211 3	0.213 0	0.213 8	0.214 3	0.214 6	0.214 8	0.215 0	0.215 2
1.8	0.184 0	0.191 2	0.196 0	0.199 4	0.201 8	0.203 4	0.205 5	0.206 6	0.207 3	0.207 7	0.207 9	0.208 2	0.208 4
2.0	0.174 6	0.182 2	0.187 5	0.191 2	0.193 8	0.195 8	0.198 2	0.199 6	0.200 4	0.200 9	0.201 2	0.201 5	0.201 8
2.2	0.165 9	0.173 7	0.179 3	0.183 3	0.186 2	0.188 3	0.191 1	0.192 7	0.193 7	0.194 3	0.194 7	0.195 2	0.195 5
2.4	0.157 8	0.165 7	0.171 5	0.175 7	0.178 9	0.181 2	0.184 3	0.186 2	0.187 3	0.188 0	0.188 5	0.189 0	0.189 5
2.6	0.150 3	0.158 3	0.164 2	0.168 6	0.171 9	0.174 5	0.177 9	0.179 9	0.181 2	0.182 0	0.182 5	0.183 2	0.183 8

续表

z/b ＼ l/b	1.0	1.2	1.4	1.6	1.8	2.0	2.4	2.8	3.2	3.6	4.0	5.0	10.0
2.8	0.143 3	0.151 4	0.157 4	0.161 9	0.165 4	0.168 0	0.171 7	0.173 9	0.175 3	0.176 3	0.176 9	0.177 7	0.178 4
3.0	0.136 9	0.144 9	0.151 0	0.155 6	0.159 2	0.161 9	0.165 8	0.168 2	0.169 8	0.170 8	0.171 5	0.172 5	0.173 3
3.2	0.131 0	0.139 0	0.145 0	0.149 7	0.153 3	0.156 2	0.160 2	0.162 8	0.164 5	0.165 7	0.166 4	0.167 5	0.168 5
3.4	0.125 6	0.133 4	0.139 4	0.144 1	0.147 8	0.150 8	0.155 0	0.157 7	0.159 5	0.160 7	0.161 6	0.162 8	0.163 9
3.6	0.120 5	0.128 2	0.134 2	0.138 9	0.142 7	0.145 6	0.150 0	0.152 8	0.154 8	0.156 1	0.157 0	0.158 3	0.159 5
3.8	0.115 8	0.123 4	0.129 3	0.134 0	0.137 8	0.140 8	0.145 2	0.148 2	0.150 2	0.151 6	0.152 6	0.154 1	0.155 4
4.0	0.111 4	0.118 9	0.124 8	0.129 4	0.133 2	0.136 2	0.140 8	0.143 8	0.145 9	0.147 4	0.148 5	0.150 0	0.151 6
4.2	0.107 3	0.114 7	0.120 5	0.125 1	0.128 9	0.131 9	0.136 5	0.139 6	0.141 8	0.143 4	0.144 5	0.146 2	0.147 9
4.4	0.103 5	0.110 7	0.116 4	0.121 0	0.124 8	0.127 9	0.132 5	0.135 7	0.137 9	0.139 6	0.140 7	0.142 5	0.144 4
4.6	0.100 0	0.107 0	0.112 7	0.117 2	0.120 9	0.124 0	0.128 7	0.131 9	0.134 2	0.135 9	0.137 1	0.139 0	0.141 0
4.8	0.096 7	0.103 6	0.109 1	0.113 6	0.117 3	0.120 4	0.125 0	0.128 3	0.130 7	0.132 4	0.133 7	0.135 7	0.137 9
5.0	0.093 5	0.100 3	0.105 7	0.110 2	0.113 9	0.116 9	0.121 6	0.124 9	0.127 3	0.129 1	0.130 4	0.132 5	0.134 8
5.2	0.090 6	0.097 2	0.102 6	0.107 0	0.110 6	0.113 6	0.118 3	0.121 7	0.124 1	0.125 9	0.127 3	0.129 5	0.132 0
5.4	0.087 8	0.094 3	0.099 6	0.103 9	0.107 5	0.110 5	0.115 2	0.118 6	0.121 1	0.122 9	0.124 3	0.126 5	0.129 2
5.6	0.085 2	0.091 6	0.096 8	0.101 0	0.104 6	0.107 6	0.112 2	0.115 6	0.118 1	0.120 0	0.121 5	0.123 8	0.126 6
5.8	0.082 8	0.089 0	0.094 1	0.098 3	0.101 8	0.104 7	0.109 4	0.002 8	0.115 3	0.117 2	0.118 7	0.121 1	0.124 0
6.0	0.080 5	0.086 6	0.091 5	0.095 7	0.099 1	0.102 1	0.106 7	0.110 1	0.112 6	0.114 6	0.116 1	0.118 5	0.121 6
6.2	0.078 3	0.084 2	0.089 1	0.093 2	0.096 6	0.099 5	0.104 1	0.107 5	0.110 1	0.112 0	0.113 6	0.116 1	0.119 3
6.4	0.076 2	0.082 0	0.086 9	0.090 9	0.094 2	0.097 1	0.101 6	0.105 0	0.107 6	0.109 6	0.111 1	0.113 7	0.117 1
6.6	0.074 2	0.079 9	0.084 7	0.088 6	0.091 9	0.094 8	0.099 3	0.102 7	0.105 3	0.107 3	0.108 8	0.111 4	0.114 9
6.8	0.072 3	0.077 9	0.082 6	0.086 5	0.089 8	0.092 6	0.097 0	0.100 4	0.103 0	0.105 0	0.106 6	0.109 2	0.112 9
7.0	0.070 5	0.076 1	0.080 6	0.084 4	0.087 7	0.090 4	0.094 9	0.098 2	0.100 8	0.102 8	0.104 4	0.107 1	0.110 9
7.2	0.068 8	0.074 2	0.078 7	0.082 5	0.085 7	0.088 4	0.092 8	0.096 2	0.098 7	0.100 8	0.102 3	0.105 1	0.109 0
7.4	0.067 2	0.072 5	0.076 9	0.080 6	0.083 8	0.086 5	0.090 8	0.094 2	0.096 7	0.098 8	0.100 4	0.103 1	0.107 1
7.6	0.065 6	0.070 9	0.075 2	0.078 9	0.082 0	0.084 6	0.088 9	0.092 2	0.094 8	0.096 8	0.098 4	0.101 2	0.105 4
7.8	0.064 2	0.069 3	0.073 6	0.077 1	0.080 2	0.082 8	0.087 1	0.090 4	0.092 9	0.095 0	0.096 6	0.099 4	0.103 6
8.0	0.062 7	0.067 8	0.072 0	0.075 5	0.078 5	0.081 1	0.085 3	0.088 5	0.091 2	0.093 2	0.094 8	0.097 6	0.102 0
8.2	0.061 4	0.066 3	0.070 5	0.073 9	0.076 9	0.079 5	0.083 7	0.086 9	0.089 4	0.091 4	0.093 1	0.095 9	0.100 4
8.4	0.060 1	0.064 9	0.069 0	0.072 4	0.075 4	0.077 9	0.082 0	0.085 2	0.087 8	0.089 8	0.091 4	0.094 3	0.098 8
8.6	0.058 8	0.063 6	0.067 6	0.071 0	0.073 9	0.076 4	0.080 5	0.083 6	0.086 2	0.088 2	0.089 8	0.092 7	0.097 3
8.8	0.057 6	0.062 3	0.066 3	0.069 6	0.072 4	0.074 9	0.079 0	0.082 1	0.084 6	0.086 6	0.088 2	0.091 2	0.095 9
9.2	0.055 4	0.059 9	0.063 7	0.067 0	0.069 7	0.072 1	0.076 1	0.079 2	0.081 7	0.083 7	0.085 3	0.088 2	0.093 1
9.6	0.053 3	0.057 7	0.061 4	0.064 5	0.067 2	0.069 6	0.073 4	0.076 5	0.078 9	0.080 9	0.082 5	0.085 5	0.090 5

z/b ＼ l/b	1.0	1.2	1.4	1.6	1.8	2.0	2.4	2.8	3.2	3.6	4.0	5.0	10.0
10.0	0.051 4	0.055 6	0.059 2	0.062 2	0.064 9	0.067 2	0.071 0	0.073 9	0.076 3	0.078 3	0.079 9	0.082 9	0.088 0
10.4	0.049 6	0.053 3	0.057 2	0.060 1	0.062 7	0.064 9	0.068 6	0.071 6	0.073 9	0.075 9	0.077 5	0.090 4	0.085 7
10.8	0.047 9	0.051 9	0.055 3	0.058 1	0.060 6	0.062 8	0.066 4	0.069 3	0.071 7	0.073 6	0.075 1	0.078 1	0.083 4
11.2	0.046 3	0.050 2	0.053 5	0.056 3	0.058 7	0.060 6	0.064 4	0.067 2	0.069 5	0.071 4	0.073 0	0.075 9	0.081 3
11.6	0.044 8	0.048 6	0.051 8	0.054 5	0.056 9	0.059 0	0.062 5	0.065 2	0.097 5	0.069 4	0.070 9	0.073 8	0.079 3
12.0	0.043 5	0.047 1	0.050 2	0.052 9	0.055 2	0.057 3	0.060 6	0.063 4	0.065 6	0.097 5	0.069 4	0.070 9	0.073 8
12.8	0.040 9	0.044 4	0.047 4	0.049 9	0.052 1	0.054 1	0.057 3	0.059 9	0.062 1	0.063 9	0.065 4	0.068 2	0.073 9
13.6	0.038 7	0.042 0	0.044 8	0.047 2	0.049 3	0.051 2	0.054 3	0.056 8	0.058 9	0.060 7	0.062 1	0.064 9	0.070 7
14.4	0.036 7	0.039 8	0.042 5	0.044 8	0.046 8	0.048 6	0.051 6	0.054 0	0.056 1	0.057 7	0.059 2	0.061 9	0.067 7
15.2	0.034 9	0.037 9	0.040 4	0.042 6	0.044 6	0.046 3	0.049 2	0.051 5	0.053 5	0.055 1	0.056 5	0.059 2	0.065 0
16.0	0.033 2	0.036 1	0.038 5	0.040 7	0.042 5	0.044 2	0.046 9	0.046 9	0.051 1	0.052 7	0.054 0	0.056 7	0.062 5
18.0	0.029 7	0.032 3	0.034 5	0.036 4	0.038 1	0.039 6	0.042 2	0.044 2	0.046 0	0.047 5	0.048 7	0.051 2	0.057 0
20.0	0.026 9	0.026 2	0.031 2	0.033 0	0.034 5	0.035 9	0.038 3	0.040 2	0.041 8	0.043 2	0.044 4	0.046 8	0.052 4

表 3-3　矩形基底铅直三角形荷载作用角点下的平均铅直向附加应力系数 $\bar{\alpha}$

z/b ＼ l/b	0.2		0.4		0.6		0.8		1.0	
	1	2	1	2	1	2	1	2	1	2
0.0	0.000 0	0.250 0	0.000 0	0.250 0	0.000 0	0.250 0	0.000 0	0.250 0	0.000 0	0.250 0
0.2	0.011 2	0.216 1	0.014 0	0.230 8	0.014 8	0.233 3	0.015 1	0.233 9	0.015 2	0.234 1
0.4	0.017 9	0.181 0	0.024 5	0.208 4	0.027 0	0.215 3	0.028 0	0.217 5	0.028 5	0.218 4
0.6	0.020 7	0.150 5	0.030 8	0.185 1	0.035 5	0.196 6	0.037 6	0.201 1	0.038 8	0.203 0
0.8	0.021 7	0.127 7	0.034 0	0.164 0	0.040 5	0.178 7	0.044 0	0.185 2	0.045 9	0.188 3
1.0	0.021 7	0.110 4	0.035 1	0.146 1	0.043 0	0.162 4	0.047 6	0.170 4	0.050 2	0.174 6
1.2	0.021 2	0.097 0	0.035 1	0.131 2	0.043 9	0.148 0	0.049 2	0.157 1	0.052 5	0.162 1
1.4	0.020 4	0.086 5	0.034 4	0.118 7	0.043 6	0.135 6	0.049 5	0.145 1	0.053 4	0.150 7
1.6	0.019 5	0.077 9	0.033 3	0.108 2	0.042 7	0.124 7	0.049 0	0.134 5	0.053 3	0.140 5
1.8	0.018 6	0.070 9	0.032 1	0.099 3	0.041 5	0.115 3	0.048 0	0.125 2	0.052 5	0.131 3
2.0	0.017 8	0.065 0	0.030 8	0.091 7	0.040 1	0.107 1	0.046 7	0.116 9	0.051 3	0.123 2
2.5	0.015 7	0.053 8	0.027 6	0.076 9	0.036 5	0.090 8	0.042 9	0.100 0	0.047 8	0.106 3
3.0	0.014 0	0.045 8	0.024 8	0.066 1	0.033 0	0.078 6	0.039 2	0.087 1	0.043 9	0.093 1
5.0	0.009 7	0.028 9	0.017 5	0.042 4	0.023 6	0.047 6	0.028 5	0.057 6	0.032 4	0.062 4
7.0	0.007 3	0.021 1	0.013 3	0.031 1	0.018 0	0.035 2	0.021 9	0.042 7	0.025 1	0.046 5
10.0	0.005 3	0.015 0	0.009 7	0.022 2	0.013 3	0.025 3	0.016 2	0.030 8	0.018 6	0.033 6

续表

z/b \ l/b	1.2		1.4		1.6		1.8		2.0	
	1	2	1	2	1	2	1	2	1	2
0.0	0.000 0	0.250 0	0.000 0	0.250 0	0.000 0	0.250 0	0.000 0	0.250 0	0.000 0	0.250 0
0.2	0.011 2	0.216 1	0.014 0	0.230 8	0.014 8	0.233 3	0.015 1	0.233 9	0.015 2	0.234 1
0.4	0.017 9	0.181 0	0.024 5	0.208 4	0.027 0	0.215 3	0.028 0	0.217 5	0.028 5	0.218 4
0.6	0.020 7	0.150 5	0.030 8	0.185 1	0.035 5	0.196 6	0.037 6	0.201 1	0.038 8	0.203 0
0.8	0.021 7	0.127 7	0.034 0	0.164 0	0.040 5	0.178 7	0.044 0	0.185 2	0.045 9	0.188 3
1.0	0.021 7	0.110 4	0.035 1	0.146 1	0.043 0	0.162 4	0.047 6	0.170 4	0.050 2	0.174 6
1.2	0.021 2	0.097 0	0.035 1	0.131 2	0.043 9	0.148 0	0.049 2	0.157 1	0.052 5	0.162 1
1.4	0.020 4	0.086 5	0.034 4	0.118 7	0.043 6	0.135 6	0.049 5	0.145 1	0.053 4	0.150 7
1.6	0.019 5	0.077 9	0.033 3	0.108 2	0.042 7	0.124 7	0.049 0	0.134 5	0.053 3	0.140 5
1.8	0.018 6	0.070 9	0.032 1	0.099 3	0.041 5	0.115 3	0.048 0	0.125 2	0.052 5	0.131 3
2.0	0.017 8	0.065 0	0.030 8	0.091 7	0.040 1	0.107 1	0.046 7	0.116 9	0.051 3	0.123 2
2.5	0.015 7	0.053 8	0.027 6	0.076 9	0.036 5	0.090 8	0.042 9	0.100 0	0.047 8	0.106 3
3.0	0.014 0	0.045 8	0.024 8	0.066 1	0.033 0	0.078 6	0.039 2	0.087 1	0.043 9	0.093 1
5.0	0.009 7	0.028 9	0.017 5	0.042 4	0.023 6	0.047 6	0.028 5	0.057 6	0.032 4	0.062 4
7.0	0.007 3	0.021 1	0.013 3	0.031 1	0.018 0	0.035 2	0.021 9	0.042 7	0.025 1	0.046 5
10.0	0.005 3	0.015 0	0.009 7	0.022 2	0.013 3	0.025 3	0.016 2	0.030 8	0.018 6	0.033 6

2）计算步骤

（1）确定计算深度 z_n。

z_n 应满足由该深度向上取计算厚度 Δz（Δz 由基础宽度 b 查表 3-4 确定）所得的计算变形量 $\Delta s'_n$ 应小于等于 z_n 深度范围内总的计算变形量 s' 的 2.5%，即应满足下列要求。

表 3-4 Δz 值表

基础宽度 b/cm	≤2	2~4	4~8	>8
Δz/m	0.3	0.6	0.8	1.0

$$\Delta s'_n = 0.025 \sum_{i=1}^{n} s'_i \tag{3-24}$$

若 z_n 以下存在软弱土层时，还应向下继续计算，至软弱土层中 $\Delta s'_n$ 满足式（3-24）为止。

式（3-24）中 s'_i 包括相邻建筑的影响，可按应力叠加原理，采用角点法计算。当无相邻建筑物荷载影响，基础宽度在 1~30 m 范围内时，基础中心点的沉降计算深度可按下式计算。

$$z_n = b(2.5 - 0.4\ln b) \tag{3-25}$$

式中：b——基础宽度；

$\ln b$——b 的自然对数。

在计算深度范围内存在基岩时，z_n 可取自基岩表面；若存在较厚的坚硬黏性土，其孔隙比小于 0.5 且压缩模量大于 50 MPa 时，以及存在较厚的密实砂卵石层其压缩模量大于 80 MPa 时，z_n 可取自该层土表面。

（2）土层分层。

土层分层的原则是：①不同土层的分界面；②在 z_n 深度向上划分一个验算层，厚度为 Δz（其值见表 3-3）。

（3）计算各分层的压缩量。

$$s_i' = \frac{p_0}{E_s} (\overline{\alpha}_i z_i - \overline{\alpha}_{i-1} z_{i-1}) \tag{3-26}$$

（4）计算地基最终变形量。

$$s' = \sum_{i=1}^n \frac{p_0}{E_s} (\overline{\alpha}_i z_i - \overline{\alpha}_{i-1} z_{i-1}) \tag{3-27}$$

（5）验算计算深度 z_n 的取值。

验算是否满足式（3-25），若不满足，计算深度 z_n 应向下继续计算，直至满足为止。

（6）计算地基最终变形量的修正值。

根据大量沉降观测资料与式（3-27）的计算结果比较发现：对于较紧密的地基土，公式计算值较实测沉降值偏大；对于较软弱的地基土，按公式计算得出的沉降值偏小。这是由于在公式推导过程中做了某些假定，有些复杂情况在公式中得不到反映：如使用弹性力学公式计算弹塑性地基土的应力，将三向变形假定为单向变形，非均质土层按均质土层计算等。因此，《规范》对式（3-27）采用乘以经验系数的方法进行修正，即

$$s = \varphi_s \sum_{i=1}^n \frac{p_0}{E_s} (\overline{\alpha}_i z_i - \overline{\alpha}_{i-1} z_{i-1}) \tag{3-28}$$

式中：φ_s——沉降计算经验系数，可按当地沉降观测资料和经验确定，也可以按表 3-5 确定。

表 3-5　沉降计算经验系数 φ_s

$\overline{E}_s$/MPa　　　　基底附加应力	2.5	4.0	7.0	15.0	20.0
$p_0 \geqslant f_{ak}$	1.4	1.3	1.0	0.4	0.2
$p_0 \leqslant 0.75 f_{ak}$	1.1	1.0	0.7	0.4	0.2

表 3-5 中，f_{ak} 为地基承载力特征值（见项目 7）；$\overline{E}_s$ 为计算沉降计算深度范围内土地压缩模量的当量值，按下式计算

$$\overline{E}_s = \frac{\sum A_i}{\sum \dfrac{A_i}{E_{si}}} \tag{3-29}$$

式中：A_i——第 i 层土平均附加应力系数沿该土层厚度的积分值；

　　　　E_{si}——第 i 层土的压缩模量，MPa。

三、任务实施

1. 用分层总和法计算地基变形

例 3-2　某建筑物地基中的应力分布及土的压缩试验资料如图 3-10 和表 3-6 所示。试计算第二层土的变形量。

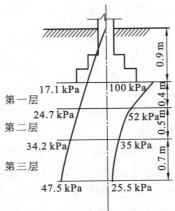

图 3-10　例 3-2 应力分布图

表 3-6　例 3-2 土层压缩试验资料

p_i/kPa	0	50	100	200	400
e_i（第二层土）	1.002	0.904	0.846	0.756	0.739

解　（1）计算第二层土的自重应力平均值。

$$p_1 = \bar{\sigma}_{cz} = \frac{24.7 + 34.2}{2} \text{ kPa} = 29.5 \text{ kPa}$$

（2）计算第二层土的附加应力平均值。

$$\bar{\sigma}_z = \frac{52.0 + 35.0}{2} \text{ kPa} = 43.5 \text{ kPa}$$

（3）自重应力与附加应力之和。

$$p_2 = \bar{\sigma}_{cz} + \bar{\sigma}_z = 29.5 \text{ kPa} + 43.5 \text{ kPa} = 72.95 \text{ kPa}$$

（4）查压缩曲线求 e_1、e_2。

$$e_1 = 0.944, \quad e_2 = 0.877$$

（5）计算第二层的变形量。

$$s_2 = -\frac{e_1 - e_2}{1 + e_1} h_2 = \frac{0.944 - 0.877}{1 + 0.944} \times 500 \text{ mm} = 17.23 \text{ mm}$$

例 3-3　如图 3-11 所示，某柱下独立基础底面尺寸为 2.0 m×3.0 m，基础埋深 d = 1.2 m，上部荷载 F = 1 200 kN。地基第一层土厚 4 m，土的重度 γ_1 = 18 kN/m³；第二层土厚 6 m，土的重度 γ_2 = 16 kN/m³；土层压缩资料如表 3-7 所示。试计算基础中心点的沉降量。

88

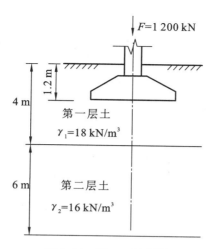

图 3-11   例 3-3 示意图

表 3-7   例 3-3 土层压缩资料

p_i/kPa	0	50	100	200	400
e_i(第一层土)	1.025	0.983	0.952	0.907	0.810
e_i(第二层土)	0.995	0.803	0.792	0.770	0.739

解   （1）计算基底附加压力。

$$p_0 = \frac{F+G}{A} - \gamma d = \frac{1\ 200 + 6 \times 20 \times 1.2}{2 \times 3}\ \text{kPa} - 18 \times 1.2\ \text{kPa} = 202.4\ \text{kPa}$$

（2）土层分层。

分层厚度不超过 $0.4b = 0.8$ m，第一层土基底以下厚 2.8 m，可以分层 4 层，每层厚度均取 0.7 m；第二层土分层厚度取 0.8 m。

（3）列表计算，具体如表 3-8 所示。

表 3-8   例 3-3 中参数计算

点号	z_i/m	h_i/m	σ_{czi}/kPa	σ_{zi}/kPa	$\overline{\sigma}_{czi}$/kPa	$\overline{\sigma}_{zi}$/kPa	$\overline{\sigma}_{czi}+\overline{\sigma}_{zi}$/kPa	e_{1i}	e_{2i}	s_i/cm	$\sum s_i$/cm
0	0	—	21.6	202.40	—	—	—	—	—	—	
1	0.7	0.7	34.20	180.37	27.90	191.39	219.39	1.002	0.732	9.43	—
2	1.4	0.7	46.80	124.82	40.50	152.60	193.10	0.991	0.910	2.84	
3	2.1	0.7	59.40	81.71	53.10	103.27	156.37	0.981	0.927	1.92	
4	2.8	0.7	72.00	55.07	65.70	68.39	134.09	0.973	0.937	1.30	
5	3.6	0.8	84.80	37.05	78.40	46.06	124.46	0.797	0.787	0.45	
6	4.4	0.8	97.60	26.30	91.20	31.67	122.87	0.794	0.787	0.31	
7	5.2	0.8	110.10	19.50	104.00	22.09	126.90	0.791	0.786	0.23	16.48
8	6.0	0.8	123.20	14.99	—	—	—	—	—	—	
9	6.8	0.8	136.00	11.85	—	—	—	—	—	—	

（4）确定压缩层深度。

该题可按 $\sigma_z/\sigma_{cz}<0.2$ 来确定压缩层深度，在 $z=4.4$ m 处，$\sigma_z/\sigma_{cz}=26.3/97.6=0.27>0.2$，在 $z=5.2$ m 处，$\sigma_z/\sigma_{cz}=19.5/110.1=0.18<0.2$，所以压缩层深度可取为基底下 5.2 m 处。

（5）计算地基最终变形量。

$$s=\sum_{i=1}^{7}s_i=(9.43+2.84+1.92+1.30+0.45+0.31+0.23)\ \mathrm{cm}=16.48\ \mathrm{cm}$$

2. 用规范法计算地基变形

例 3-4 柱荷载 $F=1\,190$ kN，基础底面尺寸为 $2.0\ \mathrm{m}\times4.0\ \mathrm{m}$，基础埋深 $d=1.5$ m，地基土层如图 3-12 所示，地基承载力 $f_a=120$ kPa，试用规范法计算基础中心点的沉降量。

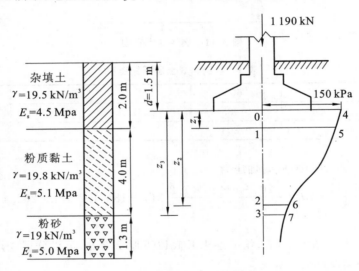

图 3-12 例 3-4 示意图

解 （1）计算基底附加压力。

$$p_0=\frac{F+G}{A}-\gamma d=\frac{1\,190+8\times20\times1.5}{2\times4}\ \mathrm{kPa}-19.5\times1.5\ \mathrm{kPa}\approx150\ \mathrm{kPa}$$

（2）确定地基沉降计算深度。基础不存在相邻荷载的影响，故可按下式计算。

$$z_n=b(2.5-0.4\ln b)=2(2.5-\ln2)\ \mathrm{m}=4.445\ \mathrm{m}\approx4.5\ \mathrm{m}$$

此沉降量初步确定计算至粉质黏土层底面。

（3）土层分层。按照分层原则，在黏土层与粉质黏土层分界处分层，同时按照表 3-3，Δz 取 0.3 m。

（4）列表计算；具体如表 3-9 所示。注意查平均附加应力系数表时，表格给出的是均布的矩形荷载角点下的平均附加应力系数，而对于基础的中点来说，应分为四块相同的小面积，查得的平均附加应力系数应乘以 4。

表 3-9　例 3-4 中各参数计算

点号	z_i /m	l/b	z/b ($b=2.0/2$)	$\bar{a}_i$	$z_i\bar{a}_i$ /cm	$z_i\bar{a}_i-z_{i-1}\bar{a}_{i-1}$ /cm	$\dfrac{p_0}{E_s}$	s_i /cm	$\sum s_i$ /cm	$\dfrac{s_n}{\sum s_i}$ $\leqslant 0.025$
0	0		0	$4\times0.250\,0=1.000\,0$	0	—	—	—	—	—
1	0.5	2	0.5	$4\times0.246\,8=0.987\,2$	49.36	49.63	0.033	1.64	—	—
2	4.2		4.2	$4\times0.131\,9=0.527\,6$	221.59	172.23	0.029	4.99	—	—
3	4.5		4.5	$4\times0.126\,0=0.504\,0$	226.80	5.21	0.029	0.15	6.78	0.022

（5）验算计算深度 z_n 取值。$s_n/\sum s_i=0.15/6.78=0.022<0.025$，故取 $z_n=4.5$ 符合要求。

（6）确定沉降经验系数 φ_s。

$$\overline{E}_s=\frac{\sum A_i}{\sum\dfrac{A_i}{E_{si}}}=\frac{p_0\sum(z_i\bar{a}_i-z_{i-1}\bar{a}_{i-1})}{p_0\sum[(z_i\bar{a}_i-z_{i-1}\bar{a}_{i-1})/E_s]}=\frac{49.63+172.23+5.21}{\dfrac{49.63}{4.5}+\dfrac{172.23}{5.1}+\dfrac{5.21}{5.1}}\text{ MPa}=5\text{ MPa}$$

有 $p_0\geqslant f_a$，根据表 3-4，可查得 $\varphi_s=1.2$。

（7）计算地基最终变形量修正值。

$$s=\varphi_s\sum s_i=1.2\times6.78\text{ cm}=8.14\text{ cm}$$

四、任务小结

最终沉降量的计算，工程中常用的为单向压缩分层总和法、规范法。

1. 单向分层总和法

（1）计算公式：
$$s=\sum_{i=1}^{n}\frac{e_{1i}-e_{2i}}{1+e_{1i}}h_i$$

（2）分层厚度要求：
$$h_i\leqslant 0.4b$$

（3）压缩层深度一般要求满足：
$$\sigma_{zn}\leqslant 0.2\sigma_{czn}$$

2. 规范法

（1）计算公式：
$$s=\varphi_s\sum_{i=1}^{n}\frac{p_0}{E_s}(\bar{\alpha}_i z_i-\bar{\alpha}_{i-1}z_{i-1})$$

（2）压缩层深度一般要求满足：
$$\Delta s_n'=0.025\sum_{i=1}^{n}s_i'$$

（3）需要对沉降计算值进行修正，沉降计算系数 φ_s 取值见表 3-4。

五、拓展提高

规范法实质上是一种简化了的分层总和法。由分层总和法计算步骤知道，分层厚度不得大于 $0.4b$，要计算各分层处的自重应力、附加应力及它们的平均值，而压缩性指标也都是随深度变化的,其计算工作量相当大,因此很有必要简化分层总和法。规范法大致从以下几个方面采取了简化措施。

(1)不按 $0.4b$ 分层,基本上每天然土层就作为一层来计算变形量,省去了分层总和法中压缩性指标随深度变化的麻烦。

(2)采用平均附加应力系数使烦琐的计算工作表格化、简单化。

(3)地基变形计算深度重新作了规定。分层总和法以地基附加应力与自重应力之比为 0.2 或 0.1 作为控制标准(简称应力比法),该法已沿用成习,并有相当经验。但它没有考虑到土层的构造与性质,过于强调荷载对压缩层深度的影响,而对于基础大小这一更为重要的因素则重视不足。规范法采用相对变形作为控制标准(简称变形比法),即要求在计算深度处向上取一定厚度土层的计算沉降量不大于计算深度范围内总沉降量的 0.025 倍。可见,变形比法纠正了应力比法的上述毛病,使之更切合实际。

(4)引入沉降计算经验系数。上述简化措施必然会带来一些误差,再加上分层总和法本身理论上的误差一起,使计算结果与实际情况常有出入。大量沉降观测资料结果表明:当地基土层较密实时,计算沉降值偏大;当土层较软弱时,计算沉降值偏小。为此,规范引入经验系数进行修正,由于该系数是从大量的工程实际沉降观测资料中,经数理统计分析得出的,它综合反映了许多因素的影响,因此,规范法更接近于实际。

由此可见,规范法和分层总和法的基本原理、基本假定是一致的,但计算方法上规范法较为简单、方便,所以在工业与民用建筑的常规设计中,多采用规范法计算基础的最终沉降量。

六、拓展练习

1. 某矩形基础,附加应力、自重应力分布如图 3-13 所示,土的压缩试验资料如下表所示,试计算图示土层的压缩量。

p_i/kPa	50	100	200	400
e_i	0.90	0.80	0.70	0.60

2. 如图 3-14 所示,某矩形基础 $b \times l = 5 \text{ m} \times 6 \text{ m}$, $p_0 = 200 \text{ kPa}$, $E_s = 4 \text{ MPa}$,试求中心线下第三层土的沉降量。

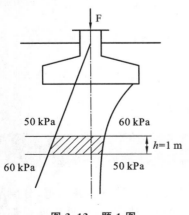

图 3-13 题 1 图

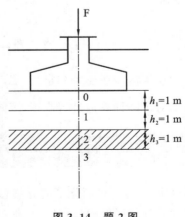

图 3-14 题 2 图

3. 某基础长 4.8 m,宽 3 m,基底附加压力 $p_0 = 170$ kPa,基础底面标高处的土自重应力为 20 kPa,地基为均质黏土层,$\gamma = 16$ kN/m³,基底下厚度为 1.2 m,黏土层下为不可压缩岩层,土的压缩试验资料如下表所示,试计算基础中心点的最终沉降量。

p_i/kPa	0	50	100	200	400
黏土层(e_i)	1.00	0.90	0.80	0.70	0.60

4. 某柱下独立基础,底面尺寸为 2.0 m×2.0 m,基础埋深 $d = 1.2$ m,上部柱传来的中心荷载 $F = 500$ kN,地基表层为粉质黏土,$\gamma = 18.5$ kN/m³,$E_s = 5.2$ MPa,厚度为 3.0 m,下部为岩石。试用规范法计算该柱基中心点的最终沉降量。

5. 某柱基础底面尺寸为 2.0 m×3.0 m,基础埋深 $d = 1.0$ m,上部荷载 $F = 1\,000$ kN,地基为均质黏土,重度 $\gamma = 18$ kN/m³,压缩模量 $E_s = 1.5$ MPa,地基承载力特征值为 120 kPa,土的压缩试验资料如下表所示,试分别用分层总和法与规范法计算该基础中心点的最终沉降量。

p_i/kPa	0	50	100	200	400
黏土层(e_i)	1.213	1.086	0.923	0.796	0.699

任务 3 地基变形与时间的关系

一、任务介绍

前面计算的基础沉降量是指地基从开始变形到稳定时基础的总沉降值,即最终沉降量。土体完成压缩过程所需的时间与土的透水性有很大的关系。土的压缩随时间而增长的过程称为土的固结。在工程实践中,往往需要了解建筑物在施工期间或使用期间某一时刻基础沉降值,以便控制施工速度,或是考虑由于沉降随时间的增加而发展会给工程带来的影响,以便在设计中做出处理方案。对于已发生裂缝、倾斜等事故的建筑物,更需要了解当时的沉降与今后沉降的发展趋势,作为解决事故的重要依据。本任务主要介绍如何计算某一时间 t 的沉降量 s_t 及计算达到某一沉降量 s_t 所需的时间 t。

二、理论知识

1. 土的渗透性

土的渗透性是由于骨架颗粒之间存在的孔隙构造了水的通道造成的。在水头差的作用下,水在土体内部相互贯通的孔隙中流动的现象称为渗透或渗流。而土能被水透过的性能称为土的渗透性。

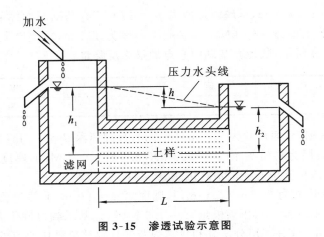

图 3-15 渗透试验示意图

工程中常见的土(黏性土、粉土及砂土)的孔隙较小,因而水在其中流动时,流速一般均很小,其渗透多属层流。通过图 3-15 所示的试验装置研究砂土的渗透性,可以得到如下的关系式。

$$v = ki \tag{3-30}$$

式中:v——渗流速度,土在单位时间内流经单位横断面的水量,m/s;

$\quad\quad i$——水力梯度,即沿渗透途径出现的水头差 h 与相应渗流长度 L 的比值,$i = h/L$;

$\quad\quad k$——渗透系数,m/s。

式(3-30)称为渗透定律,表明水在土中的渗透速度与水力梯度成正比例关系。这一定律是达西(H. Darcy)首先提出的,故又称达西定律。

2. 有效应力原理

前面在介绍土体的自重应力时,只考虑了土中某单位面积上的平均应力。实际上,饱和土是由土颗粒和孔隙水组成的两相体,如图 3-16(a)所示。当荷载作用于饱和土体时,这些荷载是由土颗粒和孔隙水共同承担的。通过土粒接触点传递的粒间应力称为有效应力,通过孔隙水传递的应力为孔隙水压力。

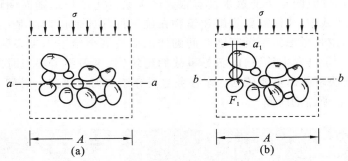

图 3-16 土体截面上的传递示意图

取饱和土单元体中任一水平断面,如图 3-16(b)所示。横截面面积为 A,应力 σ 等于该单元体以上土水自重或外荷,通常把这个应力称为总应力。在 b—b 截面上,作用在孔隙面积上的孔隙水压力为 u,作用在各个颗粒接触面上的各力分别为 $F_1,F_2,\cdots$,相应各接触面积为 A_1,$A_2,\cdots$,各力的铅直向分量之和为 $\sum F_{vi} = F_{v1} + F_{v2} + \cdots$,可得平衡方程式如下。

$$\sigma = \frac{\sum F_{vi}}{A} + \frac{\left(A - \sum A_i\right)u}{A}$$ (3-31)

或

$$\sigma = \sigma' + \left(1 - \frac{\sum A_i}{A}\right)u$$ (3-32)

式中：$\sum A_i$—— 所求平面内颗粒的接触面积。

试验表明，颗粒间接触面积甚微，仅为总面积的百分之几，可以忽略不计。于是，式(3-32)可简化为

$$\sigma = \sigma' + u$$ (3-33)

或

$$\sigma' = \sigma - u$$ (3-34)

由此可得出结论：饱和土中任意点的总应力 σ 总是等于有效应力 σ' 与孔隙水压力 u 之和，这就是著名的有效应力原理，是首先由太沙基(K. Terzaghi)于 1925 年提出的。

太沙基为研究土的固结问题提出了一维渗压模型来模拟现场土层中一点的固结过程，如图 3-17 所示。它由圆筒、开孔的活塞板、弹簧及筒中充满的水组成。活塞板上的小孔模拟土的孔隙，弹簧模拟土的颗粒骨架，筒中水模拟孔隙中的水。把土颗粒承担的应力用 σ' 表示，由外荷在孔隙水中引起的压力称为超静水压力，用 u 表示。

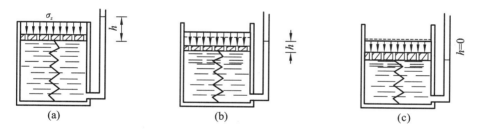

图 3-17　太沙基饱和土(单向)一维渗压模型

当活塞板上没有外荷载作用时，测压管中的水位与圆筒中的静水位齐平，没有超静水压力，筒中水不会通过活塞板上小孔流出，说明土中未出现渗流。而当活塞板上作用一压力 σ 时，在荷载作用的瞬时，筒中水来不及排出，弹簧无变形，说明弹簧没受力，那么外荷产生的压力只能由孔隙承担，超静水压力 $u = \sigma$。在超静水压力作用下，筒中水通过活塞板上的小孔向外挤出，筒内水的体积减小，活塞随之下沉，继而弹簧发生变形，承担了部分外荷，超静水压力减小，孔隙水不再承担全部应力。此时，应力由弹簧(颗粒骨架)和孔隙水共同承担，$\sigma = \sigma' + u$。随着时间的增长，筒中的水不断挤出，筒内水体积逐渐减小，弹簧变形增大，承担更多的外荷，而孔隙水承担的超静水压力越来越小。当筒内水承担的超净水压力消散为零时，活塞停止下沉，弹簧(颗粒骨架)承担全部应力，即 $\sigma = \sigma'$，而超静水压力 $u = 0$，渗流过程终止。这一过程即为固结过程。

由上述分析可知，土层的排水固结过程是孔隙中水压力消散、有效应力增长的过程，即两种应力的相互转换过程。这个过程可表述如下。

(1) 荷载施加瞬间　$t = 0, u = \sigma, \sigma' = 0, \sigma = \sigma' + u$

(2) 渗流过程中　$0 < t < \infty, u \neq 0, \sigma' \neq 0, \sigma = \sigma' + u$

(3) 渗流终止时　$t = \infty, u = 0, \sigma' = \sigma, \sigma = \sigma' + u$

3. 渗透固结沉降与时间关系

根据太沙基饱和土的一维渗透固结理论,引入固结度 U_t 概念。它是指土体在固结过程中某一时间 t 的固结沉降量 s_t 与固结稳定的最终沉降量 s 之比值(或用固结百分数表示),即

$$U_t = s_t/s \tag{3-35}$$

固结度变化范围为 $0\sim1$,它表示在某一荷载作用下经过 t 时间后土体所能达到的固结程度。

前面已经讨论了最终沉降量 s 的计算方法,如果能够知道某一时间 t 的 U_t 值,则由式(3-35)即可计算出相应于该时间的固结沉降量 s_t 值。对于不同的固结情况,即固结土层中附加应力分布和排水条件两方面的情况,固结度计算公式也不相同,实际地基计算中常将其归纳为 5 种,如图 3-18 所示。不同固结情况其固结度计算公式虽不同,但它们都是时间因数 T_v 的函数。

$$T_v = C_v t/H^2 \tag{3-36}$$

式中：C_v——土的固结系数,m^2/年;

$\quad$ t——固结过程中某一时间,年;

$\quad$ H——土层中最大排水距离。当土层为单面排水时,H 为土层厚度;如为双面排水,则 H 为土层厚度之半,m。

其中 $\qquad\qquad\qquad C_v = 1\,000k(1+e)/\gamma_w a$

式中：k——土的渗透系数;

$\quad$ e——土的初始孔隙比;

$\quad$ a——土的压缩系数。

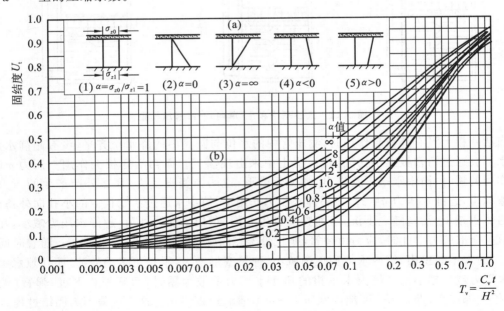

图 3-18 U_t-T_v 关系曲线

为了简化计算,将不同固结情况的 $U_t = f(T_v)$ 关系绘制成图,如图 3-18 所示,以备查用。应用该图时,先根据地基的实际情况画出地基中的附加应力分布图,然后结合土层的排水条件求得 $\alpha(\alpha = \alpha_{za}/\sigma_{za}$,$\alpha_{za}$ 为排水面附加应力,σ_{za} 为不排水面附加应力)和 T_v 值,再利用该图中的曲线即可查得相应情况的 U_t 值。

应该指出的是,图 3-18 中所给出的均为单面排水情况,若土层为双面排水时,则不论附加应力分布图属何种图形,均按 $\alpha=1$ 的情况计算其固结度。

实际工程中,基础沉降与时间关系的计算步骤如下。

1) 计算某一时间 t 的沉降量 s_t

(1) 根据土层的 k、a、e 求 C_v。

(2) 根据给定的时间 t 和土层厚度 H 及 C_v,求 T_v。

(3) 根据 $\alpha=\alpha_{za}/\sigma_{za}$ 和 T_v,由图 3-17 查相应的 U_t。

(4) 由 $U_t=s_t/s$ 求 s_t。

2) 计算达到某一沉降量 s_t 所需时间 t

(1) 根据 s_t 计算 U_t。

(2) 根据 α 和 U_t,由图 3-17 查相应的 T_v。

(3) 根据已知资料求 C_v。

(4) 根据 T_v、C_v 和 H,即可求得 t。

三、任务实施

例 3-5　某饱和黏性土层厚度为 10 m,顶部有薄层砂可排水,底部为坚硬不透水层。在连续均布荷载 $p_0=120$ kPa 作用下固结。土层的初始孔隙比 $e_0=1.0$,压缩系数 $a=0.3$ MPa^{-1},压缩模量 $E_s=6.0$ MPa,渗透系数 $k=0.018$ m/年。试分别计算:(1)加荷一年的沉降量;(2)沉降量为 156 mm 所需要的时间。

解　(1) 求 $t=1$ 年的沉降量。

附加应力沿深度均匀分布

$$\sigma_z=p_0=120 \text{ kPa}$$

黏土层的最终沉降量为

$$s=\frac{\sigma_z}{E_s}H=\frac{120}{6\,000}\times 10 \text{ m}=0.2 \text{ m}=200 \text{ mm}$$

固结系数

$$C_v=\frac{k(1+e)}{a\gamma_w}=\frac{0.018(1+1.0)}{0.3\times 10}\times 1\,000 \text{ m}^2/\text{年}=12 \text{ m}^2/\text{年}$$

时间因数

$$T_v=\frac{C_v t}{H^2}=\frac{12\times 1}{10^2}=0.12$$

查图 3-18,$\alpha=\dfrac{\sigma_{z0}}{\sigma_{z1}}=1$,相应的固结度 $U_t=0.39$。

固结时间 1 年的沉降量为

$$s_t=U_t s=0.39\times 200 \text{ mm}=78 \text{ mm}$$

(2) 求沉降量为 156 mm 所需时间。

$$U_t=\frac{s_t}{s}=\frac{156}{200}=0.78$$

查图 3-18,当 $\alpha=1$ 时,则相应的时间因数 $T_v=0.53$,由 $T_v=\dfrac{C_v t}{H^2}$,得

$$t=\frac{T_{\mathrm{v}}H^2}{C_{\mathrm{v}}}=\frac{0.53\times10^2}{12}\text{年}=4.42\text{ 年}$$

四、任务小结

1. 达西定律：水在土中的渗透速度与水力梯度成正比，即 $v=ki$。
2. 有效应力原理：$\sigma=\sigma'+u$。
3. 利用固结度的定义即 U_t 与 T_{v} 之间的关系可以解决地基变形与时间的关系。
① 已知 t，求 s_t　　$t\rightarrow T_{\mathrm{v}}=C_{\mathrm{v}}t/H^2\rightarrow$ 查相应的 $U_t\rightarrow s_t=U_t s$
② 已知 s_t，求 t　　$s_t\rightarrow U_t=s_t/s\rightarrow$ 查相应的 $s_t\rightarrow t=T_{\mathrm{v}}H^2/C_{\mathrm{v}}$

五、拓展提高

太沙基发现有效应力原理趣味故事

太沙基（Terzaghi）有一次雨天在外边走，突然滑了一跤，他爬起来一看，原来地面是黏土，下雨了当然很滑。俗话说吃一堑，长一智，为什么人在饱和黏土上会滑倒，而在干黏土和饱和砂土上却不会滑倒？他就陷入了思考。他仔细观察发现鞋底很平滑，滑动地面上有一层水膜，于是他认识到：作用在饱和土体上的总应力，由作用在土骨架上的有效应力和作用在孔隙水上的孔隙水压力两部分组成。前者会产生摩擦力，提供人前进所需要的反力；后者没有任何抗剪强度。人走在饱和黏土上，瞬时总应力都变成孔隙水压力，黏土渗透系数又小，短期内孔压不会消散转化为有效应力，因而人就会滑倒。从而他总结出了著名的"有效应力原理"，后来又提出了"渗流固结理论"。可见智者一跌，必有所得；愚者跌倒，怨天尤人。

六、拓展练习

1. 什么是土的渗透性？
2. 什么是孔隙水压力、有效应力？在土层固结过程中它们如何变化？
3. 什么是有效应力原理？
4. 什么是固结系数？什么是固结度？它们的物理意义是什么？
5. 某基础基底中心点下受到附加应力作用，地基土为 $H=5$ m 的饱和黏土层，顶部有薄层砂可排水，底部为坚硬不透水层。该黏土层在自重应力作用下已固结完毕，其初始孔隙比 $e_1=0.84$，压缩系数 $a=0.3$ MPa^{-1}，由试验测得在自重应力和附加应力作用下 $e_2=0.80$，渗透系数 $k=0.016$ m/年，试求：(1)1 年后地基的沉降量；(2)沉降达 100 mm 所需的时间。

项目4

土的抗剪强度与地基承载力的确定

土是固相、液相和气相组成的散体材料。一般而言,在外部荷载的作用下,土体中的应力将发生变化。当土体中的剪应力超过土体本身的抗剪强度时,土体将产生沿着其中某一滑裂面的滑动,从而使土体丧失整体稳定性。所以,土体的破坏通常都是剪切破坏。

在工程建设实践中,道路的边坡、路基、土石坝、建筑物的地基等丧失稳定性的例子是很多的,如图4-1所示。为了保证土木工程建设中建(构)筑物的安全和稳定,就必须详细研究土的抗剪强度和土的极限平衡等问题。

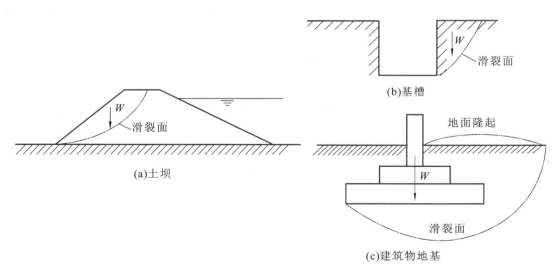

图 4-1 土坝、基槽和建筑物地基失稳示意图

任务 1　土的抗剪强度与极限平衡理论

一、任务介绍

土的抗剪强度是指土体抵抗剪切破坏的能力，其数值等于土体产生剪切破坏时滑动面上的剪应力。抗剪强度是土的主要力学性质之一，也是土力学的重要组成部分。土体是否达到剪切破坏状态，除了取决于其本身的性质之外，还与它所受到的应力组合密切相关。不同的应力组合会使土体产生不同的力学性质。土体破坏时的应力组合关系称为土体破坏准则。土体的破坏准则是一个十分复杂的问题。到目前为止，还没有一个被人们普遍认为能完全适用于土体的理想的破坏准则。

首先，土的抗剪强度取决于其自身的性质，即土的物质组成、土的结构和土所处于的状态等。土的性质又与它所形成的环境和应力历史等因素有关。其次，土的性质还取决于土当前所受的应力状态。因此，只有深入进行对土的微观结构的详细研究，才能认识到土的抗剪强度的实质。目前，人们已能通过采用电子显微镜，X射线的透视和衍射，差热分析等新技术和新方法来研究土的物质成分、颗粒形状、排列、接触和连接方式等，以便阐明土的抗剪强度的实质。这是近代土力学研究的新领域之一。

二、理论知识

1. 库仑定律

在土压力理论的研究中，假定破裂面的形状，依据极限状态下破裂棱体的静力平衡条件来确定土压力，这类土压力理论最初是由法国的库仑（C. A. Coulomb）于1773年提出的，称为库仑理论。

库仑公式表示了土的抗剪强度 τ_f 与法向应力 σ 的关系（见图4-20(a)），具体如下。

$$\tau_f = \sigma\tan\varphi \tag{4-1a}$$

式中：τ_f——砂土的抗剪强度，kN/m^2；

$\quad\sigma$——砂土试样所受的法向应力，kN/m^2；

$\quad\varphi$——砂土的内摩擦角。

对于黏性土和粉土而言，τ_f 和 σ 之间的关系基本上呈一条直线，但是，该直线并不通过原点，而是与纵坐标轴形成一截距 c（见图4-2(b)），其方程如下。

$$\tau_f = \sigma\tan\varphi + c \tag{4-1b}$$

式中：c——黏性土或粉土的黏聚力，kN/m^2。

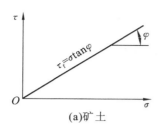

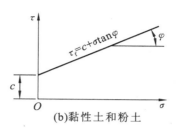

图 4-2　抗剪强度 τ_f 与法向应力 σ 的关系曲线

由(4-1)式可以看出,砂土的抗剪强度是由法向应力产生的内摩擦力 $\sigma\tan\varphi$($\tan\varphi$ 称为内摩擦系数)形成的;而黏性土和粉土的抗剪强度则是由内摩擦力和黏聚力形成的。在法向应力 σ 一定的条件下,c 和 φ 值愈大,抗剪强度 τ_f 愈大,所以,称 c 和 φ 为土的抗剪强度指标,可以通过试验测定。c 和 φ 反映了土体抗剪强度的大小,是土体非常重要的力学性质指标。对于同一种土,在相同的试验条件下,c、φ 值为常数,但是,当试验方法不同时,c、φ 值则有比较大的差异,这一点应引起足够的重视。

后来,由于土的有效应力原理的研究和发展,人们认识到,只有有效应力的变化才能引起土体强度的变化,因此,又将上述的库仑公式改写为

$$\tau_f = c' + \sigma'\tan\varphi' = c' + (\sigma - u)\tan\varphi' \tag{4-2}$$

式中:σ'——土体剪切破裂面上的有效法向应力,kN/m^2;

　　u——土中的超静孔隙水压力,kN/m^2;

　　c'——土的有效黏聚力,kN/m^2;

　　φ'——土的有效内摩擦角。

c' 和 φ' 称为土的有效抗剪强度指标。对于同一种土,c' 和 φ' 的数值在理论上与试验方法无关,应接近于常数。

注意:公式(4-1)称为土的总应力抗剪强度公式,公式(4-2)称为土的有效应力抗剪强度公式,实际应用中应区分开。

莫尔(Mohr,1910)继续库仑的早期研究工作,提出土体的破坏是剪切破坏的理论,认为在破裂面上,法向应力 σ 与抗剪强度 τ_f 之间存在着函数关系,即

$$\tau_f = f(\sigma) \tag{4-3}$$

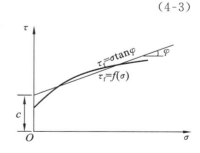

这个函数所定义的曲线为一条微弯的曲线,称其为莫尔破坏包线或抗剪强度包线,如图 4-3 所示。如果代表土单元体中某一个面上 σ 和 τ 的点落在破坏包线以下,如 A 点,表明该面上的剪应力 τ 小于土的抗剪强度 τ_f,土体不会沿该面发生剪切破坏。B 点正好落在破坏包线上,表明 B 点所代表的截面上剪应力等于抗剪强度,土单元体处于临界破坏状态或极限平衡状态。C 点落在破坏包线以上,表明土单元体已经破坏。实际上 C 点所代表的应力状态是不会存在的,因为剪应力 τ 增加到抗剪强度 τ_f 时,不可能再继续增长。

图 4-3　莫尔-库仑破坏包线

2. 土中某点的应力状态

我们先来研究土体中某点的应力状态,以便求得实用的土体极限平衡条件的表达式。为简

单起见，下面仅研究平面问题。

在地基土中任意点取出一个微分单元体，设作用在该微分体上的最大和最小主应力分别为 σ_1 和 σ_3。而且，微分体内与最大主应力 σ_1 作用平面成任意角度 σ 的平面 $m—n$ 上有正应力 σ 和剪应力 τ，如图 4-4(a)所示。为了建立 σ、τ 与 σ_1、σ_3 之间的关系，取微分三角形斜面体 abc 为隔离体，如图 4-4(b)所示。将各个应力分别在水平方向和垂直方向上投影，根据静力平衡条件得平面 $m—n$ 上的应力为

$$\sigma=\frac{1}{2}(\sigma_1+\sigma_3)+\frac{1}{2}(\sigma_1-\sigma_3)\cos2\alpha \tag{4-4}$$

$$\tau=\frac{1}{2}(\sigma_1-\sigma_3)\sin2\alpha \tag{4-5}$$

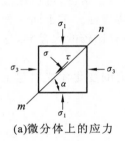

(a)微分体上的应力

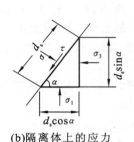

(b)隔离体上的应力

图 4-4　土中任一点的应力

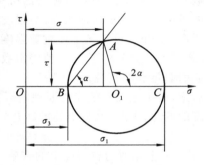

图 4-5　用莫尔应力圆求正应力和剪应力

由材料力学可知，以上 σ、τ 与 σ_1、σ_3 之间的关系也可以用莫尔应力圆的图解法表示，即在直角坐标系中（见图 4-5），以 σ 为横坐标轴，以 τ 为纵坐标轴，按一定的比例尺，在 σ 轴上截取 $OB=\sigma_3$、$OC=\sigma_1$，以 O_1 为圆心，以 $(\sigma_1-\sigma_3)/2$ 为半径，绘制出一个应力圆。并从 O_1C 开始逆时针旋转 2α 角，在圆周上得到点 A。可以证明，A 点的横坐标就是斜面 $m—n$ 上的正应力 σ，而其纵坐标就是剪应力 τ。事实上，可以看出，A 点的横坐标为

$$\overline{OB}+\overline{BO_1}+\overline{O_1A}\cos2\alpha=\sigma_3+\frac{1}{2}(\sigma_1-\sigma_3)+\frac{1}{2}(\sigma_1-\sigma_3)\cos2\alpha$$

$$=\frac{1}{2}(\sigma_1+\sigma_3)+\frac{1}{2}(\sigma_1-\sigma_3)\cos2\alpha=\sigma \tag{4-6}$$

而 A 点的纵坐标为

$$\overline{O_1A}\sin2\alpha=\frac{1}{2}(\sigma_1-\sigma_3)\sin2\alpha=\tau \tag{4-7}$$

上述用图解法求应力所采用的圆通常称为莫尔应力圆。由于莫尔应力圆上点的横坐标表示土中某点在相应斜面上的正应力，纵坐标表示该斜面上的剪应力，所以，可以用莫尔应力圆来研究土中任一点的应力状态。

3. 莫尔-库仑破坏准则

为了建立实用的土体极限平衡条件，将土体中某点的莫尔应力圆和土体的抗剪强度与法向应力关系曲线（简称抗剪强度线）画在同一个直角坐标系中（见图 4-6），这样，就可以判断土体在这一点上是否达到极限平衡状态。

由前述可知，莫尔应力圆上的每一点的横坐标和纵坐标分别表示土体中某点在相应平面上

的正应力 σ 和剪应力 τ,如果莫尔应力圆位于抗剪强度包线的下方(见图 4-6 中的曲线 Ⅰ),即通过该点任一方向的剪应力 τ 都小于土体的抗剪强度 τ_f,则该点土不会发生剪切破坏,处于弹性平衡状态。若莫尔应力圆恰好与抗剪强度线相切(见图 4-6 中的曲线 Ⅱ),切点为 B,则表明切点 B 所代表的平面上的剪应力 τ 与抗剪强度 τ_f 相等,此时,该点土体处于极限平衡状态。若抗剪强度包线是摩尔应力圆的一条割线(见图 4-6 中的曲线 Ⅲ),说明土中过这一点的某些平面上,剪应力早已超过土的抗剪强度 τ_f,该点已被剪坏。事实上这种应力状态是不可能存在的,因为在任何物体中,产生的任何应力都不可能超过其强度。

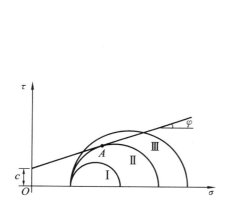

图 4-6 莫尔应力圆与土的抗剪强度之间的关系

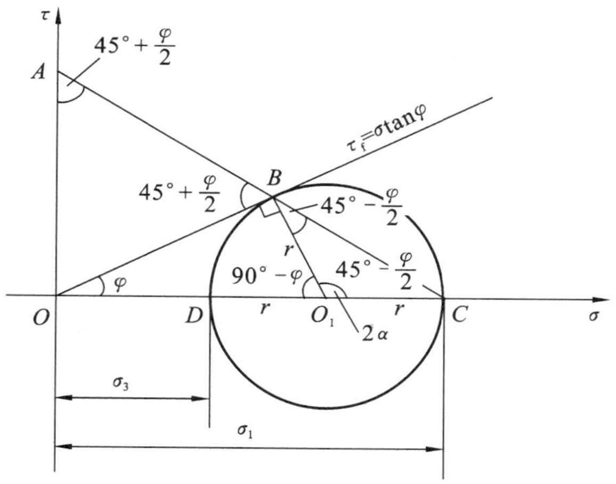

图 4-7 无黏性土极限平衡条件推导示意图

根据莫尔应力圆与抗剪强度线相切的几何关系,就可以建立起土体的极限平衡条件。

下面,以图 4-7 中的几何关系为例,说明如何建立无黏性土的极限平衡条件。

$$\sigma_1 = \sigma_3 \tan^2\left(45° + \frac{\varphi}{2}\right) \tag{4-8}$$

土体达到极限平衡条件时,莫尔应力圆与抗剪强度线相切于 B 点,延长 CB 与 τ 轴交于 A 点,由图中关系可知

$$OB = OA$$

再由切割定理,可得

$$\sigma_1 \sigma_3 = OB^2 = OA^2$$

在 $\triangle AOC$ 中,有

$$\sigma_1^2 = AO^2 \cdot \tan^2\left(45° + \frac{\varphi}{2}\right)$$

$$\sigma_1^2 = \sigma_1 \sigma_3 \tan^2\left(45° + \frac{\varphi}{2}\right)$$

因此,有

$$\sigma_1 = \sigma_3 \tan^2\left(45° + \frac{\varphi}{2}\right)$$

又由于

$$\tan\left(45°+\frac{\varphi}{2}\right)=\frac{1}{\tan\left(45°-\dfrac{\varphi}{2}\right)}=\cot\left(45°-\frac{\varphi}{2}\right)$$

所以，有

$$\sigma_3=\sigma_1\tan^2\left(45°-\frac{\varphi}{2}\right) \tag{4-9}$$

对黏性土和粉土而言，可以类似地推导出其极限平衡条件，为

$$\sigma_1=\sigma_3\tan^2\left(45°+\frac{\varphi}{2}\right)+2c\cdot\tan\left(45°+\frac{\varphi}{2}\right) \tag{4-10}$$

这可以从图 4-8 中的几何关系求得：作 EO 平行 BC，通过最小主应力 σ_3 的坐标点 A 作一圆与 EO 相切于 E 点，与 σ 轴交于 I 点。

由前面推导可知

$$OI=\sigma_1'=\sigma_3\tan^2\left(45°+\frac{\varphi}{2}\right)$$

下面找出 IG 与 c 的关系（G 点为最大主应力坐标点）。

由图 4-9 中角度关系可知 $\triangle EBD$ 为等腰三角形，$ED=BD=c$，$\angle DEB=45°-\dfrac{\varphi}{2}$，则有

$$EB=2c\sin\left(45°+\frac{\varphi}{2}\right)=IF$$

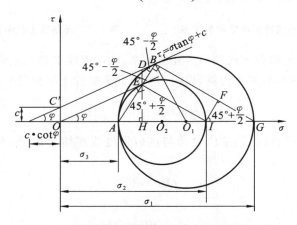

图 4-8　黏性土与粉土极限平衡条件推导示意图

在 $\triangle GIF$ 中

$$GI=\frac{IF}{\cos\left(45°+\dfrac{\varphi}{2}\right)}=\frac{2c\sin\left(45°+\dfrac{\varphi}{2}\right)}{\cos\left(45°+\dfrac{\varphi}{2}\right)}=2c\tan\left(45°+\frac{\varphi}{2}\right)$$

而且

$$OG=OI+IG$$

所以

$$\sigma_1=\sigma_3\tan^2\left(45°+\frac{\varphi}{2}\right)+2c\tan\left(45°+\frac{\varphi}{2}\right)$$

同理可以证明

$$\sigma_3 = \sigma_1 \tan^2\left(45° - \frac{\varphi}{2}\right) - 2c\tan\left(45° - \frac{\varphi}{2}\right) \tag{4-11}$$

还可以证明

$$\sin\varphi = \frac{\sigma_1 - \sigma_3}{\sigma_1 + \sigma_3 + 2c\cot\varphi} \tag{4-12}$$

由图 4-9 中的几何关系可以求得剪切面(破裂面)与大主应力面的夹角关系,因为

$$2\alpha = 90° + \varphi$$

则

$$\alpha = 45° + \frac{\varphi}{2} \tag{4-13}$$

即剪切破裂面与大主应力 σ_1 作用平面的夹角为 $\alpha = 45° + \frac{\varphi}{2}$(共轭剪切面)。

由此可见,土与一般连续性材料(如钢、混凝土等)不同,是一种具有内摩擦强度的材料。其剪切破裂面不产生于最大剪应力面,而是与最大剪应力面成 $\frac{\varphi}{2}$ 的夹角。如果土质均匀,并且试验中能保证试件内部的应力、应变均匀分布,则试件内将会出现两组完全对称的破裂面,如图 4-9 所示。

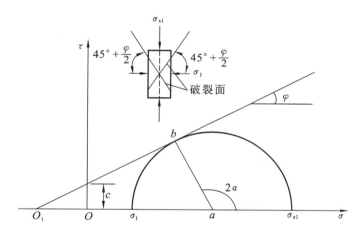

图 4-9 土的破裂面确定

式(4-10)至式(4-14)都是表示土单元体达到极限平衡时(破坏时)主应力的关系,这就是基于莫尔-库仑理论的破坏准则,也是土体达到极限平衡状态的条件,故而,也称之为极限平衡条件。

理论分析和试验研究表明,在各种破坏理论中,对土最适合的是莫尔-库仑强度理论。归纳总结莫尔-库仑强度理论,可以表述为如下三个要点。

(1)剪切破裂面上,材料的抗剪强度是法向应力的函数,可表示为

$$\tau_f = f(\sigma)$$

(2)当法向应力不很大时,抗剪强度可以简化为法向应力的线性函数,即表示为库仑公式

$$\tau_f = c + \sigma\tan\varphi$$

(3)土单元体中,任何一个面上的剪应力大于该面上土体的抗剪强度,土单元体即发生剪切破坏,用莫尔-库仑理论的破坏准则表示,即为式(4-9)和式(4-13)的极限平衡条件。

4. 土的极限平衡条件的应用

土的极限平衡条件常用来评判土中某点的平衡状态。

（1）当 $\sigma_1 < \sigma_{1f}$ 或 $\sigma_3 > \sigma_{3f}$ 时，该点处于稳定平衡状态。

（2）当 $\sigma_1 = \sigma_{1f}$ 或 $\sigma_3 = \sigma_{3f}$ 时，该点处于极限平衡状态。

（3）当 $\sigma_1 > \sigma_{1f}$ 或 $\sigma_3 < \sigma_{3f}$ 时，该点处于剪切破坏状态。

利用式（4-10）至式（4-14），已知土单元体实际上所受的应力和土的抗剪强度指标 c、φ，可以很容易地判断该土单元体是否产生剪切破坏。

三、任务实施

例 4-1　一干砂样置入剪切盒中进行直剪试验，剪切盒断面积为 60 cm^2，在砂样上作用一垂直荷载 900 N，然后作水平剪切，当水平推力达 300 N 时，砂样开始被剪破。试求当垂直荷载为 1 800 N 时，应使用多大的水平推力砂样才能被剪坏？该砂样的内摩擦角为多大？

解　由于土样为砂土，有 $c = 0$，则

$$\frac{N_1}{N_2} = \frac{T_1}{T_2}$$

$$T_2 = T_1 \frac{N_2}{N_1} = 300 \times \frac{1\ 800}{900} \text{ N} = 600 \text{ N}$$

此时，有

$$\tau_f = \frac{T_2}{A} = \frac{600 \times 10^{-3}}{60 \times 10^{-4}} \text{ kPa} = 100 \text{ kPa}$$

$$\varphi = \arctan\left(\frac{\tau_f}{\sigma}\right) = \arctan\left(\frac{T_2}{N_2}\right) = \arctan\left(\frac{600}{1\ 800}\right) = 18.43°$$

例 4-2　某土样做直剪试验，当 $\sigma = 50 \text{ kPa}$，破坏时 $\tau_f = 60 \text{ kPa}$；当 $\sigma = 100 \text{ kPa}$，破坏时 $\tau_f = 110 \text{ kPa}$。求：(1)该土样的抗剪强度指标 c、φ；(2)若为 $\sigma = 120 \text{ kPa}$，$\tau = 125 \text{ kPa}$ 作用时，土样是否会破坏？

解　（1）由库仑定律　　$\tau_f = c + \sigma\tan\varphi$

联立方程，得

$$\begin{cases} 60 = c + 50\tan\varphi \\ 110 = c + 100\tan\varphi \end{cases}$$

解得　　　　　　　　　　　$c = 10 \text{ kPa}$；　　$\varphi = 45°$

（2）当土样上受 $\sigma = 120 \text{ kPa}$ 作用时

$$\tau_f = c + \sigma\tan\varphi = (10 + 120 \times \tan45°) \text{ kPa} = 130 \text{ kPa} > 125 \text{ kPa}$$

所以土样不会被破坏。

例 4-3　土样内摩擦角为 $\varphi = 23°$，黏聚力为 $c = 18 \text{ kPa}$，土中大主应力和小主应力分别为 $\sigma_1 = 300 \text{ kPa}$，$\sigma_3 = 120 \text{ kPa}$，试判断该土样是否达到极限平衡状态？

解　应用土的极限平衡条件，可得土体处于极限平衡状态。而大主应力 $\sigma_1 = 300 \text{ kPa}$ 时所对应的小主应力计算值 σ_{3f} 为

$$\sigma_{3f} = \sigma_1 \tan^2 \left(45° - \frac{\varphi}{2}\right) - 2c \tan \left(45° - \frac{\varphi}{2}\right)$$

$$= 300 \times \tan^2 \left(45° - \frac{23°}{2}\right) \text{kPa} - 2 \times 18 \times \tan \left(45° - \frac{23°}{2}\right) \text{kPa}$$

$$= 107.6 \text{ kPa}$$

计算结果表明 $\sigma_3 > \sigma_{3f}$，可判定该土样处于稳定平衡状态。上述计算也可以根据实际最小主应力 σ_3 计算 σ_{1f} 的方法进行。采用应力圆与抗剪强度包络线的相互位置关系来评判的图解法也可以得到相同的结果。

例 4-4 已知土体中某点所受的最大主应力 $\sigma_1 = 500 \text{ kN/m}^2$，最小主应力 $\sigma_3 = 200 \text{ kN/m}^2$。试分别用解析法和图解法计算与最大主应力 σ_1 作用平面成 30°角的平面上的正应力 σ 和剪应力 τ。

解 （1）解析法。

由公式计算，得

$$\sigma = \frac{1}{2}(\sigma_1 + \sigma_3) + \frac{1}{2}(\sigma_1 - \sigma_3)\cos 2\alpha$$

$$= \frac{1}{2}(500 + 200) \text{ kN/m}^2 + \frac{1}{2}(500 - 200)\cos 2 \times 30° \text{ kN/m}^2 = 425 \text{ kN/m}^2$$

$$\tau = \frac{1}{2}(\sigma_1 - \sigma_3)\sin 2\alpha$$

$$= \frac{1}{2}(500 - 200)\sin 2 \times 30° \text{ kN/m}^2 = 130 \text{ kN/m}^2$$

（2）图解法。

按照莫尔应力圆确定其正应力 σ 和剪应力 τ。

绘制直角坐标系，按照比例尺在横坐标上标出 $\sigma_1 = 500 \text{ kN/m}^2$，$\sigma_3 = 200 \text{ kN/m}^2$，以 $\sigma_1 - \sigma_3 = 300 \text{ kN/m}^2$ 为直径绘圆，从横坐标轴开始，逆时针旋转 $2\alpha = 60°$，在圆周上得到 A 点，如图 4-10 所示。以相同的比例尺量得 A 的横坐标，即 $\sigma = 425 \text{ kN/m}^2$，纵坐标即 $\tau = 130 \text{ kN/m}^2$。

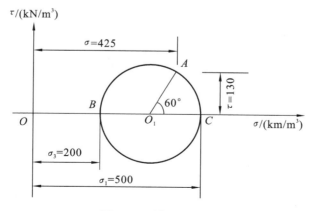

图 4-10 例 4-4 附图

可见，两种方法得到了相同的正应力 σ 和剪应力 τ，但用解析法计算较为准确，用图解法计算则较为直观。

例 4-5 设砂土地基中一点的最大主应力 $\sigma_1 = 400$ kPa，最小主应力 $\sigma_3 = 200$ kPa，砂土的内摩擦角 $\varphi = 25°$，黏聚力 $c = 0$。试判断该点是否破坏。

解 为加深对本任务内容的理解，以下用多种方法解题。

（1）按某一平面上的剪应力 τ 和抗剪强度 τ_f 的对比来判断。

破坏时土单元中可能出现的破裂面与最大主应力 σ_1 作用面的夹角 $\alpha_f = 45° + \dfrac{\varphi}{2}$。因此，作用在与 σ_1 作用面成 $45° + \dfrac{\varphi}{2}$ 平面上的法向应力 σ_1 和剪应力 τ。

$$\sigma = \frac{1}{2}(\sigma_1 + \sigma_3) + \frac{1}{2}(\sigma_1 - \sigma_3)\cos 2\left(45° + \frac{\varphi}{2}\right)$$

$$= \frac{1}{2}(400 + 200)\ \text{kPa} + \frac{1}{2}(400 - 200)\cos 2\left(45° + \frac{25°}{2}\right)\ \text{kPa} = 257.7\ \text{kPa}$$

$$\tau = \frac{1}{2}(\sigma_1 - \sigma_3)\sin 2\left(45° + \frac{\varphi}{2}\right)$$

$$= \frac{1}{2}(400 - 200)\sin 2\left(45° + \frac{25°}{2}\right)\ \text{kPa} = 90.6\ \text{kPa}$$

$$\tau_f = \sigma\tan\varphi = 257.7 \times \tan 25°\ \text{kPa} = 120.2\ \text{kPa} > \tau = 90.6\ \text{kPa}$$

故可判断该点未发生剪切破坏。

（2）$\quad \sigma_{1f} = \sigma_3\tan^2\left(45° + \dfrac{\varphi}{2}\right) = 200 \cdot \tan^2\left(45° + \dfrac{25°}{2}\right)\ \text{kPa} = 492.8\ \text{kPa}$

由于 $\sigma_{1f} = 492.8$ kPa $> \sigma_1 = 400$ kPa，故可知该点未发生剪切破坏。

（3）$\quad \sigma_{3f} = \sigma_1\tan^2\left(45° - \dfrac{\varphi}{2}\right) = 200 \cdot \tan^2\left(45° - \dfrac{25°}{2}\right)\ \text{kPa} = 162.8\ \text{kPa}$

由于 $\sigma_{3f} = 162.8$ kPa $< \sigma_3 = 200$ kPa，故可知该点未发生剪切破坏。

另外，还可以用图解法，比较莫尔应力圆与抗剪切强度包线的相对位置关系来判断，可以得出同样的结论。

四、任务小结

1. 库仑定律

$$\tau_f = \sigma\tan\varphi + c$$

2. 莫尔-库仑强度理论

$$\sigma_1 = \sigma_3\tan^2\left(45° + \frac{\varphi}{2}\right) + 2c\tan\left(45° + \frac{\varphi}{2}\right)$$

$$\sigma_3 = \sigma_1\tan^2\left(45° - \frac{\varphi}{2}\right) - 2c\tan\left(45° - \frac{\varphi}{2}\right)$$

3. 正确判断地基中某点的应力平衡状态

（1）$\sigma_1 < \sigma_{1f}$ 或 $\sigma_3 > \sigma_{3f}$ 时，为稳定平衡状态。

（2）$\sigma_1 = \sigma_{1f}$ 或 $\sigma_3 = \sigma_{3f}$ 时，为极限平衡状态。

（3）$\sigma_1 > \sigma_{1f}$ 或 $\sigma_3 < \sigma_{3f}$ 时，为破坏状态。

五、拓展提高

土的抗剪强度指标与主要影响因素

1）土的抗剪强度指标

土的抗剪强度指标 c 和 φ 是通过试验得出的，它们的大小反映了土的抗剪强度的高低。$\tan\varphi = f$ 为土的内摩擦系数，$\sigma\tan\varphi$ 则为土的内摩擦力，通常由两部分组成。一部分为剪切面上颗粒与颗粒接触面所产生的摩擦力；另一部分则是由颗粒之间的相互嵌入和联锁作用产生的咬合力。黏聚力 c 是由于黏土颗粒之间的胶结作用，结合水膜以及分子引力作用等形成的，按照库仑定律，对于某一种土，它们是作为常数来使用的。实际上，它们均随试验方法和土样的试验条件等的不同而发生变化，即使是同一种土，φ、c 值也不是常数。

2）影响土的抗剪强度的因素

影响土的抗剪强度的因素是多方面的，主要的有以下几个方面。

（1）土粒的矿物成分、形状、颗粒大小与颗粒级配。

土的颗粒越粗，形状越不规则，表面越粗糙，φ 越大，内摩擦力越大，抗剪强度也越高。黏土矿物成分不同，其黏聚力也不同。土中含有多种胶合物，可使 c 增大。

（2）土的密度。

土的初始密度越大，土粒间接触较紧，土粒表面摩擦力和咬合力也越大，剪切试验时需要克服这些土的剪力也越大。黏性土的紧密程度越大，黏聚力 c 值也越大。

（3）含水量。

土中含水量的多少，对土的抗剪强度的影响十分明显。土中含水量大时，会降低土粒表面上的摩擦力，使土的内摩擦角 φ 值减小；黏性土含水量增高时，会使结合水膜加厚，因而也就降低了黏聚力。

（4）土体结构的扰动情况。

黏性土的天然结构如果被破坏时，其抗剪强度就会明显下降，因为原状土的抗剪强度高于同密度和含水量的重塑土。所以施工时要注意保持黏性土的天然结构不被破坏，特别是开挖基槽更应保持持力层的原状结构，不应扰动。

（5）孔隙水压力的影响。

根据有效应力原理，作用于试样剪切面上总应力等于有效应力与孔隙水压力之和，如图 4-11 所示。孔隙水压力由于作用在土中自由水上，不会产生土粒之间的内

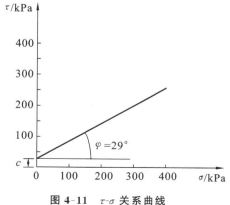

图 4-11　τ-σ 关系曲线

摩擦力,只有作用在土的颗粒骨架上的有效应力,才能产生土的内摩擦强度。因此,土的抗剪强度应为有效应力的函数,库仑公式应改为 $\tau_f=(\sigma-u)\tan\varphi'+c'$,然而,在剪切试验中试样内的有效应力(或孔隙水压力)将随剪切前试样的固结程度和剪切中的排水条件而异。因此,同一种土如果试验条件不同,那么,即使剪切面上的总应力相同,也会因土中孔隙水是否排出与排出的程度,亦即有效应力的数值不同,使试验结果的抗剪强度不同。因而在土工工程设计中所需要的强度指标试验方法必须与现场的施工加荷实际相符合。目前,为了近似地模拟土体在现场可能受到的受剪条件,而把剪切试验按固结和排水条件的不同分为不固结不排水剪、固结不排水剪和固结排水剪三种基本试验类型。但是直剪仪的构造却无法做到任意控制土样是否排水。在试验中,可通过采用不同的加荷速率来达到排水控制的要求,即采用快剪、固结快剪和慢剪三种试验方法。

六、拓展练习

1. 什么是土的抗剪强度指标？测定抗剪强度指标有何工程意义？

2. 土体中发生剪切破坏的平面是否为最大剪应力作用面？在什么情况下,破坏面与最大剪应力面一致？

3. 若土中达到极限平衡状态,地基是否已经破坏？

4. 抗剪强度理论的要点是什么？

5. 某土样黏聚力 $c=20$ kPa,内摩擦角 $\varphi=20°$,承受 $\sigma_1=450$ kPa,$\sigma_3=150$ kPa 的应力,试判断该土样是否达到极限平衡状态。

6. 某干砂试样进行直剪试验,当法向压力 $\sigma=300$ kPa 时,测得砂试样破坏的抗剪强度 $\tau_f=200$ kPa。求:①砂土的内摩擦角；②破坏时的最大主应力 σ_1 与最小主应力 σ_3。

7. 已知地基中某一点所受的最大主应力为 $\sigma_1=600$ kPa,最小主应力 $\sigma_3=100$ kPa。

① 求最大剪应力值和最大剪应力作用面与最大主应力面的夹角；

② 计算作用在与最小主应力面成 $30°$ 的面上的正应力和剪应力。

任务 2 土的剪切试验

一、任务介绍

抗剪强度指标 c、φ 值是土体的重要力学性质指标,在确定地基土的承载力、挡土墙的土压力以及验算土坡稳定性等工程问题中,都要用到土体的抗剪强度指标。因此,正确地测定和选择土的抗剪强度指标是土工计算中十分重要的问题。

土体的抗剪强度指标是通过土工试验确定的。室内试验常用的方法有直接剪切试验、三轴剪切试验等；现场原位测试的方法有十字板剪切试验等。

二、理论知识

1. 直接剪切试验

图 4-12 所示为应变控制式直剪仪的示意图。垂直压力由杠杆系统通过加压活塞和透水石传给土样,水平剪应力则由轮轴推动活动的下盒施加给土样。土体的抗剪强度可由量力环测定,剪切变形由百分表测定。在施加每一级法向应力后,匀速增加剪切面上的剪应力,直至试件剪切破坏。将试验结果绘制成剪应力 τ 和剪切变形 s 的关系曲线,如图 4-13 所示。一般地,将曲线的峰值作为该级法向应力 σ 下相应的抗剪强度 τ_f。

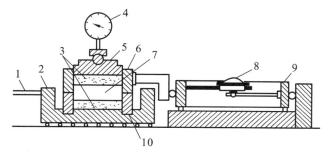

图 4-12 应变控制式直剪仪

1—轮轴;2—底座;3—透水石;4—垂直变形量表;5—活塞;
6—上盒;7—土样;8—水平位移量表;9—量力环;10—下盒

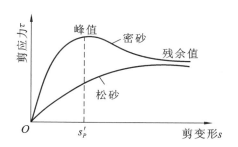

图 4-13 剪应力-剪变形关系曲线

变换几种法向应力 σ 的大小,测出相应的抗剪强度 τ_f。在 σ-τ 坐标上,绘制 σ-τ_f 曲线,即为土的抗剪强度曲线,也就是莫尔-库仑破坏包线,如图 4-14 所示。

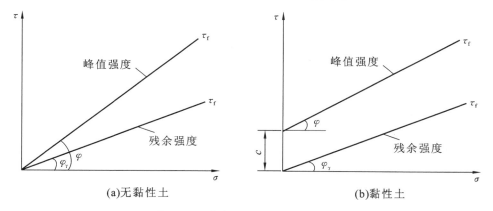

(a)无黏性土 　　　　　　　　(b)黏性土

图 4-14 峰值强度和残余强度曲线

(1) 为了考虑固结程度和排水条件对抗剪强度的影响,根据加荷速率的快慢将直剪试验划分为快剪、固结快剪和慢剪三种试验类型。

① 快剪。竖向压力施加后立即施加水平剪力进行剪切,使土样在 3～5 min 内剪坏。由于剪切速度快,可认为土样在这样短暂时间内没有排水固结或者说模拟了"不排水"剪切的情况。

快剪的适用范围:加荷速率快、排水条件差的情况,如斜坡的稳定性、厚度很大的饱和黏土地基等。

② 固结快剪。竖向压力施加后，给予充分时间使土样排水固结。固结终了后施加水平剪力，快速地（约在 3～5 min 内）把土样剪坏，即剪切时模拟不排水条件。

固结快剪的适用范围：一般建筑物地基的稳定性，施工期间具有一定的固结作用。

③ 慢剪。竖向压力施加后，让土样充分排水固结，固结后以慢速施加水平剪力，使土样在受剪过程中一直有充分时间排水固结，直到土被剪破。

慢剪的适用范围：加荷速率慢、排水条件好、施工期长的情况，如透水性较好的低塑性土以及在软弱饱和土层上的高填土分层控制填筑等。

由上述三种试验方法可知，即使在同一垂直压力作用下，由于试验时的排水条件不同，作用在受剪面积上的有效应力也不同，所以测得的抗剪强度指标也不同。

（2）直接剪切试验的优缺点。

优点：仪器构造简单，操作方便。

缺点：①剪切面不一定是试样抗剪能力最弱的面；②剪切面上的应力分布不均匀，而且受剪切面面积越来越小；③不能严格控制排水条件，测不出剪切过程中孔隙水压力的变化。

2. 三轴剪切试验

三轴剪切试验仪由受压室、周围压力控制系统、轴向加压系统、孔隙水压力系统以及试样体积变化量测系统等组成，如图 4-15 所示。

试验时，将圆柱体土样用乳胶膜包裹，固定在压力室内的底座上。先向压力室内注入液体（一般为水），使试样受到周围压力 σ_3，并使 σ_3 在试验过程中保持不变。然后在压力室上端的活塞杆上施加垂直压力，直至土样受剪破坏为止。设土样破坏时由活塞杆加在土样上的垂直压力为 $\Delta\sigma_1$，则土样上的最大主应力为 $\sigma_{1f}=\sigma_3+\Delta\sigma$，最小主应力为 σ_{3f}。由 σ_{1f} 和 σ_{3f} 可绘制出一个莫尔圆。用同一种土制成 3～4 个土样，按上述方法进行试验，对每个土样施加不同的周围压力 σ_3，可分别求得剪切破坏时对应的最大主应力 σ_1，将这些结果绘成一组莫尔圆。根据土的极限平衡条件可知，通过这些莫尔圆的切点的直线就是土的抗剪强度线，由此可得抗剪强度指标 c、φ 值，如图 4-16 所示。

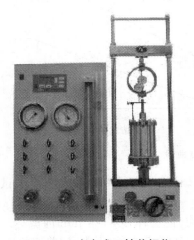

图 4-15　应变式三轴剪切仪

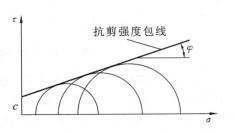

图 4-16　三轴试验应力圆和剪切包线

(1) 根据土样固结排水条件的不同,相对于直剪试验,三轴试验也可分为下列三种基本方法。

① 不固结不排水剪(UU)。

先向土样施加周围压力 σ_3,随后即施加轴向应力,直至剪坏为止。在施加轴向应力的过程中,自始至终关闭排水阀门不允许土中水排出,即在施加周围压力和剪切力时均不允许土样发生排水固结。

这样从开始加压直到试样剪坏的全过程中的土中含水量保持不变。这种试验方法所对应的实际工程条件相当于饱和软黏土中快速加荷时的应力状况。

② 固结不排水剪(CU)试验。

试验时先对土样施加周围压力 σ_3,并打开排水阀门 B,使土样在 σ_3 作用下充分排水固结。然后施加轴向应力,此时,关上排水阀门 B,使土样在不能向外排水条件下受剪,直至破坏为止。

三轴 CU 试验是一个经常要做的工程试验,它适用的实际工程条件常常是一般正常固结土层在工程竣工时或以后受到大量、快速的活荷载或新增加的荷载的作用时所对应的受力情况。

③ 固结排水剪(CD)试验。

在施加周围压力 σ_3 和轴向应力的全过程中,土样始终是排水状态,土中孔隙水压力始终处于消散为零的状态,使土样剪切破坏。

这三种不同的三轴试验方法所得强度、包线性状及其相应的强度指标均不相同,其大致形态与关系如图 4-17 所示。

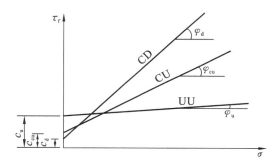

图 4-17　不同排水条件下的强度包线与强度指标

三轴试验和直剪试验的三种试验方法在工程实践中如何选用是个比较复杂的问题,应根据工程情况、加荷速度快慢、土层厚薄、排水情况、荷载大小等综合确定。一般来说,对不易透水的饱和黏性土,当土层较厚、排水条件较差、施工速度较快时,为使施工期土体稳定,可采用不固结不排水剪。反之,对土层较薄、透水性较大、排水条件好、施工速度不快的短期稳定问题,可采用固结不排水剪。击实填土地基或路基以及挡土墙及船闸等结构物的地基,一般采用固结不排水剪。此外,如确定施工速度相当慢,土层透水性及排水条件都很好,可考虑用排水剪。当然,这些只是一般性的原则,实际情况往往要复杂得多,能严格满足试验条件的很少,因此还要针对具体问题作具体分析。

(2) 三轴剪切试验的优缺点。

优点:①试验中能严格控制试样排水条件及测定孔隙水压力的变化;②剪切面不固定;③应力状态比较明确;④除抗剪强度外,还能测定其他指标。

缺点:①操作复杂;②所需试样较多;③主应力方向固定不变,与实际情况尚不能完全符合。

3. 无侧限抗压试验

三轴试验时，如果对土样不施加周围压力，而只施加轴向压力，则土样剪切破坏的最小主应力 $\sigma_{3f}=0$，最大主应力 $\sigma_{1f}=q_u$，此时绘出的莫尔极限应力圆如图 4-18 所示。q_u 称为土的无侧限抗压强度。

对于饱和软黏土，可以认为 $\varphi=0$，此时其抗剪强度线与 σ 轴平行，并且有 $c_u=q_u/2$。所以，可用无侧限抗压试验测定饱和软黏土的强度，该试验多在无侧限抗压仪上进行。

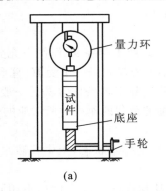

(a)

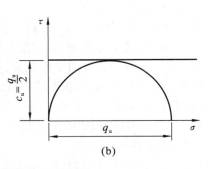

(b)

图 4-18　无侧限试验极限应力圆

4. 十字板剪切试验

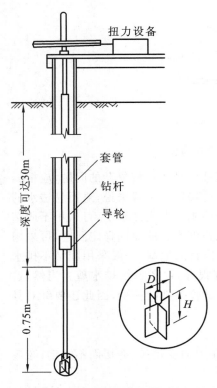

图 4-19　十字板剪切仪示意图

十字板剪切仪的示意图如图 4-19 所示。在现场试验时，先钻孔至需要试验的土层深度以上 750 mm 处，然后将装有十字板的钻杆放入钻孔底部，并插入土中 750 mm，施加扭矩使钻杆旋转，直至土体剪切破坏为止。土体的剪切破坏面为十字板旋转所形成的圆柱面。土的抗剪强度可表示为

$$\tau_f=k_c(p_c-f_c) \tag{4-14}$$

式中：k_c——十字板常数；

$\quad\quad p_c$——土发生剪切破坏时的总作用力，由弹簧秤读数求得，N；

$\quad\quad f_c$——轴杆及设备的机械阻力，在空载时由弹簧秤事先测得，N。

式(4-14)中 k_c 的计算公式为

$$k_c=\dfrac{2R}{\pi D^2 h\left(1+\dfrac{D}{3h}\right)} \tag{4-15}$$

式中：h、D——分别为十字板的高度、直径，mm；

$\quad\quad R$——转盘的半径，mm。

十字板剪切仪适用于饱和软黏土（$\varphi=0°$），它的优点是构造简单，操作方便，原位测试时对土的结果扰动也较小，故在实践中得到广泛的应用。但在软土层中夹砂薄层时，测试结果可能失真或偏高。

三、任务实施

例 4-6 　直接剪切试验测定抗剪强度案例。

1）试验目的

直接剪切试验是测定土的抗剪强度的一种常用方法。通常采用四个试样为一组,分别在不同的垂直压力 σ 下,施加水平剪应力进行剪切,求得破坏时的剪应力 τ,然后根据库仑定律确定土的抗剪强度参数(内摩擦角 φ 和黏聚力 c)。直剪试验分为快剪(Q)、固结快剪(CQ)和慢剪(S)三种试验方法。

2）试验方法

快剪试验是在试样上施加垂直压力后,立即快速施加水平剪切力,以 0.8～1.2 mm/min 的速率剪切,一般使试样在 3～5 min 内剪破。在整个试验过程中,不允许试样的原始含水率有所改变(试样两端用隔水纸),即在试验过程中孔隙水压力保持不变。快剪法适用于测定黏性土天然强度。

3）仪器设备

(1) 应变控制式直接剪切仪如图 4-20 所示,包括剪切盒、垂直加压框架、测力计及推动机构等。

(2) 其他仪器:量表、砝码等。

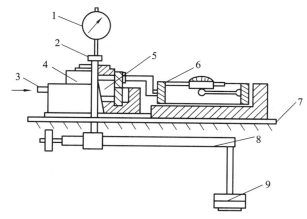

图 4-20　应变控制式直剪仪结构示意图

1—垂直变形百分表;2—垂直加压框架;3—推动座;4—剪切盒;5—试样;6—测力计;7—台板;8—杠杆;9—砝码

4）试验步骤

(1) 切取试样。按工程需要用环刀切取一组试样,至少切取四个,并测定试样的密度及含水率。如试样需要饱和,可对试样进行抽气饱和。

(2) 安装试样。对准上下盒,插入固定销钉。在下盒内放入一块透水石,上覆隔水蜡纸一张。将装有试样的环刀平口向下,对准剪切盒,试样上放隔水蜡纸一张,再放上透水石,将试样徐徐推入剪切盒内,移去环刀。

(3) 施加垂直压力。转动手轮,使上盒前端钢珠刚好与测力计接触,调整测力计中的量表读数为零。顺次加上盖板、钢珠压力框架。每组四个试样,分别在四种不同的垂直压力下进行剪切。在教学上,可取四个垂直压力分别为 100 kPa、200 kPa、400 kPa。

(4) 进行剪切。施加垂直压力后,立即拔出固定销钉,开动秒表,以(4～6)r/min 的均匀速率旋转手轮(在教学中可采用 6 r/min)。使试样在 3～5 min 内剪切破坏。如测力计中的量表指针不再前进，或有显著后退，则表示试样已经被剪切破坏。但一般宜剪至剪切变形达 4 mm。若量表指针再继续增加，则剪切变形应达 6 mm 为止。手轮每转一圈，同时记录测力计量表的读数，直到试样被剪切破坏为止。

> **注意：**
> 手轮每转一圈，推进下盒 0.2 mm。

(5)拆卸试样。剪切结束后，吸去剪切盒中的积水，倒转手轮，尽快移去垂直压力、框架、上盖板，取出试样。

5)试验注意事项

先安装试样，再装量表。安装试样时要用透水石把土样从环刀推进剪切盒里，将试验前量表中的大指针调至零。加荷时，不要摇晃砝码；剪切时要拔出销钉。

6)计算及制图

(1)按下式计算各级垂直压力下所测的抗剪强度。

$$\tau_f = CR \tag{4-16}$$

式中：τ_f——土的抗剪强度，kPa；

C——测力计率定系数，kPa/0.01 mm；

R——测力计量表最大读数，或位移 4 mm 时的读数(0.01 mm)，0.01 mm。

(2)绘制 τ_f-σ 曲线。

以垂直压力 σ 为横坐标，以抗剪强度 τ_f 为纵坐标(纵横坐标必须同一比例)，根据图中各点绘制 τ_f-σ 关系曲线。该曲线的倾角为土的内摩擦角 φ，该曲线在纵轴上的截距为土的黏聚力 c，如图 4-9 所示。

四、任务小结

强度指标的测定方法。

(1)直接剪切试验。

(2)三轴压缩试验。

(3)无侧限抗压强度试验——特别适用于取样困难或在自重作用下不能保持原有形状的软黏土。

(4)十字板剪切试验——使用于饱和软黏土。

五、拓展提高

三轴剪切试验规程

1)试验目的

土的抗剪强度是指土本身所具有抵抗剪切破坏的极限强度，即土体在各向主应力的作用下，在某一应力面上的剪应力(τ)与法向应力(σ)之比达到某一比值，土体就将沿该面发生剪切破坏。

三轴剪切试验是在三向应力状态下,测定土的抗剪强度参数的一种剪切试验方法。通常用 3～4 个圆柱体试样,分别在不同的恒定围压下,施加轴向压力,进行剪切,直至破坏;然后根据极限应力圆包络线,求得抗剪强度参数。

2) 试验方法

根据排水条件不同,三轴剪切试验分为不固结不排水试验(UU)、固结不排水剪切(CU)和固结排水试验(CD)。本试验只作不固结不排水剪切试验。

3) 仪器设备

(1) 应变控制式三轴剪切仪,由周围压力系统、反压力系统、孔隙水压力量测系统和主机组成。

(2) 附属设备:包括击实器、饱和器、切土器、分样器、切土盘、承膜筒和对开圆模。

(3) 天平:称量 200 g,感量 0.01 g;称量 1000 g,感量 0.1 g。

(4) 橡皮膜:应具有弹性,厚度应小于橡皮膜直径的 1/100,不得有漏气孔。

4) 操作步骤

(1) 试样制备。

① 本试验需要 3～4 个试样,分别在不同的周围压力下进行试验。

② 试样尺寸:最小直径为 $\phi35$ mm,最大直径为 $\phi101$ mm,试样高度宜为试样直径的 2～2.5 倍。对于有裂缝、软弱面和构造面的试样,试样直径宜大于 60 mm。

③ 原状试样制备:应将土切成圆柱形试样,试样两端应平整并垂直于试样轴,当试样侧面或端部有小石子或凹坑时,允许用削下的余土修整,试样切削时应避免扰动,并取余土测定试样的含水量。

④ 扰动试样制备:应根据预定的干密度和含水量,在击实器内分层击实,粉质土宜 3～5 层,黏质土宜为 5～8 层,各层土料数量应相等,各层接触面应刨毛。

⑤ 对于砂土,应先在压力空底座上依次放上透水石、滤纸、乳胶薄膜和对开圆模筒,然后根据一定的密度要求,分三层装入圆模筒内击实。如果制备饱和砂样,可在圆模筒内通入纯水至 1/3 高,将预先煮沸的砂料填入,重复此步骤,使砂样达到预定高度,放置滤纸、透水石、顶帽,扎紧乳胶膜。为了使试样能站立,应对试样内部施加 0.05 kgs/cm² (5 kPa)的负压力或用量水管降低 50 cm 水头即可,然后拆除对开圆模筒。

⑥ 对制备好的试样,应量测其直径和高度。试样的平均直径应为

$$D_0 = \frac{D_1 + 2D_2 + D_3}{4}$$

式中:D_1——试样上部位直径;

D_2——试样中部位直径;

D_3——试样下部位直径。

取余土,测定含水率。

(2) 试样的安装。

① 在压力室底座上依次放上不透水板、试样及试样帽,将橡皮膜套在试样外,并将橡皮膜两端与底座及试样帽分别扎紧。

② 装上压力室罩,向压力室内注满纯水,关排气阀,压力室内不应有残留气泡。并将活塞对准千分表和试样顶部。

③ 关排水阀,开周围压力阀,施加周围压力,周围压力值应与工程实际荷重相适应,最大一级周围压力与最大实际荷重大致相等。

④ 转动手轮使试样帽与活塞及百分表接触,装上变形指示计,将百分表和变形指示计读数

调至零位。

（3）剪切试样。

① 启动电动机，接上离合器，剪切应变速率宜为每分钟应变 0.5%～1.0% 进行。

② 剪切开始阶段，试样每产生 0.3%～0.4% 的轴向应变，测记一次百分表读数和轴向应变值。当轴向应变大于 3% 以后，每隔 0.7%～0.8% 的应变值测记一次读数。

③ 当百分表读数出现峰值时，剪切应继续进行，直至超过 5% 的轴向应变为止。若当百分表读数无峰值时，剪切应进行到轴向应变为 15%～20%。

④ 试验结束，关电动机，关周围压力阀，开排气阀，排除压力室内的水，拆除压力室外罩，取出试样，描述破坏特征，称试样质量，并测定含水率。

⑤ 对其余几个试样，在不同围压下重复上述步骤进行剪切试验。

5）试验注意事项

（1）试验前，透水石要煮过沸腾，把气泡排出，橡皮膜要检查是否有漏孔。

（2）试验时，压力室内充满纯水，没有气泡。

6）计算及制图

（1）计算轴向应变 ε_i。

$$\varepsilon_i = \frac{\Delta h_i}{h_0} \cdot 100\% \tag{4-17}$$

式中：ε_i——轴向应变；

Δh_i——试样剪切室高度的变化，mm；

h_0——试验原始高度，mm。

（2）试样面积剪切时校正值。

$$A_a = \frac{A_0}{1 - 0.01\varepsilon_i} \tag{4-18}$$

式中：ε_i——轴向应变；

A_0——试样原始面积，cm^2。

（3）计算主应力差（$\sigma_1 - \sigma_3$）。

$$\sigma_1 - \sigma_3 = \frac{C \cdot R}{A_a} \times 10 \tag{4-19}$$

式中：σ_1——大主应力，kPa；

σ_3——小主应力，kPa；

C——测力计率定系数，N/0.01 mm；

R——测力计读数，0.01 mm；

A_a——试样剪切时的校正面积，cm^2；

10——单位换算系数。

（4）绘制极限应力圆和强度包络线。

以（$\sigma_1 - \sigma_3$）的峰值为破坏点，无峰值时，取 15% 轴向应变时的主应力差值作为破坏点。以法向应力为横坐标，剪应力为纵坐标，在横坐标上以（$\sigma_{1f} + \sigma_{3f}$）/2 为圆心，（$\sigma_{1f} - \sigma_{3f}$）/2 为半径（f 下标表示破坏时的数值），在 σ-τ 应力平面图上绘制破损应力圆，并绘制不同周围压力下破损应力圆的包线，由破损应力圆的包线求出不排水强度参数 c，如图 4-21 所示。

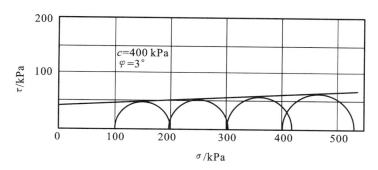

图 4-21　不固结不排水剪强度包线

六、拓展练习

1. 直剪试验有哪几种试验方法可以模拟不同的排水条件？实际工程中如何选用相应的抗剪强度指标？

2. 比较直剪试验与三轴试验的优缺点？

3. 在三轴压缩试验中,如何确定抗剪强度包线？

4. 简述几种常用的抗剪强度试验方法。

5. 在进行抗剪强度试验时,为什么要提出不固结不排水剪(或快剪)、固结不排水剪(或固结快剪)和固结排水剪(或慢剪)等三种方法？对于同一种饱和黏土,当采用这三种方法来进行试验时,其强度指标相同吗？为什么？

6. 黏土试样的有效应力抗剪强度指标 $c'=0$,$\varphi'=20°$,进行三轴试验,周围压力 $\sigma_3=210\ kPa$ 不变,破坏时测得孔隙水压力 $u=50\ kPa$,试问破坏时 $\Delta\sigma$ 的值为多少？

7. 某种土,测得其 $c=9.8\ kPa$,$\varphi=15°$,当该土某点应力为 $\sigma=280\ kPa$,$\tau=80\ kPa$ 时,该点土体是否已达到极限平衡状态？

8. 对某正常固结黏性土试样进行三轴固结不排水试验,得 $c'=0$,$\varphi'=30°$,若试样先在周围压力 $\sigma_3=100\ kPa$ 下固结,然后关闭排水阀,将 σ_3 增大至 $200\ kPa$,测得破坏时的孔隙压力系数 $A=0.5$,求土的抗剪强度指标。

任务 **3** 地基承载力的确定

一、任务介绍

在工程设计中,为了保证地基土不发生剪切破坏而失去稳定,同时也为了使建筑物不致因基础产生过大的沉降和差异沉降而影响其正常使用,必须限制建筑物基础底面的压力,使其不得超过地基的承载力设计值。因此,确定地基承载力是工程实践中迫切需要解决的问题。本任务主要介绍地基的破坏模式,以及工程中常见地基承载力的确定方法。

二、理论知识

1. 地基的破坏模式

我们可以通过现场载荷试验或室内模型试验来研究地基承载力。现场载荷试验是在要测定的地基上放置一块模拟基础的载荷板,然后在载荷板上逐级施加荷载,同时测定在各级荷载下载荷板的沉降量及周围土的位移情况,直到地基土破坏失稳为止。通过试验可以得到载荷板在各级压力 p 的作用下,其相应的稳定沉降量,绘得 p-s 曲线如图 4-22 所示。

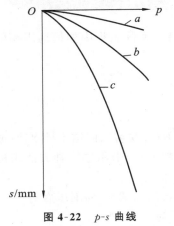

图 4-22　p-s 曲线

a—整体剪切破坏;b—局部剪切破坏;c—冲剪破坏

1) 地基破坏的形式

根据试验研究,地基变形有三种破坏形式。

(1) 整体剪切破坏。

整体剪切破坏的特征是:当基础上荷载较小时,基础下形成一个三角形压密区,随同基础压入土中,这时 p-s 曲线为线性关系(见图 4-23 中的曲线 a);随着荷载增加,压密区向两侧挤压,土中产生塑性区,塑性区先在基础边缘产生,然后塑性区逐步扩大,这时基础的沉降增长率较前一阶段增大,故 p-s 线呈曲线状,如图 4-22 中的曲线 b;当荷载达到最大值后,土中形成连续滑动面,并延伸到地面,土从基础两侧挤出并隆起,基础沉降急剧增加,整个地基失稳破坏,这时 p-s 曲线上出现明显的转折点,其相应的荷载称为极限荷载 p_u,见

图 4-22 中的曲线 c。整体剪切破坏常发生在浅埋基础下的密砂土或硬黏土等坚实地基中。

(2) 局部剪切破坏。

局部剪切破坏的特征是,随着荷载的增加,基础下也产生压密区及塑性区,但塑性区仅仅发展到地基的某一范围内,土中滑动面并不延伸到地面,基础两侧地面微微隆起,并没有出现明显的裂缝。其 p-s 曲线如图 4-22 中的曲线 b 所示,曲线也有一个转折点,但不像整体剪切破坏那么明显。局部剪切破坏常发生于中等密实砂土中。

(3) 冲剪破坏。

冲剪破坏的特征是:在基础下没有明显的连续滑动面,随着荷载的增加,基础随着土层发生压缩变形而下沉,当荷载继续增加时,基础周围附近的土体发生竖向剪切破坏,使基础刺入土中。冲剪破坏的 p-s 曲线如图 4-22 中曲线 c 所示,没有明显的转折点,没有明显的比例界限及极限荷载,这种破坏形式发生在松砂及软土中。

除了与地基土的性质有关外,地基的剪切破坏形式还同基础埋置深度、加荷速度等因素有关。如在密砂地基中,一般常发生整体剪切破坏,但当基础埋置较深时,在很大荷载作用下密砂就会产生压缩变形,而产生冲剪破坏;在软黏土中,当加荷速度较慢时会产生压缩变形而产生冲剪破坏,但当加荷很快时,由于土体不能产生压缩变形,就可能发生整体剪切破坏。

2)地基变形的三个阶段

根据现场载荷试验,地基从加荷到产生破坏一般经过以下三个阶段。

(1)压密阶段(或称直线变形阶段)。

压密阶段相当于 p-s 曲线中的水平轴与曲线 a 之间的区域。在这一阶段,p-s 曲线接近于直线,土中各点的剪应力均小于土的抗剪强度,土体处于弹性平衡状态。载荷板的沉降主要是由于土的压密变形引起的,把 p-s 曲线上相应的荷载称为比例界限 p_{cr},也称临塑荷载。

(2)剪切阶段。

剪切阶段相当于 p-s 曲线中的曲线 a 与曲线 b 之间的区域。此阶段 p-s 曲线已不再保持线性关系,沉降的增长率 $\Delta s / \Delta p$ 随荷载的增大而增加。地基土中局部范围内的剪应力达到土的抗剪强度,土体发生剪切破坏,这些区域也称塑性区。随着荷载的继续增加,土中塑性区的范围也逐步扩大,直到土中形成连续的滑动面,由载荷板两侧挤出而破坏。因此,剪切阶段也是地基中塑性区的发生与发展阶段。对应于 p-s 曲线上的荷载称为极限荷载 p_u。

(3)破坏阶段。

破坏阶段相当于 p-s 曲线中的曲线 b 与曲线 c 之间的区域。当荷载超过极限荷载后,载荷板急剧下沉,即使不增加荷载,沉降也将继续发展,因此,p-s 曲线陡直下降。在这一阶段,由于土中塑性区范围的不断扩展,最后在土中形成连续滑动面,土从载荷板四周挤出隆起,地基土失稳而破坏。

2. 地基承载力的确定方法

地基承载力是指地基土单位面积上所能承受的荷载,通常把地基土单位面积上所能承受的最大荷载称为极限荷载或极限承载力。

(1)根据载荷试验的 p-s 曲线来确定。

确定地基承载力最直接的方法是现场载荷试验的方法。载荷试验是一种基础受荷的模拟试验,方法是在地基土上放置一块刚性载荷板,然后在载荷板上逐级施加荷载,同时测定在各级荷载下载荷板的沉降量,并观察周围土位移情况,直到地基土破坏失稳为止。

根据试验结果可绘出载荷试验的 p-s 曲线,如图 4-22 所示。如果 p-s 曲线上能够明显地区分其承载过程的三个阶段,则可以较方便地定出该地基的临塑荷载 p_{cr} 和极限荷载 p_u。

(2)根据设计规范确定。

在《规范》中给出了各类土的地基承载力经验公式。这些公式是根据在各类土上所做的大量的载荷试验资料以及工程经验,经过统计分析而得到的。

(3)根据地基承载力理论公式确定。

地基承载力理论公式是在一定的假定条件下通过弹性理论或弹塑性理论导出的解析解,包括地基临塑荷载公式、临界荷载公式、太沙基公式、斯肯普顿和汉森公式等。

3. 地基的临塑荷载和临界荷载

1)地基的临塑荷载

(1)定义:临塑荷载 p_{cr} 是地基变形的第一、二阶段的分界荷载,即地基中刚开始出现塑性变形区时，相应的基底压力。

（2）临塑荷载的计算公式。

$$p_{cr} = \frac{\pi(\gamma d + c \cdot \cot\varphi)}{\cot\varphi - \frac{\pi}{2} + \varphi} + \gamma d = N_d \gamma d + N_c c \tag{4-20}$$

式中：d——基础的埋置深度，m；

γ——基底平面以上土的重度，kN/m³；

c——土的黏聚力，kPa；

φ——土的内摩擦角，计算时转化为弧度，即乘以 $\pi/180$；

N_d、N_c——承载力系数，可按式（4-21）和式（4-22）进行计算或查表得出。

$$N_d = \frac{\cot\varphi + \varphi + \frac{\pi}{2}}{\cot\varphi + \varphi - \frac{\pi}{2}} \tag{4-21}$$

$$N_c = \frac{\cot\varphi \cdot \pi}{\cot\varphi + \varphi - \frac{\pi}{2}} \tag{4-22}$$

2）临界荷载

临界荷载是指允许地基产生一定范围塑性区所对应的荷载。工程实践表明，采用不允许地基产生塑性区的临塑荷载 p_{cr} 作为地基容许承载力的话，往往不能充分发挥地基的承载能力，取值偏于保守。对于中等强度以上的地基土，将控制地基中塑性区较小深度范围内的临界荷载作为地基容许承载力或地基承载力特征值，使地基既有足够的安全度，保证稳定性，又能比较充分地发挥地基的承载能力，从而达到优化设计，减少基础工程量，节约投资的目的，符合经济合理的原则。允许塑性区开展深度的范围大小与建筑物的重要性、荷载性质和大小、基础形式和特性、地基土的物理力学性质等有关。

根据工程实践经验，在中心荷载的作用下，控制塑性区最大开展深度 $z_{max} = \frac{b}{4}$，在偏心荷载下控制最大开展深度为 $z_{max} = \frac{b}{3}$，对一般建筑物是允许的。$p_{1/4}$、$p_{1/3}$ 分别是允许地基产生 $z_{max} = \frac{b}{4}$ 和 $z_{max} = \frac{b}{3}$ 范围塑性区所对应的两个临界荷载。此时，地基变形会有所增加，须验算地基的变形值不超过允许值。

根据定义，分别将 $z_{max} = \frac{b}{4}$ 和 $z_{max} = \frac{b}{3}$ 代入式（4-20），得

$$p_{1/4} = \frac{\pi(\cot\varphi + q + \gamma b/4)}{\cos\varphi + \varphi - \pi/2} + q \tag{4-23a}$$

或 $$p_{1/4} = \gamma b N_{1/4} + c N_c + q N_q \tag{4-23b}$$

$$p_{1/3} = \frac{\pi(\cot\varphi + q + \gamma b/3)}{\cos\varphi + \varphi - \pi/2} + q \tag{4-24a}$$

或 $$p_{1/3} = \gamma b N_{1/3} + c N_c + q N_q \tag{4-24b}$$

式中：$N_{1/4}$、$N_{1/3}$——承载力系数，均为 φ 的函数。

$N_{1/4}$ 和 $N_{1/3}$ 的具体表达式如下。

$$N_{1/4} = \frac{\pi}{4\left(\cot\varphi + \varphi - \dfrac{\pi}{2}\right)} \qquad (4\text{-}25)$$

$$N_{1/3} = \frac{\pi}{3\left(\cot\varphi + \varphi - \dfrac{\pi}{2}\right)} \qquad (4\text{-}26)$$

从式(4-23a)、式(4-23b)可以看出,两个临界荷载由三部分组成:第一、二部分分别反映了地基土黏聚力和基础埋深对承载力的影响,这两部分组成了临塑荷载;第三部分表现为基础宽度和地基土重度的影响,实际上受塑性区开展深度的影响。它们都随内摩擦角 φ 的增大而增大,其值可从公式计算得到。分析临界荷载的组成,可以看出它受地基土的性质、基础埋深、基础尺寸等因素的影响。

必须指出,临塑荷载和临界荷载两公式都是在条形荷载情况下(平面应变问题)导出的,对于矩形或圆形基础(空间问题),如果用这两个公式计算,则其结果偏于安全。至于临界荷载 $p_{1/4}$ 和 $p_{1/3}$ 的推导,近似仍用弹性力学解答,其所引起的误差,将随塑性区的扩大而加大。

4. 地基的极限荷载

极限荷载即地基变形第二阶段与第三阶段的分界点相对应的荷载,是地基达到完全剪切破坏时的最小压力。极限荷载除以安全系数可作为地基的承载力设计值。

极限承载力的理论推导,目前只能针对整体剪切破坏模式进行。确定极限承载力的计算公式可归纳为两大类:一类是假定滑动面法,先假定在极限荷载作用时土中滑动面的形状,然后根据滑动土体的静力平衡条件求解;另一类是理论解,根据塑性平衡理论导出在已知边界条件下,滑动面的数学方程式来求解。

由于假定不同,计算极限荷载的公式的形式也各不相同。但不论哪种公式,都可写成如下基本形式。

$$p_u = \frac{1}{2}\gamma b N_\gamma + c N_c + q N_q \qquad (4\text{-}27)$$

1)普朗特尔地基极限承载力公式

普朗特尔(L. Prandtl,1875—1953。20 世纪初提出边界层理论,1920 年导出了条形基础的极限承载力公式,1925 年建立了动量传递理论)于 1920 年在假定条形基础置于地基表面($d=0$),地基土无重量($g=0$)且基础底面光滑无摩擦力的条件下,根据塑性力学理论求得了基础下形成连续塑性区而处于极限平衡状态时的地基滑动面形态,如图 4-23 所示。地基的极限平衡区可分为三个:在基底下的朗肯主动状态区(Ⅰ区)、基础外侧的朗肯被动状态区(Ⅲ区)以及Ⅰ区与Ⅲ区之间的过渡区(Ⅱ区)。相应的地基极限承载力理论公式如下。

$$p_u = c N_c \qquad (4\text{-}28)$$

其中,承载力系数 $N_c = \left[e^{\pi\tan\varphi}\tan^2\left(\dfrac{\pi}{4} + \dfrac{\varphi}{2}\right) - 1\right]\cot\varphi$,它是内摩擦角 φ 的函数。

2)斯肯普顿地基极限承载力公式

对于饱和软黏土地基土($\varphi=0$),连续滑动面Ⅱ区的对数螺旋线蜕变成圆弧,如图 4-24 所示。斯肯普顿(A. W. Skempton)于 1952 年根据极限状态下各滑动体的平衡条件,得出如下饱和软黏土地基极限承载力的计算公式。

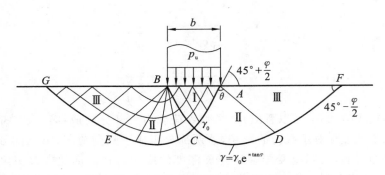

图 4-23　普朗特尔地基滑动面形态

$$p_{u} = 5.14c + \gamma_0 d \qquad (4-29)$$

对于矩形基础,地基极限承载力公式为

$$p_{u} = 5c\left(1 + \frac{b}{5l}\right)\left(1 + \frac{d}{5b}\right) + \gamma_0 d \qquad (4-30)$$

式中:c——地基土黏聚力,取基底以下 $0.707b$ 深度范围内的平均值,kPa;

b、l——分别为基础的宽度、长度,m;

γ_0——基础埋置深度 d 范围内土的重度,kN/m³。

工程实践证明,用斯肯普顿公式计算的软土地基承载力与实际情况是比较接近的,安全系数 K 可取 $1.1 \sim 1.3$。

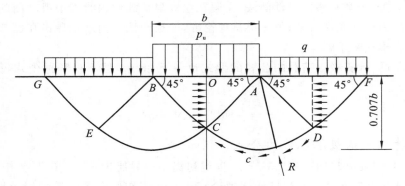

图 4-24　斯肯普顿滑动面

3）太沙基地基极限承载力公式

假定基础底面粗糙,并忽略土的重度对滑动面的影响,假定地基滑动面的形状也可以分成3个区,但Ⅰ区内土体不是处于朗肯主动状态,而是处于弹性压密状态,它与基础底面一起移动,并假定滑动面与水平面成 φ 角。Ⅱ区、Ⅲ区与普朗特尔解相似,分别是辐射线和对数螺旋曲线组成的过渡区与朗肯被动状态区。为了推导地基承载力公式,太沙基从实际工程的精度要求出发作了进一步简化,认为浅基础的地基极限承载力可近似地假设为以下三种情况的总和。

（1）土是无质量的,有黏聚力和内摩擦角,没有超载。

（2）土是没有质量的,无黏聚力,有内摩擦角,有超载。

（3）土是有质量的,没有黏聚力,但有内摩擦角,没有超载。

据此导出如下地基极限承载力公式。

$$p_u = \frac{1}{2}\gamma b N_\gamma + c N_c + q N_q \qquad (4\text{-}31)$$

式中：N_r、N_q、N_c——太沙基承载力系数，它只与土的内摩擦角有关，可从图 4-25 中查得。

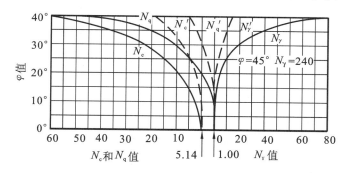

图 4-25 太沙基公式承载力系数

4）考虑其他因素影响时的极限承载力计算公式

普朗特尔和太沙基等的极限承载力公式都只适用于中心竖向荷载作用时的条形基础，同时不考虑基底以上土的抗剪强度的作用。若基础上作用的荷载是倾斜的或有偏心，基础的埋置深度较深，计算时需要考虑基底以上土的抗剪强度影响时，地基承载力可采用汉森公式计算。

汉森（B. Hanson）提出的在中心倾斜荷载的作用下，不同基础形状及不同埋置深度时的极限承载力计算公式如下。

$$p_u = \frac{1}{2}\gamma b \cdot N_\gamma S_\gamma i_\gamma + c \cdot N_c S_c d_c i_c + q \cdot N_q S_q d_q i_q \qquad (4\text{-}32)$$

式中：N_γ、N_q、N_c——承载力系数值，根据地基土的内摩擦角查表确定；

i_γ、i_c、i_q——荷载倾斜系数；

S_γ、S_c、S_q——基础形状系数；

d_c、d_q——深度系数。

基础形状系数，按下列公式计算。

$$S_r = 1 - 0.4\frac{b}{l}, \quad S_c = S_q = 1 + 0.2\frac{b}{l}$$

对条形基础： $\qquad\qquad S_r = S_c = S_q = 1$

基础深度系数，按下列公式计算。

$$d_c = d_q = 1 + 0.35\frac{b}{d}$$

式中：d——基础埋深。

如果在埋深范围内存在强度小于持力层的软弱土层，应将软弱土层的厚度扣除。

由理论公式计算的极限承载力是指地基处于极限平衡状态时的承载力，为了保证建筑物的安全和正常使用，地基承载力应按极限承载力除以 2～3 来进行折减。安全系数的选择与诸多因素有关，如建筑物的安全等级、性能和预期寿命；工程地质勘探详细程度、土工试验方法；设计荷载的组合等。由于影响因素较多，目前没有统一、公认的安全系数标准可供采用。因此，在工程实际中应根据具体情况加以分析，综合考虑上述各种因素加以确定。

5. 地基承载力的特征值

《建筑地基基础设计规范》(GB 50007—2011)中规定,地基承载力的特征值是指由载荷试验或其他原位测试、公式计算,并结合工程实践经验等方法综合确定。

《建筑地基基础设计规范》(GB 50007—2011)中 5.2.5 条规定,当偏心距小于或等于 0.033 倍基础底面宽度时,根据土的抗剪强度指标,确定地基承载力特征值可按下式计算,并满足变形要求。

$$f_a = M_b rb + M_d \gamma_m d + M_c c_k \tag{4-33}$$

式中：f_a——由土的抗剪强度指标确定的地基承载力特征值,kPa;

$\quad$ M_b、M_d、M_c——承载力系数,按表 4-2 确定;

$\quad$ b——基础底面宽度,大于 6 m 时按 6 m 取值,对于砂土小于 3 m 时,按 3 m 取值,m;

$\quad$ c_k——基底下一倍短边宽深度内土的黏聚力标准值,kPa。

表 4-2　承载力系数 M_b、M_d、M_c

土的内摩擦角 $\varphi/(°)$	M_b	M_d	M_c
0	0	1	3.14
2	0.03	1.12	3.32
4	0.06	1.25	3.51
6	0.1	1.39	3.71
8	0.14	1.55	3.93
10	0.18	1.73	4.17
12	0.23	1.94	4.42
14	0.29	2.17	4.69
16	0.36	2.43	5
18	0.43	2.72	5.31
20	0.51	3.06	5.66
22	0.61	3.44	6.04
24	0.8	3.87	6.45
26	1.1	4.37	6.9
28	1.4	4.93	7.4
30	1.9	5.59	7.95
32	2.6	6.35	8.55
34	3.4	7.21	9.22
36	4.2	8.25	9.97
38	5	9.44	10.8
40	5.8	10.84	11.73

当基础宽度大于 3 m 或埋置深度大于 0.5 m 时,从载荷试验或其他原位测试、经验值等方法确定的地基承载力特征值,尚应按下式修正。

$$f_a = f_{ak} + \eta_b \gamma (b-3) + \eta_d \gamma_m (d-0.5)$$

(4-34)

式中:f_a——修正后的地基承载力特征值,kPa;

f_{ak}——地基承载力特征值,kPa;

η_b、η_d——基础宽度和埋深的地基承载力修正系数,按基底下土的类别查表 4-3 取值;

γ——基础底面以下土的重度,地下水位以下取浮重度,kN/m³;

b——基础底面宽度,当基础底面宽度小于 3 m 时按 3 m 取值,大于 6 m 时按 6 m 取值,m;

γ_m——基础底面以上土的加权平均重度,位于地下水位以下的土层取有效重度,kN/m³;

d——基础埋置深度,m。

基础埋置深度宜自室外地面标高算起。在填方整平地区,可自填土地面标高算起,但填土在上部结构施工后完成时,应从天然地面标高算起。对于地下室,若采用箱形基础或筏基,基础埋置深度自室外地面标高算起;当采用独立基础或条形基础时,应从室内地面标高算起。

表 4-3 承载力修正系数

土的类别		η_b	η_d
淤泥和淤泥质土		0	1.0
人工填土 e 或 IL 不小于 0.85 的黏性土		0	1.0
红黏土	含水比 $\alpha_w > 0.8$	0	1.2
	含水比 $\alpha_w \leqslant 0.8$	0.15	1.4
大面积压实填土	压实系数大于 0.95,黏粒含量 $\rho_c \geqslant 10\%$ 的粉土	0	1.5
	最大干密度大于 2.1 t/m 的粉土	0	2.0
粉土	黏粒含量 $\rho_c \geqslant 10\%$ 的粉土	0.3	1.5
	黏粒含量 $\rho_c < 10\%$ 的粉土	0.5	2.0
e 或 IL 均小于 0.85 的黏性土		0.3	1.6
粉砂、细砂(不包括很湿与饱和时的稍密状态)		2.0	3.0
中砂、粗砂、砾石和碎石土		3.0	4.4

注:(1)强风化和全风化的岩石,可参照所风化成的相应土类取值,其他状态下的岩石不修正;

(2)地基承载力特征值按深层平板载荷试验确定时 η_d 取 0

(3)含水比是指土的天然含水量与液限的比值;

(4)大面积压实填土是指填土范围大于两倍基础宽度的填土。

对于完整、较完整、较破碎的岩石地基承载力特征值可按岩基载荷试验方法确定;对破碎、极破碎的岩石地基承载力特征值,可根据平板载荷试验确定。对完整、较完整和较破碎的岩石地基承载力特征值,也可根据室内饱和单轴抗压强度,按下式进行计算。

$$f_a = \varphi_r f_{rk}$$

(4-35)

式中:f_a——岩石地基承载力特征值,kPa;

f_{rk}——岩石饱和单轴抗压强度标准值,kPa;

φ_r——折减系数。

折减系数根据岩体完整程度以及结构面的间距、宽度、产状和组合，由地方经验确定。无经验时，对完整岩体可取 0.5；对较完整岩体可取 0.2～0.5；对较破碎岩体可取 0.1～0.2。

岩石地基的承载力一般较土地基高得多。《建筑地基基础设计规范》（GB 50007—2011）中虽然规定"用岩基载荷试验确定"。但对完整、较完整和较破碎的岩体在取样试验时，可以根据饱和单轴抗压强度标准值，乘以折减系数确定地基承载力特征值。

三、任务实施

例 4-7　某条形基础宽度 $b=2$ m，埋深 $d=1.0$ m，地基土的 $\gamma=18.0$ kN/m^3，$\varphi=20°$，$c=14$ kPa。试求地基的临塑荷载和临界荷载，并采用太沙基公式确定其极限承载力。

解　（1）求临塑荷载。

$$p_{cr} = \frac{\pi(\gamma d + c \cdot \cot\varphi)}{\cot\varphi + \varphi - \dfrac{\pi}{2}} + \gamma d$$

$$= \frac{\pi(18.0 \times 1.0 + 14 \times \cot20°)}{\cot20° + \dfrac{20°}{180°} \times \pi - \dfrac{\pi}{2}} \text{ kPa} + 18.0 \times 1.0 \text{ kPa} = 134.20 \text{ kPa}$$

（2）求临界荷载。

$$p_{1/4} = \frac{\pi\left(\gamma d + c \cdot \cot\varphi + \dfrac{1}{4}\gamma b\right)}{\cot\varphi + \varphi - \dfrac{\pi}{2}} + \gamma d$$

$$= \frac{\pi\left(18.0 \times 1.0 + 14 \times \cot20° + \dfrac{1}{4} \times 18.0 \times 2\right)}{\cot20° + \dfrac{20°}{180°} \times \pi - \dfrac{\pi}{2}} \text{ kPa} + 18.0 \times 1.0 \text{ kPa}$$

$$= 152.67 \text{ kPa}$$

（3）采用太沙基公式计算极限荷载。

当 $\varphi=20°$ 时，由表查得太沙基承载力系数为

$$N_c = 17.6, \quad N_q = 7.42, \quad N_\gamma = 5.0$$

太沙基公式计算的极限承载力为

$$p_u = cN_c + qN_q + \frac{1}{2}\gamma b N_\gamma$$

$$= \left(14 \times 17.6 + 18.0 \times 1.0 \times 7.42 + \frac{1}{2} \times 18.0 \times 2.0 \times 5.0\right) \text{ kPa}$$

$$= 469.96 \text{ kPa}$$

取安全系数为 3，则地基承载力为 156.65 kPa。该结果与临界荷载相近，而临塑荷载的值较为保守。

例 4-8　某办公楼采用砖混结构基础。设计基础宽度 $b=1.50$ m，基础埋深 $d=1.4$ m，地基为粉土，$\gamma=18.0$ kN/m^3，$\varphi=30°$，$c=10$ kPa，地下水位深 7.8 m。计算此地基的极限荷载和地基承载。

解 （1）条形基础，由太沙基公式，可得

$$p_u = cN_c + qN_q + \frac{1}{2}\gamma b N_\gamma$$

因为 $\varphi = 30°$，查曲线得，$N_r = 19$，$N_c = 35$，$N_q = 18$。

代入公式 $P_u = (10 \times 35 + 18.0 \times 1.4 \times 18 + 18.0 \times 1.5 \times 19/2)\text{kPa} = 1060.1 \text{ kPa}$

（2）地基承载力： $\qquad f = \dfrac{p_u}{F_s} = 1060.1/3.0 \text{ kPa} = 353.4 \text{ kPa}$

例 4-9 在例 4-8 中，若地基的 $\varphi = 20°$，其余条件不变，求 p_u 和 f。

解 （1）当 $\varphi = 20°$ 时，查曲线得，$N_r = 4$，$N_c = 17.5$，$N_q = 7$。

$$p_u = cN_c + qN_q + \frac{1}{2}\gamma b N_\gamma$$

$$p_u = (10 \times 17.5 + 18.0 \times 1.4 \times 7 + 18.0 \times 1.5 \times 4/2) \text{ kPa} = 405.4 \text{ kPa}$$

（2） $\qquad f = \dfrac{p_u}{F_s} = 405.4/3.0 \text{ kPa} = 135 \text{ kPa}$

由上两例计算结果可看出：基础的形式、尺寸与埋深相同，地基土的 γ、c 不变，只是 φ 由 30°减小为 20°，则极限荷载与地基承载力均降低为原来的 38%，故可知：φ 对 p_u 和 f 的影响很大。

四、任务小结

地基承载力的确定方法。

（1）地基的临塑荷载和临界荷载。

$$p_{cr} = \frac{\pi(\gamma d + c \cdot \cot\varphi)}{\cot\varphi - \frac{\pi}{2} + \varphi} + \gamma d$$

$$p_{1/4} = \frac{\pi(\cot\varphi + q + \gamma b/4)}{\cot\varphi + \varphi - \pi/2} + q$$

$$p_{1/3} = \frac{\pi(\cot\varphi + q + \gamma b/3)}{\cot\varphi + \varphi - \pi/2} + q$$

（2）地基的极限荷载。

① 普朗特尔公式： $\qquad p_u = cN_c$

② 斯肯普顿公式： $\qquad p_u = 5.14c + \gamma_0 d$

③ 太沙基公式： $\qquad p_u = \dfrac{1}{2}\gamma b N_\gamma + cN_c + qN_q$

（3）按规范确定地基承载力：$f_a = M_b \gamma b + M_d \gamma_m d + M_c c_k$

五、拓展提高

1. 浅层平板载荷试验要点

（1）地基土浅层平板载荷试验可适用于确定浅部地基土层的承压板下应力主要影响范围内

的承载力。承压板面积不应小于 0.25 m²，对于软土不应小于 0.5 m²。

（2）试验基坑宽度不应小于承压板宽度或直径的三倍。应保持试验土层的原状结构和天然湿度。宜在拟试压表面用粗砂或中砂层找平，其厚度不超过 20 mm。

（3）加荷分级不应少于 8 级。最大加载量不应小于设计要求的两倍。

（4）每级加载后，按间隔 10 min、10 min、10 min、15 min、15 min，以后为每隔 30 min 测读一次沉降量，当在连续 2 h 内，每小时的沉降量小于 0.1 mm 时，则认为已趋稳定，可加下一级荷载。

（5）当出现下列情况之一时，即可终止加载：① 承压板周围的土明显地侧向挤出；② 沉降 s 急骤增大，荷载-沉降（p-s）曲线出现陡降段；③ 在某一级荷载下，24 h 内沉降速率不能达到稳定；④ 沉降量与承压板宽度或直径之比大于或等于 0.06。

当满足前三种情况之一时，其对应的前一级荷载定为极限荷载。

（6）承载力特征值的确定应符合下列规定：① 当 p-s 曲线上有比例界限时，取该比例界限所对应的荷载值；② 当极限荷载小于对应比例界限的荷载值的 2 倍时，取极限荷载值的 1/2；③ 当不能按上述两款要求确定时，当压板面积为 0.25～0.50 m²，可取 $s/b=0.01～0.015$ 所对应的荷载，但其值不应大于最大加载量的 1/2。

（7）同一土层参加统计的试验点不应少于三点，当试验实测值的极差不超过其平均值的 30% 时，取此平均值作为该土层的地基承载力特征值 f_{ak}。

2. 深层平板载荷试验要点

（1）深层平板载荷试验可适用于确定深部地基，土层及大直径桩桩端土层在承压板下应力主要影响范围内的承载力。

（2）深层平板载荷试验的承压板采用直径为 0.8 m 的刚性板，紧靠承压板周围外侧的土层高度应不少于 80 cm。

（3）加荷等级可按预估极限承载力的 1/10～1/15 分级施加。

（4）每级加荷后，第一个小时内按间隔 10 min、10 min、10 min、15 min、15min，以后为每隔 30 min 测读一次沉降。当在连续 2 h 内，每小时的沉降量小于 0.1 mm 时，则认为已趋稳定，可加下一级荷载。

（5）当出现下列情况之一时，可终止加载：① 沉降 s 急骤增大，荷载-沉降（p-s）曲线上有可判定极限承载力的陡降段，并且沉降量超过 0.04d（d 为承压板直径）；② 在某级荷载下，24 h 内沉降速率不能达稳定；③ 本级沉降量大于前一级沉降量的 5 倍；④ 当持力层土层坚硬，沉降量很小时，最大加载量不小于设计要求的 2 倍。

（6）承载力特征值的确定应符合下列规定：① 当 p-s 曲线上有比例界限时，取该比例界限所对应的荷载值；② 满足终止加载条件的前三条之一时，其对应的前一级荷载定为级限荷载，当该值小于对应比例界限的荷载值的两倍时，取极限荷载值的 1/2；③ 不能按上述两条要求确定时，可取 $s/d=0.01～0.015$ 所对应的荷载值，但其值不应大于最大加载量的 1/2。

（7）同一土层参加统计的试验点不应少于三点，当试验实测值的极差不超过平均值的 30% 时，取此平均值作为该土层的地基承载力特征值 f_{ak}。

3. 岩基载荷试验要点

（1）适用于确定完整，较完整，较破碎岩基作为天然地基或桩基基础持力层时的承载力。

（2）采用圆形刚性承压板，直径为 300 mm。当岩石埋藏深度较大时，可采用钢筋混凝土桩，但桩周围需采取措施，以消除桩身与土之间的摩擦力。

（3）测量系统的初始稳定读数观测：加压前，每隔 10 min 读数一次，连续三次读数不变可开始试验。

（4）加载方式：单循环加载，荷载逐级递增直到破坏为止，然后分级卸载。

（5）荷载分级：第一级加载值为预估设计荷载的 1/5，以后每级为 1/10。

（6）沉降量测读：加载后立即读数，以后每 10 min 读数一次。

（7）稳定标准：连续三次读数之差均不大于 0.01 mm。

（8）终止加载条件，当出现下述现象之一时，即可终止加载：① 沉降量读数不断变化，在 24 h 内，沉降速率有增大的趋势；② 压力加不上或勉强加上而不能保持稳定。

注：若限于加载能力，荷载也应增加到不少于设计要求的两倍。

（9）卸载观测，每级卸载为加载时的两倍，如为奇数，第一级可分为三倍。每级卸载后，隔 10 min 测读一次，测读三次后可卸下一级荷载。全部卸载后，当测读值半小时回弹量小于 0.01 mm 时，即认为稳定。

（10）岩石地基承载力的确定。

① 对应于 p-s 曲线上起始直线段的终点为比例界限。符合终止加载条件的前一级荷载为极限荷载。将极限荷载除以 3 的安全系数，所得值与对应于比例界限的荷载相比较，取小值。

② 每个场地载荷试验的数量不应少于三个，取最小值作为岩石地基承载力特征值。

③ 岩石地基承载力不进行深宽修正。

4. 岩石单轴抗压强度试验要点

（1）试料可用钻孔的岩心或坑、槽探中采取的岩块。

（2）岩样尺寸一般为 ϕ50 mm×100 mm，数量应不少于六个，进行饱和处理。

（3）在压力机上以 500～800 kPa/s 的加载速度加载，直到试样破坏为止，记下最大加载，做好试验前后的试样描述。

（4）根据参加统计的一组试样的试验值计算其平均值、标准差、变异系数、取岩石饱和单轴抗压强度的标准值。

$$f_{rk}=\varphi f_{rm}$$

$$\varphi=1-\left[\frac{1.704}{\sqrt{n}}+\frac{4.678}{n^2}\right]\delta$$

式中：f_{rm}——岩石饱和单轴抗压强度平均值，kPa；

$\quad\quad$ f_{rk}——岩石饱和单轴抗压强度标准值，kPa；

$\quad\quad$ φ——统计修正系数；

$\quad\quad$ n——试样个数；

$\quad\quad$ δ——变异系数。

六、拓展练习

1. 地基的破坏形式与哪些因素有关？

2. 简述地基临塑荷载 p_{cr} 和临界荷载 $p_{1/4}$ 的物理概念。

3. 什么是地基极限荷载？极限荷载的大小取决于哪些因素？

4. 什么是地基承载力？地基破坏的形式有哪几种？

5. 地基整体剪切破坏分为哪几个阶段？

6. 某条形基础宽 5 m，基础埋深 1.2 m，地基土 $\gamma=18.0$ kN/m³，$\varphi=22°$，$c=15.0$ kPa，试计算该地基的临塑荷载 p_{cr} 和临界荷载 $p_{1/4}$。

7. 某混合结构基础埋深 1.5 m，基础宽度 4 m，场地为均质黏土，重度 $\gamma=17.5$ kN/m³，孔隙比 $e=0.8$，液性指数 $I_L=0.78$，地基承载力特征值 $f_{ak}=190$ kPa，计算修正后地基承载力特征值。

8. 某墙下条形基础，基础宽度 3.6 m，基础埋深 1.65 m，室内外高差 0.45m，地基为黏性土（$\eta_b=0$，$\eta_d=1.0$，$\gamma=16$ kN/m³，$\gamma_{sat}=16.8$ kN/m³），地下水位位于地面以下 0.5 m 处，地基承载力特征值 $f_{ak}=120$ kPa，计算修正后的地基承载力特征值。

9. 某条形筏板基础，基础宽度 $b=12$ m，基础埋深 $d=2$ m，地基为均质黏土，地基土 $\gamma=18$ kN/m³，$c=15$ kPa，$\varphi=15°$，试按太沙基公式计算地基的极限承载力。

项目 5

土压力与土坡稳定

本项目主要介绍土压力的形成过程，土压力的影响因素；朗肯土压力理论、库仑土压力理论、土压力计算的规范方法及常见情况的土压力计算；重力式挡土墙的设计计算方法；土坡稳定的概念和滑坡防治方法；简单土坡稳定分析的方法。

任务 1 土压力的种类及计算

一、任务介绍

在房屋建筑、铁路桥梁以及水利工程中，地下室的外墙，重力式码头的岸壁，桥梁接岸的桥台，以及地下室的侧墙等都支持着侧向土体。这些用来侧向支持土体的结构物，统称为挡土墙，如图 5-1 所示。而被支持的土体作用于挡土墙上的侧向压力，称为土压力。由于土压力是挡土墙的主要外荷载，它的计算正确与否对挡土墙的设计起着重要作用。本任务主要介绍土压力的种类及计算。

二、理论知识

1. 土压力的种类

土压力的计算是一个比较复杂的问题，它涉及填料、挡土墙及地基三者之间的相互作用，不仅与挡土墙的高度、结构形式、墙后填料的性质、填土面的形式及荷载情况有关，而且还与挡土墙的位移大小和方向及填土的施工方法等有关。根据挡土墙的位移情况和墙后土体所处的应力状态，可将土压力分为主动土压力、被动土压力和静止土压力，三者之间的关系见表 5-1。

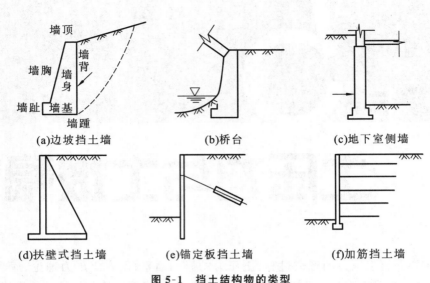

图 5-1 挡土结构物的类型

表 5-1 三种土压力的关系

土压力类型	墙位移方向	墙后土体状态	土压力大小关系
静止土压力	不向任何方向发生位移和转动	弹性平衡状态	$E_a < E_0 < E_p$
主动土压力	沿墙趾向离开填土方向转动或平行移动时	主动极限平衡状态	
被动土压力	在外力作用下（如拱桥的桥台）向墙背填土方向转动或移动	被动极限平衡状态	

1）主动土压力

当挡土墙在土压力作用下,向离开土体方向移动或转动时,随着位移量的增加,墙后土压力逐渐减小。当位移量达到某一微小值时,墙后土体开始下滑,作用在挡土墙上的土压力减至最小,墙后土体达到主动极限平衡状态。此时作用在墙背上的土压力称为主动土压力,用 E_a 表示,如图 5-2(a)所示。多数挡土墙按主动土压力计算。

2）被动土压力

当挡土墙在外力作用下向墙背方向移动或转动时,墙将挤压土体,随着向后位移的增加,墙后土体对墙背的反作用力也逐渐增大。当达到某一位移量时,墙后土体开始向上隆起,作用在挡土墙上的土压力增加至最大,墙后土体达到被动极限平衡状态。这时,作用在墙背上的土压力称为被动土压力,用 E_p 表示,如图 5-2(b)所示。例如,桥台受到桥上荷载的推力作用,作用在台背上的土压力可按被动土压力计算。

3）静止土压力

挡土墙在土压力作用下,墙后土体没有破坏,处于弹性平衡状态,不向任何方向发生位移和转动时,作用在墙背上的土压力称为静止土压力,以 E_0 表示,如图 5-2(c)所示。例如,地下室的侧墙、涵洞的侧墙、船闸的边墙及其他不产生位移的挡土构筑物,通常可按静止土压力计算。

主动土压力和被动土压力是特定条件下的土压力,仅当墙有足够大的位移或转动时才会产

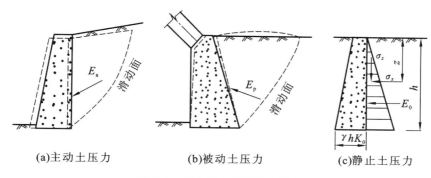

(a)主动土压力　　　　　(b)被动土压力　　　　　(c)静止土压力

图 5-2　挡土墙上的三种土压力

生。另外,当墙和填土都相同时,产生被动土压力所需的位移比产生主动土压力所需的位移要大得多。

太沙基为研究作用于墙背上的土压力,曾作过模型试验。试验研究的结果表明,在相同的墙高和填土条件下,主动土压力小于静止土压力,而静止土压力又小于被动土压力,即 $E_a < E_0 < E_p$。而且产生被动土压力所需的位移量 $\Delta\delta_p$ 比产生主动土压力所需的位移量 $\Delta\delta_a$ 要大得多。三种土压力与挡土墙的位移关系及它们之间的大小可用图 5-3 所示曲线表示。

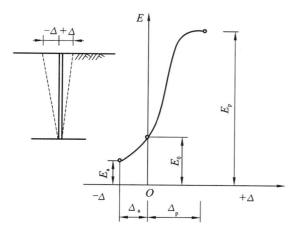

图 5-3　土压力与墙身位移关系

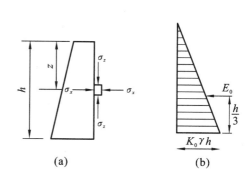

(a)　　　　　　(b)

图 5-4　静止土压力的分布

2. 土压力的计算

1）静止土压力的计算

作用在挡土墙背面的静止土压力可看作土体自重应力的水平分量,如图 5-4(a)所示。在墙后填土中任意深度 z 处取一微小单元体,作用于单元体水平面上的压应力为竖向自重应力,作用于单元体竖直面上的压应力为水平自重应力,用 σ_0 表示。

$$\sigma_0 = K_0 \gamma z \tag{5-1}$$

式中：K_0——土的侧压力系数,可按表 5-2 提供的经验值酌定；

γ——墙后填土的重度,kN/m³；

z——计算点在填土下面的深度,m。

表 5-2　K_0 的经验值表

土的种类和状态	K_0	土的种类和状态	K_0	土的种类和状态	K_0
碎石土	$0.18\sim0.25$	粉质黏土:坚硬状态	0.33	黏土:坚硬状态	0.33
砂土	$0.25\sim0.33$	可塑状态	0.43	可塑状态	0.53
粉土	0.33	软塑状态	0.53	软塑状态	0.72

由式(5-1)分析可知,σ_0 沿墙高为三角形分布。若取单位墙长为计算单元,则整个墙背上作用的土压力 E_0 应为土压力强度分布图形的面积。

$$E_0 = \frac{1}{2}\gamma h^2 K_0 \tag{5-2}$$

式中:E_0——单位墙长上的静止土压力,kN/m。

$\quad\quad h$——挡土墙高度,m。

静止土压力 E_0 的作用点在距墙底 $\frac{1}{3}h$ 处,即三角形的形心处,如图 5-4(b)所示。

2) 朗肯土压力理论

朗肯(Rankine)土压力理论,是根据弹性半空间体内的应力状态和土体的极限平衡理论建立的,即将土中某一点的极限平衡条件应用到挡土墙的土压力计算中。朗肯土压力理论有如下假定:①挡土墙为刚体;②挡土墙的墙背垂直、光滑,从而保证垂直面内无剪应力,根据剪应力互等定理,水平面上也无剪应力;③墙后土体表面水平且无限延伸。

这时,墙后填土中的应力状态与半空间土体中的应力状态一致,土体内的任意水平面和墙的背面均为主平面,作用在该平面上的法向应力即为主应力。朗肯根据墙后土体处于极限平衡状态(见图 5-5),应用极限平衡条件,推导出了主动土压力和被动土压力计算公式。

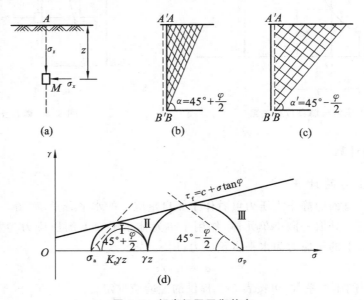

图 5-5　朗肯极限平衡状态

（1）朗肯主动土压力。

如图 5-5(a)所示,考察挡土墙后填土表面下深度 z 处的微小单元体的应力状态。易知作用在它上面的竖向应力为 $\sigma_z = \gamma z$(γ 为土体重度)。当挡土墙在土压力的作用下产生远离土体的位移时,作用在单元体上的竖向应力 σ_z 保持不变,而水平向应力 σ_x 逐渐减小,直至土体达到极限平衡状态。土体处于极限平衡状态时的最大主应力 $\sigma_1 = \sigma_z = \gamma z$,而最小主应力 $\sigma_3 = \sigma_x = \sigma_a$($\sigma_a$ 为主动土压力强度)。由土的强度理论可知,土体中某点处于极限平衡状态时,大主应力 σ_1 和小主应力 σ_3 之间应满足式(5-3)。

$$\sigma_3 = \sigma_1 \tan^2\left(45° - \frac{\varphi}{2}\right) - 2c\tan\left(45° - \frac{\varphi}{2}\right) \tag{5-3}$$

其中 $\sigma_3 = \sigma_x = \sigma_a$,$\sigma_1 = \sigma_z = \gamma z$,令 $K_a = \tan^2\left(45° - \frac{\varphi}{2}\right)$,则公式(5-3)可写成

$$\sigma_a = \gamma z K_a - 2c\sqrt{K_a} \tag{5-4}$$

式中:σ_a——主动土压力强度,为主动土压力沿墙高的应力分布,kPa;

$\quad K_a$——主动土压力系数;

$\quad c$——填土的黏聚力,kPa。

主动土压力合力 E_a 为主动土压力强度 σ_a 分布图形的面积,其计算公式为

无黏性土
$$E_a = \varphi_c \frac{1}{2}\gamma h^2 K_a \tag{5-5}$$

黏性土
$$E_a = \varphi_c \left[\frac{1}{2}(\gamma h K_a - 2c\sqrt{K_a})(h - z_0)\right] \tag{5-6}$$

$$= \varphi_c\left(\frac{1}{2}\gamma h^2 K_a - 2ch\sqrt{K_a} + \frac{2c^2}{\gamma}\right)$$

式中:$z_0 = \dfrac{2c}{\gamma\sqrt{K_a}}$——$\sigma_a = 0$ 时的墙体高度,工程上也称为临界深度,m;

$\quad \varphi_c$——主动土压力增大系数,土坡高度小于 5 m 时取 1.0;5～8 m 时,取 1.1;高度大于 8 m 取1.2。

主动土压力 E_a 作用点位置在其土压力强度 σ_a 分布图形面积(有阴影线的三角形)形心处,方向垂直于墙背,如图 5-6 所示。

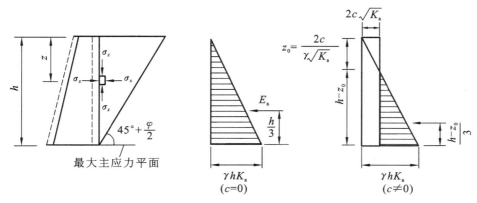

图 5-6 朗肯主动土压力强度分布图

（2）朗肯被动土压力。

如图 5-5 所示，当挡土墙在外力作用下产生向着土体方向的位移时，作用在单元体上的竖向应力 σ_z 保持不变，而水平向应力 σ_x 逐渐增大，直至土体达到极限平衡状态。土体处于极限平衡状态时的最小主应力 $\sigma_3 = \sigma_z = \gamma z$，而最大主应力 $\sigma_1 = \sigma_x = \sigma_p$（$\sigma_p$ 为被动土压力强度）。由土的强度理论可知，土体中某点处于极限平衡状态时，大主应力 σ_1 和小主应力 σ_3 之间应满足式（5-7）中的关系。

$$\sigma_1 = \sigma_3 \tan^2\left(45° + \frac{\varphi}{2}\right) + 2c\tan\left(45° + \frac{\varphi}{2}\right) \tag{5-7}$$

其中 $\sigma_3 = \sigma_z = \gamma z$，$\sigma_1 = \sigma_x = \sigma_p$，令 $K_p = \tan^2\left(45° + \frac{\varphi}{2}\right)$，则公式（5-7）可写成

$$\sigma_p = \gamma z K_p + 2c \sqrt{K_p} \tag{5-8}$$

式中：σ_p——被动土压力强度，为被动土压力沿墙高的应力分布，kPa；

K_p——被动土压力系数。

被动土压力合力 E_p 为被动土压力强度 σ_p 分布图形面积，其计算公式为

无黏性土
$$E_p = \frac{1}{2}\gamma h^2 K_p \tag{5-9}$$

黏性土
$$E_p = \frac{1}{2}\gamma h^2 K_p + 2ch \sqrt{K_p} \tag{5-10}$$

被动土压力 E_p 作用点位置在其土压力强度 σ_p 分布图形面积形心处，方向垂直于墙背，如图 5-7所示。

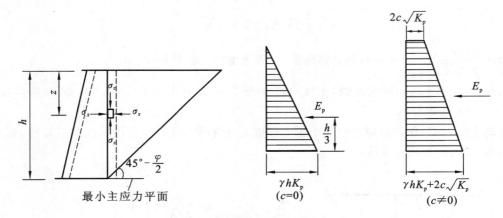

图 5-7　朗肯被动土压力强度分布图

3）库仑土压力理论

库仑土压力理论是由法国学者库仑于 1776 年根据墙后滑动楔体的静力平衡条件建立的，该理论做了如下假定。

① 挡土墙后土体处于极限平衡状态并形成一个滑动土楔体，其滑裂面为通过墙踵的平面。

② 挡土墙后土体为均匀各向同性无黏性土。

③ 滑动土楔为刚体。

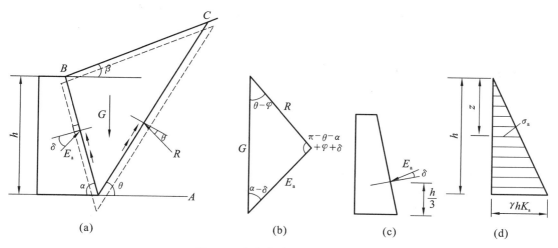

图 5-8 库仑主动土压力计算图

（1）主动土压力计算。

如图 5-8 所示，设挡土墙高为 h，墙后填土为无黏性土（$c=0$），填土表面与水平面的夹角为 β，墙背材料与填土的摩擦角为 δ。以墙后土楔体 ABC 为脱离体，如图 5-8（a）所示，其重力为 G，AB 面上有正压力及向上的摩擦力所引起的合力 E_a（在法线以下），AC 面上有正压力及向上的摩擦力所引起的合力 R（在法线以下）。土楔体在 G、E_a、R 三个力的作用下处于静力平衡状态，如图 5-8（b）所示。由力三角形的正弦定理可得

$$E_a = G\,\frac{\sin(\theta-\varphi)}{\sin(\theta+\alpha-\varphi-\delta)} \tag{5-11}$$

从上式可知，E_a 是滑裂面倾角 θ 的函数，不同的 θ 可求出不同的 E_a，由 $\dfrac{\mathrm{d}E_a}{\mathrm{d}\theta}=0$ 可求出 $E_{a\max}$ 相应的 θ 角，该角所对应的滑裂面为最危险滑裂面。将求出的滑裂角 θ 和重力 $G=\gamma V_{ABC}$ 代入式（5-11）中，即可求出墙高为 h 的主动土压力计算公式如下。

$$E_a = \frac{1}{2}\gamma h^2\,\frac{\sin^2(\alpha+\varphi)}{\sin^2\alpha\sin(\alpha-\delta)\left[1+\sqrt{\dfrac{\sin(\delta+\varphi)\sin(\varphi-\beta)}{\sin(\alpha-\delta)\sin(\alpha+\beta)}}\right]^2} \tag{5-12}$$

令

$$K_a = \frac{\sin^2(\alpha+\varphi)}{\sin^2\alpha\sin(\alpha-\delta)\left[1+\sqrt{\dfrac{\sin(\delta+\varphi)\sin(\varphi-\beta)}{\sin(\alpha-\delta)\sin(\alpha+\beta)}}\right]^2}$$

则式（5-12）可写成如下形式。

$$E_a = \varphi_c\,\frac{1}{2}\gamma h^2 K_a \tag{5-13}$$

式中：K_a——主动土压力系数，按公式计算或者查图表；

$\quad\alpha$——墙背与水平面的夹角；

$\quad\beta$——墙后填土面的倾角；

$\quad\delta$——填土对挡土墙的摩擦角；

$\quad\varphi_c$——主动土压力增大系数，土坡高度小于 5 m 时取 1.0；5～8 m 时，取 1.1；高度大于 8 m 取 1.2。

当墙背垂直（$\alpha=90°$），并且光滑（$\delta=0$），以及填土表面水平（$\beta=0$）时，式（5-12）变为

$$E_a = \frac{1}{2}\gamma h^2 \tan^2\left(45° - \frac{\varphi}{2}\right)$$

可见，此情况下库仑主动土压力公式和朗肯主动土压力公式相同。

为求得沿墙高 z 变化的主动土压力强度 σ_a，可将式（5-13）主动土压力合力 E_a 对深度 z 取导数，得

$$\sigma_a = \frac{\mathrm{d}E_a}{\mathrm{d}z} = \frac{\mathrm{d}}{\mathrm{d}z}\left(\frac{1}{2}\gamma z^2 K_a\right) = \gamma z K_a \tag{5-14}$$

由上式可知，σ_a 沿墙高呈三角形分布，如图5-8（d）所示。E_a 为土压力强度分布图形面积，作用点在三角形形心处，方向与墙背法线逆时针成 δ 角。

（2）被动土压力计算。

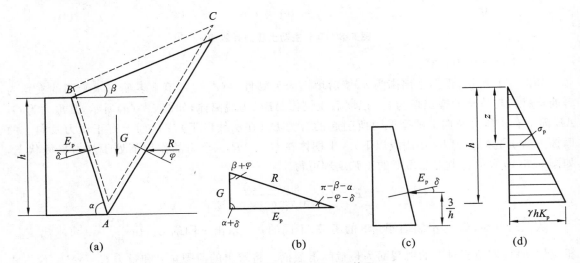

图5-9 库仑被动土压力计算图

如图5-9所示，挡土墙在外力的作用下向后移动或转动，墙后填土受挤压后体积变小，当达到极限平衡状态时，出现滑裂面 BC，此时土楔体 ABC 向上滑动。土楔体在自重 G、反力 R 和 E_p 的作用下处于静力平衡状态，R 和 E_p 的方向都分别在 AC 和 AB 法线的上方。按上述求主动土压力相同的方法可求出被动土压力库仑公式如下。

$$E_p = \frac{1}{2}\gamma h^2 \frac{\sin^2(\alpha-\varphi)}{\sin^2\alpha\sin(\alpha+\delta)\left[1-\sqrt{\dfrac{\sin(\delta+\varphi)\sin(\varphi+\beta)}{\sin(\alpha+\delta)\sin(\alpha+\beta)}}\right]^2} \tag{5-15}$$

令

$$K_p = \frac{\sin^2(\alpha-\varphi)}{\sin^2\alpha\sin(\alpha+\delta)\left[1-\sqrt{\dfrac{\sin(\delta+\varphi)\sin(\varphi+\beta)}{\sin(\alpha+\delta)\sin(\alpha+\beta)}}\right]^2}$$

则式（5-15）可简化为

$$E_p = \frac{1}{2}\gamma h^2 K_p \tag{5-16}$$

式中：K_p——库仑被动土压力系数，其余符号意义同前所述。

当墙背垂直（$\alpha=90°$），并且光滑（$\delta=0$），以及填土表面水平（$\beta=0$）时，式（5-15）变为

$$E_p = \frac{1}{2} \gamma h^2 \tan^2\left(45° + \frac{\varphi}{2}\right)$$

可见,此情况下库仑被动土压力公式也和朗肯被动土压力公式相同。

被动土压力强度 σ_p 可按式(5-17)计算。

$$\sigma_p = \frac{dE_p}{dz} = \frac{d}{dz}\left(\frac{1}{2}\gamma z^2 K_p\right) = \gamma z K_p \tag{5-17}$$

被动土压力强度 σ_p 沿墙高呈三角形分布,方向如图 5-9(c)所示,E_p 为土压力强度分布图形面积,作用点在三角形形心处。

4)特殊条件下的土压力计算

这里主要介绍挡土墙在几种特殊情况下的主动土压力计算。

(1)填土表面有均布荷载。

① 填土表面有连续均布荷载。

当墙后填土表面有连续均布荷载 q 作用时,填土面下深度为 z 处的竖向应力为 $\sigma_z = q + \gamma z = \sigma_1$,水平向应力 $\sigma_x = \sigma_a = \sigma_3$。主动土压力强度计算公式应为

黏性土 $\qquad\qquad\qquad \sigma_a = (q + \gamma z)K_a - 2c\sqrt{K_a} \tag{5-18}$

无黏性土 $\qquad\qquad\qquad \sigma_a = (q + \gamma z)K_a \tag{5-19}$

由上式计算出挡土墙在土层上下层面处受到的土压力强度,绘出土压力强度分布图,其合力为分布图形面积,合力作用线通过土压力分布图的形心,如图 5-10 所示。

② 填土表面有局部均布荷载。

当墙后填土表面有局部均布荷载作用时,其对土压力强度附加值 σ_{aq},可由朗肯土压力理论求得

$$\sigma_{aq} = qK_a \tag{5-20}$$

其分布范围可按图近似处理,即从均布荷载两端点各作一条直线,都与水平面成 $45° + \dfrac{\varphi}{2}$ 角,交墙背于 c、d 两点,则墙背 cd 一段范围内受 σ_{aq} 的作用。这时作用在墙背的土压力分布图形如图 5-11 所示。

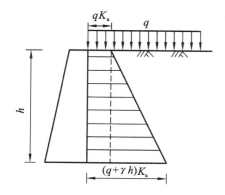

图 5-10　无黏性土表面有连续均布荷载

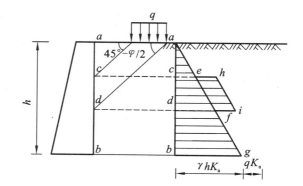

图 5-11　无黏性土表面有局部均布荷载

(2)墙后填土分层。

当墙后填土为成层土时,可先求出填土面下深度 z 处的竖向自重应力,再根据朗肯土压力

理论计算主动土压力强度，如图 5-12 所示。

$$\sigma_{a0} = -2c \sqrt{K_{a1}} \tag{5-21}$$

$$\sigma_{a1上} = \gamma_1 h_1 K_{a1} - 2c \sqrt{K_{a1}} \tag{5-22}$$

$$\sigma_{a1下} = \gamma_1 h_1 K_{a2} - 2c \sqrt{K_{a2}} \tag{5-23}$$

$$\sigma_{a2上} = (\gamma_1 h_1 + \gamma_2 h_2) K_{a2} - 2c \sqrt{K_{a2}} \tag{5-24}$$

$$\sigma_{a2下} = (\gamma_1 h_1 + \gamma_2 h_2) K_{a3} - 2c \sqrt{K_{a3}} \tag{5-25}$$

$$\sigma_{a3上} = (\gamma_1 h_1 + \gamma_2 h_2 + \gamma_3 h_3) K_{a3} - 2c \sqrt{K_{a3}} \tag{5-26}$$

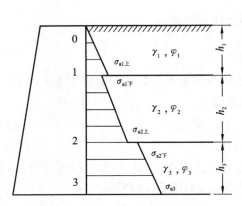

图 5-12　成层填土的土压力计算

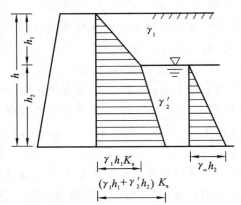

图 5-13　填土中有地下水的土压力计算

（3）墙后填土有地下水。

当墙后填土中出现地下水时，土体抗剪强度降低，墙背所受到的总压力由土压力与水压力共同组成，墙体稳定性受到影响。

在计算土压力时假定水上、水下土的 φ、c、δ 均不变，水上土取天然重度，水下土取有效重度进行计算。

总侧压力为土压力和水压力之和，如图 5-13 所示。

三、任务实施

例 5-1　某挡土墙高 5 m，墙背直立光滑，填土表面水平。填土重度 $\gamma = 17 \text{ kN/m}^3$，内摩擦角 $\varphi = 20°$，黏聚力 $c = 8 \text{ kPa}$，试求该墙的主动土压力及其作用点的位置，并绘出土压力强度分布图。

解　墙背直立光滑，填土表面水平，满足朗肯土压力理论的条件。

先求主动土压力系数 $K_a = \tan^2 \left(45° - \dfrac{\varphi}{2} \right) = \tan^2 \left(45° - \dfrac{20°}{2} \right) = 0.49$

求临界深度　　$z_0 = \dfrac{2c}{\gamma \sqrt{K_a}} = \dfrac{2 \times 8}{17 \times \sqrt{0.49}} \text{ m} = 1.34 \text{ m}$

当 $z = 5$ m 时，有　$\sigma_a = \gamma z K_a - 2c \sqrt{K_a}$

$$= (17 \times 5 \times 0.49 - 2 \times 8 \times \sqrt{0.49}) \text{ kPa} = 30.45 \text{ kPa}$$

主动土压力为 σ_a 分布图形的面积为

$$E_a = \varphi_c \left[\frac{1}{2}(\gamma h K_a - 2c\sqrt{K_a})(h - z_0) \right]$$

$$= 1.1 \times \left[\frac{1}{2}(17 \times 5 \times 0.49 - 2 \times 8 \times \sqrt{0.49})(5 - 1.34) \right] \text{ kN/m}$$

$$= 61.30 \text{ kN/m}$$

合力作用点位置距墙底 $\quad\quad \frac{1}{3}(5 - 1.34) \text{ m} = 1.2 \text{ m}$

土压力强度分布图如图 5-14 所示。

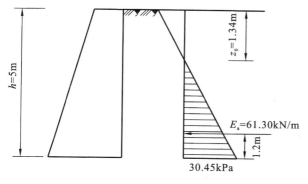
图 5-14 例 5-1 图

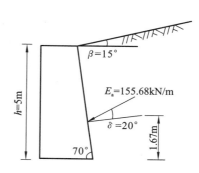
图 5-15 例 5-2 图

例 5-2 挡土墙高 5 m,墙背倾斜角 $\alpha = 70°$,填土面坡角 $\beta = 15°$,填土为砂土($c = 0$),$\gamma = 18$ kN/m³,$\varphi = 30°$,填土与墙背的摩擦角 $\delta = \frac{2}{3}\varphi$,求主动土压力 E_a,并画出土压力强度分布图形。

解 用库仑理论先求主动土压力系数

$$K_a = \frac{\sin^2(\alpha + \varphi)}{\sin^2\alpha \sin(\alpha - \delta)\left[1 + \sqrt{\dfrac{\sin(\delta + \varphi)\sin(\varphi - \beta)}{\sin(\alpha - \delta)\sin(\alpha + \beta)}}\right]^2}$$

将 $\alpha = 70°, \beta = 15°, \delta = \frac{2}{3}\varphi$ 代入上式求出

$$K_a = \frac{\sin^2(70° + 30°)}{\sin^2 70° \sin(70° - 20°)\left[1 + \sqrt{\dfrac{\sin(30° + 20°)\sin(30° - 15°)}{\sin(70° - 20°)\sin(70° + 15°)}}\right]^2} = 0.629$$

将 K_a 代入公式(5-13)得

$$E_a = \varphi_c \frac{1}{2}\gamma h^2 K_a = 1.1 \times \frac{1}{2} \times 18 \times 5^2 \times 0.629 \text{ kN/m} = 155.68 \text{ kN/m}$$

土压力合力作用点在距墙底 $\frac{5}{3}$ m $= 1.67$ m 处,方向如图 5-15 所示。

例 5-3 某挡土墙高 5 m,墙背垂直、光滑,填土面水平。墙后填土重度为 18 kN/m³,$c = 5$ kN/m²,$\varphi = 20°$,在填土表面作用 $q = 5$ kN/m² 的连续均布荷载。求主动土压力 E_a,并画出 σ_a 分布图。

解 ① 先根据朗肯理论求主动土压力系数。

$$K_a = \tan^2\left(45° - \frac{\varphi}{2}\right) = 0.49$$

② 求临界深度。

$$z_0 = \frac{2c}{\gamma}\frac{1}{\sqrt{K_a}} - \frac{q}{\gamma} = \left(\frac{2 \times 5}{18 \times \sqrt{0.49}} - \frac{5}{18}\right) \text{m} = 0.52 \text{ m}$$

③ 求墙底处主动土压力强度 σ_a。

$$\sigma_a = (q + \gamma z)K_a - 2c\sqrt{K_a} = (5 + 18 \times 5) \times 0.49 \text{ kPa} - 2 \times 5 \times \sqrt{0.49} \text{ kPa} = 39.55 \text{ kPa}$$

④ 求主动土压力 E_a。

$$E_a = \varphi_c\left[\frac{1}{2}\left[(q + \gamma z)K_a - 2c\sqrt{K_a}\right](h - z_0)\right]$$

$$= 1.1 \times \frac{1}{2} \times 39.55 \times (5 - 0.52) \text{ kN/m}$$

$$= 97.45 \text{ kN/m}$$

主动土压力作用点距离墙底 $\frac{5 - 0.52}{3}$ m $= 1.49$ m 处,如图 5-16 所示。

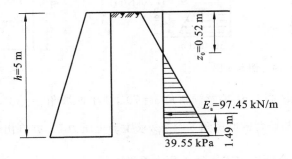

图 5-16　例 5-3 图

例 5-4　挡土墙高 6 m,墙背直立光滑,填土表面水平,墙后填土共两层,已知条件如图 5-17 所示,求主动土压力 E_a,并绘出 σ_a 分布图。

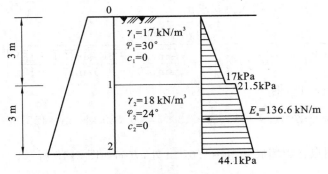

图 5-17　例 5-4 图

解　计算第一层填土的主动土压力系数

$$K_{a1} = \tan^2\left(45° - \frac{\varphi_1}{2}\right) = \frac{1}{3}$$

$$\sigma_{a0} = 0$$

$$\sigma_{a1\perp} = \gamma_1 h_1 K_{a1} = 17 \times 3 \times \frac{1}{3} \text{ kPa} = 17 \text{ kPa}$$

计算第二层填土的主动土压力系数

$$K_{a2} = \tan^2 \left(45° - \frac{\varphi_2}{2} \right) = 0.42$$

$$\sigma_{a1\top} = \gamma_1 h_1 K_{a2} = 17 \times 3 \times 0.42 \text{ kPa} = 21.5 \text{ kPa}$$

$$\sigma_{a12} = (\gamma_1 h_1 + \gamma_2 h_2) K_{a2} = (17 \times 3 + 18 \times 3) \times 0.42 \text{ kPa} = 44.1 \text{ kPa}$$

主动土压力 $E_a = 1.1 \times \left[\frac{1}{2} \times 17 \times 3 + \frac{1}{2} (21.5 + 44.1) \times 3 \right] \text{ kN/m} = 136.6 \text{ kN/m}$

主动土压力 E_a 的作用点在主动土压力强度 σ_a 分布图形形心处,方向垂直于墙背。σ_a 的分布图如图 5-17 所示。

例 5-5 如图 5-18 所示,挡土墙高 5 m,墙背垂直光滑,填土表面水平。内摩擦角 $\varphi = 30°$,黏聚力 $c = 0$,重度 $\gamma = 18 \text{ kN/m}^3$,$\gamma_{sat} = 20 \text{ kN/m}^3$。其中,$\gamma' = 10 \text{ kN/m}^3$,$\gamma_w = 10 \text{ kN/m}^3$。求挡土墙的总侧向压力。

解 ① 求土压力。

以地下水位线为分界面将填土分为两层,主动土压力强度

$$\sigma_{a0} = 0$$

$$\sigma_{a1\perp} = \gamma h_1 K_a = 18 \times 3 \times \tan^2 \left(45° - \frac{30°}{2} \right) \text{ kPa} = 18 \text{ kPa}$$

$$\sigma_{a1\top} = \gamma h_1 K_a = 18 \times 3 \times \tan^2 \left(45° - \frac{30°}{2} \right) \text{ kPa} = 18 \text{ kPa}$$

$$\sigma_{a2} = (\gamma h_1 + \gamma' h_2) K_a = (18 \times 3 + 10 \times 2) \times \tan^2 \left(45° - \frac{30°}{2} \right) \text{ kPa} = 24.7 \text{ kPa}$$

主动土压力 $E_a = 1.1 \times \left[\frac{1}{2} \times 18 \times 3 + \frac{1}{2} (18 + 24.7) \times 2 \right] \text{ kN/m} = 76.7 \text{ kN/m}$

② 求水压力。

水压力强度 $\sigma_\omega = \gamma_\omega h_\omega = 10 \times 2 \text{ kPa} = 20 \text{ kPa}$

水压力 $p_\omega = \frac{1}{2} \times \gamma_\omega h_\omega \times h_\omega = \frac{1}{2} \times 20 \times 2 \text{ kN/m} = 20 \text{ kN/m}$

③ 求总侧向压力。

$$p = E_a + p_\omega = (76.7 + 20) \text{ kN/m} = 96.7 \text{ kN/m}$$

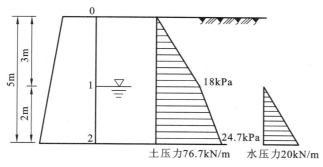

图 5-18 例 5-5 图

四、任务小结

（1）土压力的类型　根据挡土墙的位移情况,土压力分为静止土压力、主动土压力和被动土压力。

（2）朗肯土压力理论　以研究墙后填土中某一点的应力状态为出发点,借助极限平衡方程推导出极限应力的理论解。其特点是概念明确、计算公式简便。

（3）库仑土压力理论　以研究墙后无黏性土滑动楔体上的静力平衡为出发点,推导出作用在墙背上的主动或被动土压力的计算理论。

（4）特殊情况下的土压力计算　在实际工程中,经常遇到一些特殊情况,如填土面有均布荷载、墙后填土分层、墙后有地下水等,在计算土压力时需要充分考虑。

五、拓展提高

朗肯土压力理论和库仑土压力理论都是研究土压力问题的简化方法。它们各有其不同的基本假定、分析方法和适用条件。

1. 分析方法的异同

（1）相同点:朗肯理论和库仑理论均属于极限状态土压力理论。用这两种理论计算出的土压力均为墙后土体处于极限平衡状态下的主动土压力 E_a 和被动土压力 E_p。

（2）不同点:朗肯理论从土体中一点的极限平衡状态出发,由处于极限平衡状态时的大小主应力关系求解(极限应力法);库仑理论根据墙背与滑裂面之间的土楔处于极限平衡,用静力平衡条件求解(滑动楔体法)。

2. 适用条件的异同

1）朗肯理论的适用条件

根据朗肯理论推导的公式,作了必要的假设,因此有一定的适用条件,具体如下。

（1）填土表面水平($\beta=0$),墙背垂直($\alpha=0$),墙面光滑($\delta=0$)的情况。

（2）墙背垂直,填土表面倾斜,但倾角 $\beta>\varphi$ 的情况。

（3）地面倾斜,墙背倾角 $\alpha>(45°-\varphi/2)$ 的坦墙。

（4）L 型钢筋混凝土挡土墙。

（5）墙后填土为黏性土或无黏性土。

2）库仑理论的适用条件

下述情况宜采用库仑理论计算土压力。

（1）需考虑墙背摩擦角时,一般采用库仑理论。

（2）当墙背形状复杂,墙后填土与荷载条件复杂时。

（3）墙背倾角 $\alpha<(45°-\varphi/2)$ 的俯斜墙。

数解法一般只用于无黏性土,图解法则对于无黏性土或黏性土均可方便使用。

3. 与实测土压力的关系

朗肯土压力理论应用弹性半空间体的应力状态,根据土的极限平衡理论推导和计算土压力。其概念明确,计算公式简便,但由于假定墙背垂直、光滑,以及填土表面水平,使计算条件和适用范围受到限制,计算结果与实际有出入,所得主动土压力值偏大,被动土压力值偏小,其结果偏于安全。

库仑土压力理论假定滑动面是平面,而实际的滑动面常为曲面,只有当墙背倾角 α 不大,墙背近似光滑,滑动面才可能接近平面,因此计算结果存在一定的偏差。根据试验和现场观测资料表明,计算主动土压力时偏差约为 2% ~ 10%,可认为能够满足工程精度要求;但对计算被动土压力时,由于破坏面接近于对数螺线,计算结果误差较大,甚至比实测值大 2 ~ 3 倍。

六、拓展练习

1. 朗肯土压力理论和库仑土压力理论的基本假定有何不同?在什么条件下二者可以得到相同的结果?

2. 简述产生主动土压力和被动土压力的条件。

3. 影响土压力大小的因素是什么?其中最主要的因素是什么?

4. 墙背的粗糙程度、填土排水条件的好坏对主动土压力有何影响?

5. 若挡土墙直立,墙后、墙前填土水平,当作用在墙后的土压力为主动土压力时,作用在墙前的土压力是否正好是被动土压力?为什么?

6. 已知挡土墙高 5 m,墙背竖直且光滑,填土面水平。填土分两层:第一层厚 2 m,$c_1 = 0$ kPa,$\varphi_1 = 32°$,$\gamma_1 = 17$ kN/m³;第二层厚 3 m,$c_2 = 10$ kPa,$\varphi_2 = 16°$,$\gamma_2 = 19$ kN/m³。试给出主动土压力分布图,主动土压力合力及作用点位置。

7. 挡土墙高 6 m,墙背垂直、光滑、墙后填土面水平,填土重度 18 kN/m³,饱和重度为 19 kN/m³,黏聚力 $c = 0$,内摩擦角 $\varphi = 30°$,求:挡土墙地下水位离墙底 2 m 时,作用在挡土墙上的主动土压力和水压力。

8. 如图 5-19 所示,有一高 5 m 的挡土墙,墙后填土由两层组成,填土表面有 20 kPa 的均布荷载,计算作用在墙上的总的主动土压力和作用点的位置。

9. 根据朗肯土压力理论,绘出图 5-20 所示土质条件下作用于挡土墙上的主动土压力及水压力分布图。

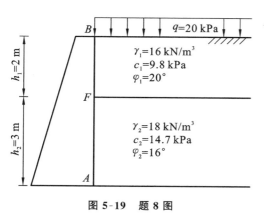

图 5-19 题 8 图

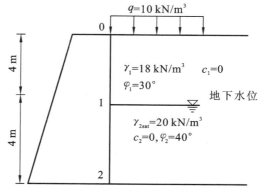

图 5-20 题 9 图

任务 2 挡土墙设计

挡土墙在各种土建工程中得到广泛的应用，如铁路、公路工程中可以用于支承路堤或路堑边坡、隧道洞口、支承桥台台后填土，以减少土石方量和占地面积，防止水流冲刷路基。并经常用于整治坍方、滑坡等路基病害；水利、港湾工程中支挡河岸及水闸的岸墙；工业与民用建筑中的地下连续墙、地下室外墙等。随着大量土木工程在地形复杂地区的兴建，挡土墙愈加显得重要。挡土墙的设计将直接影响到工程的经济效益及安全。

1. 挡土墙的基本概念

支承路堤填土或山坡土体，防止填土或土体变形失稳，而承受侧向土压力的构造物称为挡土墙。挡土墙各部位的名称如图 5-21 所示，墙身靠填土（或山体）一侧称为墙背，大部分外露的一侧称为墙面（或墙胸），墙的顶面部分称为墙顶，墙的底面部分称为墙底，墙背与墙底的交线称为墙踵，墙面与墙底的交线称为墙趾。墙背与竖直面的夹角称为墙背倾角，一般用 α 表示，墙后填土面与水平面的夹角用 β 表示，墙踵到墙顶的垂直距离称为墙高，用 h 表示。

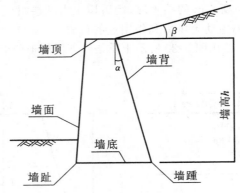

图 5-21　挡土墙各部分名称

2. 常用的挡土墙形式

1) 重力式挡土墙

重力式挡土墙（见图 5-22）其特点是体积大，靠墙自重保持稳定性。墙背可做成俯斜，直立和仰斜三种形式,一般由块石或素混凝土材料砌筑,适用于高度小于 6 m,地层稳定开挖土石方时不会危及相邻建筑物安全的地段。其结构简单,施工方便,能就地取材,在建筑工程中应用最广。

2)悬臂式挡土墙

悬臂式挡土墙其特点是体积小,利用墙后基础上方的土重保持稳定性。一般由钢筋混凝土砌筑,拉应力由钢筋承受,墙高一般小于或等于 8 m。其优点是能充分利用钢筋混凝土的受力特点,工程量小。初步设计时可按图 5-23 选取截面尺寸。

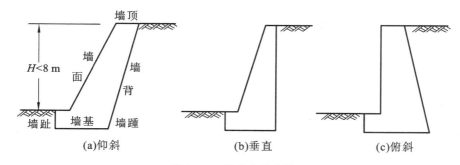

图 5-22　重力式挡土墙

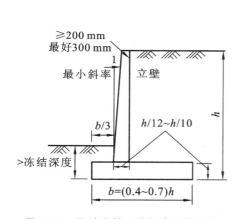

图 5-23　悬臂式挡土墙初步设计尺寸

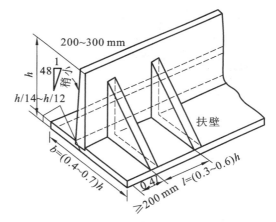

图 5-24　扶臂式挡土墙初步设计尺寸

3)扶壁式挡土墙

当墙高大于 10 m 时,挡土墙立臂挠度较大。扶壁式挡土墙特点是为增强悬臂式挡土墙的抗弯性能,沿长度方向每隔$(0.3\sim0.6)h$设置一道扶壁。由钢筋混凝土砌筑,扶壁间填土可增强挡土墙的抗滑和抗倾覆能力,一般用于重大的大型工程。扶壁式挡土墙设计时可按图 5-24 初选截面尺寸,然后可将墙身和墙踵作为三边固定的板,用有限元或有限差分计算机程序进行优化计算,使计算最为合理。

4)锚定板及锚杆式挡土墙

锚定板及锚杆式挡土墙如图 5-25 所示,一般由预制的钢筋混凝土立柱、墙面、钢拉杆和埋置在填土中的锚定板在现场拼装而成,依靠填土与结构相互作用力维持稳定,与重式挡土墙相比,其结构轻,高度大,工程量少,造价低,施工方便,特别适用于地基承载力不大的地区。

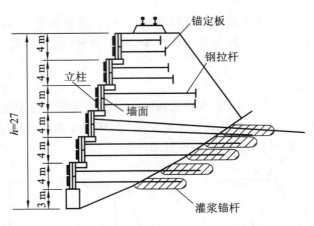

图 5-25　锚定板及锚杆式挡土墙

5）其他形式的挡土结构

除上述挡土结构外,还有如图 5-26 介绍的格梁式挡土墙、混合式挡土墙、板桩墙和加筋式挡土墙等。

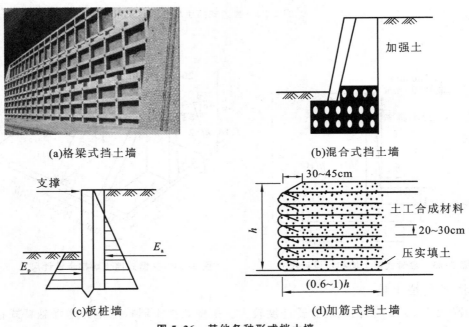

(a)格梁式挡土墙　　　　　　　　　　　(b)混合式挡土墙

(c)板桩墙　　　　　　　　　　　(d)加筋式挡土墙

图 5-26　其他各种形式挡土墙

加筋式挡土墙由墙面板、加筋材料及填土共同组成,如图 5-26(d)所示,依靠拉筋与填土之间的摩擦力来平衡作用在墙背上的土压力以保持稳定。拉筋一般采用镀锌扁钢或土工合成材料,墙面板用预制混凝土板。墙后填土需要较高的摩擦力,此类挡土墙目前应用较广。

3. 重力式挡土墙的设计计算

1）重力式挡土墙构造要求

(1)砌石挡土墙顶宽不宜小于 0.4 m,混凝土墙不宜小于 0.2 m。基底宽约为墙高的 1/2~1/3。

（2）为增加挡土墙的抗滑稳定性，可将基底做成逆坡。对于土质地基，基底逆坡坡度不宜大于 1∶10；对于岩质地基，基底逆坡坡度不宜大于 1∶5（见图 5-27）。

（3）挡土墙必须有良好的排水设施，以免墙后填土因积水而造成地基松软，从而导致承载力不足。若填土冻胀，则会使挡土墙开裂或者倒塌。故常沿墙长设置间距 2～3 m，直径不小于 100 m 的泄水孔。墙后做好滤水层和必要的排水盲沟，在墙顶地面铺设防水层。当墙后有山坡时，还应在坡下设置截水沟（见图 5-27）。挡土墙应每隔 10～20 m 设置伸缩缝。

2）重力式挡土墙的计算

挡土墙的截面尺寸一般按试算法确定，即先根据挡土墙场地的工程地质条件、填土性质及墙身材料和施工条件等，凭经验初步拟定截面尺寸，然后进行验算。如不满足要求，则修改截面尺寸或采取其他措施。

作用在挡土墙上的荷载有：土压力 E_a，挡土墙自重 G。墙面埋入土中部分受到被动土压力作用，但一般可忽略不计，其结果偏于安全。

验算挡土墙结构的稳定性时，仍采用《规范》的安全系数法，所以计算土压力及挡土墙所受到的重力时，其荷载分项系数采用 1.0。验算挡土墙墙体的结构强度时，根据所用的材料，参照有关结构设计规范进行。土压力作为外荷载，应采用设计值，即乘以 1.1～1.2 的土压力增大系数。

（1）挡土墙抗滑移验算。

如图 5-28 所示，将土压力 E_a 及墙重力 G 各分解成平行及垂直于基底的两个分力（E_{at}、E_{an} 及 G_t、G_n）。分力 E_{at} 使墙沿基底平面滑移，E_{an} 和 G_n 产生摩擦力抵抗滑移，抗滑移稳定性应按下式计算。

$$K_S = \frac{F_1}{F_2} = \frac{(G_n + E_{an})\mu}{E_{at} - G_t} \geqslant 1.3 \tag{5-22}$$

$$G_n = G\cos\alpha_0$$

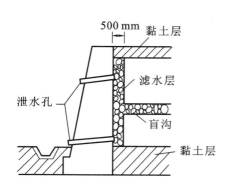

图 5-27　挡土墙排水措施

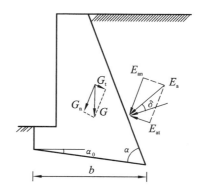

图 5-28　挡土墙抗滑移稳定验算示意图

$$G_t = G\sin\alpha_0$$
$$E_{an} = E_a\cos(\alpha - \alpha_0 - \delta)$$
$$E_{at} = E_a\sin(\alpha - \alpha_0 - \delta)$$

式中：G——挡土墙每延米自重，kN；

　　　α_0——挡土墙基底的倾角；

μ——土对挡土墙基底的摩擦系数,由试验确定,也可按表5-3选用;

α——挡土墙墙背的倾角;

δ——土对挡土墙墙背的摩擦角。

表 5-3　土对挡土墙基底的摩擦系数

土的类别		摩擦系数
黏土	可　塑	0.25～0.3
	硬　塑	0.3～0.35
	坚　硬	0.35～0.45
粉土		0.3～0.40
中砂、粗砂、砾砂		0.40～0.50
碎石土		0.40～0.60
软质岩		0.40～0.60
表面粗糙的硬质岩		0.65～0.75

注:(1) 对易风化的软质岩和塑性指数 I_p 大于 22 的黏性土,基底摩擦系数 μ 应通过试验确定;

(2) 对碎石土,可根据其密实程度、充填物状况、风化程度等确定。

若验算不满足上式要求时,则应采取以下措施加以解决。

① 修改挡土墙断面尺寸,以加大 G 值。

② 挡土墙底面做成砂、石垫层,以提高 μ 值。

③ 挡土墙底面做成逆坡,以利用滑动面上部分反力来抗滑。

④ 在软土地基上,其他方法无效或不经济时,可在墙踵后加拖板,利用拖板后的土重来抗滑,拖板与挡土墙之间应用钢筋连接。

⑤ 加大被动土压力(如采用抛石、加荷等)。

(2) 挡土墙抗倾覆验算。

如图 5-29 所示,在土压力作用下墙将绕墙趾 O 点向外转动而失稳。将 E_a 分解成水平及垂直两个分力。水平分力 E_{ax} 使墙发生倾覆,垂直分力 E_{az} 及墙重力 G 抵抗倾覆。抗倾覆稳定性应按下式验算。

$$K_t = \frac{M_1}{M_2} = \frac{Gx_0 + E_{az}x_f}{E_{ax}z_f} \geqslant 1.6 \qquad (5-23)$$

式中:G——挡土墙每延米自重,kN;

α_0——挡土墙基底的倾角;

α——挡土墙墙背的倾角;

z_f——土压力作用点离墙踵的高度;

x_0——挡土墙重心离墙趾的水平距离,m;

b——基底的水平投影宽度,m。

在软土地基上倾覆时,墙踵可能陷入土中,力矩中心点内移,导致抗倾覆安全系数降低,有时甚至会沿圆弧滑动而发生整体破坏,因此验算时应注意土的压缩性。若验算结构不满足要求时,可按以下措施处理。

① 增大挡土墙断面尺寸,使 G 增大,但注意此时工程量也增大。

② 加大 x_0,即伸长墙趾。

③ 墙背做成仰斜,可减小土压力。

④ 在挡土墙垂直墙背做卸荷台,形状如牛腿(见图 5-30)或加预制的卸荷板。则平台以上的土压力不能传到平台以下,总土压力减小,并且抗倾覆稳定性加大。

(3)地基承载力与墙身强度验算。

挡土墙在自重及土压力的垂直分力作用下,基底压力按线性分布计算。其验算方法及要求完全同天然地基浅基础验算方法,同时要求基底合力的偏心距不应大于 0.25 倍基础宽度,具体参照项目 7 中的相关内容。挡土墙墙身材料强度应按《混凝土结构设计规范》(GB 50010—2010)和《砌体结构设计规范》(GB 50003—2011)中相关内容的要求验算。

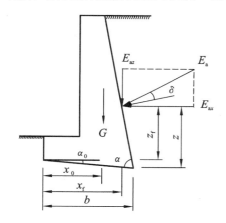 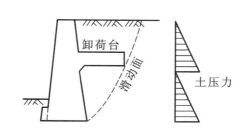

图 5-29　挡土墙抗倾覆稳定示意图　　　　图 5-30　有卸荷台的挡土墙

三、任务实施

例 5-6　挡土墙高 6 m,墙背直立、光滑,墙后填土面水平,用毛石和 M5 水泥砂浆砌筑。砌体抗压强度 $f_k=1.07$ MPa,砌体重度 $\gamma_k=22$ kN/m³,砌体的摩擦系数 $\mu_1=0.6$,填土的内摩擦角 $\varphi=40°,c=0,\gamma=19$ kN/m³,基底摩擦系数 $\mu=0.5$,地基承载力特征值 $f_a=180$ kPa,试设计此挡土墙。

解　(1)挡土墙截面尺寸的选择。

根据规范要求,初步选择挡土墙顶宽 0.7 m,底宽 2.5 m。

(2)主动土压力计算。

由已知条件知此挡土墙土压力符合朗肯土压力理论条件,则有

$$E_a=\frac{1}{2}\gamma h^2 K_a=\frac{1}{2}\times 19\times 6^2\times\tan^2\left(45°-\frac{40°}{2}\right)\text{ kN/m}=74.4\text{ kN/m}$$

E_a 的作用点距墙底的距离 $x=\frac{1}{3}\times 6$ m $=2$ m。

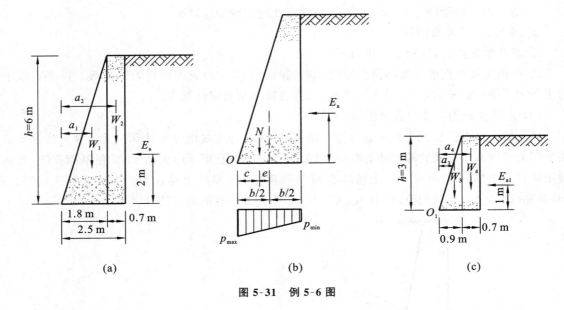

$$(a) \qquad\qquad (b) \qquad\qquad (c)$$

图 5-31　例 5-6 图

（3）挡土墙自重计算。

将挡土墙分割成一个三角形和一个矩形，分别计算它们的自重，如图 5-31（a）所示。

$$W_1 = \frac{1}{2}(2.5-0.7) \times 6 \times 22 \text{ kN/m} = 118.8 \text{ kN/m}$$

$$W_2 = 0.7 \times 6 \times 22 \text{ kN/m} = 92.4 \text{ kN/m}$$

W_1 和 W_2 的作用点离 O 点的距离分别为

$$a_1 = \frac{2}{3} \times 1.8 \text{ m} = 1.2 \text{ m}$$

$$a_2 = 1.8 \text{ m} + \frac{1}{2} \times 0.7 \text{ m} = 2.15 \text{ m}$$

（4）抗倾覆稳定验算。

$$K_t = \frac{W_1 a_1 + W_2 a_2}{E_a x} = \frac{118.8 \times 1.2 + 92.4 \times 2.15}{74.4 \times 2} = 2.29 > 1.6$$

故满足要求。

（5）抗滑移稳定验算。

$$K_s = \frac{(W_1 + W_2)\mu}{E_a} = \frac{(118.8 + 92.4) \times 0.5}{74.4} = 1.42 > 1.3$$

故满足要求。

（6）地基承载力验算，如图 5-31（b）所示。

作用在基底的总垂直力为

$$N = W_1 + W_2 = (118.8 + 92.4) \text{kN/m} = 211.2 \text{ kN/m}$$

合力作用点距 O 点的距离为

$$c = \frac{W_1 a_1 + W_2 a_2 - E_a x}{N} = \frac{118.8 \times 1.2 + 92.4 \times 2.15 - 74.4 \times 2}{211.2} \text{ m} = 0.911 \text{ m}$$

偏心距为

$$e = \frac{b}{2} - c = \left(\frac{2.5}{2} - 0.911\right) \text{m} = 0.339 \text{ m} < 0.25b$$

则基底边缘最大、最小压应力为

$$p_{\min}^{\max} = \frac{N}{b}\left(1 \pm \frac{6e}{l}\right) = \frac{211.2}{2.5}\left(1 \pm \frac{6 \times 0.339}{2.5}\right) \text{kPa} = \frac{153.2}{15.7} \text{ kPa}$$

$$p_{\max} < 1.2f_a = 1.2 \times 180 \text{ kPa} = 216 \text{ kPa}$$

故满足要求。

（7）墙身强度验算。

取离墙顶 3 m 处截面 I—I，验算该截面最大压力 $p_{\max}$ 是否小于等于砌体的抗压强度 f_k；验算主动土压力在截面 I—I 处产生的剪应力是否小于等于该截面处的摩阻力。

截面 I—I 以上的主动土压力为

$$E_{a1} = \frac{1}{2}\gamma h_1^2 \tan^2\left(45° - \frac{\varphi}{2}\right) = \frac{1}{2} \times 19 \times 3^2 \times \tan^2\left(45° - \frac{40°}{2}\right) \text{ kN/m} = 18.6 \text{ kN/m}$$

作用点距 I—I 截面的距离 $x_1 = 1$ m。

截面 I—I 以上挡土墙自重为

$$W_3 = \frac{1}{2} \times 0.9 \times 3 \times 22 \text{ kN/m} = 29.7 \text{ kN/m}$$

$$W_4 = 0.7 \times 3 \times 22 \text{ kN/m} = 46.2 \text{ kN/m}$$

W_3 和 W_4 作用点离 O_1 点的距离为

$$a_3 = \frac{2}{3} \times 0.9 \text{ m} = 0.6 \text{ m}$$

$$a_4 = 0.9 \text{ m} + 0.35 \text{ m} = 1.25 \text{ m}$$

截面 I—I 上的总法向应力为

$$N_1 = W_3 + W_4 = (29.7 + 46.2)\text{kN/m} = 75.9 \text{ kN/m}$$

N_1 作用点离 O_1 点的距离为

$$C_1 = \frac{W_3 a_3 + W_4 a_4 - E_{a1} x_1}{N_1} = \frac{29.7 \times 0.6 + 46.2 \times 1.25 - 18.6 \times 1}{75.9} \text{ m} = 0.75 \text{ m}$$

偏心距为

$$e_1 = \frac{b_1}{2} - c_1 = \left(\frac{1.6}{2} - 0.75\right) \text{ m} = 0.05 \text{ m}$$

$$p_{\max} = \frac{N_1}{b_1}\left(1 + \frac{6e}{b_1}\right) = \frac{75.9}{1.6}\left(1 + \frac{6 \times 0.5}{1.6}\right) = 56.3 \text{ kPa} < f_k = 1.07 \text{ MPa}$$

截面 I—I 上由 $W_3 + W_4$ 产生的摩阻力 τ_1 为

$$\tau_1 = \frac{(W_3 + W_4)\mu_1}{b_1} = \frac{(29.7 + 46.2) \times 0.6}{1.6} \text{ MPa} = 28.5 \text{ MPa}$$

截面 I—I 上由 E_{a1} 产生的剪应力 τ 为

$$\tau = \frac{E_{a1}}{b_1} = \frac{18.6}{1.6} \text{ MPa} = 11.63 \text{ MPa} < \tau_1$$

综上所述，该重力式挡土墙是安全的。

四、任务小结

1. 挡土墙的类型

挡土墙的类型包括重力式挡土墙、悬臂式挡土墙、扶壁式挡土墙、锚定板锚杆式挡土墙、加筋土挡土墙、梁格挡土墙等。

2. 重力式挡土墙的设计

对于挡土墙的设计，要求掌握重力式挡土墙的设计构造要求和计算内容，并能较熟练地进行挡土墙的设计。

（1）挡土墙的构造要求。

（2）挡土墙的计算。

① 抗倾覆稳定验算，要求抗倾覆稳定安全系数应满足

$$K_t = \frac{M_1}{M_2} = \frac{G x_0 + E_{az} x_f}{E_{ax} z_f} \geqslant 1.6$$

② 抗滑移稳定验算，要求抗滑移稳定安全系数应满足

$$K_S = \frac{F_1}{F_2} = \frac{(G_n + E_{an})\mu}{E_{at} - G_t} \geqslant 1.3$$

③ 挡土墙基底压力验算，要求荷载作用下基底压力不超过地基承载力特征值，即

$$p_{max} \leqslant 1.2 f_a, \quad \bar{p} \leqslant f_a$$

④ 挡土墙墙身强度验算，应按照《砌体结构设计规范》（GB 50003—2011）和《混凝土结构设计规范》（GB 50010—2010）对墙身进行抗压强度验算和抗剪强度计算。

五、拓展练习

1. 何为重力式挡土墙？该挡土墙设计需要进行哪些验算？

2. 挡土墙后的填土，选择何种填料为好？

3. 挡土墙为何经常在下暴雨期间破坏？

5. 为什么挡土墙墙后要做好排水设施？地下水对挡土墙的稳定性有何影响？

6. 如图 5-32 所示的挡土墙，其上有主动土压力分布，砌体重度为 22 kN/m³，挡土墙下方为坚硬黏性土，土对挡土墙基底的摩擦系数 $\mu = 0.45$。试对该挡土墙进行抗滑和抗倾覆稳定验算。

7. 如图 5-33 所示的挡土墙，砌体重度为 22 kN/m³，土对挡土墙基底的摩擦系数 $\mu = 0.42$。试对该挡土墙进行抗倾覆和抗滑移稳定验算。主动土压力及作用点位置取 $E_a = 73.78$ kN/m，$z = 1.5$ m。

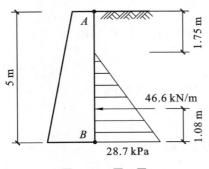

图 5-32 题 6 图

8. 某挡土墙墙背垂直、光滑、填土面水平,墙后填土物理力学参数如图 5-34 所示,挡土墙顶部宽度 3 m,底部宽度 3.5 m,墙体重度 24 kN/m³,挡土墙与地基的摩擦系数为 0.42,试计算:

① 作用于墙背的土压力大小及作用点位置,并绘制分布图;

② 验算挡土墙抗倾覆与抗滑移稳定性。

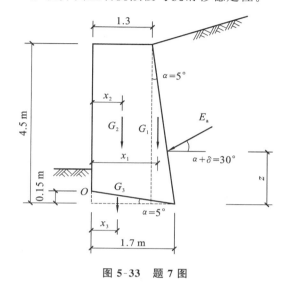

图 5-33 题 7 图

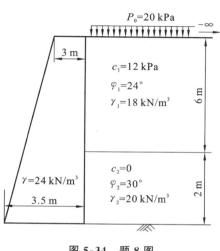

图 5-34 题 8 图

任务 3 土坡稳定分析

一、任务介绍

土坡在各种内力和外力的共同作用下,有可能产生剪切破坏和土体的移动。土体的滑动一般是指土坡在一定范围内整体地沿某一滑动面向下和向外移动而丧失其稳定性。如果土坡失去稳定造成塌方,不仅影响工程进度,有时还会危及人的生命安全,造成工程失事和巨大的经济损失。因此,土坡稳定问题在工程设计和施工中应引起足够的重视。土坡的稳定性分析是土力学中重要的稳定分析问题,本任务主要介绍:土坡稳定性及土体滑动的原因;无黏性土坡稳定性分析;黏性土坡的稳定性分析。

二、理论知识

1. 土坡及土坡稳定性

土坡就是具有倾斜坡面的土体,如图 5-35 所示。当土质均匀,坡顶和坡底都是水平且坡面为同一坡度时,称为简单土坡。土坡根据其成因可分为两类:由于地质作用而自然形成的山坡、江河岸坡等称为天然土坡;由于人工填筑或开挖而形成的土坡称为人工土坡,如堤坝、路基、基坑等。土坡在各种内力和外力的共同作用下,有可能产生剪切破坏和土体的移动。土坡一部分土体相对于另一部分土体滑动的现象,称为滑坡。

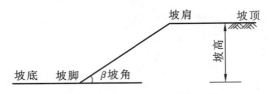

图 5-35 简单土坡断面形式

产生土体滑动的原因一般有以下几种。

（1）土坡所受的作用力发生变化。例如,由于在土坡顶部堆放材料或建造建筑物而使坡顶受荷。

（2）土体抗剪强度的降低。例如,土体中含水量或超静水压力的增加;又如土的结构破坏,起初形成细微的裂缝,继而将土体分割成许多小块。

（3）静水压力的作用。例如,雨水或地面水流入土坡中的竖向裂缝,对土坡产生侧向压力,从而促进土坡产生滑动。因此,黏性土坡发生裂缝常是土坡稳定性的不利因素。

（4）土坡总渗流的作用。如果边坡中有水渗流时,对潜在的滑动面除了有动水力和浮托力作用外,渗流还有可能产生潜蚀,逐渐扩大成管涌。

土坡稳定性分析属于土力学中的稳定问题,也是工程中非常重要和实际的问题。土坡稳定性分析的目的在于,验算所拟定的土坡断面是否稳定、合理,或者根据给定的土坡高度、土的性质等已知条件设计出合理的土坡断面。本任务主要介绍简单土坡的稳定分析方法,对于稍复杂的土坡则由此引申分析。

2. 无黏性土坡的稳定性分析

如图 5-36 所示的无黏性土坡,坡角为 β,土的内摩擦角为 φ。设在土坡表面上任取一单元,其自重为 W,则可得出以下结果。

坡面的滑动力 $\qquad\qquad T=W\sin\beta$ $\qquad\qquad\qquad$ (5-24)

坡面的法向分力 $\qquad\qquad N=W\cos\beta$ $\qquad\qquad\qquad$ (5-25)

由 N 引起的摩擦力 $\qquad T'=N\tan\varphi=W\cos\beta\tan\varphi$ $\qquad\qquad$ (5-26)

稳定安全系数 $\qquad\qquad K=\dfrac{T'}{T}=\dfrac{W\cos\beta\tan\varphi}{W\sin\beta}=\dfrac{\tan\varphi}{\tan\beta}$ $\qquad$ (5-27)

由式（5-27）可知,当 $\beta=\varphi$ 时,$K=1$,土体处于极限平衡状态。无黏性土的稳定性只取决于坡角 β,只要 $\beta\leqslant\varphi$,土坡即稳定。工程中一般取 $K=1.1\sim1.5$,以保证土坡有足够的安全储备。

3. 黏性土坡的稳定性分析

均匀土坡失去稳定时,沿着曲面滑动。通常滑动曲面接近圆弧面,在理论分析时可采用圆弧面计算。

1) 条分法

如图 5-37 所示,黏性土坡的稳定性分析一般采用条分法(由瑞典工程师 Fellenius 于 1922 年提出)。该法假定土坡滑动破坏时,滑动面为通过坡脚的圆弧曲面,并忽略作用在土条两侧的侧向力。该法的基本原理是:将圆弧滑动体分成若干土条;计算各土条上的力系对弧心的滑动力矩和抗滑动力矩;抗滑动力矩和滑动力矩之比成为土坡的稳定安全系数;选择多个滑动圆心,通过试算求出多个相应的稳定安全系数。

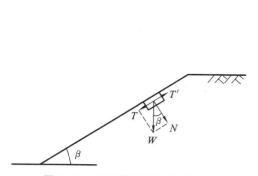

图 5-36　无黏性土坡稳定性分析

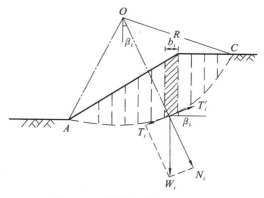

图 5-37　黏性土坡稳定性分析

取单位长度滑动体,划分相同密度的若干竖向土条,土条间作用力省略不计,设每个土条的重力为 W_i,其分力分别如下。

切向力 $\qquad\qquad\qquad\qquad\qquad T_i = W_i \sin\beta_i$

法向力 $\qquad\qquad\qquad\qquad\qquad N_i = W_i \cos\beta_i$

各土条对圆心的滑动力矩为 $\qquad\qquad \displaystyle\sum_{i=1}^{n} T_i R$

各土条对圆心的抗滑力矩为如下两部分。

(1) 由黏聚力 c 产生的抗滑力矩 $\qquad \displaystyle\sum_{i=1}^{n} c\Delta l_i R$

(2) 由 N_i 引起的摩擦力对圆心的抗滑力矩

$$\sum_{i=1}^{n} T_i' R = \sum_{i=1}^{n} N_i R \tan\varphi$$

由此可得稳定安全系数 $\qquad K = \dfrac{\displaystyle\sum_{i=1}^{n} W_i \cos\beta_i \tan\varphi + \sum_{i=1}^{n} c\Delta l_i}{\displaystyle\sum_{i=1}^{n} W_i \sin\beta_i}$ $\qquad\qquad$ (5-28)

式中:φ—— 土的内摩擦角标准值;

$\quad\beta_i$—— 土条弧面的切线与水平线的夹角;

$\quad c$—— 土的黏聚力标准值,kPa;

$\quad\Delta l_i$—— 土条的弧面长度,m;

$\quad W_i$—— 土条自重,$W_i = \gamma b_i h_i$,kN/m;

$\quad b_i$—— 土条宽度,m;

$\quad h_i$—— 土条中心高度,m。

当变换弧心位置,可绘出不同的圆弧滑动面及相应的稳定安全系数 k,其中 k_{min} 所对应的滑动面即为最危险的圆弧滑动面。工程中若 $k_{min} \geqslant 1.2$,则黏性土边坡可视为稳定。条分法实际上是一种试算法,由于计算工作量大,一般由计算机完成。

费伦纽斯通过大量计算,曾提出确定最危险滑动面圆心的经验方法。经验指出对于均质黏性土坡最危险的滑动圆弧的圆心一般均在图 5-38 中确定的 DE 线上 F 点的附近。D 点的位置由与坡角 β 有关的 β_1、β_2 角度确定(β_1、β_2 值见表 5-4);E 点位于坡脚 A 点以下 H,右边 $4.5H$ 处。当 $\varphi = 0$ 时,土坡最危险滑动面的圆心在 F 点;当 $\varphi > 0$ 时,圆心在 EF 线 F 点向上附近,可用试算法确定,即在 DE 延长线上分别取圆心 O_1,O_2,…绘出相应的通过坡脚圆弧,计算相应的稳定安全系数 K,并在 DE 线的垂直方向 FG 线绘出 K 值曲线,曲线最低点即为所求的最低安全系数 K_{min},相应的圆心 O_m 为最危险滑动面圆心。对于非均质黏性土土坡,或坡面形状及荷载都比较复杂的情况,这样确定的 K_{min} 还不太可靠,尚需自 O_0 点作 EF 线的垂线,在其上的 O_m 附近再取圆心 O_1',O_2',O_3',……按照同样的方法进行计算比较,才能找出最危险滑动面的圆心和土坡的最小安全系数。

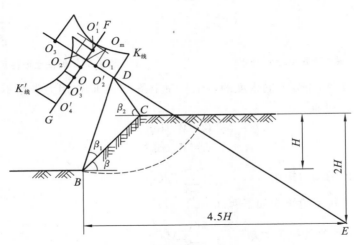

图 5-38 最危险滑弧圆心的确定

表 5-4 β_1 和 β_2 角的数值

土坡坡度	坡角 β	β_1 角	β_2 角
1:0.58	60°	29°	40°
1:1.0	45°	28°	37°
1:1.5	33°41′	26°	35°
1:2.0	26°34′	25°	35°
1:3.0	18°26′	25°	35°
1:4.0	14°03′	25°	36°
1:5.0	11°19′	25°	37°

2）图表法

对于简单黏性土坡的稳定性分析,为了减少繁重的试算工作量,曾有不少人寻求简化的图表法。根据大量的计算资料整理,以坡角 β 为横坐标,以稳定因素 $N=\dfrac{c}{\gamma \cdot h}$ 为纵坐标绘制的一组曲线就是最简单的一种(见图 5-39),它是极限状态时均质土坡内摩擦角 φ,坡角 β 与稳定因素 N 之间的关系曲线,可用来解决如下两类问题。

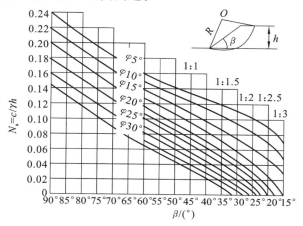

图 5-39　黏性土简单土坡计算简图

① 已知坡角 β、土的内摩擦角 φ、土的黏聚力 c 和土的重度 γ,求最大边坡高度 h。这时可由 β、φ 查图 5-39 得 N,则 $h=\dfrac{c}{\gamma \cdot N}$。

② 已知 c、φ、γ、h,求稳定坡角 β。这时可由 $N=\dfrac{c}{\gamma \cdot h}$ 和 φ 查图 5-39 得 β。

4. 土质边坡坡度允许值

《建筑地基基础设计规范》(GB 50007—2011)指出:在山坡整体稳定的条件下,土质边坡的开挖应符合下列规定。

（1）边坡的坡度允许值,应根据当地经验,参照同类土层的稳定坡度确定。当土质良好且均匀、无不良地质现象、地下水不丰富时,可按表 5-5 确定。

表 5-5　土质边坡坡度允许值

土的类别	密实度或状态	坡度允许值（高宽比）	
		坡高在 5 m 以内	坡高 5～10 m
碎石土	密实	1∶0.35～1∶0.50	1∶0.50～1∶0.75
	中密	1∶0.50～1∶0.75	1∶0.75～1∶1.00
	稍密	1∶0.75～1∶1.00	1∶1.00～1∶1.25
黏性土	坚硬	1∶0.75～1∶1.00	1∶1.00～1∶1.25
	硬塑	1∶1.00～1∶1.25	1∶1.25～1∶1.50

注:(1) 表中碎石的充填物为坚硬或硬塑状态的黏性土。

(2) 对于砂土或充填物为砂土的碎石土,其边坡坡度允许值均按自然休止角确定。

（2）土质边坡开挖时，应采取排水措施，边坡的顶部应设置截水沟。在任何情况下不允许在坡角及坡面上积水。

（3）边坡开挖时，应由上往下开挖，依次进行。弃土应分散处理，不得将弃土堆置在坡顶及坡面上。当必须在坡顶或坡面上设置弃土转运站，应进行坡体稳定性验算，严格控制堆载的土方量。

（4）边坡开挖后，应立即对边坡进行防护处理。

在岩石边坡整体稳定的条件下，岩石边坡的开挖坡度的允许值，应根据当地经验按工程类比的原则，参照本地区已有稳定边坡的坡度值加以确定。对于当软质岩边坡高度小于 12 m，硬质岩边坡高度小于 15 m 时，边坡开挖时可进行构造处理。

三、任务实施

例 5-7　一个简单黏性土坡，高 25 m，坡比 1：2，辗压土的重度 $\gamma = 20 \ kN/m^3$，内摩擦角 $\varphi = 26.6°$（相当于 $\varphi = 0.5$），黏结力 $c = 10 \ kPa$，滑动圆心 O 点如图 5-40 所示，试用瑞典条分法求该滑动圆弧的稳定安全系数。

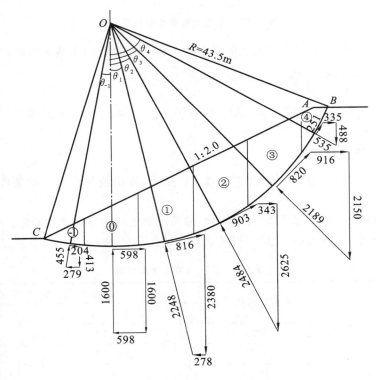

图 5-40　例 5-7 图

解　将滑动土体分成 6 个土条，计算各条块的重量 W_i，滑面长度 l_i，滑面中心与过圆心铅垂线的圆心角 θ_i，然后，按照瑞典条分法进行稳定分析计算，分项计算结果见表 5-6。

表 5-6　瑞典条分法计算结果

条块编号	$\theta_i/°$	W_i/kN	$\sin\theta_i$	$\cos\theta_i$	$W_i\sin\theta_i/kN$	$W_i\cos\theta_i/kN$	$W_i\cos\theta_i\mathrm{tg}\varphi_i/kN$	l_i/m	c_il_i/kN
−1	−9.93	412.5	−0.172	0.985	−71.0	406.3	203	8.0	80
0	0	1 600	0	1.0	0	1 600	800	10.0	100
1	13.29	2 375	0.230	0.973	546	2 311	1 156	10.5	105
2	27.37	2 625	0.460	0.888	1 207	2 331	1 166	11.5	115
3	43.60	2 150	0.690	0.724	1 484	1 557	779	14.0	140
4	59.55	487.5	0.862	0.507	420	247	124	11.0	110

故可得 $\sum W_i\sin\theta_i = 3\,584kN$，$\sum W_i\cos\theta_i\tan\varphi_i = 4\,228kN$，$\sum c_il_i = 650\ kN$

边坡稳定安全系数

$$F_s = \frac{\sum(W_i\cos\theta_i\tan\varphi_i + c_il_i)}{\sum W_i\sin\theta_i} = \frac{4\,228 + 650}{3\,584} = 1.36$$

例 5-8　某工程需开挖基坑 $h = 6$ m，地基土的天然重度 $\gamma = 19\ kN/m^3$，内摩擦角 $\varphi = 15°$，黏聚力 $c = 12\ kPa$，试确定能保证基坑开挖安全的稳定边坡坡度。

解　由已知条件 c、γ、h，得

$$N = \frac{c}{\gamma \cdot h} = \frac{12}{19\times 6} = 0.105$$

再由 $N = 0.105$ 查图 5-40 中 $\varphi = 15°$ 的线，可得坡角 $\beta = 53°45'$，故开挖时的稳定坡度为 1：0.61。

例 5-9　已知某土坡边坡坡度为 1：1，坡角 $\beta = 45°$，土的黏聚力 $c = 12\ kPa$，内摩擦角 $\varphi = 20°$，地基土的天然重度 $\gamma = 17\ kN/m^3$，试确定该土坡的极限高度 h。

解　根据 $\beta = 45°$ 和 $\varphi = 20°$ 查图 5-38 得 $N = 0.065$，代入公式计算，得

$$h = \frac{c}{\gamma \cdot N} = \frac{12}{17\times 0.065}\ m = 10.9m$$

所以，该土坡的极限高度为 $h = 10.9$ m。

四、任务小结

（1）土坡的定义；土坡的分类为：天然土坡和人工土坡。

（2）影响土坡稳定的因素：①土坡所受的作用力发生变化；②土体抗剪强度的降低；③静水压力的作用；④土坡总渗流的作用。

（3）无黏性土土坡稳定性分析。稳定安全系数 $K = \dfrac{\tan\varphi}{\tan\beta}$，无黏性土坡的稳定仅与坡角 β 有关。

（4）黏性土土坡稳定性分析：①瑞典条分法；②图表法。

（5）土质边坡坡度允许值。

五、拓展练习

1. 土坡稳定分析中，圆弧滑动面法的安全系数的含义是什么？用条分法分析土坡稳定时，最危险滑动面如何确定？

2. 土坡失稳的实质是什么？

3. 无黏性土土坡稳定的决定因素是什么？如何确定稳定安全系数？

4. 土坡发生滑动的滑动面有哪几种形式？分别发生在何种情况，没有渗流的情况下的黏性土坡的稳定安全系数可以用哪几种方法计算？

5. 何谓无黏性土坡的自然休止角？无黏性土坡的稳定性与哪些因素有关？

6. 某砂土场地需放坡开挖深度为 5 m 的基坑，砂土的自然休止角 $\varphi = 30°$。

（1）求极限坡角 β_{cr}（即 $K = 1$ 时）；

（2）取安全系数 $K = 1.3$，求允许坡角 β。

（3）取 $\beta = 20°$，求稳定安全系数 K。

7. 有一黏性土土坡，在坡顶出现一条深为 1.68 m 的张拉裂缝。若最危险滑动圆心距坡顶的垂直距离为 3 m，试求当裂缝被水充满时，将产生多大的附加滑动力矩。（水的重度取 10 kN/m³）

8. 在 $c = 15$ kPa，$\varphi = 10°$，$\gamma = 18.2$ kN/m³ 的黏性土体中，开挖 6 m 深的基坑，要求边坡的安全系数 $F_s = 1.5$，试问边坡的坡角多应为多少？（已知 $\varphi = 10°$，$\beta = 15°$，稳定数 $N_s = 12.58$；$\beta = 45°$，稳定数 $N_s = 9.26$）

9. 试计算图 5-41 中所示土条的稳定安全系数。（土的重度 $\gamma = 17$ kN/m³，$\gamma_{sat} = 19$ kN/m³，$\varphi = 18°$，$c = 10$ kPa，$\gamma_w = 10$ kN/m³）

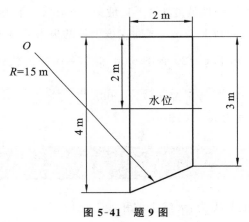

图 5-41　题 9 图

项 目 6

岩土工程勘察

　　建筑物是建造在地基之上的,地基岩土的工程地质条件会影响建筑物安全。因此,在对建筑物进行设计之前,必须通过各种勘察手段和测试方法进行地质勘察,为设计和施工提供可靠的地质资料。

　　本项目主要介绍岩土工程勘察等级,岩土工程勘察目的及任务,岩土工程勘察方法以及现场测试方法,地质勘察报告的编写等内容,具体内容也可以参考《岩土工程勘察规范》(GB 50021—2001)的相关规定。

任务 1 岩土工程勘察的基本知识

一、任务介绍

　　本任务通过介绍岩土工程勘察等级、勘察的目的与任务,让读者了解勘察的工作内容;通过介绍勘察工作中的勘探及取样工作来进行室内土工试验,以及通过现场原位测试,让读者掌握勘探和现场测试的方法、实验设备及运用条件,能根据不同的工程要求选择合适的勘察手段。

二、理论知识

1. 岩土工程勘察等级

　　工程建设项目的岩土工程勘察任务、工作内容、勘察方法、工作量的大小等取决于工程的技术要求和规模、工程的重要性、建筑场地和地基的复杂程度等因素。

　　根据工程的规模和特征,以及由于岩土工程问题造成工程破坏或影响正常使用的后果,可分为以下三个工程重要性等级。

（1）一级工程：重要工程，后果很严重。

（2）二级工程：一般工程，后果严重。

（3）三级工程：次要工程，后果不严重。

根据场地复杂程度，可分为三个场地等级：①一级场地（复杂场地）；②二级场地（中等复杂场地）；③三级场地（简单场地）。

根据地基复杂程度，可分为三个地基等级：①一级地基（复杂地基）；②二级地基（中等复杂地基）；③三级地基（简单地基）。

《岩土工程勘察规范》（GB 50021—2001）根据工程重要性等级、场地复杂程度等级和地基复杂程度等级，按下列条件划分岩土工程勘察等级。

（1）甲级。在工程重要性、场地复杂程度和地基复杂程度等级中，有一项或多项为一级。

（2）乙级。除勘察等级为甲级和丙级以外的勘察项目。

（3）丙级。工程重要性、场地复杂程度和地基复杂程度等级均为三级。

另外，建筑在岩质地基上的一级工程，当场地复杂程度等级和地基复杂程度等级均为三级时，岩土工程勘察等级可定为乙级。

2. 岩土工程勘察的目的与任务

勘察的目的是为了查明并评价工程场地岩土技术条件和它们与工程之间关系。内容包括工程地质测绘与调查、勘探与取样、室内试验与原位测试、检验与监测、分析与评价、编写勘察报告等项工作，以保证工程的稳定、经济和正常使用。

1）地质勘察的基本工作内容

在勘察开始以前，由建设单位会同设计单位提交勘察任务委托书，其中应说明工程概况、设计阶段、对勘察的技术要求等，并提供勘察工作所必需的各种图表资料，如场地地形图、建筑物总平面布置图及建筑物结构类型和荷载情况表等。勘察单位即以此为依据，并搜集场地范围邻近已有的地质、地震、水文、气象以及当地的建筑经验等资料，由该勘察项目的工程负责人编写勘察纲要，经审核批准后，进行勘察工作。勘察纲要的内容取决于设计阶段、工程重要性和场地的地质条件等。

勘察工作布置的基本内容，可概括为下列几方面。

（1）勘察纲要编制。

① 工程名称、工程地点及工程概况。

② 建设单位和设计单位。

③ 勘察等级、勘察阶段及勘察目的。

④ 对已有岩土工程资料和经验的分析。

⑤ 勘察应执行的规范、规程和标准。

⑥ 勘察工作布置，包括勘察方法、工作量及技术要求。

⑦ 资料整理及勘察报告编写的内容要求。

⑧ 勘察工作中可能遇到的问题及措施。

（2）工程地质测绘和调查。

确定测绘和调查的范围、路线、地质观测点及其主要工作内容和技术要求，本工作可通过调查参阅有关资料完成。

（3）勘探。

① 确定采用的勘探方法。

② 确定勘探孔的深度，包括控制性孔的深度、一般性孔的深度及控制性孔占勘探孔总数的比例。

③ 确定勘探点的平面布置，包括布点方式、勘探点间距及勘探点数量。

（4）取样。

确定岩石、土及地下水取样孔（井）的数量和平面布置，对取土试样孔还应确定取样点的竖向间距（或取样深度）、取土器类型和规格及取样技术要求。

（5）原位测试。

确定进行原位测试孔的数量和平面布置、各孔测试点的竖向间距（或试验深度）。

（6）室内试验。

确定岩石、土及地下水试样进行室内试验的项目、试验数量及具体技术要求。

（7）岩土工程评价以及工程地质勘察报告。

分析可能出现的岩土工程问题，给出评价最后编制地质勘察报告。

2）岩土工程勘察阶段的划分

建筑物的岩土工程勘察宜分阶段进行，一般划分为以下步骤。

（1）可行性研究勘察。

可行性研究勘察时应对拟建场地的稳定性和适宜性做出评价，并应符合下列要求。

① 搜集区域地质、地形地貌、矿产、地震、当地的工程地质和岩土工程等资料。

② 踏勘了解场地的地层、构造、岩性、不良地质作用和地下水等工程地质条件。

③ 当拟建场地工程地质条件复杂，已有资料不能满足要求时，应根据具体情况进行工程地质测绘和必要的勘探工作。

④ 当有两个或两个以上拟选场地时，应进行对比分析。

（2）初步勘察。

在进行初步勘察时应对场地内拟建建筑地段的稳定性做出评价，主要工作如下。

① 搜集拟建工程的有关文件、工程地质和岩土工程资料以及工程场地地形图。

② 初步查明地质构造、地层结构、岩土工程特性、地下水埋藏条件。

③ 查明场地不良地质作用的成因、分布、规模，并对场地的稳定性做出评价。

④ 对抗震设防烈度大于等于 6 度的场地，应对场地和地基的地震效应做出初步评价。

⑤ 对于季节性冻土地区，应调查场地土的标准冻结深度。

⑥ 初步判定水和土对建筑材料的腐蚀性。

⑦ 进行高层建筑初步勘察时，应对可能采取的地基基础类型、基坑开挖与支护、工程降水方案进行初步分析评价。

（3）详细勘察。

详勘的任务就在于针对具体建筑物地基或具体的地质问题，为进行施工图设计和为施工提供可靠的依据或设计计算参数。因此必须查明建筑物范围内的地层结构、岩石和土的物理力学性质，对地基的稳定性及承载能力进行评价，并提供不良地质现象防治工作所需的计算指标及资料，此外，还要查明有关地下水的埋藏条件和腐蚀性、地层的透水性和水位变化规律等情况。

详勘的手段主要以勘探、原位测试和室内土工试验为主，必要时可以补充一些物探和工程地质测绘及调查工作。详勘勘探孔深度以能控制地基的主要受力层为原则。取试样和进行原位测试的井、孔数量，应按地基土层的均匀性、代表性和设计要求确定，一般占勘探孔总数的1/2至2/3，并且每个场地不少于2~3个。

（4）施工图设计阶段的工程地质勘察。

有关建筑物设计中个别问题需要补充勘察资料，主要是为施工有关的问题提供地质情况。例如，运输线路的勘察，处理措施，基坑涌水问题的分析评价等。勘察方法以施工所需的各种试验为主，如灌浆试验、板桩试验等。勘探工作仍需进行，主要是为试验工作和解决某些专门性问题而要进行的补充坑孔。

除上述设计中各阶段的勘察工作外，在施工过程中的工程地质工作也是很重要的，应予以重视。这方面的工作主要是解决施工中出现的新的工程地质问题，核对已取得的资料的准确性，从中取得经验；进行施工开挖中的编录工作和施工预报；地基或基槽开挖的地质验改工作等。

3. 勘探点的布置

1）勘探点的间距

根据《岩土工程勘察规范》（GB 50021—2001），对土质地基，勘探点的间距可按表6-1确定。

表6-1　详细勘察勘探点的间距　　　　　　　　　　　　　　　单位：m

地基复杂程度等级	勘探点间距	地基复杂程度等级	勘探点间距
一级（复杂）	10~15	三级（简单）	30~50
二级（中等复杂）	15~30		

详细勘察的勘探点布置，应符合下列规定。

（1）勘探点宜按建筑物周边线和角点布置，对无特殊要求的其他建筑物可按建筑物或建筑群的范围布置。

（2）同一建筑范围内的主要受力层或有影响的下卧层起伏较大时，应加密勘探点，查明其变化。

（3）重大设备基础应单独布置勘探点；重大的动力机器基础和高耸构筑物，勘探点不宜少于3个。

（4）勘探手段宜采用钻探与触探相配合，在复杂地质条件、湿陷性土、膨胀岩土、风化岩和残积土地区，宜布置适量探井。

详细勘察的单栋高层建筑勘探点布置，应满足对地基均匀性评价的要求，并且不应少于4个；对密集的高层建筑群，勘探点可适当减少，但每栋建筑物至少应有1个控制性勘探点。

2）勘探孔的深度

详细勘察的勘探深度自基础底面算起，应符合下列规定。

（1）勘探孔深度应能控制地基的主要受力层，当基础底面宽度不大于5 m时，勘探孔的深度对条形基础不应小于基础底面宽度的3倍，对单独柱基不应小于1.5倍，并且不应小于5 m。

（2）对高层建筑和需作变形计算的地基，控制性勘探孔的深度应超过地基变形计算深度；高层建筑的一般性勘探孔应达到基底下 0.5～1.0 倍的基础宽度,并深入稳定分布的地层。

（3）对仅有地下室的建筑或高层建筑的裙房,当不能满足抗浮设计要求,需设置抗浮桩或锚杆时,勘探孔深度应满足抗拔承载力评价的要求。

（4）当有大面积地面堆载或软弱下卧层时,应适当加深控制性勘探孔的深度。

（5）在上述规定深度内当遇到基岩或厚层碎石土等稳定地层时,勘探孔深度应根据情况进行调整。

另外,详细勘察的勘探孔深度,应符合下列规定。

（1）地基变形计算深度,对中、低压缩性土可取附加压力等于上覆土层有效自重压力 20% 的深度;对于高压缩性土层可取附加压力等于上覆土层有效自重压力 10% 的深度。

（2）建筑总平面内的裙房或仅有地下室部分（或当基底附加压力 $p_0 \leqslant 0$ 时）的控制性勘探孔的深度可适当减少,但应深入稳定分布地层,并且根据荷载和土质条件不宜少于基底 0.5～1.0 倍基础宽度。

（3）当需进行地基整体稳定性验收时,控制性勘探孔深度应根据具体条件满足验收要求。

（4）当需确定场地抗震类别而邻近无可靠的覆盖层厚度资料时,应布置波速测试孔,其深度应满足确定覆盖层厚度的要求。

（5）大型设备基础勘探孔深度不宜小于基础底面宽度的 2 倍。

（6）当需进行地基处理时,勘探点的深度应满足地基处理设计与施工要求,当采用桩基时,勘探孔的深度应满足规范的要求。

（桩基础）勘探孔的深度应符合下列规定。

（1）一般性钻孔的深度应达到预计桩长以下 3～5d（d 为桩径）,并且不得小于 3 m;对大直径桩,不得小于 5 m。

（2）控制性勘探孔深度应满足下卧层验算的要求;对需验算沉降的桩基、应超过地基变形计算深度。

（3）钻孔预计深度遇到软弱层时,应予以加深;在预计勘探孔深内遇稳定坚实岩土时,可适当减小。

（4）对嵌岩桩、应钻入预计嵌岩面以下 3～5d,并穿过溶洞、破碎带,到达稳定地层。

（5）当有多种可能的桩长方案时,应根据最长桩的方案确定。

4. 工程地质勘察方法

为了查明地基岩土性质、分布和地下水等条件,勘察工作中需进行勘探并取样进行室内土工试验。勘探的方法可分为钻探、坑（槽）探,地球物理勘探和现场原位测试等。

1）钻探

钻探是采用钻探机具向地下钻孔获取地下资料的一种应用最广泛的勘探方法。钻探的钻进方式可以分为回转式、冲击式、振动式、冲洗式四种。每种钻进方法各有独自特点,分别适用于不同的地层。其中回转式用得最多,回转式又分为螺旋钻探和岩芯钻探等多种。

在地基勘察中,对岩土的钻探有如下具体要求。

① 非连续取芯钻进的回次进尺,对螺旋钻探应在 1 m 以内,对岩芯钻探应在 2 m 以内,钻进深度、岩土分层深度的量测误差范围应为 ±0.05 m。

② 对于鉴别地层天然湿度的钻孔,在地下水位以上应进行干钻。

③ 岩芯钻探的岩芯采取率，对一般岩石不应低于80%，对破碎岩石不应低于65%。

一般来说，各种钻探的钻孔直径与钻具规格均应符合现行技术标准的规定，尤其注意钻孔直径应满足取样、测试及钻进工艺的要求。例如，对浅部土层进行钻探，可采用小径麻花钻（或提土钻）、小径勺形钻或洛阳铲钻进。

2）坑（槽）探

坑（槽）探是在建筑场地或地基内挖掘探坑、探槽、探井等进行勘探的方法。这种方法能直接观察到地质情况，取得较准确的地质资料。同时还可以利用这种坑、井，进行取样或原位试验。

探坑、探井采用直径0.8~1.0 m圆形断面或1.0 m×1.2 m矩形断面。掘进中，应对坑、井壁进行支护以防垮塌，确保施工安全。

在掘进过程中应包括详细记录（如编号、位置、标高、尺寸、深度等）、描述岩土性状及地质界线，以及在指定深度取样等操作。整理资料时，应绘制出柱状图或展视图。

3）地球物理勘探

地球物理勘探（简称物探）也是一种兼有勘探和测试双重功能的技术。物探之所以能够被用来研究和解决各种地质问题，主要是因为不同的岩石、土层和地质构造往往具有不同的物理性质，利用诸如其导电性、磁性、弹性、湿度、密度、天然放射性等的差别，通过专门的物探仪器的量测，就可区别和推断有关地质问题。对地基勘探的下列方面可采用物探：①作为钻探的先行手段，了解隐蔽的地质界线、界面或异常点、异常带，为经济合理确定钻探方案提供依据；②作为钻探的辅助手段，在钻孔之间增加地球物理勘探点，为钻探成果的内插、外推提供依据；③作为原位测试手段，测定岩土体某些特殊参数，如波速、动弹性模量、土对金属的腐蚀性等。

常用的物探方法有：电法、电磁法、地震波法和声波法、电视测井等。

4）现场原位测试

原位测试包括地基静载荷试验、静力触探试验、动力触探试验、土的现场剪切试验、地基土的动力参数的测定、桩的静载荷试验等。有时，还要进行地下水位变化和抽水试验等测试工作。原位测试能在现场条件下直接测定土的性质，避免试样在取样、运输以及室内试验操作过程中被扰动后导致测定结果的失真，因而其结果较为可靠。

（1）载荷试验。

载荷试验是在一定面积的承压板上向地基逐级施加荷载，并观测每级荷载下地基的变形特性，从而评定地基的承载力、计算地基的变形模量并预测实体基础的沉降量。它所反映的是承压板以下1.5~2.0倍承压板直径或宽度范围内土层应力、应变及其与时间关系的综合性状，这种方法犹如基础的一种缩尺真型试验，是模拟建筑物基础工作条件一种测试方法，因而利用其成果确定的地基承载力最可靠、最有代表性。当试验影响深度范围内土质均匀时，用此法确定该深度范围内土的变形模量也比较可靠。

根据承压板的形状，载荷试验可以分为平板载荷试验和螺旋板载荷试验。其中，平板载荷试验适用于浅层地基，螺旋板载荷试验适用于深层地基和地下水位以下的土层。常规的载荷试验是指平板载荷试验。

① 载荷试验的装置。

载荷试验的装置由承压板、加荷装置及沉降观测装置等部分组成。其中承压板一般为方形或圆形板。加荷装置包括压力源、载荷台架或反力架。加荷方式可采用重物加荷或油压千斤顶压加荷两种方式。沉降观测装置有百分表、沉降传感器和水准仪等。图 6-1 所示的是平板载荷试验设备。

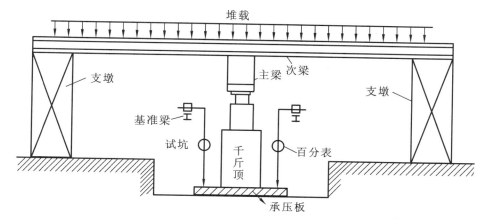

图 6-1　平板载荷试验装置示意图

② 载荷试验的基本要求。

试验用的承压板，一般采用刚性的圆形板或方形板，面积可采用 $0.25\sim0.5$ m²。对于软土，由于容易发生歪斜，并且考虑到承压板边缘的塑性变形，宜采用尺寸较大些的承压板。

加荷的方法，一般采用沉降相对稳定法。若有对比的经验，为了加快试验周期，也可采用沉降非稳定法（快速法）。各级荷载下沉降相对稳定的标准一般采用连续 2 h 内每小时的沉降量不超过 0.1 mm 的标准。

试验应进行到破坏阶段后，当出现下列情况之一时，即可认为地基土已达到极限状态，此时可终止试验。

- 承压板周围的土体有明显的侧向挤出、隆起或裂纹。
- 24 h 内沉降随时间近似等速或加速发展。
- 沉降量超过承压板直径或宽度的 1/12。
- 沉降急剧增大，$p\text{-}s$ 曲线出现陡降阶段。

③ 载荷试验结果的应用。

- 确定地基的承载力（临塑荷载、极限承载力），为评定地基土的承载力提供依据。这是载荷试验的主要目的。

根据实验得到的 $p\text{-}s$ 曲线和 $s\text{-}t$ 曲线（见图 6-2），可以按《建筑地基基础设计规范》（GB 50007—2011）附录 C 的方法来确定地基的承载力。

- 确定地基土的变形模量 E_0 和地基土基床反力系数。可根据 $p\text{-}s$ 曲线上有关数值，按有关公式计算。

载荷试验相对其他原位测试方法无疑是一种最好的方法，但是载荷试验耗时费力，对于二级建筑物一般不采用此试验方法，对于一级建筑物也不一定都得采用载荷试验，这得根据具体情况来考虑。

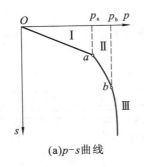
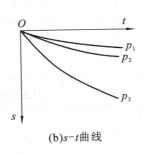

$$（a）p-s曲线 \qquad （b）s-t曲线$$

图 6-2　载荷试验曲线

$p_1、p_2、\cdots、p_i$—各级荷载；p_a—临塑荷载；p_b—极限荷载；Ⅰ—压实阶段；Ⅱ—塑性变形阶段；Ⅲ—破坏阶段；$a、b$—拐点

　　在应用载荷试验的成果时，由于加荷后影响深度不会超过两倍承压板的边长或直径，因此对于分层土要充分估计到该影响范围的局限性。特别是当表面有一层"硬壳层"，其下为软弱土层时，软弱土层对建筑物沉降起主要作用，它却不受到承压板的影响，因此试验结果和实际情况有很大差异。所以对于地基压缩范围内的土层分层时，应该用不同尺寸的承压或进行不同深度的静力载荷，也可以采用其他的原位测试和室内土工试验。

　　（2）静力触探试验。

　　静力触探（CPT）是把具有一定规格的圆锥形探头借助机械匀速压入土层中，测定土层对探头的贯入阻力，以此来间接判断、分析地基土的物理力学性质。它是一种原位测试技术，又是一种勘探方法。

　　① 静力触探试验的仪器设备。

　　静力触探仪一般由三部分组成：a. 贯入系统，包括加压装置和反力装置，它的作用是将探头匀速、垂直地压入土层中；b. 量测系统，用来测量和记录探头所受的阻力；c. 静力触探头，其内有阻力传感器，传感器将贯入阻力通过电信号和机械系统传送至自动记录仪并绘出随深度的阻力变化曲线（见图 6-3）。常用的探头分为单桥探头、双桥探头和孔压探头，单桥探头所测到的是包括锥尖阻力和侧壁摩阻力在内的总贯入阻力，双桥探头可分别测出锥尖阻力和侧壁摩阻力，孔压探头在双桥探头的基础上又安装了一种可测孔隙水压力的装置。

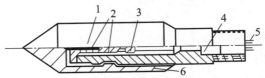

（a）单桥探头

1—顶柱；2—电阻应变片；3—传感器；4—密封垫圈套；5—四芯电缆；6—外套筒

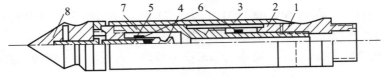

（b）双桥探头

1—传力杆；2—摩擦传感器；3—摩擦筒；4—锥尖传感器；
5—顶柱；6—电阻应变片；7—钢珠；8—锥尖头

图 6-3　触探头工作原理示意图

② 静力触探成果的应用。

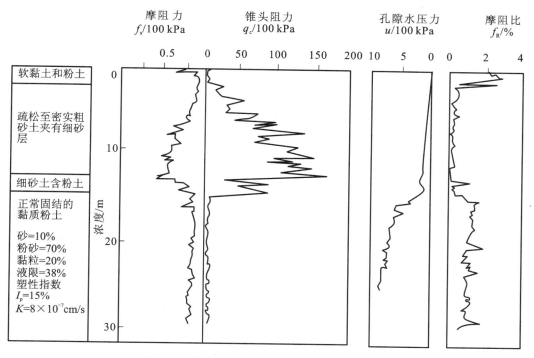

图 6-4　静力触探成果曲线及相应土层剖面图

根据静力触探试验的测量结果,可以得到下列成果:比贯入阻力-深度(p_s-h)关系曲线、锥尖阻力-深度(q_c-h)关系曲线、侧壁摩阻力-深度(f_s-h)关系曲线和摩阻比-深度(R_f-h)关系曲线。对于孔压探头,还可以得到孔压-深度(u-h)关系曲线,见图 6-4。

它们的应用主要有以下几个方面。

① 划分土层。利用静力触探试验得到的各种曲线,根据相近的 q_c、R_f 来划分土层,对于孔压探头,还可以利用孔隙水压力来划分土层。

② 估算土的物理力学性质指标。根据大量的试验数据分析,可以得到黏性土的不排水抗剪强度 c_u 和 q_c 之间的关系、比贯入阻力 p_s 与土的压缩模量 E_s 和变形模量 E_0 之间的关系、估算饱和黏土的固结系数、测定砂土的密实度等。国内外许多部门已提出许多实用关系式,应用时可查阅有关手册和规范。

③ 确定浅基础的承载力。根据静力触探试验的比贯入阻力 p_s,可以利用经验公式来确定浅基础的承载力。

④ 预估单桩承载力。利用静力触探试验结果估算桩承载力在国内已有一些比较成熟的经验公式。

⑤ 判定饱和砂土和粉土的液化势。饱和砂土和粉土在地震作用下可能发生液化现象。可利用静力触探试验进行液化判断。

静力触探具有测试连续、快速、效率高、功能多,兼有勘探与测试双重作用的优点,并且测试数据精度高,再现性好。静力触探试验适于黏性土、粉土,疏松到中密的砂土,但它的缺点是对碎石类土和密实砂土难以贯入,也不能直接观测土层。

（3）动力触探试验。

动力触探主要有圆锥动力触探（DPT）和标准贯入（SPT）两大类，其共同点是利用一定的锤击动能，将一定规格的探头打入土中，根据每打入土中一定深度所需的能量来判定土的性质，并对土进行分层。所需的能量体现了土的阻力大小，一般可以用锤击数来表示。

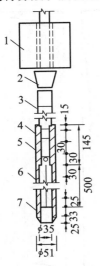

图 6-5　标准贯入试验设备

1—穿心锤；2—锤垫；
3—探杆；4—贯入器头；
5—出水孔；6—贯入器身；
7—贯入器靴

圆锥动力触探根据锤击能量可以分为轻型（锤重 10 kg）、重型（锤重 63.5 kg）和超重型（锤重 120 kg）三种。标准贯入试验和动力触探的区别主要是它的触探头不是圆锥形，而是标准规格的圆筒形探头，由两个半圆管合成，常称贯入器。其测试方式也有所不同，采用间歇贯入方法。以下着重介绍标准贯入试验。

① 标准贯入的试验设备和试验方法。

标准贯入试验设备主要是由贯入器、贯入探杆和穿心锤三部分组成的（见图 6-5），锤重 63.5 kg，在 76 cm 的自由落距下，通过圆筒型的贯入器，贯入土层 15 cm，再打入 30 cm 深度，以后 30 cm 的锤击数称为标贯击数，用 $N_{63.5}$ 来表示，一般写作 N。影响因素有钻杆长度、钻杆连接方式等，因此有时还需对 $N_{63.5}$ 作杆长修正。

② 标准贯入试验成果的应用。

标准贯入试验成果主要应用于以下方面。

① 划分土的类别或土层剖面。

② 判断砂土的密实度及地震液化问题。

③ 判断黏性土的稠度状态及 C、φ 值。

④ 评定土的变形模量 E_0 和压缩模量 E_s。

⑤ 确定地基承载力。

动力触探试验具有设备简单、操作及测试方法简便、适用性广等优点，对难以取样的砂土、粉土、碎石类土及静力触探难以贯入的土层，动力触探是一种非常有效的勘探测试手段。它的缺点是不能对土进行直接鉴别描述（除标准贯入试验能取出扰动土样外），试验误差较大。在工程施工过程中或结束以后的一段时期内，有时还要对场地或建筑物进行专门的工程地质长期观测工作（如沉降观测等）。

5. 取样

1）土试样的采取

土样分为扰动土样和不扰动土样两种。扰动土样的原状结构已被破坏，只能用来测定土的颗粒成分、含水量、可塑性及定名等。不扰动土样（又称原状土样）是指土的原始应力状态虽已改变，但其结构、密度和含水量变化很小的土样，用来测求土的物理力学性质。土样受扰动的程度不同，所能进行的试验也不同。

扰动土样的采取比较容易，可自探坑或钻孔中采取 0.5～1.0 kg 保持天然级配和湿度的土装入瓶内或塑袋内即可。

不扰动土样的采取难度要大一些。在钻孔中取样时应采用取土器方法；在探坑（井）中取样时应采用铁皮取土筒方法。无论采用什么方法均要求认真操作。另外，在土样的运输过程中应避免振动、暴晒或冰冻。

2）岩石试样采取

岩样一般在钻孔、探井内采取。在探井中取样时，不得采取受爆破影响的岩块作试样。同一组试样必须属于同一岩层和同一岩性。对于干缩湿胀和易风化的岩石，取样后应立即密封。直剪试验的软弱夹层或裂隙岩体，取样时应防止剪切面受扰动。岩样应贴好标签，注明层位及方向，运输途中应防止受猛烈振动或被撞坏。

三、任务实施

例 6-1 某单位计划修建一栋六层职工住宅，建筑物长 80 m，宽 11.28 m，采用砖混结构，条形基础，复杂场地。试布置钻孔数量、间距、深度和类别。

解 根据表 6-1 中的规定，复杂场地的勘探点间距范围为 10～15 m，本例中采用沿建筑长度方向设置钻孔间距 10 m，沿建筑宽度方向钻孔间距 11.28 m，钻孔数量 18 个。

根据规范要求，勘探孔深度应能控制地基主要受力层，当基础底面宽度不大于 5 m 时，勘探孔的深度对条形基础不应小于基础底面宽度的 3 倍。

勘探手段宜采用钻探与触探相配合，在复杂地质条件的地区，宜布置适量探井。

例 6-2 静力触探试验应用的工程案例。

1. 工程名称：某小区住宅
2. 静力触探试验
1）试验遵循标准
（1）中华人民共和国国家标准《岩土工程勘察规范》（GB 50021—2001）。
（2）中华人民共和国行业标准《静力触探试验规程》（YS 5223—2000）。
2）仪器设备
（1）贯入系统　主机（SYW-15 手卡型静力触探设备）、探杆及反力设施。
（2）探测系统　双桥静力触探探头及传输信号的 8 芯屏蔽电缆线。
（3）记录系统　LMC-D310 型静探微机。
3）试验工作
（1）平整场地、下反力地锚。
（2）安装主机、调整水平、接好各路油路系统。
（3）连接好静探微机。
（4）开始贯入，贯入过程中微机自动记录孔深、锥尖阻力 q_c 和侧壁摩擦阻力 f_s 的指标。
（5）终孔结束，起拔探杆，存储资料，清洗探头。
4）室内资料整理
（1）将 LMC-D310 型静探微机资料传输至台式计算机。
（2）在台式计算机上进行分层统计计算。
（3）计算各标准层地基土指标。
（4）计算单桩极限承载力。
（5）对粉土、砂类土进行液化判定。
（6）定性判定成桩难易程度。
（7）将静探资料存盘便于将静探曲线绘制在剖面图上。

（8）编写静力触探测试试验报告。

3．工作量统计

（1）完成静力触探测试孔12个。

（2）合计进尺332.1米。

4．场地工程地质标准层指标统计表

场地工程地质统计表见表6-2。

表 6-2　工程地质标准层指标统计表

标准层代号	岩性	锥尖阻力加权平均值 q_c/MPa	侧摩阻力加权平均值 f_s/kPa	统计频数	地基土承载力特征值 f_{ak}/kPa	压缩模量值 E_s/MPa	沉管灌注桩		预制管桩	
							极限侧摩阻力 q_{sia}/kPa	极限端阻力 q_{pa}/kPa	极限侧摩阻力 q_{sia}/kPa	极限端阻力 q_{pa}/kPa
①₂	①-2 素填土	0.86～8.58 1.7	38.4～152.8 57.3	12	—	—	32	—	37	—
②	② 粉质黏土	0.71～1.27 0.9	36.5～73.3 54.36	5	125	5.2	41	—	47	—
②₁	②-1 粉质黏土	0.85～1.15 0.93	42.4～57 46.6	3	120	5	38	—	44	—
③₁	③-1 黏土	0.34～0.79 0.61	13.1～31.7 23.02	9	95	3.9	28	—	32	—
③	③ 泥炭质土	0.31～0.45 0.4	14.5～19.3 16.55	12	50	2.2	16	—	18	—
④	④ 粉土	5.27～10.77 6.98	57.7～227.3 115.75	14	230	13	47	1 600	54	1 700
④₁	④-1 黏土	0.92～0.92 0.92	19.8～22.2 21.51	2	120	5	27	—	31	—
⑤	⑤ 黏土	0.76～1.44 1.04	13～46.3 31.31	27	130	5.4	32	900	36	1 000
⑤₂	⑤-2 粉土	1.35～14.78 4.02	16～136.8 54.31	20	190	9.5	31	—	35	—

备注：$\dfrac{最小值～最大值}{加权平均值}$

四、任务小结

1. 岩土工程勘察等级

（1）甲级。在工程重要性、场地复杂程度和地基复杂程度等级中，有一项或多项为一级。

（2）乙级。除勘察等级为甲级和丙级以外的勘察项目。

（3）丙级。工程重要性、场地复杂程度和地基复杂程度等级均为三级。

2. 岩土工程勘察的任务

查明建筑物场地以及其附近的工程地质及水文地质条件，为建筑物场地选择、建筑平面布置、地基与基础的设计和施工提供必要的资料。地质勘察阶段分为：①可行性研究勘察；②初步勘察；③详细勘察；④施工图设计阶段的工程地质勘察。

3. 岩土工程勘察方法

（1）坑（槽）探。也称为掘探法，即在建筑物场地开挖探坑或探槽直接观察地基土层情况，并从坑槽中取高质量原装土进行试验分析。

（2）钻探。就是用钻机向地下钻孔以进行地质勘探，是目前应用最广泛的勘察方法。

（3）地球物理勘探。简称物探，是一种兼有勘探和测试双重功能的技术。

（4）原位测试技术。是岩土工程中的一个重要分支，它是在土原来（天然）所处的位置对土的工程性能进行测试的一种技术。常见的原位测试方法包括：静载荷试验、静力触探试验、动力触探试验、土的现场剪切试验等。

五、拓展练习

1. 为什么要进行工程地质勘察？详细勘察阶段包括哪些内容？
2. 场地等级可划分为几级？
3. 勘探主要包括哪些内容？
4. 坑探的优缺点有哪些？
5. 勘探点的布置应遵循哪些规定？

任务 2 岩土工程勘察报告的阅读

一、任务介绍

本任务介绍了勘察报告书的编制必须配合相应的勘察阶段，所附图标可以采用勘探点平面布置图、工程地质剖面图、地质柱状图或综合地质柱状图、土工试验成果表及其他测试成果图表；并介绍了勘察报告的阅读与使用，通过勘察报告实例，让读者了解地质勘察报告的重要性及完整程序。

二、理论知识

1. 勘察报告书的编制

地基勘察的最终成果是以报告书的形式提出的。勘察工作结束后，把取得的野外工作和室内试验的记录和数据以及搜集到的各种直接和间接资料进行分析整理、检查校对、归纳总结后对建筑场地的工程地质进行评价。最后以简要明确的文字和图表编成报告书，勘察报告书的编制必须配合相应的勘察阶段。

根据场地的地质条件和建筑物的性质、规模以及设计和施工的要求，提出选择地基基础方案的依据和设计计算数据，指出存在的问题以及解决问题的途径和办法。一个单项工程的勘察报告书一般包括下列内容。

（1）任务要求及勘察工作概况。

（2）场地位置、地形地貌、地质构造、不良地质现象及地震设计烈度。

（3）场地的地层分布，岩石和土的均匀性、物理力学性质、地基承载力和其他设计计算指标。

（4）地下水的埋藏条件和腐蚀性以及土层的冻结深度。

（5）对建筑场地及地基进行综合的工程地质评价，对场地的稳定性和适宜性得出结论，指出存在的问题和提出有关地基基础方案的建议。

所附的图表可以是下列几种：勘探点平面布置图，工程地质剖面图，地质柱状图或综合地质柱状图，土工试验成果表，其他测试成果图表（如现场载荷试验、标准贯入试验、静力触探试验、旁压试验等）。

2. 勘察报告的阅读与使用

为了充分发挥勘察报告在设计和施工工作中的作用，必须重视对勘察报告的阅读和使用。阅读勘察报告应该熟悉勘察报告的主要内容，了解勘察结论和岩土参数的可靠程度，进而判断报告中的建议对该项工程的适用性，从而正确地使用勘察报告。

这里，需要把场地的工程地质条件与拟建建筑物的具体情况和要求联系起来进行综合分析，既要从场地工程地质条件出发进行设计施工，也要在设计施工中发挥主观能动性，充分利用有利的工程地质条件。

三、任务实施

例 6-3 某工程地质勘察报告

1）工程概况及勘察目的

受某公司的委托，我公司对其工程进行工程地质勘察。建筑物为 2～4 层，建筑群共 6 幢。拟采用砖混及框架结构。本次勘察的目的如下。

（1）了解建筑物范围内地基土的地层结构及物理力学性质，确定地基土的承载力标准值。

（2）了解地下水的埋藏条件、侵蚀性和地层的渗透性。

（3）得出场地和地基土的地震效应及评价,对不良地质现象进行工程地质评价。

（4）提供基础方案设计、建议。

2）勘察工作量和测点布置

本次勘察点由某设计院布设,共布设机钻孔 54 个。我公司于××年×月×日至×日对拟建场地进行了现场勘察,根据场地条件和地基土特征,又增补了 8 个钻孔和 8 个手摇螺纹孔。共完成机钻孔 62 个,总进尺 900.8 m。

3）场地工程地质条件

（1）地形、地貌。

拟建场地地形起伏不大,地面标高 7.21～10.02 m,最大高差 2.81 m。

（2）地基土的构成及其特征。

本次勘察最大孔深为 18.50 m,根据野外钻探鉴别结合室内土工试验资料,将拟建场地地基土分为四大层,现自上而下分述如下。

第①-1 层素填土:黄灰色或黄褐色,较湿,可塑状态,结构松散,可见少量石子、砖块及植物根系,局部有少量腐殖质。该层层厚 0.80～2.50 m,层底埋深 0.80～2.50 m。地基土的承载力标准值 $f_k=80$ kPa。

第①-2 层塘填土:灰黑色,饱和,流塑状态,含大量有机物。层厚 0.70～3.40 m,层底埋深 2.00～4.40 m。地基分布于暗塘部位。

第②-1 层粉质黏土:灰黄色或黄灰色,可塑状态,中压缩性。层厚 0.50～3.00 m,层底埋深 1.50～4.00 m,地基土承载力标准值 $f_k=160$ kPa。

第②-2 层粉质黏土:灰黄色或灰绿色,硬塑状态,中低压缩性。层厚 1.90～3.80 m,层底埋深 3.90～6.50 m,地基土承载力标准值 $f_k=140$ kPa。

第③-1 层黏土:黄褐色或褐黄色,硬塑状态,中低压缩性,可见铁、锰质结核和高岭土条带,层厚 0.20～3.60 m,层底埋深 1.50～5.30 m。此层分布于大部分场地内,地基土承载力标准值 $f_k=220$ kPa。

第③-2 层粉质黏土:黄褐色,可塑状态,中等压缩性,含铁、锰质氧化物,此层粉性较重。该层层厚 3.50～4.80 m,层底埋深 9.00～11.50 m。此层在场地大部分地区均存在,地基土承载力标准值 $f_k=120$ kPa。

第③-3 层粉质黏土夹粉土:黄灰色,饱和,流塑状态,中等压缩性,具有层理。该层层厚 3.50～4.80 m,层底埋深 9.00～11.50 m。此层分布于整个场地,地基土承载力标准值 $f_k=100$ kPa。

第④层粉质黏土夹粉土:灰色,饱和,流塑状态,高压缩性,层理清晰。此层未钻穿,分布于整个场地,地基土承载力标准值 $f_k=85$ kPa。

（3）地基土的物理力学性质。

拟建场地各土层的物理力学性质指标详见表 6-3。

（4）地下水。

勘察时场地初见水位埋深约 5.0 m,稳定水位埋深约 3.5 m,属上层滞水,为大气降水所补给,受气象因素影响,水位具有一定的升降变化。

本场地环境类型属Ⅲ类,地下水对混凝土结构无腐蚀性;场地水位有一定的升降变化,属干湿交替,地下水对钢筋混凝土结构中的钢筋具弱腐蚀性。

4）场地工程地质评价

根据野外勘察及室内土工试验资料综合分析,拟建场地各土层分析如下。

（1）第①-1素填土层和①-2塘填土层堆积时间短,松散,欠固结。

（2）第②-1粉质黏土层,可塑状态,中等压缩性。

（3）第②-2粉质黏土层,可塑状态,中等压缩性,力学性质较差。场地第②层土主要分布于场地B区。

（4）场地第③层土主要分布于场地A区。

（5）第③-1黏土层,硬塑状态,中偏低压缩性,力学性质好。

（6）第③-2粉质黏土层,可塑状态,中等压缩性,力学性质较好。

（7）第③-3粉质黏土层夹粉土,流塑状态,中低高压缩性,力学性质较差。第④粉质黏土夹粉土层,流塑状态,中偏高压缩性,力学性质较差。

5）结论与建议

（1）场地地貌单元属秦淮河漫滩地貌。

（2）经判定:场地地下水对混凝土无侵蚀性。该地区设防烈度为7度,该建筑场地卓越周期为0.491 s,场地土属中软场地土,建筑的场地类别为Ⅱ类。

（3）场地第③-1粉质黏土层的工程地质条件较好,埋藏较浅,层厚较大,并且分布较稳定,是良好的基础持力层;第③-2粉质黏土层与第③-3粉质黏土夹粉土层埋藏较深,不宜作为基础持力层。

（4）鉴于场地地质条件及其上部建筑物特征,建议采用条形基础,以第②-1粉质黏土层或第③-1粉质黏土层作为未来建筑物基础的持力层。

（5）当基础跨越不同的地基土层时为减少建筑物差异沉降,应设置沉降缝。

（6）对于有暗塘的部位,建议挖除后采用换土垫层法处理。

6）附图表

以下分别是拟建主楼部分的勘察点平面布置图（见图6-6）、工程地质剖面图（见图6-7）和各土层物理力学性质指标综合表（见表6-3）。

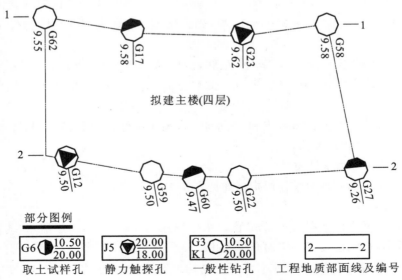

图6-6 勘察点平面布置图

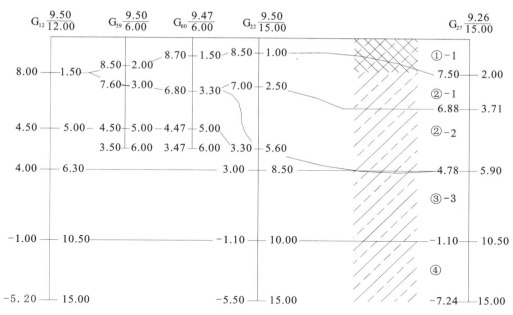

图 6-7　工程地质剖面图

表 6-3　各土层物理力学性质指标综合表

土层序号	土层编号	土名	统计值	物理试验指标									力学性质指标			
				含水量	天然重度	相对密度	孔隙比	饱和度	液限	塑限	液性指数	塑性指数	直接快剪		压缩系数	压缩模量
													内聚力	内摩擦角		
				W	ρ	d_s	e	S_r	w_c	w_p	I_L	I_e	C	φ	a_{1-2}	E_{s1-2}
				%	kN/m³			%	%	%			kPa	°	kPa⁻¹	kPa
1	①-1	素填土	平均值 μ	24.80	19.57	2.73	0.740	91.59	40.27	22.13	0.156	18.13	70.00	10.67	0.20	8.80
2	①-2	塘填土	平均值 μ	38.20	18.40	2.72	1.043	99.62	33.20	19.10	1.355	14.10	20.00	4.00	0.55	3.51
3	②-1	粉质黏土	平均值 μ	24.89	19.58	2.72	0.729	91.15	34.10	19.73	0.364	14.37	54.83	8.92	0.25	6.80
4	②-2	粉质黏土	平均值 μ	28.16	19.42	2.72	0.797	96.33	35.46	20.38	0.521	15.03	55.00	8.50	0.30	6.37
5	③-1	黏土	平均值 μ	24.45	19.77	2.73	0.718	92.82	39.91	21.96	0.140	17.95	92.38	11.58	0.20	8.83
6	③-2	粉质黏土	平均值 μ	29.93	19.23	2.72	0.838	97.07	35.15	20.78	0.613	14.35	56.15	10.03	0.29	6.39
7	③-3	粉质黏土夹粉土	平均值 μ	33.88	18.72	2.72	0.944	97.53	30.52	18.80	1.297	11.72	20.50	20.75	0.29	6.63
8	④	粉质黏土夹粉土	平均值 μ	35.26	18.59	2.72	0.979	97.92	28.87	18.24	1.601	10.64	16.53	21.78	0.35	5.47

四、任务小结

一个单项工程的勘察报告书一般包括下列内容。

（1）任务要求及勘察工作概况。

（2）场地位置、地形地貌、地质构造、不良地质现象及地震设计烈度。

（3）场地的地层分布，岩石和土的均匀性、物理力学性质、地基承载力和其他设计计算指标。

（4）地下水的埋藏条件和腐蚀性以及土层的冻结深度。

（5）对建筑场地及地基进行综合的工程地质评价，对场地的稳定性和适宜性作出结论，指出存在的问题和提出有关地基基础方案的建议。

所附的图表可以是下列几种：勘探点平面布置图，工程地质剖面图，地质柱状图或综合地质柱状图，土工试验成果表，其他测试成果图表（如现场载荷试验、标准贯入试验、静力触探试验、旁压试验等）。

阅读勘察报告应该熟悉勘察报告的主要内容，了解勘察结论和岩土参数的可靠程度，进而判断报告中的建议对该项工程的适用性，从而正确地使用勘察报告。

五、拓展练习

1. 岩土工程勘察报告主要包括哪几部分？
2. 如何阅读岩土工程勘察报告？
3. 工程地质勘查报告中常用的图表有哪些？

任务 3 验槽

一、任务介绍

本任务介绍了验槽的目的及内容，验槽的方法，并以钎探为例介绍了工具、操作程序及验槽步骤；验槽的注意事项；最后通过基槽的局部处理实例介绍了松土坑、墓坑的处理，砖井、土井的处理，基础下局部硬土或硬物的处理，"橡皮土"的处理等内容；了解了验槽的重要性。

二、理论知识

1. 验槽的目的和内容

验槽是一般是岩土工程勘察工作的最后一个环节。当施工单位将基槽（坑）开挖完毕并普遍钎探后，由建设单位会同质检、勘察、设计、监理、施工单位技术负责人，共同到施工现场验槽。验槽的目的为主要有以下几点。

（1）检验通过有限钻孔资料得到的勘察成果是否与实际符合，勘察报告的结论与建议是否正确和切实可行。

（2）根据基槽开挖的实际情况,研究解决新发现的问题和勘察报告遗留的问题。

验槽的基本内容如下。

（1）核对基槽开挖的平面位置与槽底标高是否与勘察、设计要求相符。

（2）检验槽底持力层土质与勘察报告是否相符。参加验槽的各方负责人需下到槽底,依次逐段检验,发现可疑之处,用铁铲铲出新鲜土面,用土的野外鉴别方法进行鉴定。

（3）审阅施工单位的钎探记录并与现场对比钎探,检验钎探记录的正确性,判别地基土质是否均匀。对异常点需要找出分布范围,总结分布规律并查明原因。如局部存在古井、菜窖、坟穴、河沟等不良地基,则还需用钎探等方法查明其深度。

（4）研究决定地基基础方案是否需要修改以及局部异常地基的处理方案。

2. 验槽的方法和注意事项

验槽的方法以肉眼观察为主,并辅以轻便触探、钎探等方法。观察时应重点关注柱基、墙角、承重墙下或其他受力较大的部位,观察槽底土的颜色是否均匀一致,土的坚硬程度是否一样,有无局部含水量异常现象等。

钎探是用 $\phi22\sim25$ mm 的钢筋作钢钎,钎尖呈60°锥状,长度1.8～2.0 m,每300 mm 做一个刻度。钎探时,用质量为4～5 kg 的穿心锤以500～700 mm 的落距将钢钎打入土中,记录每打入300 mm 的锤击数,据此判断土质的软硬程度。

对于验槽前的槽底普遍钎探,许多地区已明文规定必须采用轻型圆锥动力触探（轻便触探）。这是因为该方法不仅可以探明地基土质的均匀性,而且可以校核持力层土的承载力,而且这是其他钎探方法做不到的。

槽底普遍钎探时,条形基槽宽度小于80 cm 时,可沿中心线打一排钎探孔;槽宽大于80 cm,可打两排错开孔或采用梅花型布孔。探孔的间距视地基土质的复杂程度而定,一般为1.0～1.5 m,深度一般取1.8 m。钎探前应绘制基槽平面图,布置探孔并编号,形成钎探平面图;钎探时应固定人员和设备;钎探后应对探孔进行遮盖保护和编号标记,验槽完毕后妥善回填。

验槽时应注意以下事项。

（1）验槽要抓紧时间,基槽挖好后立即钎探并组织验槽,避免下雨泡槽、冬季冰冻等不良影响。

（2）槽底设计标高若位于地下水位以下较深时,必须做好基槽排水,保证槽底不泡水。如槽底标高在地下水位以下不深时,可先挖至地下水面验槽,验完槽后再挖至基底设计标高。

（3）验槽时应验看新鲜土面,清除超挖回填的虚土。冬季冻结的表土和夏季日晒后干土看似很坚硬,但都是虚假状态,应用铁铲铲去表层再检验。

（4）当持力层下埋藏有下卧砂层而承压水头高于基底时,不宜进行钎探,以免造成涌砂。

3. 基槽的局部处理

1）松土坑、墓坑的处理

当坑在基槽中的范围较小时,将坑中松土杂物挖除,使坑底及四壁均见天然土为止,回填与天然土压缩性相近的材料。当天然土为砂土时,用砂或级配砂石回填;当天然土为较密实的黏性土时,用3：7灰土分层回填夯实;当天然土为中密可塑的黏性土或新近沉积黏性土时,可用1：9或2：8灰土分层回填夯实,每层厚度不大于20 cm。

当坑在基槽中的范围较大且超过基槽边沿，因条件限制，槽壁挖不到天然土层时，则应将该范围内的基槽适当加宽。

当坑范围较大，并且长度超过 5 m 时，如坑底土质与一般槽底土质相同，可将此部分基础加深，做 1∶2 踏步与两端相接，每步高不大于 50 cm，长度不小于 100 cm。

当坑较深，并且大于槽宽或 1.5 m 时，按以上要求处理后，还应适当考虑加强上部结构的强度，以防产生过大的局部不均匀沉降。

当松土坑地下水位较高，坑内无法夯实时，可将坑中软弱的松土挖去后，再用砂土、砂石或混凝土代替灰土回填。

2）砖井、土井的处理

当砖井、土井在室内基础附近时，将水位降低到最低可能限度，用中、粗砂及块石、卵石或碎砖等回填到地下水位以上 50 cm。砖井应将四周砖圈拆至坑（槽）底以下 1 m 或更多些，然后再用素土分层回填并夯实。

当砖井、土井在基础下或 3 倍条形基础宽度，又或者 2 倍柱基宽度范围内时，先用素土分层回填夯实，至基础底下 2 m 处，将井壁四周松软部分挖去，有砖井圈时，将井圈拆至槽底以下 1～1.5 m。当井内有水，应用中、粗砂及块石、卵石或碎砖回填至水位以上 50 cm，然后再按上述方法处理；当井内已填有土，但不密实，并且挖除困难时，可在部分拆除后的砖石井圈上加钢筋混凝土盖封口，上面用素土或 2∶8 灰土分层回填、夯实至槽底。

当砖井、土井在房屋转角处，并且基础部分或全部压在井上，除用以上办法回填处理外，还应对基础加固处理。当基础压在井上部分较少，可采用在基础上挑钢筋混凝土梁的办法处理。当基础压在井上部分较多，用挑梁的方法较困难或不经济时，则可将基础沿墙长方向向外延长出去，使延长部分落在天然土上，落在天然土上基础总面积应等于或稍大于井圈范围内原有基础的面积，并在墙内配筋或用钢筋混凝土梁来加强。

3）基础下局部硬土或硬物的处理

当基底下有旧墙基、老灰土、化粪池、树根、路基、基岩、弧石等，应尽可能挖除或拆掉，然后分层回填与基底天然土压缩性相近的材料或 3∶7 灰土，并分层夯实。如硬物挖除困难，可在其上设置钢筋混凝土过梁跨越，并与硬物间保留一定空隙，或在硬物上部设置一层软性褥垫（砂或土砂混合物）以调整沉降。

4）"橡皮土"的处理

当地基为黏性土且含水量很大，趋于饱和时，夯（拍）打后，地基土变成踩上去有一种颤动感觉的土，称为"橡皮土"。故对趋于饱和的黏性土应避免直接夯打，而应暂停一段时间施工，通过晾槽降低土的含水量，或将土层翻起并粉碎均匀，掺加石灰粉以吸收水分，同时改变原土结构成为灰土，使之具有一定强度和水稳性。如地基已成"橡皮土"，则可在上面铺一层碎石或碎砖后再进行夯击，将表土层挤紧，或者挖去"橡皮土"，重新填好土或级配砂石夯实。

三、任务实施

例 6-4 某建筑工程建筑面积为 20 500 m²，钢筋混凝土现浇结构，筏板基础，地下 3 层，地上 12 层，基础埋深 12.4 m，该工程位于繁华市区，施工场地狭小。工程所在地区的地质为北高南低,地下水流从北向南,施工单位的降水方案计划在基坑南边布置单排轻型井点。基坑开挖到设计标高后,施工单位和监理单位对基坑进行了验槽,并对基底进行了钎探,发现地基东南角有约 350 m³ 软土区,监理工程师随即指示施工单位进行换填处理。

问题1 施工和监理两家单位共同进行工程验槽的做法是否妥当? 说明理由。

答 不妥。工程验槽应由建设单位、监理单位、施工单位、勘察单位和设计单位五方共同进行。

问题2 发现基坑底软土区后应按什么工作程序进行基坑处理?

答 应按如下程序进行处理。

(1)建设单位应要求勘察单位对软土区进行地质勘察。

(2)建设单位应要求设计单位根据勘察结果对软土区地基作设计变更。

(3)建设单位或授权监理单位研究设计单位所提交的设计变更方案,并就设计变更实施后的费用与工期和施工单位达成一致后,由建设单位对设计变更做出决定。

(4)由总监理工程师签发工程变更单,指示承包单位按变更的决定组织地基处理。

四、任务小结

1. 验槽是一般岩土工程勘察工作最后一个环节。当施工单位将基槽(坑)挖完毕并普遍钎探后,由建设单位会同质检、勘察、设计、监理、施工单位技术负责人,共同到施工现场验槽。普遍钎探建议采用轻便触探。

2. 验槽的方法以肉眼观察为主,并辅以轻便触探、钎探等方法。

3. 对基槽中的松土坑、墓坑、土井、局部硬土或硬物、橡皮土等异常地基应根据实际情况采取相应措施加以处理。

五、拓展练习

1. 验槽的基本内容有哪些?

2. 以钎探为例,说明验槽的具体操作方法。

3. 以本地的地质条件为例,说明基槽的局部处理方法。

天然地基浅基础的设计

本项目阐述了与地基基础设计相关的问题。根据《建筑地基基础设计规范》（GB 50007—2011）做出的表述，即地基为支承建筑物的土体或岩体，基础是将结构所承受的各种作用传递到地基上的结构组成部分。地基基础设计必须根据建筑物的用途和安全等级、建筑布置和上部结构类型，并充分考虑建筑场地和地基土、岩性状，结合施工方法以及工期、造价等方面因素、合理地确定地基基础方案，因地制宜，以保证建筑物的安全和正常使用。

一般天然地基上浅基础施工简单，造价低；而人工地基及深基础则造价较高，施工也较复杂。因此在保证建筑物的安全和正常使用的前提下，应首先选用天然地基上浅基础方案。本任务主要介绍天然地基上浅基础的设计。

任务 1　浅基础的类型及选择

一、任务介绍

本任务介绍了浅基础、基础埋深这些基本概念，及浅基础的类型，并举例说明无筋扩展基础、钢筋混凝土扩展基础和钢筋混凝土梁板基础的基本形式及构造要求；结合案例分析如何选择浅基础类型。

二、理论知识

如果地基土是良好的土层或者上部有较厚的良好土层时，一般将基础直接做在天然土层上，这种地基称为天然地基。做在天然地基上、埋置深度小于 5 m 的一般基础（柱基或墙基）以及埋置深度虽超过 5 m 但小于基础宽度的大尺寸基础，如箱形基础，统称为天然地基上的浅基础。

根据基础所用的材料来分,浅基础可分为无筋扩展基础、钢筋混凝土扩展基础和钢筋混凝土梁板基础。按基础结构形式来分,浅基础可分为独立基础、条形基础、板式基础、筏式基础、箱形基础和壳体基础等。

1. 无筋扩展基础

无筋扩展基础又称为刚性基础,是指由灰土、三合土、砖、毛石或混凝土等材料组成的墙下条形基础或柱下独立基础。由于组成无筋扩展基础的材料抗拉、抗弯强度低,该基础的外伸宽度受限制,所以此类基础的相对高度较大。

无筋扩展基础可分为墙下条形基础和柱下独立基础,其中墙下刚性条形基础应用得较多,在北方环境干燥地区用于五层以下丙级民用建筑,在南方环境相对潮湿地区一般用于四层以下的丙级民用建筑中。

1)砖基础

砖基础一般建在 100 mm 厚 C10 素混凝土垫层上,其剖面为阶梯形,通常称大放脚,大放脚一般为二一间隔收(两皮一收与一皮一收相间)或两皮一收,但保证底层必须两皮砖厚,一皮指一层砖,每收一次两边各收 1/4 砖长,如图 7-1(a)所示。

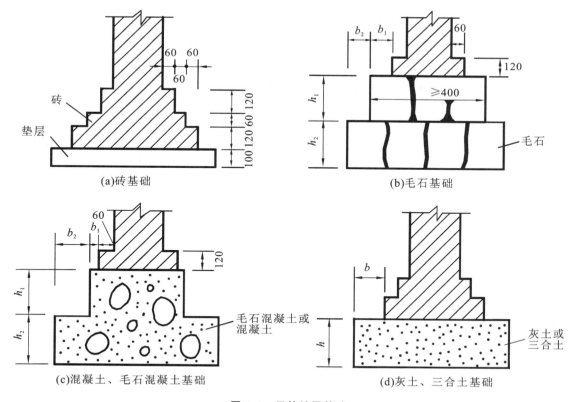

(a)砖基础 (b)毛石基础 (c)混凝土、毛石混凝土基础 (d)灰土、三合土基础

图 7-1 无筋扩展基础

为了保证耐久性,根据地基土潮湿程度及地区寒冷程度的不同,《砌体结构设计规范》(GB 50003—2011)中规定,地面以下或防潮层以下的砌体,所用材料的最低强度等级应符合表 7-1 的要求。

表 7-1　地面以下或防潮层以下的砌体所用材料的最低强度等级

基土的潮湿程度	烧结普通砖、蒸压灰砂砖		混凝土砌块	石　材	水泥砂浆
	严寒地区	一般地区			
稍潮湿的	MU10	MU10	MU7.5	MU30	M5
很潮湿的	MU15	MU10	MU7.5	MU30	M7.5
含水饱和的	MU20	MU15	MU10	MU40	M10

注：(1) 在冻胀地区，地面以下或防潮层以下的砌体，不宜采用多孔砖；如采用时，其孔洞应用水泥砂浆灌实。当采用混凝土砌块砌体时，其孔洞应采用强度等级不低于 Cb20 的混凝土灌实。

(2) 对安全等级为一级或设计使用年限大于 50 年的房屋，表中材料强度等级应至少提高一级。

砖基础具有取材容易、价格便宜、施工简便的特点，因此广泛应用于 6 层及 6 层以下的民用建筑和砖墙承重厂房。

2）毛石基础

毛石是指未经加工整平的石料。毛石基础就是选用强度较高而未经风化的毛石砌筑而成的。毛石和砂浆的强度等级应符合表 7-1 的要求。为了保证砌筑质量，每层台阶宜用三排或三排以上的毛石，每一台阶伸出宽度不宜大于 200 mm，高度不宜小于 400 mm，石块应错缝搭砌，缝内砂浆应饱满，如图 7-1(b) 所示。

3）混凝土和毛石混凝土基础

混凝土基础的强度、耐久性、抗冻性均较好，其强度等级一般可采用 C15 以上，常用于荷载大或基础位于地下水位以下的情况。当基础体积较大时，为了节省水泥用量，可在混凝土内掺入 20%～30% 体积的毛石做成毛石混凝土基础，如图 7-1(c) 所示。掺入毛石的尺寸不宜大于300 mm。

4）灰土基础

为了节约砖石材料，常在砖石大放脚下面做一层灰土垫层，如图 7-1(d) 所示。灰土是用熟化的石灰粉和黏性土按一定比例加适量水拌匀后分层夯实而成，体积配合比为 3∶7 或 2∶8，一般多采用 3∶7，即 3 分石灰粉、7 分黏性土（体积比），通常称为三七灰土。石灰粉需过 5～10 mm 筛子，土料宜就地取材，以粉质黏土为好，并过 15 mm 筛子，含水量接近最优含水量。拌和好的灰土以"捏紧成团，落地开花"为合格。灰土的强度与夯实密度有关，施工后质量要求干重度不小于 14.5～15.5 kN/m。

灰土施工时，每层虚铺 220～250 mm 厚，夯实至 150 mm，称为一步灰土。一般可用 2 步或 3 步，即 300 mm 或 450 mm 厚。

灰土基础造价低，多用于五层及五层以下的混合结构房屋及砖墙承重轻型厂房等，但由于灰土早期强度低、抗水性差、抗冻性也较差，尤其在水中硬化很慢，故常用于地下水位以上、冰冻线以下。

5）三合土基础

三合土是由石灰、砂和骨料（碎石、碎砖或矿渣等）按体积比 1∶2∶4 或 1∶3∶6 加适量水拌和均匀，铺在基槽内分层夯实而成。每层虚铺 220 mm 厚，夯实至 150 mm。然后在它上面砌大放脚。三合土基础施工简单、造价低廉,但强度较低,故一般用于地下水位较低的 4 层及 4 层以下的民用建筑,在我国南方地区应用较为广泛。如图 7-1(d)所示。

上述基础构成材料具有抗压性能良好,而抗拉、抗剪性能较差的共同特点,为防止基础发生弯曲破坏,要求无筋扩展基础具有非常大的抗弯刚度,受荷后基础不允许挠曲变形和开裂。因此,基础必须具有一定的高度,使弯曲所产生的拉应力不会超过材料的抗拉强度。通常采用控制基础台阶宽高比不超过规定限值的方法来解决。

2. 钢筋混凝土扩展基础

钢筋混凝土扩展基础又分为墙下钢筋混凝土条形基础和柱下钢筋混凝土独立基础。由于采用了钢筋混凝土结构,基础的抗弯等可通过配置钢筋来承担,基础的扩展宽度不受宽高比限制,比无筋扩展基础的扩展宽度大得多,特别适用于"宽基浅埋"的情况。钢筋混凝土扩展基础的抗弯和抗剪性能好,不受台阶宽高比的限制。图 7-2 所示为柱下独立基础,图 7-3 所示为墙下扩展条形基础。

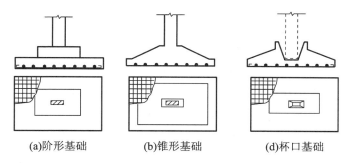

(a)阶形基础　　　　　(b)锥形基础　　　　　(d)杯口基础

图 7-2　柱下钢筋混凝土独立基础

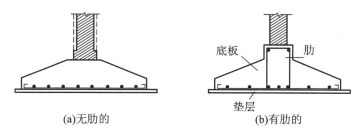

(a)无肋的　　　　　　　　(b)有肋的

图 7-3　墙下钢筋混凝土条形基础

3. 钢筋混凝土梁板式基础

钢筋混凝土梁板式基础分为柱下条形基础、柱下十字交叉梁基础、筏形基础和箱形基础。

1) 柱下钢筋混凝土条形基础

当上部结构荷载较大,地基较软弱的情况下,若采用柱下单独基础,基底面积可能很大以至于互相接近时可将同一排的柱基础连通做成钢筋混凝土条形基础。如图 7-4(a)所示。

2) 柱下十字交叉基础

当上部荷载较大、地基土质较差,采用条形基础不能满足地基承载力要求,或是需要增强基

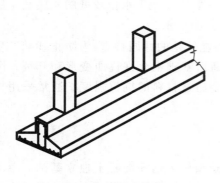
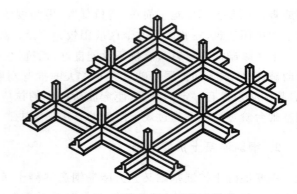

(a)单向条形基础   (b)十字交叉条形基础

图 7-4　柱下条形基础

础的整体刚度来减少不均匀沉降时,可在柱网下纵横两方向设置钢筋混凝土条形基础形成如图 7-4(b)所示的十字交叉基础。由于在纵横两向均具有一定的刚度,柱下十字交叉条形基础具有良好的调整不均匀沉降的能力。

3)筏板基础

当上部荷载大、地基特别软弱或有地下室时可采用钢筋混凝土筏板基础。筏板基础像一个倒置的整体刚度很大的无梁楼盖,它能很好地适应上部结构荷载的变化及调整地基的不均匀沉降。按构造的不同它可分为平板式和梁板式两类,见图 7-5。平板式是柱子直接支承在钢筋混凝土底板上,形若倒置的无梁楼盖。按梁板的位置不同,梁板式又可分为上梁式和下梁式,其中下梁式底板表面平整,可作建筑物底层地面。梁板式基础的刚度较大,能承受更大的弯矩。筏形基础可用于框架、框剪、剪力墙结构,还广泛应用于砌体结构。

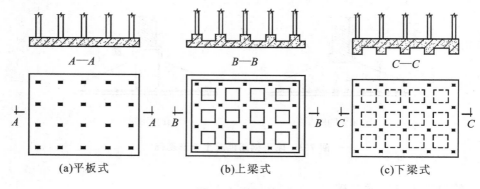

(a)平板式   (b)上梁式   (c)下梁式

图 7-5　筏形基础

4)箱形基础

为了使基础具有更大刚度,基础可做成由钢筋混凝土整片底板、顶板和若干钢筋混凝土纵横墙组成的箱形基础,见图 7-6。这种基础整体抗弯刚度相当大,基础的空心部分可做地下室。另外,由于埋深较大和基础空腹,卸除了基底处原有的地基自重压力,大大减少了基础底面的附加压力,所以这种基础又称为补偿基础。箱形基础整体抗弯刚度很大,使上部结构不易开裂,调整不均匀沉降能力强;由于空腹,可减少基底的附加压力;埋深大,稳定性较好。箱形基础在高层建筑及重要的建筑物中常被采用。但箱形基础耗用的钢筋及混凝土较多,还需考虑基坑支护和降水、止水问题,并且施工技术复杂。

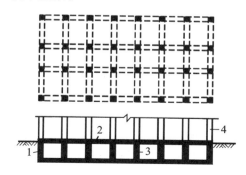

图 7-6　箱形基础

1—外墙;2—顶板;3—内墙;4—上部结构

4. 壳体基础

壳体基础有正圆锥壳、M 型组合壳和内球外锥组合壳等形式,如图 7-7 所示。适用于一般工业与民用建筑柱基和筒形的构筑物(如烟囱、水塔、料仓、中小型高炉等)基础。这种基础使径向内力转变为压应力为主,可比一般梁板式的钢筋混凝土基础减少混凝土用量 50% 左右,节约钢筋 30% 以上,具有良好的经济效果。但壳体基础修筑土胎、布置钢筋及浇捣混凝土等施工工艺复杂,技术要求较高。

　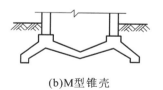　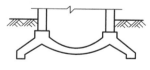

(a)正圆锥壳　　　　　　　　(b)M型锥壳　　　　　　　　(c)内球外锥组合壳

图 7-7　壳体基础

三、任务实施

例 7-1　某工程基础选择案例。

影响基础选型的因素很多,主要有建筑物性质及荷重、场地工程地质条件、水文地质条件、建筑物的基础埋深、邻近建筑基础类型的选取及施工条件限制等。在工程实践中应根据不同的工程特点进行基础选型,但应在确保建筑物安全使用的前提下本着方便施工和节省投资的原则选择经济合理的基础类型。

从经济上比较依次为(造价由低到高):天然基础、独立基础、条形基础、桩基础、筏形基础、箱形基础。

1. 工程简介

某教学楼为框架结构,首层层高 4.2 m,2～6 层层高均为 3.6 m;首层为阶梯教室,2 层为图书馆,层高均为6 m。地基大部分为浅埋的硬塑黏土,地基承载力200 kPa;教室部分约有1/3的地基为淤质黏土,地基承载力仅80 kPa;黏土层下为微风化灰岩,埋深为6～8 m。

2. 基础选型

根据岩土勘察资料,硬塑黏土为良好的持力层,而淤质黏土承载力低下,不经处理无法作为持力层,而灰岩承载力高,可作为良好的桩端持力层。由于6层教室荷载较大,又无法以淤质黏土为持力层,故初步选择以灰岩为桩端持力层,采用人工挖孔灌注桩,以充分利用灰岩的承载力。而阶梯教室、图书馆仅两层,竖向荷载较小,由于是大跨结构,柱脚弯矩较大,故选择以硬塑黏土为持力层,采用柱下独立基础,利用独立基础进行抗弯设计。两者层数不同,荷载不同,持力层不同,基础形式也不同,在两者之间设置了沉降缝,将两者完全分开。

3. 施工现场处理

在施工桩基时,由于灰岩坚硬,并且部分灰岩存在溶洞,采取炸药爆破作为施工手段。在爆破施工时,附近的两层砖砌旧民居出现震动、墙体开裂的现象,遭到居民的投诉,不得不暂停施工。根据施工现场的实际情况,对地基进行局部开挖,探明淤质黏土是由于硬塑黏土低洼部分遭到水沟漏水长期浸泡而成,如果进行地基处理,还是可以作为持力层的。深层搅拌桩是通过专用的深层搅拌机械钻入软弱地基深部,喷射特定的固化剂同时将软弱土层和固化剂搅拌均匀,使软弱土层硬结而提高地基土的强度的地基处理工法,工艺成熟,施工简便,是一种经济可行的软弱地基处理技术。但根据以往经验,地基处理后建筑的沉降相对较大,为了避免出现不均匀沉降,在硬塑黏土和淤质黏土分界线上设置了沉降缝,基础形式转而改用柱下十字条形基础,以增大基础的整体性,减小不均匀沉降。

4. 地基处理

经过计算,对淤质黏土采用深层搅拌桩进行地基处理。深层搅拌桩桩径$d=500$ mm,桩长6 000 mm,间距750 mm,按梅花状布置,面积置换率$m=0.35$,固化剂采用425标号水泥,掺入量为土重的12%,设计地基承载力为180 kPa。施工严格按《建筑地基处理技术规范》(JGJ 79—2012)进行施工及验收。深层搅拌桩施工完成90 d后由地质勘察部门进行了现场载荷试验,试验结果表明地基承载力和沉降都满足设计指标。

本工程已竣工并投入使用,近期在工程回访时未发现墙体开裂、建筑倾斜等不良现象,沉降缝两边无明显沉降差,没有出现不均匀沉降,能够满足教学楼的正常使用,说明地基处理是成功的。

5. 结论

本工程从开工到竣工,历时两年。开始选择桩基础形式,是因为桩基础承载力高,施工方便快捷,比较经济。但由于爆破施工引起附近民居开裂,不得不进行基础变更,对已经开挖的桩孔采用砂石回填密实。在地基处理的同时,还要考虑到地基处理后的沉降稳定性,因而选择基础刚度和基础整体性更好的十字条形基础。考虑到硬塑黏土和进行地基处理后的淤质黏土之间的压缩模量不同,最终沉降量也不同,在两种地基土的分界线设置了沉降缝,以避免由于两边建筑最终沉降量不同造成建筑出现开裂。从本工程实例中可以看到,基础形式要根据建筑的上部结构型式和柱脚内力、地基土的承载力大小和埋深、有无软弱地基进行综合的比较,才能选出安全可靠、经济性较好的基础形式。

6．其他建议

（1）基础选型、埋深、布置是否合理。一般红黏土层上的浅基础宜浅埋,充分利用硬壳层,但不得小于 0.5 m。基础类别不宜超过 2 种。注意放在不同持力层、荷载差别大、地基较软弱、持力层厚薄不均匀等情况的基础沉降差应有控制措施,如设置沉降缝或调整基底附加压力,采用墙下扩展基础、十字交叉基础、人工挖孔桩等基础形式。多层砌体结构优先采用无筋扩展基础,地基较软弱时应设置基础圈梁。高层建筑基础埋深满足《建筑地基基础设计规范》（GB 50007—2011)中第 5.1.3 条,人工挖孔桩埋深由有可靠侧向限制的深度计算至承台底,无承台的可以算至柱纵向钢筋的锚固深度。浅基础基底不在同一深度时应放阶,局部软弱地基应处理。抗震设防区独立基础和人工挖孔桩应设置双向拉梁。

（2）地基承载力及变形计算要规范。符合《建筑地基基础设计规范》（GB 50007—2011)要求。承载力应根据《岩土勘察报告》提供,基底交叉处面积不得重复计算。注意地基基础荷载效应的取用,地基承载力计算采用标准组合、地基变形计算采用准永久组合、基础内力和强度计算采用基本组合。注意需要进行地基变形计算的范围。

（3）地基处理设计时,应考虑上部结构,基础和地基的共同作用,必要时应采取有效措施,加强上部结构的刚度和强度,以增加建筑物对地基不均匀变形的适应能力。对已选定的地基处理方法,宜按建筑物地基基础设计等级,选择代表性场地进行相应的现场试验,并进行必要的测试,以检验设计参数和加固效果,同时为施工质量检验提供相关依据。

（4）常用的地基处理方法有:换填垫层法、强夯法、砂石桩法、振冲法、水泥土搅拌法、高压喷射注浆法、预压法、夯实水泥土桩法、水泥粉煤灰碎石桩法、石灰桩法、灰土挤密桩法和土挤密桩法、柱锤冲扩桩法、单液硅化法和碱液法等。地基处理后,建筑物的地基变形应满足现行有关规范的要求,并在施工期间进行沉降观测,必要时应在使用期间继续观测,用以评价地基加固效果和作为使用维护依据。复合地基设计应满足建筑物承载力和变形要求。地基土为欠固结土、膨胀土、湿陷性黄土、可液化土等特殊土时,设计要综合考虑土体的特殊性质,选用适当的增强体和施工工艺。复合地基承载力特征值应通过现场复合地基载荷试验确定,或采用增强体的载荷试验结果和其周边土的承载力特征值结合经验确定。

四、任务小结

做在天然地基上、埋置深度小于 5 m 的一般基础（柱基或墙基)以及埋置深度虽超过 5 m 但小于基础宽度的大尺寸基础,统称为天然地基上的浅基础。浅基础可分为无筋扩展基础、钢筋混凝土扩展基础和钢筋混凝土梁板基础。无筋扩展基础,如砖基础、毛石基础及灰土基础或三合土基础等;钢筋混凝土扩展基础,如墙下钢筋混凝土条形基础和柱下钢筋混凝土独立基础等;钢筋混凝土梁板基础,如柱下条形基础、柱下十字交叉梁基础、筏形基础和箱形基础等;壳体基础的技术要求较高。

五、拓展练习

1. 浅基础的概念是什么？

2. 无筋扩展基础的特点是什么？

3. 地基基础有哪些类型，各适用于什么条件？

4. 某三层高的商场，因受地域限制被设计成一字型，由沉降缝将其分为三个部分。其中，第一、第二部分有地下室，地下室深 4.8 m，第三部分没有地下室，上部结构层数相同。周围有建筑物，相距约 4 m。考虑地下室防水，故采用筏板基础，请问在对周围住宅楼和商业楼而言相对安全的情况下，第三部分能否单纯采用独立基础，其与筏板基础相比，哪一种更经济，结合实际情况讨论应如何选型。

任务 2 浅基础设计的基本内容

一、任务介绍

本任务介绍了确定基础埋深的影响因素，如建筑物的用途及基础的形式和构造，作用在地基上的荷载大小和性质，工程地质和水文地质条件，相邻建筑物的基础埋深，相邻建筑物的基础埋深，地基土冻胀和融陷的影响。重点介绍了如何按持力层承载力确定基底尺寸，以及地基软弱下卧层承载力验算。

二、理论知识

1. 地基基础设计等级

《建筑地基基础设计规范》(GB 50007—2011)根据地基的复杂程度、建筑物的规模和功能特征，考虑到地基问题可能会造成建筑破坏的程度和影响建筑物正常使用的程度，将地基基础设计分为甲级、乙级、丙级三个等级（见表 7-2）。设计时应按表 7-2 中的规定确定地基基础的设计等级。

（1）设计等级为甲、乙级的建筑物均应按地基变形设计。

$$S \leqslant [S] \tag{7-1}$$

式中：S——地基变形值，计算方法见本书项目 3；

　　　$[S]$——地基允许变形值，见表 7-3。

（2）设计等级为丙级的建筑物，若满足表 7-4 的条件时可不作变形验算。

表 7-2 地基基础设计等级

设计等级	建筑和地基类型
甲级	重要的工业与民用建筑物 30 层以上的高层建筑 体形复杂、层数相差超过十层的高低层连成一体建筑物 大面积的多层地下建筑物(如地下车库、商场、运动场等) 对地基变形有特殊要求的建筑物 复杂地质条件下的坡上建筑物(包括高边坡) 对原有工程影响较大的新建建筑物 场地和地基条件复杂的一般建筑物 位于复杂地质条件及软土地区的二层及二层以上地下室的基坑工程
乙级	除甲级、丙级以外的工业与民用建筑
丙级	场地和地基条件简单、荷载分布均匀的七层及七层以下民用建筑及一般工业建筑物;次要的轻型建筑物

表 7-3 建筑物的地基变形允许值

变形特征	地基土类别	
	中、低压缩性土	高压缩性土
砌体承重结构基础的局部倾斜	0.002	0.003
工业与民用建筑相邻柱基的沉降差 (1)框架结构 (2)砌体墙填充的边排柱 (3)当基础不均匀沉降时不产生附加应力的结构	0.002l 0.0007l 0.005l	0.003l 0.001l 0.005l
单层排架结构(柱距为 6 m)柱基的沉降量/mm	(120)	200
桥式吊车轨面的倾斜(按不调整轨道考虑) 纵向 横向	0.004 0.003	
多层和高层建筑的整体倾斜 $H_g \leqslant 24$ $24 < H_g \leqslant 60$ $60 < H_g \leqslant 100$ $H_g > 100$	0.004 0.003 0.0025 0.002	
体形简单的高层建筑基础的平均沉降量/mm	200	

变 形 特 征	地 基 土 类 别
高耸结构基础的倾斜	
$H_g{\leqslant}20$	0.008
$20{<}H_g{\leqslant}50$	0.006
$50{<}H_g{\leqslant}100$	0.005
$100{<}H_g{\leqslant}150$	0.004
$150{<}H_g{\leqslant}200$	0.003
$200{<}H_g{\leqslant}250$	0.002
高耸结构基础的沉降量/mm	
$H_g{\leqslant}100$	400
$100{<}H_g{\leqslant}200$	300
$200{<}H_g{\leqslant}250$	200

注:(1) 本表数值为建筑物地基实际最终变形允许值;

(2) 有括号者仅适用于中压缩性土;

(3) l 为相邻柱基的中心距离(mm);H_g 为自室外地面起算的建筑物高度(m);

(4) 倾斜指基础倾斜方向两端点的沉降差与其距离的比值;

(5) 局部倾斜指砌体承重结构沿纵向 6～10 m 内基础两点的沉降差与其距离的比值。

表 7-4　可不作地基变形计算设计等级为丙级的建筑物范围

地基主要受力层情况	地基承载力特征值 f_{ak}/kPa		$60{\leqslant}f_{ak}$ <80	$80{\leqslant}f_{ak}$ <100	$100{\leqslant}f_{ak}$ <130	$130{\leqslant}f_{ak}$ <160	$160{\leqslant}f_{ak}$ <200	$200{\leqslant}f_{ak}$ <300
	各土层坡度/(%)		${\leqslant}5$	${\leqslant}5$	${\leqslant}10$	${\leqslant}10$	${\leqslant}10$	${\leqslant}10$
建筑类型	砌体承重结构、框架结构(层数)		${\leqslant}5$	${\leqslant}5$	${\leqslant}5$	${\leqslant}6$	${\leqslant}6$	${\leqslant}7$
	单层排架结构(6 m柱距)	单跨　吊车额定起重量/t	5～10	10～15	15～20	20～30	30～50	50～100
		单跨　厂房跨度/m	${\leqslant}12$	${\leqslant}18$	${\leqslant}24$	${\leqslant}30$	${\leqslant}30$	${\leqslant}30\backslash$
		多跨　吊车额定起重量/t	3～5	5～10	10～15	15～20	20～30	30～75
		多跨　厂房跨度/m	${\leqslant}12$	${\leqslant}18$	${\leqslant}24$	${\leqslant}30$	${\leqslant}30$	${\leqslant}30$
	烟囱	高度/m	${\leqslant}30$	${\leqslant}40$	${\leqslant}50$	${\leqslant}75$	${\leqslant}100$	
	水塔	高度/m	${\leqslant}15$	${\leqslant}20$	${\leqslant}30$	${\leqslant}30$	${\leqslant}30$	
		容积/m³	${\leqslant}50$	50～100	100～200	200～300	300～500	500～1000

注:(1) 地基主要受力层系指条形基础底面下深度为 $3b$(b 为基础底面宽度),独立基础下为 $1.5b$,并且厚度均不小于 5 m 的范围(二层以下一般的民用建筑除外);

(2) 地基主要受力层中如有承载力特征值小于 130 kPa 的土层时,表中砌体承重结构的设计,应符合《建筑地基基础设计规范》(GB 50007—2011)第 7 章的有关要求;

(3) 表中砌体承重结构和框架结构均指民用建筑,对于工业建筑可按厂房高度、荷载情况折合成与其相当的民用建筑层数;

(4) 表中吊车额定起重量、烟囱高度和水塔容积的数值系指最大值。

若遇下列情况,仍应作变形验算。

① 地基承载力特征值小于 130 kPa,并且体型复杂的建筑。

② 在基础上及其附近有地面堆载或相邻基础荷载差异较大,可能引起地基产生过大的不均匀沉降时。

③ 软弱地基上的建筑物存在偏心荷载时。

④ 相邻建筑距离过近,可能发生倾斜时。

⑤ 地基内有厚度较大或厚薄不均的填土,其自重固结未完成时。

(3) 地基稳定性验算。

对经常受水平荷载作用的高层建筑、高耸结构和挡土墙等,以及建造在斜坡上或边坡附近的建筑物和构筑物,还应验算其稳定性。

(4) 建筑物抗浮验算。

当地下水埋藏较浅,建筑地下室或地下构筑物存在上浮问题时,还应进行抗浮验算。

2. 基础埋置深度的确定

基础埋置深度是指从室外设计地面至基础底面的距离,如图 7-8 所示。

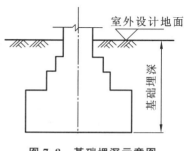

图 7-8　基础埋深示意图

基础埋置深度的大小,对于建筑物的安全和正常使用、基础施工技术措施、施工工期和工程造价等影响很大。设计时必须综合考虑建筑物自身条件(如使用条件、结构形式、荷载的大小和性质等)以及所处的环境(如地质条件、气候条件、邻近建筑的影响等),选择技术可靠、经济合理的基础埋置深度。

确定基础埋置深度的原则是:在满足地基稳定和变形要求的前提下,基础应尽量浅埋,以节省投资、方便施工。考虑地面动植物、耕土层等因素对基础的影响,除岩石基础外,基础埋深不宜小于 0.5 m。

基础埋置深度,应综合考虑以下因素后加以确定。

1) 建筑物的用途及基础构造

某些建筑物要求具有一定的使用功能或宜采用某种基础形式,这些要求常成为其基础埋深选择的先决条件。例如,设置地下室或设备层的建筑物、使用箱形基础的高层或重型建筑、具有地下部分的设备基础等,其基础埋置深度应根据建筑物地下部分的设计标高、设备基础底面标高来确定。

不同基础的构造高度也不相同,基础埋深自然不同。为了保护基础不露出地面,构造要求基础顶面至少应低于室外设计地面 0.1 m。

2) 作用在地基上的荷载大小和性质

荷载大小不同,对地基承载力的要求也就不同,因而直接影响到持力层的选择。如浅层某一深度的土层,对荷载小的基础可能是很好的持力层,而对荷载大的基础,可能不宜作为持力层。荷载的性质对基础埋置深度的影响也很明显。承受水平荷载的基础,必须有足够的埋置深度来获得土的侧向抗力,以保证基础的稳定性,减少建筑物的整体倾斜,防止倾覆及滑移。例如,抗震设防区,高层建筑筏形和箱形基础的埋置深度,采用天然地基时一般不宜小于建筑物高度的 1/15；桩箱或桩筏基础的埋置深度（不计桩长）不宜小于建筑物高度的 1/18；承受上拔力的基础，如输电塔基础，也要求有较大的埋深以提供足够的抗拔阻力；承受动荷载的基础，则不宜选择饱和疏松的粉细砂作为持力层，以免这些土层由于振动液化而丧失承载力，造成基础失稳。

3）工程地质和水文地质条件

为了保证建筑物的安全，必须根据荷载的大小和性质给基础选择可靠的持力层。一般当上层土的承载力能满足要求时，应选择作为持力层，若其下有软弱土层时，则应验算其承载力是否满足要求。当上层土软弱而下层土承载力较高时，则应根据软弱土的厚度决定基础做在下层土上还是采用人工地基或桩基础与深基础。总之，应根据结构安全、施工难易和材料用量等进行比较确定。

对墙基础，如地基持力层顶面倾斜，可沿墙长将基础底面分段做成高低不同的台阶状。分段长度不宜小于相邻两段面高差的 1～2 倍，并且不宜小于 1 m。

如遇到地下水，基础应尽量埋置于地下水位以上，以避免地下水对基坑开挖、基础施工和使用的影响。如必须将基础埋在地下水位以下时，则应采取施工排水措施，保护地基土不受扰动。对于承压水，则应考虑承压水上部隔水层最小厚度问题，以避免承压水冲破隔水层，浸泡基槽。对河岸边的基础，其埋深应在流水冲刷作用深度以下。

4）相邻建筑物的基础埋深

当存在相邻建筑物时，新建建筑物的基础埋深不宜大于原有建筑基础。当埋深大于原有建筑物时，两基础间应保持一定净距，其数值应根据原有建筑荷载大小、基础形式和土质情况确定，一般应不小于两基础底面高差的 1～2 倍，如图 7-9 所示。当上述要求不能满足时，应采取分段施工，设临时加固支撑，打板桩，地下连续墙等施工措施，或加固原有建筑物地基，以免开挖新基槽时危及原有基础的安全稳定性。

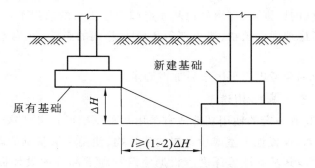

图 7-9　相邻基础的埋深

5）地基土冻胀和融陷的影响

冻土分为季节性冻土和多年冻土。季节性冻土是冬季冻结、天暖解冻的土层，在我国北方地区分布广泛。土体冻结发生体积膨胀和地面隆起的现象称为冻胀，若冻胀产生的上抬力大于基础荷重，基础就有可能被上抬；土层解冻时，土体软化、强度降低、地面沉陷的现象称为融陷。地基土的冻胀与融陷通常是不均匀的，因此，容易引起建筑物开裂损坏。

季节性冻土的冻胀性与融陷性是相互关联的，常以冻胀性加以概括。《建筑地基基础设计规范》（GB 50007—2011）根据土的类别、冻前天然含水量和冻结期间地下水位距冻结面的最小距离，将地基土的冻胀性划分为不冻胀、弱冻胀、冻胀、强冻胀和特强冻胀五类。

在确定基础埋置深度时,对于不冻胀土可不考虑冻结深度的影响;对于弱冻胀土、冻胀土、强冻胀土和特强冻胀土,可用下式计算基础的最小埋置深度。

$$d_{min} = z_d - h_{max} \tag{7-2}$$

式中:z_d——设计冻深。

z_d 按下式计算

$$z_d = z_0 \cdot \psi_{zs} \cdot \psi_{zw} \cdot \psi_{ze} \tag{7-3}$$

若当地有多年实测资料时,上式也可写为 $z_d = h' - \Delta z$,h' 和 Δz 分别为实测冻土层厚度和地表冻胀量。

式中:z_0——标准冻深,系采用在地表平坦、裸露、城市之外的空旷场地中不少于 10 年实测最大冻深的平均值,当无实测资料时,按《建筑地基基础设计规范》(GB 50007—2011)附录 F(中国季节性冻土标准冻深线图)采用;

ψ_{zs}——土的类别对冻深的影响系数,按表 7-5 选用;

ψ_{zw}——土的冻胀性对冻深的影响系数,按表 7-6 选用;

ψ_{ze}——环境对冻深的影响系数,按表 7-7 选用;

h_{max}——基础底面下允许残留冻土层的最大厚度,按《建筑地基基础设计规范》(GB 50007—2011)附录 G.0.2 查取。当有充分依据时,基底下允许残留冻土层厚度也可根据当地经验确定。

在冻胀、强冻胀、特强冻胀地基上,还应按《建筑地基基础设计规范》(GB 50007—2011)的要求采取相应的防冻害措施。

表 7-5　土的类别对冻深的影响系数

土的类别	黏性土	细砂、粉砂、粉土	中、粗、砾砂	碎石土
影响系数 ψ_{zs}	1.00	1.20	1.30	1.40

表 7-6　土的冻胀性对冻深的影响系数

冻胀性	不冻胀	弱冻胀	冻胀	强冻胀	特强冻胀
影响系数 ψ_{zw}	1.00	0.95	0.90	0.85	0.80

表 7-7　环境对冻深的影响系数

周围环境	村、镇、旷野	城市近郊	城市市区
影响系数 ψ_{ze}	1.00	0.95	0.90

注:环境影响系数一项,当城市市区人口为 20 万~50 万时,按城市近郊取值;当城市市区人口大于 50 万但小于或等于 100 万时,按城市市区取值;当城市市区人口超过 100 万时,按城市市区取值,5 km 以内的郊区应按城市近郊取值。

3. 地基承载力的确定

《建筑地基基础设计规范》(GB 50007—2011)规定,地基承载力特征值可由载荷试验或其他原位测试、公式计算并结合工程实践经验等方法综合确定。

1)根据现场原位测试确定

现场原位测试有载荷试验、静力触探试验、圆锥动力触探、标准贯入试验、十字板剪切试验、旁压试验等。

（1）载荷试验　《建筑地基基础设计规范》(GB 50007—2011)对根据 p-s 曲线确定承载力特征值做了如下规定：①当 p-s 曲线上有比例界限时，取该比例界限所对应的荷载值；②当极限荷载小于对应比例界限的荷载值的 2 倍时，取极限荷载值的一半；③不能按上述两条的要求确定时，当压板面积为 $0.25\sim0.5$ m² 时，可取 $s/b=0.01\sim0.015$ 所对应的荷载，但其值不应大于最大加载量的一半。

另外，同一土层参加统计的试验点不应少于三点。当试验实测值的极差不超过其平均值的 30% 时，取此平均值作为该土层的地基承载力特征值 f_{ak}。由于承压板尺寸较小，其在地基土中的影响范围有限，其值约为承压板宽度或直径的 2 倍；加之成层土的影响，不能充分反映实际基础下地基土的性状，应考虑承压板与实际基础的尺寸效应。

（2）静力触探　静力触探是通过静力将触探头压入土层，利用电测技术测得贯入阻力，再根据地区经验关系，即可估算地基承载力。

（3）动力触探　动力触探根据探头结构的不同分为标准贯入试验和圆锥动力触探试验。它们是用一定质量的击锤以一定高度自由下落，将探头打入地基土中，测定使探头贯入土中一定深度的锤击数，并根据击数的 N 值大小来判定土的工程性质，确定地基承载力。

2）根据理论公式确定

《建筑地基基础设计规范》(GB 50007—2011)推荐下式作为地基承载力特征值的理论计算公式。

$$f_a = M_b \cdot \gamma b + M_d \cdot \gamma_m \cdot d + M_c \cdot c_k \tag{7-4}$$

式中：f_a——由土的抗剪强度指标确定的地基承载力特征值；

M_b、M_d、M_c——承载力系数，按表 4-2 确定；

b——基础底面宽度，大于 6 m 时按 6 m 取值，对于砂土小于 3 m 时按 3 m 取值；

c_k——基底下一倍短边宽的深度内土的黏聚力标准值。

公式(7-4)是以 $p_{1/4}$ 为基础得来的，适用于偏心距 $e\leqslant0.033$ 倍基础底面宽度的情况。由于按土的抗剪强度确定地基承载力时没有考虑建筑物对地基变形的要求，因此按式(7-4)所得承载力确定基础底面尺寸后，还应进行地基变形验算。

3）根据经验方法确定

当拟建建筑场地附近已有建筑物时，调查这些建筑物的结构形式、荷载、基底土层性状、基础形式尺寸和采用的地基承载力数值以及建筑物有无裂缝和其他损坏现象等来确定地基承载力。这种方法一般适用于荷载不大的中、小型工程。

4）地基承载力特征值的修正

当地基宽度大于 3 m 或埋置深度大于 0.5 m 时，从载荷试验或其他原位测试、经验值等方法确定的地基承载力特征值，还应按下式修正。

$$f_a = f_{ak} + \eta_b \gamma (b-3) + \eta_d \gamma_m (d-0.5) \tag{7-5}$$

式中：f_a——修正后的地基承载力特征值，kPa；

f_{ak}——地基承载力特征值，kPa；

η_b、η_d——基础宽度和埋深的地基承载力修正系数，按基底下土的类别查表 7-8 取值；

γ——基础底面以下土的重度，地下水位以下取有效重度，kN/m³；

b——基础底面宽度（当基宽小于 3 m 按 3 m 取值，大于 6 m 按 6 m 取值），m；

γ_m——基础底面以上土的加权平均重度，地下水位以下取有效重度；

d——基础埋置深度，一般自室外地面标高算起，m。

在填方整平地区，基础埋置深度可自填土地面标高算起，但填土在上部结构施工后完成时，应从天然地面标高算起。对于地下室，如采用箱形基础或筏基时，基础埋置深度自室外地面标高算起；当采用独立基础或条形基础时，应从室内地面标高算起。

表 7-8　承载力修正系数

土 的 类 别		η_b	η_d
淤泥和淤泥质土		0	1.0
人工填土 e 或 I_L 大于等于 0.85 的黏性土		0	1.0
红黏土	含水比 $\alpha_\omega>0.8$	0	1.2
	含水比 $\alpha_\omega\leqslant0.8$	0.15	1.4
大面积 压实填土	压实系数大于 0.95、黏粒含量 $\rho_c\geqslant10\%$ 的粉土	0	1.5
	最大干密度大于 2.1 t/m³ 的级配砂石	0	2.0
粉土	黏粒含量 $\rho_c\geqslant10\%$ 的粉土	0.3	1.5
	黏粒含量 $\rho_c<10\%$ 的粉土	0.5	2.0
e 及 I_L 均小于 0.85 的黏性土		0.3	1.6
粉砂、细砂（不包括很湿与饱和时的稍密状态）		2.0	3.0
中砂、粗砂、砾砂和碎石土		3.0	4.4

注：（1）强风化和全风化的岩石，可参照所风化成的相应土类取值，其他状态下的岩石不修正；

（2）地基承载力特征值按《建筑地基基础设计规范》（GB 50007—2011）附录 D 深层平板载荷试验确定时，η_d 取 0。

4. 基础底面尺寸的确定

1）按持力层的承载力确定基底尺寸

确定基础埋深后，就可按持力层修正后的地基承载力特征值计算所需的基础底面尺寸。

（1）轴心荷载作用下的基础。

轴心荷载作用下，认为基底压力均匀分布，如图 7-10 所示，要求符合下式要求。

$$p_k\leqslant f_a \qquad (7\text{-}6)$$

式中：p_k——相应于荷载效应标准组合时，基础底面处的平均压力值，kPa；

f_a——修正后的地基承载力特征值，kPa。

$$p_k=\frac{F_k+G_k}{A} \qquad (7\text{-}7)$$

式中：F_k——相应于荷载效应标准组合时，上部结构传至基础顶面的竖向力值，kN；

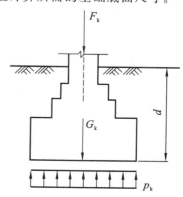

图 7-10　轴心荷载作用下的基础

G_k——基础自重和基础上的土重，kN；

A——基础底面面积。

其中

$$G_k = \gamma_G \bar{d} A$$

式中：γ_G——基础及其台阶上回填土的平均重度，一般取 20 kN/m³，但在地下水位以下部分应取有效重度；

$\bar{d}$——基础平均埋深，m。

将式(7-7)代入式(7-6)得

$$A \geqslant \frac{F_k}{f_a - \gamma_G \bar{d}} \tag{7-8}$$

①对于矩形基础，有

$$bl \geqslant \frac{F_k}{f_a - \gamma_G \bar{d}} \tag{7-9}$$

式中，b 和 l 为基础底面宽度和长度。

②对于条形基础，沿长度方向取 1 m 作为计算单元，即 $l = 1$ m，代入式(7-9)得

$$b \geqslant \frac{F_k}{f_a - \gamma_G \bar{d}} \tag{7-10}$$

式中：F_k——单位长度基础上相应于荷载效应标准组合时，上部结构传至基础顶面的竖向力值，kN/m。

必须指出，在按上述公式计算基础底面尺寸时，需要先确定修正后的地基承载力特征值 f_a，但 f_a 又与基础底面宽度 b 有关，即公式中的 f_a 与 A 都是未知数，因此，需要通过试算确定。计算时，可先假定基底宽度 $b \leqslant 3$ m，对地基承载力特征值只进行深度修正，计算 f_a 值，按上述公式计算出 b 和 l。若 $b \leqslant 3$ m，表示假定成立，计算结束；若 $b \geqslant 3$ m，表示假定错误，需按上一轮计算所得 b 值进行地基承载力特征值宽度修正，用深宽修正后新的 f_a 值重新计算 b 和 l。试算的轮数越多，结果就越接近精确值。

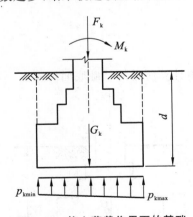

图 7-11 偏心荷载作用下的基础

（2）偏心荷载作用下的基础。

如图 7-11 所示，在偏心荷载的作用下，按照《建筑地基基础设计规范》(GB 50007—2011)，检查基底应力是否满足下述要求。

$$\left.\begin{aligned}\frac{1}{2}(p_{kmax} + p_{kmin}) &\leqslant f_a \\ p_{kmax} &\leqslant 1.2 f_a\end{aligned}\right\} \tag{7-11}$$

式中：p_{kmax}——相应于荷载效应标准组合时，基础底面边缘的最大压力值，kPa。

p_{kmax} 的计算方法详见书中项目 2。

在计算偏心荷载作用下的基础底面尺寸时，通常可按下述试算法进行。

① 先按轴心荷载作用下的公式(7-8)，计算基础底面积 A_0，即满足式(7-6)。

② 根据荷载偏心距的大小将 A_0 增大 10%～40%，使 $A = (1.1 \sim 1.4) A_0$。

③ 计算偏心荷载作用下的 p_{kmax}，验算是否满足式(7-11)。如不合适，可调整基底尺寸再验算，直到满足要求。

2) 地基软弱下卧层承载力验算

当地基受力层范围内存在软弱下卧层时(承载力显著低于持力层的高压缩性土层)，按持力层土的承载力计算得出基础底面尺寸后，还必须对软弱下卧层进行验算，要求作用在软弱下卧层顶面处的附加压力与自重压力之和不超过它的修正后的承载力特征值，即

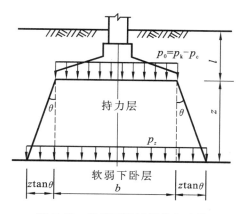

图 7-12　软弱下卧层承载力验算

$$p_z + p_{cz} \leqslant f_{az} \tag{7-12}$$

式中：p_z——相应于荷载效应标准组合时，软弱下卧层顶面处的附加压力值，kPa；

　　　p_{cz}——软弱下卧层顶面处土的自重压力值，kPa；

　　　f_{az}——软弱下卧层顶面处经深度修正后地基承载力特征值，kPa。

当持力层与软弱下卧土层的压缩模量比值 $E_{s1}/E_{s2} \geqslant 3$ 时，对条形和矩形基础，可采用压力扩散角方法计算 p_z 值。如图 7-12 所示，假设基底处的附加压力 p_0 向下传递时按某一角度 θ 向外扩散。根据基底与软弱下卧层顶面处扩散面积上的附加压力总值相等的条件，可得

条形基础

$$p_z = \frac{b(p_k - p_c)}{b + 2z\tan\theta} \tag{7-13}$$

矩形基础

$$p_z = \frac{lb(p_k - p_c)}{(b + 2z\tan\theta)(l + 2z\tan\theta)} \tag{7-14}$$

式中：b——矩形基础或条形底面宽度，m；

　　　l——矩形基础底面长度，m；

　　　z——基础底面至软弱下卧层顶面的距离，m；

　　　p_c——基底处土的自重应力标准值，kPa；

　　　θ——地基土压力扩散线与垂直线的夹角，可按表 7-9 采用。

表 7-9　地基压力扩散角 θ

E_{s1}/E_{s2}	z/b	
	0.25	0.50
3	6°	23°
5	10°	25°
10	20	30°

注：(1) E_{s1} 为上层土压缩模量；E_{s2} 为下层土压缩模量；
　(2) $z/b<0.25$ 时取 $\theta=0°$，必要时，宜由试验确定；$z/b>0.50$ 时 θ 值不变。

三、任务实施

例 7-2　如图 7-13 所示，某柱地基为均质黏性土层，重度 $\gamma=17.5$ kN/m³，孔隙比 $e=0.71$，液性指数 $I_L=0.77$，地基承载力特征值 $f_{ak}=230$ kPa，柱截面尺寸为 300×400 mm，上部结构传至地表的荷载效应标准值 $F_k=800$ kN，$M_k=80$ kN·m，水平荷载 $V_k=13$ kN，地基土为黏性土，试计算柱下独立基础的底面尺寸。

解　(1) 求修正后的地基承载力特征值 f_a。

假定基底宽度 $b<3$ m，由于基础埋深 $d=1.0$ m>0.5 m，故仅需进行深度修正。查表 4-3 得 $\eta_d=1.6$，则持力层承载力为

$$f_a = f_{ak} + \eta_d \gamma_m (d-0.5)$$
$$= 230 \text{ kPa} + 1.6 \times 17.5 \times (1.0-0.5) \text{ kPa} = 244 \text{ kPa}$$

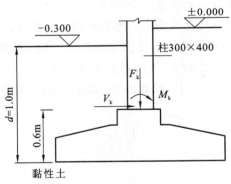

图 7-13　例 7-1 示意图

注意：
基础的埋深 d 按室外地面起算为 $(1.3-0.3)$ m$=1.0$ m。

(2) 初步选择基础底面积。

计算基础和回填土所受重力 G_k 的基础埋深采用平均埋深 $\overline{d}$，即

$$\overline{d} = \frac{1.0+1.3}{2} \text{ m} = 1.15 \text{ m}$$

由公式(7-8)可得

$$A_0 = \frac{F_k}{f_a - \gamma_G \bar{d}} = 3.11 \ \text{m}^2$$

由于偏心力矩中等,基础底面积按 20% 增大,即

$$A = 1.2A_0 = 1.2 \times 3.11 \ \text{m}^2 = 3.73 \ \text{m}^2$$

初步选择基础底面积

$$A = lb = 2.4 \times 1.6 = 3.84 \ \text{m}^2 \geqslant 3.73 \ \text{m}^2$$

(3) 验算持力层的地基承载力。

基础及回填土所受重力 G_k 为

$$G_k = \gamma_G \bar{d} A = 20 \times 1.15 \times 3.84 \ \text{kN} = 88.3 \ \text{kN}$$

偏心距为

$$e = \frac{M_k}{F_k + G_k} = \frac{80 + 13 \times 0.6}{800 + 88.3} \ \text{m} = 0.1 \ \text{m} \leqslant \frac{l}{6}$$

所以,基底压力最大、最小值为

$$\begin{matrix} p_{\max} \\ p_{\min} \end{matrix} = \frac{F_k + G_k}{lb}\left(1 \pm \frac{6e}{l}\right) = \frac{800 + 88.3}{2.4 \times 1.6}\left(1 \pm \frac{6 \times 0.1}{2.4}\right) \ \text{kPa} = \begin{matrix} 289 \\ 173 \end{matrix} \ \text{kPa}$$

验算

$$\bar{p}_k = \frac{289 + 173}{2} = 231 \ \text{kPa} < f_a = 244 \ \text{kPa}$$

$$p_{k\max} = 289 \ \text{kPa} < 1.2f_a = 1.2 \times 244 \ \text{kPa} = 292.8 \ \text{kPa}$$

结论:地基承载力满足要求。

例 7-3   某场地土层分布如图 7-14 所示,上层为黏性土,厚度为 2.5 m,重度 $\gamma = 18 \ \text{kN/m}^3$,压缩模量 $E_{s1} = 8 \ \text{MPa}$,地基承载力特征值 $f_{ak} = 200 \ \text{kPa}$,下层为淤泥质土,压缩模量 $E_{s1} = 1.6 \ \text{MPa}$,地基承载力特征值 $f_{akz} = 100 \ \text{kPa}$,上部结构传至地表的荷载效应标准组合竖向力值 $F_k = 800 \ \text{kN}$,作用在条形基础顶面的中心,暂定基础埋深 0.5 m,底宽 1.8 m,试验算所选基础宽度是否合适。

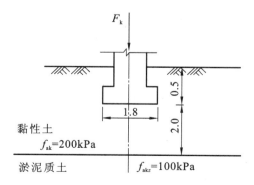

图 7-14   例 7-2 示意图

解   (1) 验算持力层承载力,沿长度方向取 1 m 作为计算单元。
修正后的持力层承载力为

$$f_a = f_{ak} + \eta_b \gamma (b-3) + \eta_d \gamma_0 (d-0.5) = 200 \text{ kPa}$$

基础及回填土重 G_k 为

$$G_k = \gamma_G db = 20 \times 0.5 \times 1.8 \text{ kN/m} = 18 \text{ kN/m}$$

基底压力平均值 p_k 为

$$p_k = \frac{F_k + G_k}{b} = \frac{300 + 18}{1.8} \text{ kPa} = 177 \text{ kPa}$$

结论：持力层承载力满足要求。

（2）软弱下卧层验算。

$$\frac{E_{s1}}{E_{s2}} = \frac{8}{1.6} = 5, z/b = (2.5 - 0.5)/1.8 = 1.11 > 0.50$$

查表得应力扩散角 $\theta = 25°$。

软弱下卧层顶面处的附加应力值

$$p_z = \frac{b(p_k - p_{c0})}{b + 2z\tan\theta} = \frac{1.8 \times (177 - 18 \times 0.5)}{1.8 + 2 \times 2 \times \tan 25°} \text{ kPa} = 82.4 \text{ kPa}$$

软弱下卧层顶面处土的自重应力

$$p_{cz} = \sum_{i=1}^{n} \gamma_0 h_i = 18 \times 2.5 \text{ kPa} = 45 \text{ kPa}$$

软弱下卧层顶面处的承载力值的计算如下。

由淤泥质土 $f_{akz} = 100 \text{ kPa}$，查表可得 $\eta_{dz} = 1.0$。

$$\gamma_0 = 18 \text{ kPa}$$

$$f_{az} = f_{akz} + \eta_{dz} \gamma_0 (d + z - 0.5)$$

$$= 100 \text{ kPa} + 1 \times 18 \times (2.5 - 0.5) \text{ kPa} = 156 \text{ kPa}$$

$$p_z + p_{cz} = (82 + 45) \text{ kPa} = 127 \text{ kPa} < f_{az} = 136 \text{ kPa}$$

结论：软弱下卧层承载力满足要求。

四、任务小结

1. 地基基础设计等级的划分，将地基基础设计分为甲级、乙级、丙级三个等级；地基基础设计的基本要求，应满足以下几点要求：①承载力基本条件；②地基变形条件；③地基稳定性验算；④建筑物抗浮验算。

2. 确定基础埋深的影响因素，有建筑物的用途及基础的形式和构造，作用在地基上的荷载大小和性质，工程地质和水文地质条件，相邻建筑物的基础埋深，相邻建筑物的基础埋深，地基土冻胀和融陷的影响。

3. 如果按持力层的承载力确定基底尺寸，按下式计算。

（1）轴心荷载作用下的基础　　　　$A \geqslant \dfrac{F_k}{f_a - \gamma_G \overline{d}}$

（2）偏心荷载作用下的基础　　　　$\begin{cases} \dfrac{1}{2}(p_{max} + p_{min}) \leqslant f_a \\ p_{max} \leqslant 1.2 f_a \end{cases}$

另外，对地基软弱下卧层承载力采用公式 $p_z + p_{cz} \leqslant f_{az}$ 验算。

五、拓展练习

1. 地基基础设计有哪些要求和基本规定,选择基础埋深应考虑哪些因素?

2. 基础为何要有一定的埋深,如何确定基础埋深?

3. 为什么要验算软弱下卧层的强度,其具体要求是什么?

4. 某柱基础底面尺寸为 $3.0 \text{ m} \times 4.8 \text{ m}$,埋置深度为 $d = 2.0 \text{ m}$,场地上土层分布如图 7-15 所示,持力层地基承载力特征值 $f_{ak} = 176 \text{ kN/m}^2$,试确定持力层地基承载力特征值的修正值 f_a。

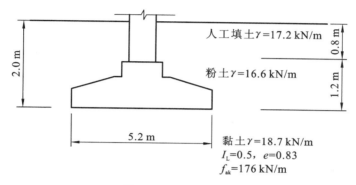

人工填土 $\gamma = 17.2 \text{ kN/m}$

粉土 $\gamma = 16.6 \text{ kN/m}$

黏土 $\gamma = 18.7 \text{ kN/m}$
$I_L = 0.5$, $e = 0.83$
$f_{ak} = 176 \text{ kN/m}$

图 7-15 题 4 示意图

5. 某柱下钢筋混凝土独立锥形基础,基础底面尺寸为 $2.0 \text{ m} \times 2.5 \text{ m}$。持力层为粉土,其下为淤泥质软弱层。由柱底传来竖向力 F_k,力矩 M_k 和水平力 V_k,如图 7-16 所示。基础自重和基础上的土重标准值取平均重度 $\gamma_G = 20 \text{ kN/m}^3$。试求:①基底持力层修正后的承载力特征值 f_a;②$F_k = 902 \text{ kN}$,$M_k = 180 \text{ kN} \cdot \text{m}$,$V_k = 51 \text{ kN}$ 时,基础底面处的平均压力标准值 p_k 及最大压力标准值 p_{kmax};③淤泥质土软弱下卧层顶面处,经深度修正后,其地基承载力特征值 f_{az}。

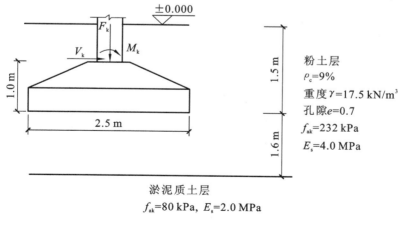

±0.000

粉土层
$\rho_c = 9\%$
重度 $\gamma = 17.5 \text{ kN/m}^3$
孔隙 $e = 0.7$
$f_{ak} = 232 \text{ kPa}$
$E_s = 4.0 \text{ MPa}$

淤泥质土层
$f_{ak} = 80 \text{ kPa}$, $E_s = 2.0 \text{ MPa}$

图 7-16 题 5 示意图

6. 某柱下独立基础,土层与基础所受荷载情况如图 7-17 所示。基础埋深 1.5 m,$F_k = 300 \text{ kN}$,$M_k' = 50 \text{ kN} \cdot \text{m}$,$V_k = 300 \text{ kN}$。试根据持力层地基承载力确定基础底面尺寸。

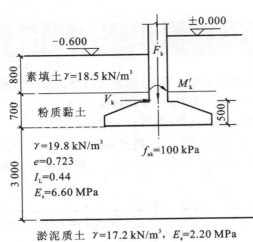

图 7-17　题 6 图

7. 验算习题 5 中软弱下卧层的强度是否满足要求。

任务 3　浅基础设计及计算

一、任务介绍

本任务介绍了无筋扩展基础的构造要求和高度确定，以及无筋扩展基础的设计；钢筋混凝土扩展基础的构造要求，墙下钢筋混凝土条形基础设计及计算，钢筋混凝土独立基础设计的计算步骤。本任务是对前面知识的综合运用，使读者初步掌握简单基础的设计步骤，设计思路，能为其他基础设计起到举一反三的作用。

二、理论知识

1. 无筋扩展基础设计

无筋扩展基础的构造要求和高度 H_0 确定。

（1）材料及适用性。

无筋扩展基础系指由砖、毛石、混凝土或毛石混凝土、灰土和三合土等材料组成的墙下条形基础或柱下独立基础。无筋扩展基础适用于多层民用建筑和轻型厂房。

（2）基础高度 H_0。

扩展基础可以是同种材料，也可以是两种以上材料组成。基础的高度可以通过高宽比确定，这里扩展基础的宽高比 $\tan\alpha = b_2 / H_0$ 均应满足表 7-10 中的 $[\tan\alpha]$ 允许值要求。

表 7-10　无筋扩展基础台阶宽高比的允许值 $[\tan\alpha]$

基础材料	质量要求	台阶宽高比的允许值		
		$p_k \leqslant 100$	$100 < p_k \leqslant 200$	$200 < p_k \leqslant 300$
混凝土基础	C15 混凝土	1：1.00	1：1.00	1：1.25
毛石混凝土基础	C15 混凝土	1：1.00	1：1.25	1：1.50
砖基础	砖不低于 MU10、砂浆不低于 M5	1：1.50	1：1.50	1：1.50
毛石基础	砂浆不低于 M5	1：1.25	1：1.50	—
灰土基础	体积比为 3：7 或 2：8 的灰土，其最小干密度为：粉土 1.55 t/m³；粉质黏土 1.50 t/m³；黏土 1.45 t/m³	1：1.25	1：1.50	—
三合土基础	体积比 1：2：4～1：3：6（石灰：砂：骨料），每层约虚铺 220 mm，夯至 150 mm	1：1.50	1：2.00	—

注：(1) p_k 为荷载效应标准组合时基础底面处的平均压力值(kPa)；

(2) 当基础由不同材料叠合组成时，应对接触部分做抗压验算；

(3) 基础底面处的平均压力值超过 300 kPa 的混凝土基础，还应进行抗剪验算。

（3）无筋扩展基础的构造要求（见图 7-18）。

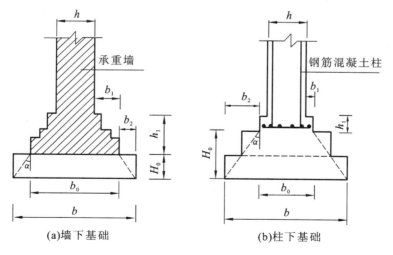

(a)墙下基础　　　　　　　　(b)柱下基础

图 7-18　无筋扩展基础构造示意图

基础的台阶高度与基础宽度的关系见下式。

$$b_2 \leqslant H_0 [\tan\alpha] \tag{7-15a}$$

$$b_1 = (b-h)/2 - b_2 \tag{7-15b}$$

$$b_2 = (b-b_0)/2 \tag{7-15c}$$

式中:b——基础底面宽度,m;

  b_0——基础顶面的墙体宽度即大放脚宽度或柱脚宽度,m;

  b_1——墙边到大放脚边宽或柱边到柱脚边宽度,m;

  b_2——基础台阶宽度,m;

  h——柱宽或墙宽,m;

  H_0——基础高度,m;

  $\tan\alpha$——基础台阶宽高比 $\tan\alpha = b_2/H_0$,其允许值$[\tan\alpha]$可按表 7-10 选用。

确定基础底面尺寸时,首先应满足地基承载力要求,包括持力层土的承载力计算和软弱下卧层的验算,其次,对部分建(构)筑物,仍需考虑地基变形的影响,验算建(构)筑物的变形特征值,并对基础底面尺寸作必要的调整。常见的无筋扩展基础形式见任务 1 中的图 7-1。

① 混凝土基础阶梯形基础的高度不宜小于 300 mm,多个台阶时,最底台阶高度不应小于 200 mm。采用无筋扩展基础的钢筋混凝土柱,其柱脚高度 h_1 不得小于 b_2,并不应小于 300 mm 且不小于 20d(d 为柱中的纵向受力钢筋的最大直径)。当柱纵向钢筋在柱脚内的竖向锚固长度不满足锚固要求时,可沿水平方向弯折,弯折后的水平锚固长度不应小于 10d,同时也不应大于 20d。

② 砖基础:为了施工方便及减少砌砖损耗,基础台阶的高度及宽度应符合砖的模数,这种基础又称大放脚基础。砖基础一般采用等高式或间隔式砌法。等高式是两皮一收的砌法,间隔式砌法是两皮一收与一皮一收相间。相比较而言,在相同底宽的情况下,采用间隔式砌法可减少基础高度,比较节省材料。砖基础下应设一层 100 mm 厚 C10 或 C7.5 的混凝土垫层。

③ 毛石基础:阶梯形时每台阶伸出长度应小于 200 mm,每阶高度应大于 200 mm。

④ 三合土和灰土基础:基础高度应是 150 mm 的倍数。

2. 钢筋混凝土扩展基础设计

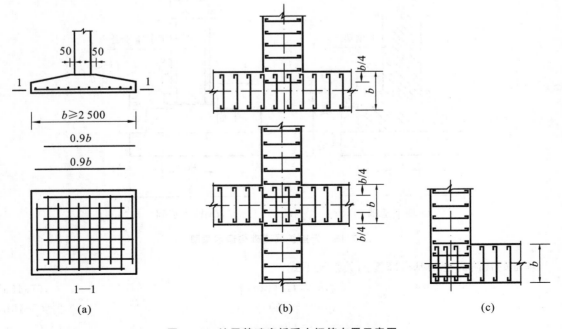

图 7-19　扩展基础底板受力钢筋布置示意图

1）扩展基础构造要求

（1）锥形基础的边缘高度，不宜小于 200 mm，阶梯形基础的每阶高度宜为 300～500 mm。

（2）垫层厚度宜为 50～100 mm。

（3）底板受力钢筋的最小直径不宜小于 10 mm，间距不大于 200 mm，也不宜小于 100 mm，墙下钢筋混凝土采用基础纵向分布钢筋的直径不小于 8 mm，间距不大于 300 mm，钢筋保护的厚度有垫层时不宜小于 35 mm，无垫层时不宜小于 70 mm。

（4）混凝土强度等级不宜低于 C20。

（5）当柱下钢筋混凝土独立基础的边长和墙下钢筋混凝土条形基础的宽度大于或等于 2.5 m 时，底板受力钢筋的长度可取边长或宽度的 0.9 倍，并应交错布置，如图 7-19（a）所示。

（6）钢筋混凝土条形基础底板在 T 形及十字形交接处，底面横向受力钢筋仅沿一个主要受力方向通长布置，另一方向的横向受力钢筋可布置到主要受力方向底板宽度 1/4 处，如图 7-18（b）所示。在拐角处底板横向受力钢筋应沿两个方向布置，如图 7-19（c）所示。

（7）现浇柱的基础，其插筋的数量、直径以及钢筋种类应与柱内纵向受力钢筋相同。

（8）预制钢筋混凝土柱与杯口的连接应符合下列要求，如图 7-20（b）所示。

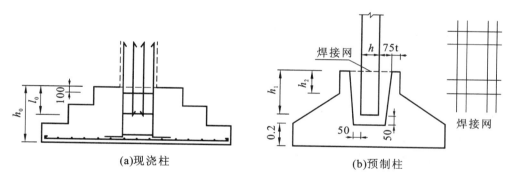

(a)现浇柱　　　　　　(b)预制柱

图 7-20　钢筋混凝土柱基础构造示意图

① 柱的插入深度，可按表 7-11 选用，并应满足钢筋锚固长度的要求及吊装时柱的稳定性。

表 7-11　柱的插入深度 h_1　　　　　　单位：mm

矩形或工字形柱				双肢柱
$h<500$	$500 \leqslant h<800$	$800 \leqslant h<1\ 000$	$h>1\ 000$	
$h\sim1.2h$	h	$0.9h$ 且 $\geqslant 800$	$0.8h$ 且 $\geqslant 1\ 000$	$(1/3\sim2/3)h_a$ $(1.5\sim1.8)h_b$

注：（1）h 为柱截面尺寸；h_a 为双肢柱全截面长边尺寸；h_b 为双肢柱全截面短边边长。

（2）轴心受压或小偏心受压时，h 可适当减小，偏心矩大于 $2h$ 时，h 应适当加大。

② 基础的杯底厚和杯壁厚度，可按表 7-12 选用。

③ 杯壁的配筋。当柱为轴心受压或小偏心受压且 $t/h_2 \geqslant 0.65$ 时，或大偏心受压且 $t/h_2 \geqslant 0.75$ 时，杯壁可不配筋；当柱为轴心受压或小偏心受压且 $0.5 \leqslant t/h_2 < 0.65$ 时，杯壁可按表 7-13 构造配筋；其他情况下，按计算配筋。

表 7-12　基础的杯底厚度和杯壁厚度　　　　　　　　　　单位:mm

柱截面长边尺寸 h	杯底厚度 a_1	杯壁厚度 t
$h<500$	$\geqslant150$	$150\sim200$
$500\leqslant h<800$	$\geqslant200$	$\geqslant200$
$800\leqslant h<1\,000$	$\geqslant200$	$\geqslant300$
$1000\leqslant h<1\,500$	$\geqslant250$	$\geqslant350$
$1500\leqslant h<2\,000$	$\geqslant300$	$\geqslant400$

注:(1) 双肢柱的杯底厚度值,可适当加大;当有基础梁时,基础梁下的杯壁厚度,应满足其支承宽度的要求。

　　(2) 柱子插入杯口部分的表面应凿毛,柱与杯口之间的空隙,应用比基础混凝土等级高一级的细石混凝土充填密实,当达到材料设计强度的 70% 以上时,方能进行上部吊装。

表 7-13　杯壁构造配筋　　　　　　　　　　单位:mm

柱截面长边尺寸 h	$h<1\,000$	$1\,000\leqslant h<1\,500$	$1\,500\leqslant h\leqslant2\,000$
钢筋直径	$8\sim10$	$10\sim12$	$12\sim16$

注:表中钢筋置于杯口顶部,每边两根。

2) 墙下钢筋混凝土条形基础设计及计算

墙下钢筋混凝土条形基础的设计计算的主要内容包括确定基础宽度、基础底板高度和基础底板配筋。

（1）底板受力分析。

墙下钢筋混凝土基础底板像倒置的悬臂梁,其受力情况如图 7-21 所示,由于自重 G 产生的均布压力与由其产生的那一部分地基反力相抵消。所以基础底板主要受到上部结构传来的荷载设计值 F 引起的地基净反力 p_j 的作用,使基础底板发生向上的弯曲变形,底板任一截面 1—1 将产生弯矩 M_j 和剪力 V_j。

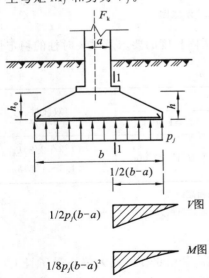

图 7-21　轴心荷载作用下条形基础受力分析

取 1 m 长基础为计算单元,b 为基础宽度。

① 轴心荷载作用下,有

$$p_j=\frac{F}{1\times b}=\frac{F}{b} \tag{7-16}$$

任一截面处的弯矩 M_j 和剪力 V_j 为

$$M_j=\frac{1}{2}P_jx^2 \tag{7-17a}$$

$$V_j=P_jx \tag{7-17b}$$

墙边 1—1 截面最大弯矩、最大剪力的位置 $\left(x_{\max}=\dfrac{b-a}{2}\right)$ 为

$$M_{\max}=\frac{1}{8}P_j(b-a)^2 \tag{7-18a}$$

$$V_{\max}=\frac{1}{2}P_j(b-a) \tag{7-18b}$$

② 偏心荷载 F、M 作用下,基底反力不均匀,则

$$p_{j\max} \atop p_{j\min}} = \frac{F}{b} \pm \frac{6M}{b^2} \tag{7-19a}$$

$$M_1 = \frac{1}{6}(2p_{j\max} + p_{j1})a_1^2 \tag{7-19b}$$

（2）基础底板宽度和高度的确定。

条形基础底板宽度 b 按式（7-10）确定，底板的高度 h 一般先取为基础宽度 b 的 1/8，再根据抗剪强度条件验算。

$$h_0 = h - a_s$$
$$V \leqslant 0.7f_t h_0 \tag{7-20}$$

式中：V——相对于荷载效应基本组合值时的剪力设计值，kN；

f_t——混凝土抗拉强度设计值，N/mm²；

h——条形基础的截面高度，mm；

a_s——基础底板受力筋到板底的距离，mm。

一般情况下，取基础宽度 $h \geqslant b/8$ 时，均能满足抗剪条件要求。实际设计工作中可略去此步骤。

（3）底板配筋计算。

基础底板受力钢筋的面积可近似按下式确定。

$$A_s = \frac{M}{0.9f_y h_0} \tag{7-21}$$

式中：M——最大弯矩截面处相对应的荷载效应基本组合值时的弯矩设计值；

A_s——基础底板受力钢筋面积；

f_y——钢筋抗拉强度设计值，N/mm²。

3）钢筋混凝土独立基础

钢筋混凝土独立基础的计算主要包括确定基础底面积、基础高度和基础底板配筋。

（1）基础底面积及高度的确定。

基础底面积尺寸按公式（7-8）计算，具体的长和宽按柱的截面比例确定。

基础高度及变阶处高度，应通过截面抗剪强度及抗冲切验算。对独立基础而言，其抗剪强度一般能满足要求，故主要根据冲切验算确定基础高度。从柱子周边起，沿 45°斜面是抗冲切面，形成如图 7-22 中虚线所示的冲切角锥体。

基础应有足够的高度使冲切破坏在基础冲切角锥体以外，由地基净反力产生的冲切荷载 F_1 应小于基础冲切面上的抗冲切强度。

设计时先假设一个基础高度 h，然后按下列公式验算冲切承载力。

图 7-22　基础冲切破坏

$$F_1 \leqslant 0.7\beta_{hp}f_t a_m h_0 \tag{7-22a}$$

$$F_1 = p_j A_1 \tag{7-22b}$$

式中：β_{hp}——受冲切承载力截面高度影响系数，当 h 不大于 800 mm 时，β_{hp} 取 1.0，当 h 大于等于 2 000 mm 时，β_{hp} 取 0.9，其间按线性内插取值；

f_t——混凝土轴心抗拉强度设计值；

h_0——基础冲切破坏锥体的有效高度；

a_m——冲切破坏锥体最不利一侧的计算长度；

a_t——冲切破坏锥体最不利一侧斜截面的上边长，当计算柱与基础交接处的受冲切承载力时，取柱宽，当计算基础变阶处的受冲切承载力时，取上阶宽；

a_b——冲切破坏锥体最不利一侧斜截面在基础底面积范围内的下边长，当冲切破坏锥体的底面落在基础底面以内（见图7-23(a)、(b)），计算柱与基础交接处的受冲切承载力时，取柱宽加两位基础有效高度；当计算基础变阶处的受冲切承载力时，取上阶宽加两面倍该处的基础有效高度；当冲切破坏锥体的底面在 l 方向落在基础底面以外，即 $a+2h_0 \geqslant 1$ 时（见图7-23(c)），$a_b=l$；

p_j——扣除基础自重及其上土重后相应于荷载效应基本组合时的地基土单位面积净反力，对偏心受压基础可取基础边缘处最大地基土单位面积净反力；

A_1——冲切验算时取用的部分基底面积（见图7-23(a)、(b)中的阴影面积 $ABCDEF$，或图7-23(c)中的阴影面积 $ABCD$）；

F_1——相应于荷载效应基本组合时作用在 A_1 上的地基土净反力设计值。

其中 $$a_m = \frac{a_1 + a_b}{2}$$

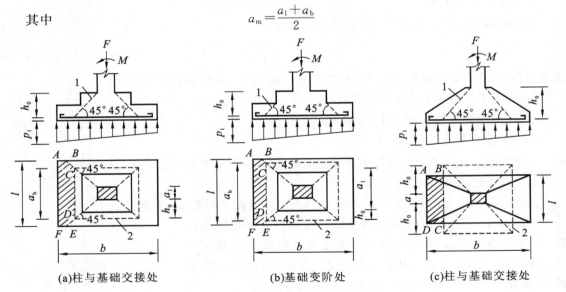

图7-23 基础受冲切承载力截面位置

(a)柱与基础交接处 (b)基础变阶处 (c)柱与基础交接处

1—冲切破坏锥体最不利一侧的斜截面；2—冲切破坏锥体的底面线

（2）基础底板配筋。

对于矩形基础，当台阶的宽高比小于或等于2.5，以及偏心距小于或等于1/6基础宽度时，在轴心荷载或单向偏心荷载的作用下底板受弯可按下列简化方法计算任意截面的弯矩，如图7-23所示。

$$M_I = \frac{1}{12}a_1^2 \left[(2l+a') \left(p_{max} + p - \frac{2G}{A} \right) + (p_{max} - p)l \right] \tag{7-23}$$

$$M_{II} = \frac{1}{48}(l-a')^2 (2b+b') \left(p_{max} + p_{min} - \frac{2G}{A} \right) \tag{7-24}$$

式中：M_I、M_{II}——任意截面Ⅰ—Ⅰ、Ⅱ—Ⅱ处相应于荷载效
应基本组合时的弯矩设计值；

a_1——任意截面Ⅰ—Ⅰ至基底边缘最大反力处的距离；

l、b——基础底面的边长，弯矩作用在 b 方向内（见
图 7-24）；

p_{max}、p_{min}——相应于荷载效应基本组合时的基础底面
边缘最大和最小地基反力设计值；

p——相应于荷载效应基本组合时在任意截面Ⅰ—Ⅰ处
基础底面地基反力设计值；

G——考虑荷载分项系数的基础自重及其上的土自重，
当组合值由永久荷载控制时，$G = 1.35G_k$，G_k 为基
础及其上土的标准自重。

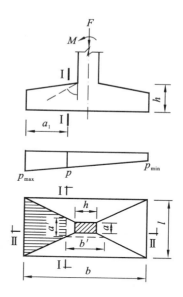

图 7-24 矩形基础底板计算示意图

轴心荷载下一般按式（7-24）计算，此时

$$p_{max} + p_{min} - \frac{2G}{A} = 2p_j$$

式中：p_j——净反力。

柱下单独基础在两个方向上配置受力钢筋，Ⅰ—Ⅰ截面（平行于 l 方向）的受力钢筋面积为

$$A_s = \frac{M}{0.9f_yh_0} \qquad (7-25)$$

式中：f_y——钢筋抗拉强度设计值，N/mm²；

h_0——基础的有效高度，m。

4）设计计算步骤及算例

墙下钢筋混凝土条形基础和柱下钢筋混凝土独立基础设计计算步骤如下。

（1）计算上部结构荷载到基础顶面的作用值：①计算相应于荷载效应标准组合时标准值用
于验算地基承载力和确定基础底面尺寸；②计算相应于荷载效应基本组合时的设计值用于确定
基础高度和计算基础底面配筋。

（2）确定地基承载力和基础底面尺寸：按项目 4 确定地基承载力和按式（7-8）确定基础底面
尺寸。

（3）确定基础高度：一般采用验算法，先假定基础高度为 $b/8$，然后进行验算，验算条件为基
础底板根部处的抗剪或抗冲切能力。

（4）计算基础底板内力：墙下条形基础时按式（7-18）、式（7-19）计算，柱下独立基础按式
（7-24）计算。

（5）计算基础底板配筋：按式（7-25）计算。

三、任务实施

例 7-4 某砖混结构外墙基础采用毛石基础，墙厚 240 mm，基底处平均压力 $p_k = $
100 kPa，室内外高差 450 mm，设计基础埋深 0.8 m，设计基础宽度为 0.9 m，试设计基础的剖面尺寸。

解 基础大放脚采用 MU10 砖和 M5 砂浆按"二一间隔收"砌筑，两步灰土垫层。由表 7-10 查得，毛石基础台阶宽高比允许值为 1∶1.50，故毛石垫层挑出宽度应满足

$$\frac{b_2}{H_0}\leqslant\frac{1}{1.5}, \quad b_2\leqslant\frac{300}{1.5} \text{ mm}=200 \text{ mm}$$

则大放脚所需台阶数

$$n\geqslant\frac{1}{2}\times\frac{900-240-2\times200}{60}=2.17$$

故取 $n=3$。

基础顶面距室外设计地坪距离为

$$800-300-(2\times120+60)=200 \text{ mm}>100 \text{ mm}$$

因而满足构造要求。

其基础剖面如图 7-25 所示。

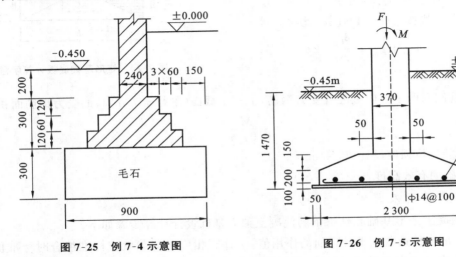

图 7-25 例 7-4 示意图　　**图 7-26 例 7-5 示意图**

例 7-5 采用偏心荷载作用下钢筋混凝土条形基础来设计某办公楼为砖混承重结构，拟采用钢筋混凝土墙下条形基础。外墙厚为 370 mm，上部结构传至 ±0.000 处的荷载标准值为 $F_k=260$ kN/m，$M_k=50$ kN·m/m，荷载基本组合值为 $F=295$ kN/m，$M=65$ kN·m/m，基础埋深 1.92 m（从室内地面算起），地基持力层承载力特征值 $f_a=170$ kPa。混凝土强度等级为 C20（$f_c=9.6$ N/mm²），钢筋采用 HPB235（$f_y=210$ N/mm²）。试设计该外墙基础。

解 ① 求基础宽度。

基础平均埋深　　　　　$d=(1.47+1.92)/2 \text{ m}=1.695 \text{ m}$

基础底面宽度

$$b_0\geqslant\frac{F_k}{f_a-\gamma_G\cdot\overline{d}}=\frac{260}{170-20\times1.695} \text{ m}=1.91 \text{ m}$$

初选 $b=1.2b_0=1.2\times1.91 \text{ m}=2.29 \text{ m}$，取基础宽度 $b=2.3$ m。

地基承载力验算

$$p_{kmax}=\frac{F_k+G_k}{b}+\frac{6M_k}{b^2}=\left(\frac{260+20\times1.695\times2.3}{2.3}+\frac{6\times50}{2.3^2}\right) \text{ kPa}=(146.9+56.7) \text{ kPa}$$

$$=203.6 \text{ kPa}<1.2f_a=1.2\times170 \text{ kPa}=204 \text{ kPa}$$

故满足要求。

② 地基净反力计算。

$$p_{j\max}=\frac{F}{b}+\frac{6M}{b^2}=\left(\frac{295}{2.3}+\frac{6\times65}{2.3^2}\right)\ \text{kPa}=(128.3+73.7)\ \text{kPa}=202\ \text{kPa}$$

$$p_{j\min}=\frac{F}{b}-\frac{6M}{b^2}=\left(\frac{295}{2.3}-\frac{6\times65}{2.3^2}\right)\ \text{kPa}=(128.3-73.7)\ \text{kPa}=54.6\ \text{kPa}$$

③ 底板配筋计算。

初选基础高度 $h=350\ \text{mm}>b/8=287\ \text{mm}$，边缘厚度取 $200\ \text{mm}$。垫层为 100 厚 C10 混凝土，基础保护层厚度取 $40\ \text{mm}$，$h_0=(350-40)\ \text{mm}=310\ \text{mm}$。计算截面选在墙边缘，则

$$a_1=(2.3-0.37)/2\ \text{m}=0.97\ \text{m}$$

该截面处的地基净反力

$$p_{j\,\mathrm{I}}=\left[202-(202-54.6)\times0.97/2.3\right]\ \text{kPa}=139.8\ \text{kPa}$$

计算底板最大弯矩

$$M_{\max}=\frac{1}{6}(2p_{j\max}+p_{j\,\mathrm{I}})a_1^2=\frac{1}{6}(2\times202+139.8)\times0.97^2\ \text{kN}\cdot\text{m}=85.3\ \text{kN}\cdot\text{m}$$

计算底板配筋　　　$A_s=\dfrac{M}{0.9f_yh_0}=\dfrac{85.3\times10^6}{0.9\times310\times210}\ \text{mm}^2=1455\ \text{mm}^2$

选用 $\phi14@100\ \text{mm}(A_s=1539\ \text{mm}^2)$，根据构造要求纵向分布筋选取 $\phi8@250\ \text{mm}$。

其基础剖面如图 7-26 所示。

例 7-6　　轴心压力作用下钢筋混凝土单独基础设计。如图 7-27 所示的扩展基础，柱截面 $a_c\times a_b=400\ \text{mm}\times400\ \text{mm}$，基础底面 $l\times b=2\ 400\ \text{mm}\times2\ 400\ \text{mm}$，基础埋深 $1.5\ \text{m}$，基础高度 $h=600\ \text{mm}$，两个台阶上台阶两个边长均为 $a_1=b_1=1\ 100\ \text{mm}$，$h_0=550\ \text{mm}$，$h_{01}=250\ \text{mm}$，混凝土强度等级 C20，$f_t=1.1\ \text{N/mm}^2$，HPB235 级钢筋，$f_y=210\ \text{N/mm}^2$，柱传来相应于荷载效应基本组合时，轴向力设计值为 $F=680\ \text{kN}$。求：冲切承载力验算和配置纵向钢筋。

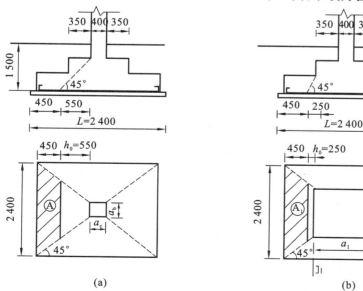

(a)　　　　　　　　　　　　　　　(b)

图 7-27　例 7-6 示意图

解 ① 计算基底净反力。

$$p_j = \frac{F}{lb} = \frac{680}{2.4 \times 2.4} \text{ kN/m}^2 = 118 \text{ kN/m}^2$$

② 计算冲切破坏锥体位置。

$$l = b = 2.4 \text{ m} > b_c + 2h_0 = (0.4 + 2 \times 0.55) \text{ m} = 1.5 \text{ m}$$

冲切破坏锥体底面落在基础底面以内。

③ 整个高度的冲切承载力验算。

$$A_t = \left(\frac{l}{2} - \frac{a_c}{2} - h_0\right)\left(\frac{l}{2} - \frac{a_c}{2} + h_0\right)$$

$$= \left(\frac{2.4}{2} - \frac{0.4}{2} - 0.55\right) \times \left(\frac{2.4}{2} + \frac{0.4}{2} + 0.55\right) \text{ m}^2 = 0.877\ 5 \text{ m}^2$$

应用公式(7-22b)计算冲切荷载为

$$F_1 = p_j A_1 = 118 \times 0.8775 \text{ kN} = 103.55 \text{ kN}$$

这里 $a_t = b_t = b_c = a_c = 400 \text{ mm}$，计算各冲切边长值为

$$a_b = b_b = a_c + 2h_0 = (400 + 2 \times 550) \text{ mm} = 1500 \text{ mm}, \quad a_m = b_m = \frac{b_t + b_b}{2} = 950 \text{ mm}$$

取 $\beta_{mp} = 1.0$，带入公式(7-22a)验算冲切承载力如下。

$$0.7\beta_{mp} f_t a_m h_0 = 402.3 \text{ kN} > F_1 = 103.55 \text{ kN}$$

故满足要求。

④ 下阶高度的冲切承载力验算。

冲切验算取用的基底面积

$$A_1 = \left(\frac{l}{2} - \frac{a_1}{2} - h_0\right)\left(\frac{l}{2} + \frac{a_1}{2} + h_{01}\right)$$

$$= \left(\frac{2.4}{2} - \frac{1.1}{2} - 0.25\right) \times \left(\frac{2.4}{2} + \frac{1.1}{2} + 0.25\right) \text{ m}^2 = 0.8 \text{ m}^2$$

计算冲切荷载为 $\quad F_1 = p_j A_1 = 118 \times 0.8 \text{ kN} = 94.4 \text{ kN}$

$$a_t = b_t = 1100 \text{ mm}, \quad a_b = b_b = (1100 + 2 \times 250) \text{ mm} = 1\ 600 \text{ mm}$$

$$a_m = b_m = \frac{1\ 100 + 1\ 600}{2} \text{ mm} = 1\ 350 \text{ mm}$$

取 $\beta_{hp} = 1.0$，验算如下。

$$0.7\beta_{hp} f_t a_m h_0 = 259.9 \text{ kN} > f_1 = 94.4 \text{ kN}$$

故满足要求。

⑤ 计算底板配筋。

沿基础短边所在截面 Ⅱ 处的弯矩设计值按公式(7-24)计算。

$$M_{II} = \frac{1}{48}(l - a')^2 (2b + b')\left(p_{max} + p_{min} - \frac{2G}{A}\right)$$

公式中 $\quad p_{max} + p_{min} - \frac{2G}{A} = 2 \times p_j = 2 \times 118 \text{ kN/m}^2, \quad a' = a_c = b' = b_c = 0.4 \text{ m}$

带入公式计算得弯矩值为

$$M = \frac{1}{48}(2.4 - 0.4)^2 \times (2 \times 2.4 + 0.4) \times 2 \times 118 \text{ kN} \cdot \text{m} = 102.27 \text{ kN} \cdot \text{m}$$

带入公式(7-25)计算钢筋面积为

$$A_s = \frac{M}{0.9 f_y h_0} = \frac{102.27 \times 10^6}{0.9 \times 210 \times 550} \text{ mm}^2 = 984 \text{ mm}^2$$

配置 13Φ10 钢筋,则

$$A_s = 1\ 021 \text{ mm}^2$$

四、任务小结

1. 无筋扩展基础的构造要求和高度 H_0 确定。无筋扩展基础的构造要求,其中,基础的台阶高度与基础宽度的关系满足公式要求:$b_2 \leqslant H_0 [\tan\alpha]$;基础底面尺寸确定的计算方法。

2. 扩展基础构造要求,墙下钢筋混凝土条形基础设计及计算,钢筋混凝土独立基础。扩展基础的设计步骤:①计算上部结构荷载到基础顶面的作用值;②确定地基承载力和基础底面尺寸;③确定基础高度;④计算基础底板内力;⑤计算基础底板配筋。

五、拓展练习

1. 天然地基上浅基础的设计步骤包括哪些内容?

2. 某住宅承重墙厚 240 mm,室内外高差 0.40 m,从室内设计底面起算得基础埋深为 1.8 m,上部结构荷载 $F_k = 110$ kN/m,地基土为均质黏土,$\gamma = 18$ kN/m³,承载力特征值 $f_{ak} = 75.1$ kPa,$\eta_d = 1.1$。试设计刚性基础并绘制基础剖面图。

3. 已知某办公楼外墙厚 370 mm,传至地表基本外荷载值 $F_k = 360$ kN/m,$M_k = 50$ kN·m/m,荷载基本组合值为 $F = 380$ kN/m,$M = 60$ kN·m/m,室内外高差 0.90 m,基础埋深按 1.3 m 计算(从室外底面起计算),修正后的地基承载力特征值 $f_a = 165$ kPa。混凝土强度为 C20($f_c = 9.6$ N/mm²),钢筋采用 HPB235($f_y = 210$ N/mm²)。试设计该墙下钢筋混凝土条形基础。

4. 设计柱下独立基础,如图 7-28 所示。作用在柱底的荷载效应基本组合设计值为 $F = 820$ kN,$M = 100$ kN·m,$V = 20$ kN;材料选用 C20 混凝土、HPB235 钢筋,基础底面尺寸 2.4 m×1.6 m。

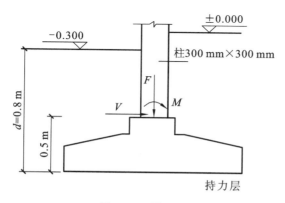

图 7-28 题 4 图

任务 **4** 减轻建筑物不均匀沉降危害的措施

本任务介绍了减轻不均匀沉降的措施，如建筑设计措施、结构措施、施工措施、地基基础措施等；并介绍了工程实例如何减轻建筑物不均匀沉降的施工措施。通过本任务的学习，了解地基基础设计在实际工程中的运用，以及其重要性。

二、理论知识

地基不均匀或上部结构荷载差异较大等原因，都会使建筑物产生不均匀沉降。当不均匀沉降超过容许限度时，将会使建筑物开裂和损坏。因此，应采取必要的技术措施，避免或减轻不均匀沉降危害。由于建筑物上部结构、基础和地基是相互影响和共同工作的，因此在设计工作中应尽可能采取综合技术措施，才能取得较好的效果。

1. 建筑设计措施

1）建筑物体型应力求简单

建筑物的体型设计应避免平面形状复杂和立面高差较大。平面形状复杂的建筑物，在其纵横交接处，因地基中附加应力的叠加将会造成较大的沉降，引起墙体产生裂缝。当立面高差较大时，会使作用在地基上的荷载差异大，易引起较大的沉降差，使建筑物倾斜和开裂。

2）控制建筑物的长高比

建筑物的长高比是决定结构整体刚度的主要因素。过长的建筑物，纵墙将会因较大挠曲出现开裂。一般认为，砖承重房屋的长高比不宜大于 2.5，最大不超过 3.0。

3）合理布置纵横墙

地基不均匀沉降最易产生纵向挠曲，因此要避免纵墙开洞、转折、中断而削弱纵墙刚度；同时应使纵墙尽可能与横墙联结，缩小横墙间距，以增加房屋整体刚度，提高调整不均匀沉降的能力。

4）合理安排相邻建筑物之间的距离

邻近建筑物或地面堆载的作用会使建筑物地基的附加应力增加而产生附加沉降，从而可能使建筑物产生开裂或倾斜。为了减少相邻建筑物的影响，应使相邻建筑保持一定的间隔。

5）设置沉降缝

用沉降缝将建筑物分割成若干独立的沉降单元。这些独立的单元体体型简单，长高比小，荷载变化小,地基相对均匀,因此可有效地避免不均匀沉降带来的危害。沉降缝的位置应选择在下列部位上。

(1)建筑平面转折处。

(2)建筑物高度或荷载差异处。

(3)过长的砖石承重结构或钢筋混凝土框架结构的适当部位。

(4)建筑结构或基础类型不同处。

(5)地基土的压缩性有显著差异或地基基础处理方法不同处。

(6)分期建造房屋的交界处。

(7)拟设置伸缩缝处。

沉降缝应从屋顶到基础把建筑物完全分开,缝内不填塞材料,缝宽以不影响相邻单元的沉降为准。为了便于处理建筑立面,沉降缝通常与伸缩缝及抗震缝结合起来设置。

6)控制与调整建筑物各部分标高

根据建筑物各部分可能产生的不均匀沉降,应采取一些技术措施,控制与调整各部分标高,减轻不均匀沉降对使用上的影响。

(1)适当提高室内地坪和地下设施的标高。

(2)对结构或设备之间的联结部分,适当将沉降大者的标高提高。

(3)在结构物与设备之间预留足够的净空。

(4)有管道穿过建筑物时,预留足够尺寸的孔洞或采用柔性管道接头。

2.结构措施

1)减轻建筑物的自重

在软土地基上建造建筑物时,应尽量减小建筑物自重,可采用以下方法。

(1)采用轻质材料或构件,如加气砖、多孔砖、空心楼板、轻质隔墙等。

(2)采用轻型结构,如预应力钢筋混凝土结构、轻型钢结构、轻型空间结构(如悬索结构、充气结构等)。

(3)采用自重轻、覆土少的基础形式,如空心基础、壳体基础、浅埋基础等。

2)减小或调整基底的附加压力

设置地下室或半地下室,利用挖除的土重去补偿一部分,甚至全部建筑物的重量,有效地减少基底的附加压力,起到减小沉降的目的。此外,也可通过调整建筑与设备荷载的部位以及改变基底的尺寸,来达到控制与调整基底压力、改变不均匀沉降量的目的。

3)增强基础刚度

在软弱和不均匀的地基上采用整体刚度较大的交叉梁、筏形和箱形基础,从而提高基础的抗变形能力,以调整不均匀沉降。

4)采用对不均匀沉降不敏感的结构

采用铰接排架、三角拱等结构,以便地基发生不均匀沉降时不会引起过大的结构附加应力,从而避免结构产生开裂等危害。

5)设置圈梁

设置圈梁可增强砖石承重墙房屋的整体性,提高墙体的抗挠曲、抗拉、抗剪的能力,是防止墙体裂缝产生与发展的有效措施，在地震区还会起到抗震作用。

圈梁在平面上应成闭合系统，贯通外墙，承重内纵墙和内横墙，以增强建筑物的整体性。圈梁一般是现浇的钢筋混凝土梁。

3. 施工措施

对于灵敏度较高的软黏土，在施工时应注意不要破坏其原状结构。在浇筑基础前须保留大约 20 cm 覆盖土层，待浇筑基础时再清除。若地基土已受到扰动，应注意清除扰动土层，并铺上一层粗砂或碎石，经压实后再在砂或碎石垫层上浇筑混凝土。

当建筑物各部分高低差别较大或荷载大小悬殊，应按照先高后低、先重后轻的原则安排施工顺序，必要时还要在重的建筑物竣工之后间歇一段时间再建轻的建筑物，这样可达到减少部分沉降差的目的。

此外，在施工时，还需注意由于井点排水、施工堆载等可能对邻近建筑造成的附加沉降。

4. 地基基础措施

（1）采用刚度较大的浅基础。
（2）采用桩基础或其他深基础。
（3）对不良地基进行处理。

三、任务实施

例 7-7 下面介绍一个高层建筑地基不均匀沉降处理的技术案例。

1. 地基条件

某高层住宅楼，地基勘察报告如下。

① 层填土：稍密，湿，以黄褐色黏性土为主，层厚 1.00 m 左右。

② 层砂质粉土：褐黄色，可塑或硬塑，中密，饱和，层厚 2.00～5.00 m。

③ 层粉细砂：褐黄色，局部稍灰，中密或密实，饱和，含氧化铁及云母，层厚一般为 3.00～4.00 m，局部有灰色粉质黏土，粉土透镜体存在（即③-1层）。承载力标准值 $f_{ak}=210$ kPa。

④ 层粉质黏土：灰色或灰黑色，可塑，中压缩性，饱和，含贝壳，该层为③层细砂中的透镜体，层位不连续成分较杂，为黏质粉土，粉土及粉、细砂互层，局部为稍密的粉细砂；层厚 0.50～1.40 m。$f_{ak}=170$ kPa。

⑤ 层粉质黏土：局部为黏质粉土，褐黄色，可塑或硬塑，中或中低压缩性，饱和，含氧化铁，层厚 4.00～5.00 m。$f_{ak}=250$ kPa。

该工程基础设计埋深为 −7.20m，置于③层粉、细砂之上，经计算，持力层及下卧层要满足设计要求。

沉降计算按《建筑地基基础设计规范》（GB 50007—2011）推荐公式进行，该建筑最终沉降量为 15～16 cm，倾斜为 0.000 5，满足规范要求。

基础土方开挖至设计标高后，发现由于各土层层位不连续，基础坐落在③层粉细砂及④层粉质黏土上,致使箱基直接持力层的均匀性较差,极可能引起地基的不均匀沉降,对整个工程质量造成潜在的影响。为保证地基均匀沉降,经甲方、设计、监理、施工单位共同研究,决定采用在箱基底板下设置 50 cm 厚的 TG 土工塑料复合加筋带级配砂石垫层施工方案。

2. 施工工艺

(1) 经有关部门验槽后,在原土上面铺 2 cm 厚粗砂。

(2) 编织第一层土工加筋带,间距 200 mm,注意一个"编"字,即纵横两个方向的土工加筋带互相叠压,以增大其摩擦力。

(3) 将装好砂石的编织袋排列于基坑内四个周边,以压紧土工加筋带。

(4) 将加筋带两端分别绕编织袋回折,然后用 3 寸钉将回折端钉于地基上,将加筋带固定,回折长度不小于 3 m。

(5) 在加筋带上面虚铺级配砂石 26 cm 厚,注意砂石和含水率,如过湿则将砂石翻松晾晒,过干则需洒水湿润,以保证级配砂石能够压实到最大密度。

(6) 使用压路机(不大于 8 t),从筋带中部开始碾压,逐步碾压至筋带尾部,根据试验,碾压5～6 遍为宜,压实后的级配砂石厚度约为 20 cm,基坑四周和集水坑周围压路机不易压实的地方,用蛙式打夯机夯实。

(7) 有关部门测定其干密度。

(8) 密度达到设计要求后按上述方法铺设第二层加筋带。

(9) 虚铺 26 cm 厚级配砂石,按上述方法压实。

(10) 虚铺 11 cm 厚级配砂石,压实后标高可达设计要求。

3. 注意事项

(1) 加筋带应有出厂试验报告及相应的技术指标测定。

(2) 第一层筋带不得直接铺于原土上。

(3) 加筋带如需搭接,搭接长度大于 1 500 mm,用 3 寸钉钉接。

(4) 铺摊级配砂石时要随时注意砂石级配是否均匀,是否符合要求,如不均匀一定要拌匀。

(5) 加筋带顶面以上填料,一次铺摊厚度不小于 20 cm,以免压路机碾压时扰动下层筋带。

(6) 填料填筑压实时,应随时检查其含水量是否满足压实要求。

(7) 压路机重量低于 8 t,既便于出入基坑,又可防止扰动地基土。

(8) 碾压前应进行压实试验,以确定分层铺摊厚度、碾压遍数以指导施工,压实后干密度要大于 2.2 t/m³。每层填料铺摊完毕应及时碾压。

(9) 压路机不允许直接碾压筋带,压实作业先从筋带中部开始,逐步碾压至筋带尾部,压路机不得在未经压实的填料上急剧改变运行方向和急刹车,以免扰动下层筋带。

(10) 不得使用羊足碾碾压。

四、任务小结

本任务介绍了减轻不均匀沉降的措施,如建筑设计措施、结构措施、施工措施、地基基础措施及地基不均匀沉降的处理措施。

五、拓展练习

1. 减轻不均匀沉降的危害可以采取哪些有效的措施？
2. 施工中如何减小地基基础的不均匀沉降？
3. 举例实际工程中如何减小地基基础的不均匀沉降问题。

项目 8

桩基础设计

任务 1 桩基础概要

一、任务介绍

一般工程中,常采用在地表浅层地基土上建造浅基础的方法。但当建筑物荷载较大而对变形和稳定性要求较高时,或者地基的软弱土层较厚,对软土进行人工处理又不经济时,常采用桩基础。合理使用桩基础既能有效地控制建筑物的沉降变形,又能提高建筑物的抗震性能,从而确保建筑物的长期安全使用。本任务主要介绍桩基础的概念、应用范围、类型及桩型选择。

二、理论知识

1. 桩基础的概念

桩基础简称桩基,是一种基础,它由延伸到地层深部的基桩和连接桩顶的承台组成,如图8-1所示。桩基可由单根桩构成,如一柱桩的独立基础;也可以由两个以上的基础构成,形成桩基础,荷载通过承台传递给各基桩桩顶。

桩基可以承受竖向荷载,也可以承受横向荷载。承受竖向荷载的桩是通过桩侧摩阻力或桩端阻力或两者共同作用将上部结构的荷载传递到深处土(岩)层,因而桩基的竖向承载力与基桩所穿过的整个土层和桩底地层的性质、桩基的外形和尺寸等因素密切相关;承受横向荷载的桩基是通过桩身将荷载传给桩侧土体,其横向承载力与桩侧土的抗力系数、桩身的抗弯刚度和强度等密切相关。工程实际中,以承受竖向荷载为主的桩基居多。

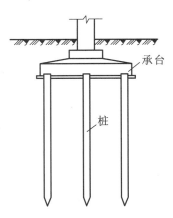

图 8-1 桩基础示意图

承台

桩

2. 桩基础的应用范围

桩基作为深基础，具有承载力高、稳定性好、沉降量小而均匀、沉降速率低而收敛等特性。因此，桩基几乎可应用于各种工程地质条件和各种类型和建筑工程，尤其适用于建造在软弱地基上的高层、重型建（构）筑物。桩基一般可用于以下几种情况。

（1）浅层地基土承载力与变形不能满足要求时。

（2）地基软弱，而采用地基加固措施在技术上不可行或经济上不合理时，或者地基土性特殊，如液化土、湿陷性黄土、膨胀土、季节性冻土等特殊土时。

（3）承受较大的水平荷载、上拔荷载和力矩荷载的高耸结构物。

（4）上部结构对基础的不均匀沉降敏感，或者建筑物受相邻建筑或大面积地面荷载的影响时。

（5）需要减震的精密或大型的设备基础，或应控制基础沉降及重型工业厂房（设有大吨位重级工作制吊车的车间）和荷载过大的料仓、仓库等。

（6）地下水位很高，采用其他基础形式施工困难，或者位于水中的构筑物基础，如桥梁、码头、采油钻井平台等。

（7）需要长期保存且具有重要历史意义的建筑物。

3. 桩的类型

桩可按承载性状、使用功能、桩身材料、成桩方法和工艺、桩径大小等进行分类。

1）按承台位置高低分类

按承台位置高低分类可分为高承台桩基和低承台桩基。

（1）高承台桩基　由于结构设计上的需要，群桩承台底面有时设在地面或局部冲刷线之上，这种桩基称为高承台桩基。这种桩基在桥梁、港口等工程中经常使用。

（2）低承台桩基　凡是承台底面埋置于地面或局部冲刷线以下的桩基称为低承台桩基。房屋建筑工程的桩基多属于这一类。

2）按承载性质的不同分类

按承载性的不同可分为摩擦型桩和端承型桩，见图8-2。

（1）摩擦型桩。

① 摩擦桩　竖向荷载下，基桩的承载力以桩侧摩阻力为主，外部荷载主要通过桩身侧表面与土层之间的摩擦阻力传递给周围的土层，桩尖部分承受的荷载很小，主要用于岩层埋置很深的地基。这类桩基的沉降较大，稳定时间也较长。

② 端承摩擦桩　在极限承载力状态下，桩顶荷载主要由桩侧摩擦阻力承受。即在外荷载作用下，桩的端阻力和侧壁摩擦力都同时发挥作用，但桩侧摩擦阻力大于桩尖阻力。例如，穿过软弱地层嵌入较坚实的硬黏土的桩。

（2）端承型桩。

① 端承桩　在极限荷载作用状态下，桩顶荷载由桩端阻力承受的桩。例如，通过软弱土层桩尖嵌入基岩的，外部荷载通过桩身直接传给基岩，桩的承载力由桩的端部提供，不考虑桩侧摩擦阻力的作用。

② 摩擦端承桩 在极限承载力状态下,桩顶荷载主要由桩端阻力承受的桩。例如,通过软弱土层桩尖嵌入基岩的桩,由于桩的细长比很大,在外部荷载作用下,桩身被压缩,使桩侧摩擦阻力得到部分地发挥。

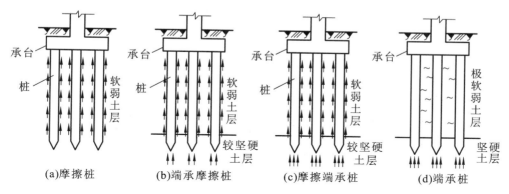

图 8-2 摩擦型桩和端承型桩

3）按桩身材料分类

根据桩身材料可分为混凝土桩、钢桩和组合材料桩等。

（1）钢筋混凝土桩 混凝土桩是目前应用最广泛的桩,具有制作方便、桩身强度高、耐腐蚀性能好、价格较低等优点。它可分为预制混凝土方桩、预应力混凝土空心管桩和灌注混凝土桩等。

（2）钢桩 由钢管桩和型钢桩组成。钢桩桩身材料强度高,桩身表面积大而截面积小,在沉桩时贯透能力强而挤土影响小,在饱和软黏土地区可减少对邻近建筑物的影响。型钢桩常见有工字形钢桩和 H 形钢桩。钢管桩由各种直径和壁厚的无缝钢管制成。由于钢桩价格昂贵,耐腐蚀性能差,故应用受到一定的限制。

（3）木桩 目前已经很少使用,只在某些加固工程或能就地取材的临时工程中使用。在地下水位以下时,木材有很好的耐久性,而在干湿交替的环境下,木材很容易腐蚀。

（4）灰土桩 主要用于地基加固。

（5）砂石桩 主要用于地基加固和挤密土壤。

4）按桩的使用功能分类

（1）竖向抗压桩 竖向抗压桩主要承受竖向荷载,是主要的受荷形式。根据荷载传递特征,可分为摩擦桩、端承摩擦桩、摩擦端承桩及端承桩四类。

（2）竖向抗拔桩 主要承受竖向抗拔荷载的桩,应进行桩身强度和抗裂性能以及抗拔承载力验算。

（3）水平受荷桩 港口工程的板桩、基坑的支护桩等,都是主要承受水平荷载的桩。桩身的稳定依靠桩侧土的抗力,往往还设置水平支撑或拉锚以承受部分水平力。

（4）复合受荷桩 承受竖向、水平荷载均较大的桩,应按竖向抗压桩及水平受荷桩的要求进行验算。

5）按成孔方法分类

（1）非挤土桩 非挤土桩是指成桩过程中桩周土体基本不受挤压的桩。在成桩过程中,将与桩体积相同的土挖出,因而桩周围的土很少受到扰动。这类桩主要有干作业法、泥浆护壁法和套管护壁法钻挖孔灌注桩，或者钻孔桩、井筒管桩和预钻孔埋桩等。

（2）部分挤土桩　这类桩在设置过程中，由于挤土作用轻微，故桩周土的工程性质变化不大。这类桩主要有打入的截面厚度不大的工字型和 H 型钢桩、开口钢管桩和螺旋钻成孔桩等。

（3）挤土桩　在成桩过程中，桩周围的土被挤密或挤开，使桩周围的土受到严重扰动，土的原始结构遭到破坏，土的工程性质发生很大变化。挤土桩主要有打入或压入的混凝土方桩、预应力管桩、钢管桩和木桩，另外沉管式灌注桩也属于挤土桩等。

6）按桩径大小分类

依据桩径大小及相应的承载性能、使用功能和施工方法的一些区别，并参考世界各国对的分类界限，可分为以下三类。

（1）小直径桩　凡桩基 $d \leqslant 250$ mm 的桩，称为小直径桩。由于桩径小，沉桩的施工机械、施工场地与施工方法都比较简单。小直径桩适用于中型工程和基础加固。例如，用于虎丘塔倾斜加固的树根桩，桩径仅为 9 mm，为典型小直径桩。

（2）中等直径桩　凡桩径为 250 mm $< d < 800$ mm 的桩均称为中等直径桩。中等直径具有相当可观的承载力，因此长期以来在世界各国的工业与民用建筑物中大量使用。这类桩的成桩方法和施工工艺种类很多，是最主要的桩型。

（3）大直径桩　凡桩径 $d \geqslant 800$ mm 的桩称为大直径桩。因为桩径大，而且桩端还可扩大，因此单桩承载力高。例如，上海宝钢一号高炉采用的 $\phi 914$ 钢管桩，即大直径桩。大直径桩通常用于高层建筑、重型设备基础，并可实现一柱一桩的优良结构形式。

4. 桩型选择

桩型与工艺选择应根据建筑结构类型、荷载性质、桩的使用功能、穿越土层、桩端持力层土类、地下水位、施工设备、施工环境、施工经验、制桩材料供应条件等，选择经济合理、安全适用的桩型和成桩工艺。选择时可参考《建筑桩基技术规范》(JGJ 94—2008)。对于桩型的选择来讲，主要考虑三个因素，即足够的承载能力（结构形式、水文地质条件），方便的桩基施工（场地环境、施工水平、设备运输条件）及合理的经济指标。

（1）一般情况下当土中存在大孤石、废金属以及花岗岩残积层中未风化的石英脉时，预制桩将难以穿越；当土层分布不均匀时，混凝土预制桩的预制长度难掌握；在场地土层分布比较均匀的条件下，采用质量易于保证的预应力高强混凝土管桩比较合理。对于软土地区的桩基，应考虑挤土对桩基的影响，这时宜采用承载力高而桩数较少的桩基，同一结构单元宜避免采用不同类型的桩。

（2）桩的截面尺寸选择应考虑的主要因素是成桩工艺和结构的荷载的情况：从楼层数和荷载的大小来看，10 层以下的建筑桩基，可以考虑采用直径为 500 mm 左右的灌注桩和边长为 400 mm 的预制桩；10～20 层的可采用直径为 800～1 000 mm 的灌注桩和边长 450～500 mm 的预制桩；20～30 层的可用直径为 1 000～1 200 mm 的钻（冲、挖）孔灌注桩和边长或直径等于或大于 500 mm 的预制桩；30～40 层的可用直径大于 1 200 mm 的钻（冲、挖）孔灌注桩和直径500～550 mm 的预应力混凝土管桩和大直径钢管桩；楼层更多的高层建筑所采用的挖孔灌注桩直径可达 5 m 左右。

（3）桩的设计长度主要取决于桩端持力层的选择；桩端进入坚实土层的深度，应根据地质条件、荷载及施工工艺确定。一般宜为 1～3 倍桩径（对黏性土、粉土不宜小于 2 倍桩径；砂类土不宜小于 1.5 倍桩径;碎石类土不宜小于 1 倍桩径)。

嵌岩桩或端承桩桩端以下 3 倍桩径范围内应无软弱夹层、断裂破碎带、洞穴和空隙分布,这对荷载很大(大直径灌注桩)的桩基础尤为重要。主要桩基类型的优缺点见表 8-1。

表 8-1　主要桩基类型的优缺点

桩型	适用范围	适用建筑	优点	缺点
钻(冲)孔灌注桩	工业与民用建筑,桥梁,水工	所有	单桩承载力可高可低,对地层适应性强,尤其对持力层起伏可进入一定深度	泥浆护壁侧阻软化,沉渣难清理干净,施工环境差,施工速度相对较慢,一般造价比沉管灌注桩和预应能力管桩高
人工挖桩孔	工业与民用建筑,抗滑桩	所有	桩身质量有保证,入持力层强度有保证,单桩承载力高	需人工开挖,开挖深度一般不超过 25 m,施工安全性稍差,造价相对较高
沉管灌注桩	工业与民用建筑	10 层以下	施工速度快,造价低	单桩承载力相对较低,施工质量要严格把关,对硬持力层起伏难进入
预制钢筋混凝土方桩	工业与民用建筑,桥梁	30 层以下	现场浇筑现场打桩,单桩承受力相对较高	前期浇桩工作时间长,接桩质量难保证,对硬持力层起伏定桩长不易
预应力管桩	工业与民用建筑,路基	30 层以下	工厂化生产,施工速度快,造价相对较低,单桩承受能力相对较高	打桩挤土效应明显。对老城区不适应,接桩存在质量问题,对硬持力层难打入,深基坑开挖易偏位
钢管桩	工业与民用建筑,港工	所有	单桩承受能力高,施工速度快	造价最高,经济性差,有些地区对钢管桩有腐蚀性
水泥搅拌桩	工业与民用建筑,路提	3 层以下	做止水桩效果好,柔性桩	质量不易控制,容易产生搅拌不均匀的情况,容易沉降大

三、任务实施

例 8-1　桩型选择分析案例。

某项目位于厦门市海沧区,南侧为海沧大道,北侧为已建住宅区,西临滨湖北路,东侧为扬福滨海商住中心。拟建建筑主塔楼为 5 栋 32 层、高度为 99.9 m 的住宅楼,设有一层六级人防地下室。上部结构为纯剪力墙结构,基础形式初定为桩基础。根据工程地质勘察报告,可供选择的桩型有以下三种:①冲钻孔灌注桩;②大直径沉管灌注桩;③高强预应力管桩。

1. 地质情况

拟建场地位于海沧,原为滩涂地,后经围海填方整平,地面较平坦,地面高程 4.58～6.05 m。本工程的地质勘探已由中建东北设计研究院完成,根据地质报告,场地土层分布如下。

①素填土：黏性土、中粗砂组成，厚 $2.80\sim9.40$ m，尚未完成自重固结，$f_{ak}=80$ kPa，全场分布。

②淤泥：饱和流塑，全场分布，厚 $6.90\sim13.50$ m，$f_{ak}=50$ kPa。

③黏土：可塑，均匀性一般，全场分布，厚 $0.60\sim12.4$ m，$f_{ak}=200$ kPa。

④淤泥质土：饱和、软塑或流塑，半数钻孔有分布，层厚 $0.50\sim6.40$ m，$f_{ak}=75$ kPa。

⑤-1 花岗岩残积土：可塑或硬塑、以黏性土为主，工程性能一般，场地中局部分布，层厚 $2.0\sim11.10$ m，$f_{ak}=250$ kPa。

⑤-2 辉绿岩残积土：可塑或硬塑，以黏性土为主，工程性能一般，场地大部分地区有分布，与⑤1 交互分布，层厚 $0.80\sim11.40$ m，$f_{ak}=250$ kPa。

⑥-1 全风化花岗岩：岩芯呈土状，主要成分为石英、长石及闪长石风化物，为极软岩，岩体基本质量为 V 级，层厚 $1.70\sim7.20$ m，$f_{ak}=350$ kPa。

⑥-2 全风化辉绿岩：主要成分为辉石及长石风化物，为极软岩，系岩脉穿插风化而成，岩体基本质量为 V 级，层厚 $0.80\sim11.40$ m。

⑦-1 砂砾状强风化花岗岩：砂工状结构，主要成分为石英、长石、闪长石及其风化残留物，岩芯呈砂土状，岩体结构破碎，属极软岩或软岩，岩体基本质量为 V 级，工程性能良好，层厚 $1.80\sim9.10$ m。

⑦-2 砂砾状强风化辉绿岩：岩性及组成与⑦-1 稍有差别，层厚 $0.60\sim12.4$ m，工程性能良好，与⑦-1 类似的力学结构。

⑧-1 碎块状强风化花岗岩。

⑧-2 碎块状强风化辉绿岩。

⑨-1 中风化花岗岩，未钻穿。

⑨-2 中风化辉绿岩，未钻穿。

2. 地下水

勘察期间为雨季，对场地水位影响较大，场地初见水位埋深为 $0.20\sim3.30$ m，场地混合稳定水位埋深 $0.60\sim3.60$ m，相当于黄海高程 $1.86\sim4.85$ m。地下水位年变化幅度为 $1.0\sim2.0$ m，地质报告建议年最高水位取室外设计地坪下 0.5 m 考虑。

场地地下水对弱（微）透水层中的混凝土结构具弱腐蚀性，在长期浸水条件下，对钢筋混凝土结构中的钢筋具弱腐蚀性，在干湿交替条件下，对钢筋混凝土结构中的钢筋具强腐蚀性；对钢结构具中等腐蚀性。

3. 地震效应和场地土类别

拟建 4#、5# 楼场地为 Ⅲ 类，其他均取 Ⅱ 类。

厦门海沧抗震设防裂度为七度，设计地震组为第一组，设计基本地震加速度值为 0.15 s，设计特征周期 4#、5# 楼为 0.45 s，其余为 0.35 s。

本场地无饱和砂土和黏土分布，不考虑液化问题。

4. 基础选型分析

本工程地上 32 层，建筑高度为 99.9 m，地下一层为平线结合的地下室。按照《建筑地基基础设计规范》(GB 50007—2011)，本工程地基基础设计等级为甲级。依据《建筑桩基技术规范》

(JGJ 94—2008),桩基础安全等级为一级,桩基重要性系数 $r_0=1.1$。

根据工程地质勘察报告,可供选择的桩型有三种:①冲钻孔灌注桩;②大直径沉管灌注桩;③高强预应力管桩。

究竟采用哪一种桩型,设计单位和业主进行了充分的讨论,业主也邀请了工程界专家进行了论证,最终确定采用桩型为 PHC500-125-A 型的高强预应力管桩为桩基础型式,施工方法为锤击法。下面就桩基础的选型过程进行了总结。

该桩型的选型综合了设计、施工、检测等各方面专家的意见,主要论证的内容包含以下几个方面:①地下水、土的腐蚀性;②基础承台下部有 8~13 m 的淤泥层;③"挤土效应";④成桩质量和施工的难易程度;⑤经济性指标。

下面分别从以上五个方面进行论述。

1)地下水、土的腐蚀性

根据地质报告,本工程地下水地砼结构具弱腐蚀性;在长期浸水条件下对钢筋砼结构中的钢筋具弱腐蚀性,在干湿交替条件下,对钢筋砼结构中的钢筋具强腐蚀性;对钢结构具中等腐蚀性。由于地下水对钢筋砼结构中的钢筋具强腐蚀性的范围在干湿交替条件,而桩顶标高为设计标高 −7.000 m 左右,已避开干湿交替条件,进入长期浸水条件。主要问题是长期浸水条件下的防腐蚀问题。设计单位认为在防腐蚀方面,大直径沉管灌注桩和冲钻孔桩均具有优势,而高强预应力管桩为空心成品管桩,施工过程中需要接桩。因地下水在长期浸水条件下对钢结构具中等腐蚀性,若采用钢端板焊接接头的话不利于桩的耐久性,接头处焊缝受地下水腐蚀后,桩身水平承载力受影响。特别是桩身有倾斜的情况下,其竖向承载力也受影响。从这个角度出发,设计单位提出应优先考虑采用大直径沉管灌注桩。如果采用管桩,应考虑如何处理接头问题;考虑如何保证桩的抗压和抗水平力的承载力均不受影响。

2)基础承台底部为 8~13 m 厚的淤泥层

根据地质报告,本工程场地土内全场分布 8~13 m 厚的淤泥层。考虑到淤泥土层为软质土层,上部结构为三十二层的高层建筑,基础承受荷载较大,在地震作用下,要求桩基础具备较好的抗侧刚度。而淤泥土层为软弱土层,对桩基础的约束较差。在这个定义上,采用冲钻孔灌注桩和大直径沉管灌注桩是较佳的选择,而高强预应力管桩本身直径较小,并且系空心管桩,抗侧刚度较差,对抗震是不利的。

3)挤土效应

桩基础布置较为密集时,对施工工艺为挤土类型的挤土桩,往往会产生"挤土效应",其主要表现是使土体向上隆起并向侧向挤压,对已施工的工程桩产生挤压影响,使桩身发生偏移和倾斜。"挤土效应"严重时,可致工程桩上浮产生"浮桩"。对于本工程来说,主楼若采用挤土类型的"管桩"或"大直径沉管灌注桩"时,必须考虑这方面的因素,尤其是"管桩",施工时应注意合理安排打桩的顺序,对周边环境和工程桩进行及时监测。而冲钻孔灌注桩为非挤土桩,施工时不会产生"挤土效应"。

4)成桩质量和施工难易程度

高强预应力管桩为预制桩,其施工方法为锤击法或静压法,无论采用哪一种方法,均具备施工安全快速、易于操作的特点,成桩质量较容易保证。特别是"锤击法"施工,即可以保证桩端进入持力层一定深度,又可以减弱挤土效应,其承载能力比静压法施工的管桩要高。

大直径沉管灌注桩也是一种施工方便、工期较短的桩型。但由于桩身砼为现场沉管灌注，桩身质量控制不直观，受场地淤泥土质和较大地下水量的影响，可产生现桩身"缩径"、"露筋"等现象。要求施工队伍经验丰富，管理先进。

对于"冲钻孔灌注桩"，采用泥浆护壁成孔，水下浇灌混凝土，并且要求设计成"嵌岩桩"，桩端嵌岩深度为1m左右。该桩型施工质量难以抗制，主要表现在施工时"塌孔"，桩身"缩径"，桩身混凝土胶接不良，发生"离析"现象，特别是对嵌岩桩，桩底部"沉渣"难以清理干净，往往造成桩在荷载作用下变形较大，单桩承载力不能满足设计要求。该类型桩的成桩质量不容乐观，施工过程中的意外事故较多，要求施工队伍管理先进，施工经验丰富。

5）经济性指标

下面以3♯楼为例，计算分析该三种桩型的经济性指标（见表8-2）。

表8-2　三种桩型的经济指标计算

桩型	持力层	总桩数/根	平均桩长/m	单价	造价/万元
冲钻孔灌注桩（φ1200）	⑨中风化花岗岩或辉绿岩	36	35.0	1 000 元/m³	142.4
大直径沉管灌注桩（φ700）	⑦砂砾状强风化花岗岩或辉绿岩	104	28.0	1 100 元/m³	123
高强预应力管桩（φ500）	⑦砂砾状强风化花岗岩或辉绿岩	145	28.0	180 元/m	73

从以上经济指标的分析来看，采用高强预应力管桩的优势还是较明显的。

5. 基础形式确定

综合以上分析数据，经讨论决定，本工程主塔楼之基础形式为锤击预应力管桩，桩型为PHC500-125-A型。不采用大直径沉管灌注桩和冲（钻）孔灌注桩主要原因有以下几点。

（1）目前，厦门地区大直径沉管灌注桩的施工机械较少。据了解，近期厦门仅有的5台大直径沉管灌注桩的施工机械都在会展中心和五缘湾一带进行施工作业，短期内无法在本工程场地进场施工。因此，设计选用大直径沉管灌注桩的条件不具备。

（2）冲（钻）孔灌注桩固然具备单桩承载力高的优点，但考虑到该桩型造价高、工期长、施工难度较大和成桩质量难以控制，特别是对"嵌岩桩"，桩底"沉渣"难以清除干净，直接影响桩的承载能力。而预应力管桩施工机械较多，施工速度快，工期短，造价低，施工质量直观，在三十层左右、100米以下的建筑工程里应用优势明显。当然，预应力管桩受其自身的特点的限制，抵抗水平荷载能力比大直径沉管灌注桩和冲（钻）孔灌注桩差，接桩方法必须考虑地下水腐蚀性的影响，施工时还应注意解决"挤土效应"的影响。采用锤击预应力管桩必须解决这些问题。

针对以上几个因素，设计单位提出如下措施。

（1）接桩方法为钢端头板焊接接桩，桩型为PHC500-125-AB，要求管桩端头板焊缝坡口高度、宽度按照标准尺寸加大1 mm；要求采用15 m定长的管桩与其他定长的管桩焊接，以保证接头数不超过1个；此外，打桩前应将桩顶用4 mm厚、直径360 mm的钢板封口。在桩管内采用C35细石混凝土通长由下往上压力灌芯。

（2）管桩采用防腐蚀管桩，而且要求采用带混凝土桩尖的成品管桩（福建省××管桩有限公司生产）。要求管桩混凝土采用铝酸三钙含量不大于5%的普通硅酸盐水泥，并且要求加入钢筋阻锈剂。

（3）采用大厚板群桩桩筏基础,增大基础刚度,提高管桩基础的水平承载力。

（4）施工时应选择合理的打桩路线,在桩布置密集处应由中间向四周施打,先施工较长桩,后施工较短桩。在施工场地内设置"监测桩",监测是否出现"现象"。另外,还可考虑控制打桩速度,设置减压孔等措施。

（5）另按照专家意见,考虑到地下水在干湿交替条件下对钢筋砼结构中的钢筋具强腐蚀性,设计拟在桩顶 1.0 m 左右范围设置管桩 150 mm 厚的钢筋混凝土护筒,护筒与管桩的接触面应清理干净,刷界面剂。

如果采取以上措施并能够有经验丰富的施工队伍施工,采用锤击预应力管桩应该是一个非常合适的桩基础形式。

四、任务小结

桩可按承载性状、使用功能、桩身材料、成桩方法和工艺、桩径大小等进行分类。

（1）按承台位置高低分为高承台桩和低承台桩。

（2）桩按承载性能分为摩擦桩和端承桩。

（3）按桩身材料分为木桩、钢桩和混凝土桩。

（4）按成桩方法分为非挤土桩、部分挤土桩和挤土桩。

（5）按桩径大小分为小直径桩、中等直径桩和大直径桩。

五、拓展练习

1. 何为桩基础,桩基础由哪些组成?

2. 桩的适用范围有哪些?

3. 桩有哪些分类?

4. 工程中常用桩的特点和适用性有哪些?

5. 桩基类型选择有哪些因素需考虑?

任务 2 桩基竖向承载力的确定

一、任务介绍

在桩基础设计中,要确定桩的数量及平面布置,首先要确定桩基的承载力。根据桩受荷载性质的不同,桩基的承载力分为竖向承载力和水平承载力。一般工业与民用建筑中的基础,常以承受竖向荷载为主。本任务主要介绍单桩竖向承载力和群桩竖向承载力的确定方法。

二、理论知识

1. 单桩竖向承载力

单桩竖向承载力，是指单根桩在竖向外荷载（一般为压力）的作用下，不丧失稳定、不产生过大变位（沉降）时的最大荷载值。设计时不允许出现单桩（或群桩）周围上的剪切破坏，桩基础丧失整体稳定性，因沉降或不均匀沉降导致构筑物破坏或不能正常使用，桩身结构破坏等现象。桩基的破坏不仅会造成桩身结构强度的破坏，而且会造成地基的破坏。桩的承载能力也要从桩身结构强度和地基土承载力两方面来确定。

1）按桩身强度确定单桩竖向抗压承载力

根据桩身结构强度确定单桩竖向承载力时，应将混凝土抗压强度设计值按施工工艺条件作一定的折减。

计算桩身轴心抗压强度时，除高承台桩、桩周为可液化土或特软土层外，一般不考虑压轴的影响，即取稳定系数 $\phi=1.0$。低承台桩基上作用的弯矩与水平力不大时，桩身承载力满足轴心压缩验算即可。

钢筋混凝土桩，根据桩身材料强度确定单桩竖向承载力特征值，可按下式计算。

$$R_a = \phi(f_c A + f_y' A_s) \tag{8-1}$$

式中：R_a——按桩材料强度确定的单桩竖向承载力特征值，N；

ϕ——纵弯曲稳定系数，对全埋入土中的桩可取 $\phi=1$；但高承台桩、液化或极软土层应考虑桩身纵向弯曲的影响，ϕ 值和桩身计算长度有关，可参考《建筑桩基技术规范》（JGJ 94—2008）；

A——桩身的横截面面积，mm^2；

A_s——全部纵向钢筋的截面面积，mm^2；

f_y'——纵向钢筋抗压强度设计值，N/mm^2；

f_c——混凝土轴心抗压强度设计值，N/mm^2。

《建筑桩基技术规范》（JGJ 94—2008）中规定：计算混凝土桩身承载力时，应将混凝土的轴心抗压和弯曲抗压强度设计值，分别乘以桩基施工工艺系数 ϕ_c。对于混凝土预制桩，取 $\phi_c=1.0$；对于干作业非挤土、人工挖孔、扩底灌注桩，取 $\phi_c=0.9$；对于泥浆或套管护壁非挤土灌注桩、部分挤土冲抓灌注桩、挤土灌注桩，取 $\phi_c=0.8$。

2）按土的支撑力确定单桩竖向抗压承载力

确定土对桩的支承能力的方法很多，按照建筑物的不同等级可采用不同的方法。一级建筑物应采用现场静荷载试验，并结合静力触探、标准贯入等原位测试方法综合确定；二级建筑物应根据静力触探、标准贯入试验、经验公式等，并参照地质条件相同的试桩资料，综合确定；对三级建筑物，如无原位测试资料时，可由经验公式计算。

（1）按静荷载试验确定。

由于静荷载试验是在工程现场对足尺桩进行的，桩的类型、尺寸、入土深度、施工方法、地质条件等都最大限度地接近实际情况，因此被公认为是最可靠的方法。按设计要求在建筑场地设置试验桩,然后对试验桩逐级加荷,并观测各级荷载作用时的沉降量,直到桩周围破坏。为了在统计试验成果时,能提供最低限度的样本,同一条件下的试桩量不宜小于总桩数的1%,并且不应小于3根。

对打入桩,宜在置桩后间隔一段时间开始试验,主要目的是使挤土桩作用产生的孔隙水压力得以消散,受扰动的土体结构强度可以部分恢复,从而使得试验结果更接近真实情况。开始试验的时间为:预制桩在砂土中入土7天后;黏性土一般不少于15天,视土的强度的恢复而定;对于饱和软黏土不得少于25天。试验测得的资料,可绘制成各种试验曲线或整理成表格形式,并应对成桩和试验过程中出现的异常现象进行补充说明。当桩发生剧烈的或不停滞沉降时,认为桩处于破坏状态,这种状态的荷载称为单桩极限荷载。极限荷载可按桩沉降随荷载变化的特征确定。

(2)按土的物理指标确定。

根据土的物理指标与承载力参数之间的经验关系,确定单桩竖向极限承载力特征值 Q_{uk} 时,宜按下式计算。

$$Q_{uk} = Q_{sk} + Q_{pk} = u\sum q_{sik}l_i + q_{pk}A_p \tag{8-2}$$

式中:Q_{sk}、Q_{sk}——单桩总极限侧阻力和总极限端阻力标准值,kN;

　　　μ——桩身周长,m;

　　　q_{sik}——桩侧第 i 层土的极限侧阻力标准值,kPa(如无当地经验值,可按表8-3取值);

　　　l_i——桩穿越第 i 层土的厚度,m;

　　　q_{pk}——桩的极限端阻力标准值,kPa(如无当地经验值,可按表8-5取值);

　　　A_p——桩端面积,m^2。

表 8-3　桩的极限侧阻力标准值 q_{sik}

土的名称	土的状态	混凝土预制桩	水下钻(冲)孔桩	沉管桩注桩	干作业钻孔桩
填土	—	20～28	18～26	15～22	18～26
淤泥	—	11～17	10～6	9～13	10～16
淤泥质土	—	20～28	18～26	15～22	18～26
黏性土	$I_L>1$	21～36	20～34	16～28	20～34
	$0.75<I_L\leqslant1$	36～50	34～48	28～40	34～48
	$0.50<I_L\leqslant0.75$	50～66	48～64	40～52	48～62
	$0.25<I_L\leqslant0.5$	66～82	64～78	52～63	62～76
	$0<I_L\leqslant0.25$	82～91	78～88	63～72	76～86
	$I_L\leqslant0$	92～101	88～98	72～80	86～96
红黏土	$0.7<a_w\leqslant1$	13～32	12～30	10～25	12～30
	$0.5<a_w\leqslant0.7$	32～74	30～70	25～68	30～70
粉土	$e>0.9$	22～42	22～40	16～32	20～40
	$0.75\leqslant e\leqslant0.9$	42～64	40～60	32～50	40～60
	$e<0.75$	64～85	60～80	50～67	60～80

土的名称	土的状态	混凝土预制桩	水下钻(冲)孔桩	沉管桩注桩	干作业钻孔桩
粉细砂	稍密	22~42	22~40	16~32	20~40
	中密	42~63	40~60	32~50	40~60
	密实	63~85	60~80	50~67	60~80
中砂	中密	54~74	50~72	42~58	50~70
	密实	74~95	72~90	58~75	70~90
粗砂	中密	74~95	74~95	58~75	70~90
	密实	95~116	95~116	75~92	90~110
砂砾	中密、密实	116~138	116~35	92~110	110~130

注:(1)对于尚未完成自重固结的填土和以生活垃圾为主的杂填土,不计算其侧阻力。

(2)a_ω 为含水率,$a_\omega = \omega/\omega_L$。

(3)对于预制桩,根据土层埋深 h,将 q_{sik} 乘以表 8-4 中的修正系数。

表 8-4 修正系数

土层埋深 h/m	≤5	10	20	≥30
修正系数	0.8	1.0	1.1	1.2

表 8-5 桩的极限端阻力标准值 q_{pk}

土名称	桩型 / 土的状态	预制桩入土深度/m				水下冲(钻)孔桩入土深度/m			
		$h \le 9$	$9 < h \le 16$	$16 < h \le 30$	$h > 30$	5	10	15	$h > 30$
黏性土	$0.75 < I_L \le 1$	210~840	630~1 300	1 100~1 700	1 300~1 900	100~150	150~250	250~300	300~450
	$0.5 < I_L \le 0.75$	840~1 700	1 500~2 100	1 900~2 500	2 300~3 200	200~300	350~450	450~550	550~750
	$0.25 < I_L \le 0.50$	1 500~2 300	2 300~3 000	2 700~3 600	3 600~4 400	400~500	700~800	800~900	900~1 000
	$0 < I_L \le 0.25$	2 500~3 800	3 800~5 100	5 100~5 900	5 900~6 800	750~850	1 000~1 200	1 200~1 400	1 400~1 600
粉土	$0.75 < e \le 0.9$	840~1 700	1 300~2 100	1 900~2 700	2 500~3 400	250~350	300~500	450~650	650~850
	$e < 0.75$	1 500~2 300	2 100~3 000	2 700~3 600	3 600~4 400	550~800	650~900	750~1 000	850~1 000
粉砂	稍密	800~1 600	1 500~2 100	1 900~2 500	2 100~3 000	200~400	350~500	450~600	600~700
	中密、密实	1 400~2 200	2 100~3 000	3 000~3 800	3 800~4 500	400~500	700~800	800~900	900~1 100

续表

土名称	土的状态 桩型	预制桩入土深度/m				水下冲(钻)孔桩入土深度/m			
		$h \leqslant 9$	$9 < h \leqslant 16$	$16 < h \leqslant 30$	$h > 30$	5	10	15	$h > 30$
细砂	中密密实	2 500~3 800	3 600~4 800	4 400~5 700	5 300~6 500	550~650	900~1 000	1 000~1 200	1 200~1 500
中砂		3 600~5 100	5 100~6 300	6 300~7 200	7 000~8 000	850~950	1 300~1 400	1 600~1 700	1 700~1 900
粗砂		5 700~7 400	7 400~8 400	8 400~9 500	9 500~10 300	1 400~1 500	2 000~2 200	2 300~2 400	2 300~2 500
砾砂	中密密实	6 300~10 500				1 500~2 500			
角砾圆砾		7 400~11 600				1 800~2 800			
碎石卵石		8 400~12 700				2 000~3 000			

土名称	土的状态 桩型	沉管灌注桩入土深度/m				干作业钻孔桩入土深度/m		
		5	10	15	$h > 30$	5	10	15
黏性土	$0.75 < I_L \leqslant 1$	400~600	600~750	750~1 000	1 000~1 400	200~400	400~700	700~950
	$0.50 < I_L \leqslant 0.75$	670~1 100	1 200~1 500	1 500~1 800	1 800~2 000	420~630	740~950	950~1 200
	$0.25 < I_L \leqslant 0.5$	1 300~2 200	2 300~2 700	2 700~3 000	3 000~5 000	850~1 100	1 500~1 700	1 700~1 900
	$0 < I_L \leqslant 0.52$	2 500~2 900	3 500~3 900	4 000~4 500	4 200~5 000	1 600~1 800	2 200~2 400	2 600~2 800
粉土	$0.75 \leqslant e \leqslant 0.9$	1 200~1 600	1 600~1 800	1 800~2 100	2 100~2 600	600~1 000	1 000~1 400	1 400~1 600
	$e < 0.75$	1 800~2 200	2 200~2 500	2 500~3 000	3 000~3 500	1 200~1 700	1 400~1 900	1 600~2 100
粉砂	稍密	800~1 300	1 300~1 800	1 800~2 000	2 000~2 400	500~900	1 000~1 400	1 500~1 700
	中密、密实	1 300~1 700	1 800~2 400	2 400~2 800	2 800~3 600	850~1 000	1 500~1 700	1 700~1 900

土名称	土的状态	桩型	沉管灌注桩入土深度/m				干作业钻孔桩入土深度/m		
			5	10	15	$h>30$	5	10	15
细砂	中密密实		1 800～2 200	3 000～3 400	3 500～3 900	4 000～4 900	1 200～1 400	1 900～2 100	2 200～2 400
中砂			2 800～3 200	4 400～5 000	5 200～5 500	5 500～7 000	1 800～2 000	2 800～3 000	3 300～3 500
粗砂			4 500～5 000	6 700～7 200	7 700～8 200	8 400～9 000	2 900～3 200	4 200～4 600	4 900～5 200
砾砂	中密密实		5 000～8 400				3 200～5 300		
角砾圆砾			5 900～9 200				—		
碎石卵石			6 700～10 000				—		

注：(1) 砂土和碎石类中桩的极限端阻力取值，应综合考虑土的密实度、桩端进入持力层的深度比 h_b/d（h_b 为桩端进入持力层的深度，d 为桩径），土越密实，h_b/d 越大，取值越高。

(2) 预制桩的岩石极限端阻力指端支承于中、微风化基岩表面或进入强风化岩、软质岩一定深度条件下极限端阻力。

2. 群桩竖向承载力

1) 群桩效应

桩基础一般由若干根单桩组成，上部用承台连成整体，通常称为群桩。群桩基础因承台、桩、土的相互作用使其桩侧阻力、桩端阻力、沉降等性状发生变化而与单桩明显不同，承载力往往不等于各单桩承载力之和，称之为群桩效应。

端承桩组成的桩基，因桩的承载力主要是桩端较硬土层的支撑力，受压面积小，各桩间相互影响小，其工作性状与独立单桩相近，可以认为不发生应力叠加，故基础的承载力就是各单桩承载力之和。

摩擦桩组成的桩基，由于桩周摩擦力要在庄周土中传递，并沿深度向下扩散，桩间土受到压缩，产生附加应力。在桩端平面，附加压力的分部直径 D（$D=2l\tan\alpha$）比桩径 d 大得多，当桩距小于 D 时在桩尖处将发生应力叠加。因此，在相同条件下，群桩的沉降来量比单桩的大，如图8-3所示。如果保持相同的沉降量，就要减少各桩的荷载（或加大桩间距）。

影响群桩承载力和沉降量的因素较多，除了土的性质之外，主要是桩距、桩数、桩的长径比、桩长与承台宽度比、成桩方法等。可以用群桩的效率系数 η 和沉降比 v 两个指标反应群桩的工作特性。效率系数 η 是群桩极限承载力与各单桩独立工作时极限承载力之和的比值，可用来评价群桩中单桩承载力发挥的程度。沉降比 v 是相同荷载下群桩的沉降量与单桩工作时沉降量的比值，可反应群桩的沉降特性。群桩的工作状态亦分为以下两类。

(1) 桩距$\geqslant 3d$ 而桩数少于9根的端承摩擦桩，条形基础下的桩不超过两排的桩基，竖向抗

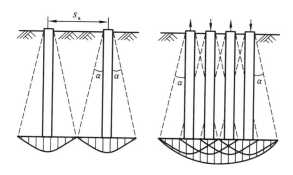

图 8-3　摩擦型群桩下土体内应力分布

压承载力为各单桩竖向抗压承载力的总和。

（2）桩距＜6d、桩数≥9 根的摩擦桩基，可视作一假想的实体深基础，群桩承载力即按实体从基础进行地基强度设计或验算，并验算该桩基中各单桩所承受的外力（轴心受压或偏心受压）。当建筑物对桩基的沉降有特殊要求时，应作变形验算。

2）桩顶作用的效应计算

对于一般建筑物和受水平力与力矩较小而桩径相同的高大建筑物群桩基础，按下列公式计算桩桩的桩顶作用效应。

（1）轴心竖向力作用下

$$N = \frac{F+G}{n} \tag{8-3}$$

（2）偏心竖向力作用下

$$N_i = \frac{F+G}{n} \pm \frac{M_x y_i}{\sum y_i^2} \pm \frac{M_y x_i}{\sum x_i^2} \tag{8-4}$$

（3）水平力

$$H_i = \frac{H}{n} \tag{8-5}$$

式中：F——作用于桩基承台顶面的竖向设计值，kN；

G——桩基承台和承台上土自重设计值（自重荷载分项系数当其效应对结构不利时取 1.2，有利时取 1.0），地下水位以下扣除水的浮力，kN；

N——轴心竖向作用下任一复合基桩或基桩的竖向力设计值，kN；

N_i——偏心竖向力作用下第 i 复合基桩或基桩的竖向值设计值，kN；

M_x、M_y——作用于承台底面的外力对通过桩群形心的 x、y 轴的弯矩设计值，kN·m；

x_i、y_i——第 i 复合基桩至 y、x 轴的距离，m；

H——作用于基桩承台底面的水平力设计值，kN；

H_i——作用于任一复合基桩或基桩的水平力设计值，kN；

n——桩基中的桩数。

3）桩基竖向承载力计算

按《建筑桩基技术规范》（JGJ 94—2008）中的规定，桩基竖向承载力设计值的计算有以下几种情况。

(1) 端承桩和桩数不超过 3 根的非端承桩桩基，基桩的竖向承载力设计值 R 为

$$R = \frac{Q_{sk}}{\gamma_s} + \frac{Q_{pk}}{\gamma_p} \tag{8-6}$$

当根据静荷载试验确定单桩竖向极限承载力标准值时，基桩的竖向承载力设计值为

$$R = \frac{Q_{uk}}{\gamma_{sp}} \tag{8-7}$$

(2) 对于桩数超过 3 根的非端承桩桩基，宜考虑桩群、土、承台的相互作用效应，其复合基桩的竖向承载力设计值为

$$R = \eta_s \frac{Q_{sk}}{\gamma_s} + \eta_p \frac{Q_{pk}}{\gamma_p} + \eta_c \frac{Q_{ck}}{\gamma_c} \tag{8-8}$$

当根据静荷载试验确定单桩竖向极限承载力标准值时，其复合基桩竖向承载力设计值为

$$R = \eta_{sp} \frac{Q_{uk}}{\gamma_{sp}} + \eta_c \frac{Q_{ck}}{\gamma_c} \tag{8-9}$$

$$Q_{ck} = q_{ck} \frac{A_c}{n} \tag{8-10}$$

式中：Q_{sk}、Q_{pk}——分别为单桩总极限侧阻力和总极限端阻力标准值，kN；

Q_{uk}——单桩竖向极限承载力标准值，kN；

Q_{ck}——相应于每一复合基桩的承台底地基土极限抗力平均标准值，kN；

q_{ck}——承台底 1/2 承台宽度的深度范围(≤5 m)内地基土极限抗力标准值，可按现行规范中地基承载力允许值乘 2 取值，kPa；

A_c——承台底面地基土净面积，m^2；

γ_s、γ_p、γ_{sp}、γ_c——分别为桩侧阻、桩端阻、桩侧与桩端综合阻、承台底土阻力的分项系数，见表 8-6；

η_s、η_p、η_{sp}、η_c——分别为桩侧阻、桩端阻、桩侧与桩端综合阻、承台底土阻力的群桩效应系数，见表 8-7。

表 8-6　桩基竖向承载力的抗力分项系数

桩型与工艺	$\gamma_s = \gamma_p = \gamma_{sp}$		γ_c
	静载试验法	经验参数法	
预制桩、钢管桩	1.60	1.65	1.70
大直径灌注桩(清底干净)	1.60	1.65	1.65
泥浆护壁钻(冲)孔灌注桩	1.62	1.67	1.65
干作业钻孔灌注桩($d \leqslant 0.8$ m)	1.65	1.70	1.65
沉管灌注桩	1.70	1.75	1.70

注：(1) 根据静力触探方法确定预制桩、钢管桩承载力时，取 $\gamma_s = \gamma_p = \gamma_{sp} = 1.60$。

　　(2) 抗拔桩的侧阻抗力分项系数 γ_s 可取表列系数。

表 8-7　桩基竖向承载力的群桩效应系数

效应系数 η	承台宽度比 B_c/L	黏性土的距径比 S_a/d				粉土与砂土的距径比 S_a/d			
		3	4	5	6	3	4	5	6
η_s	≤0.2	0.80	0.90	0.96	1.00	1.20	1.10	1.05	1.00
	0.4	0.80	0.90	0.96	1.00	1.20	1.10	1.05	1.00
	0.6	0.79	0.90	0.96	1.00	1.09	1.10	1.05	1.00
	0.8	0.73	0.85	0.94	1.00	0.93	0.97	1.03	1.00
	≥1.0	0.67	0.78	0.86	0.93	0.78	0.82	0.89	0.95
η_p	≤0.2	1.64	1.35	1.18	1.06	1.26	1.18	1.11	1.06
	0.4	1.68	1.40	1.23	1.11	1.32	1.25	1.20	1.15
	0.6	1.72	1.44	1.27	1.16	1.37	1.31	1.26	1.22
	0.8	1.75	1.48	1.31	1.20	1.41	1.36	1.32	1.28
	≥1.0	1.79	1.52	1.35	1.24	1.41	1.40	1.36	1.33
η_{sp}	≤0.2	0.93	0.97	0.99	1.01	1.21	1.11	1.06	1.01
	0.4	0.93	0.97	1.00	1.02	1.22	1.12	1.07	1.02
	0.6	0.93	0.98	1.01	1.02	1.13	1.13	1.08	1.03
	0.8	0.89	0.95	0.99	1.03	1.01	1.03	1.09	1.04
	≥1.0	0.84	0.89	0.94	0.97	0.88	0.91	0.96	1.00

注：B_c 为承台宽度，L 为桩的入土长度，d 为桩径，S_a 为桩中心距，当不规则布桩时，等效距径比 S_a/d 按圆形桩为 $S_a/d = \sqrt{A}/(\sqrt{n} \cdot d)$，方形桩为 $S_a/d = \sqrt{A}/(\sqrt{n} \cdot b)$ 近似计算。

η_c 的意义为群桩承台底平均极限土阻力与承台底地基极限承载力标准值 f_{ck} 的比值。承台底土阻力发挥值与桩距、桩长、承台宽度、桩的排列、承台内外面积比等有关，承台底土阻力群桩效应系数可按下式计算。

$$\eta_c = \eta_{cn}\frac{A_{cn}}{A_c} + \eta_{cw}\frac{A_{cw}}{A_c} \tag{8-11}$$

式中：η_{cn}、η_{cw}——承台内外区（以群桩外围桩外边缘包络线为界）土抗力群桩效应系数（见表 8-8），当承台下存在高压缩软弱土层时，均按 $B_c/L \leq 0.2$ 取值；

A_{cn}、A_{cw}——承台内外区净面积，承台底地基土净面积 $A_c = A_{cn} + A_{cw}$，m^2。

当承台底面以下存在可液化土、湿陷性黄土、高灵敏软土、高灵敏欠固结土、新填土或承受经常出现的动力作用时，不考虑承台效应，即取 $\eta_c = 0$，η_s、η_p、η_{sp} 取表 8-7 中 $B_c/L = 0.2$ 的对应值。

表 8-8　承台内、外区土助力群桩效应系数

B_c/L	不同距径比 S_a/d 的 η_{cn}				不同距径比 S_a/d 的 η_{cw}			
	3	4	5	6	3	4	5	6
$\geqslant 0.2$	0.11	0.14	0.18	0.21				
0.4	0.15	0.20	0.25	0.30				
0.6	0.19	0.25	0.31	0.39	0.63	0.75	0.88	1.0
0.8	0.21	0.29	0.36	0.43				
$\leqslant 1.0$	0.24	0.32	0.40	0.48				

4）桩基竖向承载力验算

桩基的竖向承载力计算应符合下列要求。

(1) 荷载效应标准组合。

轴心竖向力作用下为

$$\gamma_0 N \leqslant R \tag{8-12}$$

偏心竖向力作用下，除满足上式要求外，还应满足式(8-13)。

$$\gamma_0 N_{max} \leqslant 1.2R \tag{8-13}$$

式中：γ_0——建筑桩基重要系数，对于一、二、三级建筑物分别取 1.1、1.0、0.9，对于柱下单桩按提高一级考虑，对柱下单桩的一级桩基取 $\gamma_0 = 1.2$；

R——桩基中复合基桩或基桩的竖向承载力设计值，kN。

(2) 地震作用效应标准组合。

轴心竖向力作用下为

$$N \leqslant 1.25R \tag{8-14}$$

偏心竖向力作用下，除满足上式要求外，还应满足式(8-15)。

$$N_{max} \leqslant 1.5R \tag{8-15}$$

三、任务实施

例 8-1　某场地土层情况（自上而下）为：第一层为杂填土，厚度 1.2 m；第二层为淤泥，软塑状态，厚度 6.4 m；第三层为粉质黏土，$I_L = 0.25$，厚度 5.0 m。采用预制桩基础，截面尺寸为 350 mm×350 mm，承台埋深 $d = 1.2$ m，桩端进入粉质黏土层 3 m。试按经验公式法计算该单桩竖向极限承载力设计值。

解　桩的计算长度 $l = 6.4$ m+3 m=9.4 m。

查表 8-3 得到 q_{sik} 值。①淤泥层：软塑状态的淤泥（偏好）可取 $q_{s1k} = 17$ kPa，该层中心点埋深 4.4 m<5 m，查表 8-4 得修正系数为 0.8，故 $q_{s1k} = 17 \times 0.8$ kPa=13.6 kPa。②粉质黏土层：埋深 9.1 m，修正系数为 0.964，按 $I_L = 0.25$ 得 $q_{s2k} = 82 \times 0.964$ kPa=79.0 kPa。

查表 8-5 取粉质黏土层的 q_{pk} 值：按 $I_L = 0.25$ 和入土深度 $h = 10.6$ m，近似取 $q_{pk} = 3\,800$ kPa。

单桩竖向极限承载力标准值为

$$Q_{uk} = Q_{sk} + Q_{pk} = u \sum q_{sik} l_i + q_{pk} A_p$$
$$= 0.35 \times 4 \times (13.6 \times 6.4 + 79 \times 3) \text{ kN} + 3800 \times 0.35^2 \text{ kN} = 919.2 \text{ kN}$$

例 8-3 场地土层情况同例 8-1,采用一框架柱(300 mm × 450 mm)的预制桩基础,截面尺寸为 350 mm × 350 mm,承台埋深 $d = 1.2$ m,桩端进入粉质黏土层 3 m,承台尺寸如图所示。柱底在地面处的荷载设计值为:轴向力 $F = 2500$ kN,弯矩 $M_0 = 180$ kN·m(M_0 的作用方向为自左向右),桩基安全等级为二级。试对该桩基础进行竖向承载力验算。

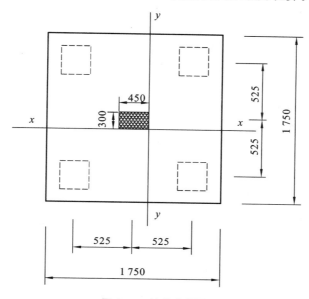

图 8-4 桩的布置图

解 (1)确定单桩竖向极限承载力标准值。

由例 8-2 可知,单桩竖向极限承载力标准值为

$$Q_{uk} = Q_{sk} + Q_{pk} = (453.7 + 465.5) \text{ kN} = 919.2 \text{ kN}$$

(2)确定基桩的竖向承载力设计值。

由于承台下为高灵敏度的淤泥,故不考虑承台效应,取 $\eta_c = 0$,按 $B_c/L = 0.2$ 及 $S_a/d = 3$,查表 8-7 得 $\eta_s = 0.80$,$\eta_p = 1.64$;查表 8-6 得 $\gamma_s = \gamma_p = 1.65$。

由题意可知,基桩桩数超过 3 根,其基桩竖向承载力设计值为

$$R = \eta_s \frac{Q_{sk}}{\gamma_s} + \eta_p \frac{Q_{pk}}{\gamma_p} + \eta_c \frac{Q_{ck}}{\gamma_c} = 0.8 \times \frac{453.7}{1.65} \text{ kN} + 1.64 \times \frac{465.5}{1.65} \text{ kN} = 682.7 \text{ kN}$$

(3)验算基桩的竖向承载力。

$$N = \frac{F + G}{n} = \frac{2500 + 1.2 \times 20 \times 1.75^2 \times 1.2}{4} \text{ kN} = 647.1 \text{ kN}$$

$$N_{max} = N + \frac{M_y x_{max}}{\sum x_j^2} = 647.1 \text{ kN} + \frac{180 \times 0.525}{4 \times 0.525^2} \text{ kN} = 732.8 \text{ kN}$$

$$\gamma_0 N = 1.0 \times 647.1 = 647.1 \text{ kN} < R = 682.7 \text{ kN}$$

$$\gamma_0 N_{max} = 1.0 \times 732.8 = 732.8 \text{ kN} < 1.2R = 819.2 \text{ kN}$$

故承载力满足要求。

四、任务小结

1. 单桩竖向承载力的计算方法

（1）按桩身强度确定竖向单桩承载力。

（2）按土的支承力确定竖向单桩承载力：①按静荷载试验法确定竖向单桩承载力；②规范经验公式法分为按《建筑地基基础设计规范》（GB 50007—2011）确定单桩竖向承载力特征值和按《建筑桩基技术规范》（JGJ 94—2008）确定单桩竖向极限承载力。

2. 群桩竖向承载力计算

（1）桩距≥3d 而桩数少于9根的端承摩擦桩，条形基础下的桩不超过两排的桩基，竖向抗压承载力为各单桩竖向抗压承载力的总和。

（2）桩距＜6d、桩数≥9根的摩擦桩基，可视作一假想的实体深基础，群桩承载力即按实体从础进行地基强度设计或验算，并验算该桩基中各单桩所承受的外力（轴心受压或偏心受压）。当建筑物对桩基的沉降有特殊要求时，应作变形验算。

五、拓展提高

桩基的水平承载力

根据《建筑桩基技术规范》（JGJ 94—2008）的规定，计算桩基水平承载力与位移有以下几种情况。

（1）一般建筑物和水平荷载较小的高大建筑物单桩基础和群桩中的复合基桩应满足下列要求

$$\gamma_0 H_1 \leqslant R_{h1} \qquad (8\text{-}16)$$

式中：H_1——单桩基础或群桩中复合基桩桩顶处水平力设计值，kN；

R_{h1}——单桩基础或群桩中复合基桩的水平承载力设计值，kN。

（2）对于受水平荷载较大的一般建筑桩基，单桩的水平承载力设计值应通过现场单桩静力水平荷载试验确定。

对于预制桩、钢桩、桩身配筋率不小于 0.65% 的灌注桩，应按静荷载试验结果，取地面水平位移 10 mm（对水平位移敏感的建筑物，取水平位移 6 mm）所对应的荷载为单桩水平承载力设计值。

（3）当缺少单桩水平静荷载试验资料时，可按下列公式估算桩身配筋率小于 0.65% 的灌注桩的单桩水平承载力设计值 R_h。

$$R_h = \frac{a\gamma_m f_t W_0}{v_m}(1.25 + 22\rho)\left(1 \pm \frac{\xi_n N}{\gamma_m f_t A_n}\right) \qquad (8\text{-}17)$$

对于圆形桩，有

$$W_0 = \frac{\pi d}{32}[d^2 + 2(\alpha_E - 1)\rho d_0^2] \qquad (8\text{-}18)$$

$$A_n = \frac{\pi}{4} d^2 \left[1 + (\alpha_E - 1)\rho \right] \tag{8-19}$$

式中：± —— 根据桩顶竖向力性质决定，压力取"＋"，拉力取"－"；

R_h —— 单桩水平承载力设计值，kN；

γ_m —— 桩截面模量塑性系数，圆截面 $\chi_m = 2$，矩形截面 $\chi_m = 1.75$；

f_t —— 桩身混凝土抗拉强度设计值；

W_0 —— 桩身换算截面受拉边缘的截面模量；

d_0 —— 扣除保护层后的桩身直径；

α_E —— 钢筋弹性模量与混凝土弹性模量的比值；

v_m —— 桩身最大弯矩系数，查表 8-9，单桩基础和单排桩基纵向轴线与水平力相垂直的情况，按桩顶铰接考虑；

ρ —— 桩身配筋率；

A_n —— 桩身换算截面面积；

ξ_n —— 桩顶竖向力影响系数，竖向压力取 0.5，竖向拉力取 1.0。

表 8-9　桩顶（身）最大弯矩系数 v_m 和桩顶水平位移系数 v_x

桩的换算埋深 $h' = a_n$		4.0	3.5	3.0	2.8	2.6	2.4
铰接（自由）	v_m（身）	0.768	0.750	0.703	0.675	0.639	0.601
	v_x	2.441	2.502	2.727	2.095	3.163	3.524
固结	v（顶）	0.926	0.934	0.967	0.990	1.018	1.045
	v_x	0.940	0.970	1.028	1.055	1.079	1.095

当缺少单桩水平静荷载试验资料时，可按下式估算预制桩、钢桩、桩身配筋率不小于 0.65％ 的灌注桩单桩水平承载力设计值。

$$R_h = \alpha^3 EI X_{0a} / v_x \tag{8-20}$$

式中：EI —— 桩身抗弯刚度，对于钢筋混凝土桩，$EI = 0.85 E_c I_0$，其中 I_0 为桩身换算截面惯性矩，圆形截面 $I_0 = W_0 d / 2$；

X_{0a} —— 桩顶水平位移允许值；

v_x —— 桩顶水平位移系数，按表 8-9 取值，方法同 v_m。

对于混凝土护壁的挖孔桩，计算单桩水平承载力时，应将上述方法确定的单桩水平承载力设计值乘以调整系数 1.25。

（4）群桩基础（不含水平垂于单排桩基纵向轴线和力矩较大的情况）的复合基桩水平承载力设计值，应考虑由承台、桩群、土相互作用产生的群桩效应，按下列各式确定。

$$R_{hi} = \eta_h R_h \tag{8-21}$$

$$\eta_h = \eta_i \eta_r + \eta_1 + \eta_b \tag{8-22}$$

$$\eta_i = \frac{\left(\dfrac{S_a}{d} \right)^{0.015 n_2 + 0.45}}{0.15 n_1 + 0.1 n_2 + 1.9} \tag{8-23}$$

$$\eta_r = \frac{m x_{0a} B_c' h_c^2}{2 n_1 n_2 R_h} \tag{8-24}$$

$$\eta_b = \frac{\mu P_C}{n_1 n_2 R_h} \quad (8\text{-}25)$$

$$x_{0a} = \frac{R_h v_x}{a^3 EI} \quad (8\text{-}26)$$

式中：η_h——群桩效应综合系数；

η_i——桩的相互影响效应系数；

η_r——桩顶约束效应系数，按表 8-10 取值；

η_1——承台侧向土抗力效应系数；

η_b——承台底摩阻效应系数；

S_a/d——沿水平荷载主向的距径比；

n_1、n_2——分别为沿水平荷载方向和垂直于水平荷载方向每排桩中的桩数；

m——承台侧面土水平抗力系数的比例系数；

x_{0a}——桩顶（承台）的水平位移允许值，当以位移控制时，可取 $x_{0a} = 10$ mm（对水平位移敏感的结构物取 $x_{0a} = 6$ mm）；当以桩身强度控制（低配筋率灌注桩）时，可近似按式（8-26）确定；

B'_c——承台受侧向土抗力一边的计算宽度，$B'_c = B_c + 1$ m，B_c 为承台高度；

h_c——承台高度，m；

μ——承台底与基土间的摩擦系数，可按表 8-11 取值；

P_c——承台底地基土分担的竖向荷载设计值，可按下式估算，$P_c = \eta_c q_{ck} A_c$；当承台底面下存在不能承载的各类土时，不考虑承台效应，取 $\eta_b = 0$；当承台侧面为可液化土时，取 $\eta_1 = 0$。

表 8-10　桩顶约束效应系数 η_r

换算深度 $h' = ah$	2.4	2.6	2.8	3.0	3.5	≥4.0
位移	2.58	2.34	2.20	2.13	2.07	2.05
强度控制	1.44	1.57	1.71	1.82	2.00	2.07

表 8-11　承台底与基土间的摩擦系数 μ

土的类别		μ
黏性土	可塑	0.25～0.30
	硬塑	0.30～0.35
	坚硬	0.35～0.45
粉土	密实、中密（稍湿）	0.30～0.40
中砂、粗砂、砾砂		0.40～0.50
碎石土		0.40～0.60
软质岩石		0.40～0.60
表面粗糙的硬质岩石		0.65～0.75

六、拓展练习

1. 单桩承载力由哪两部分组成？

2. 如何确定单桩竖向承载力特征值？

3. 简述群桩效应的概念和群桩效应系数的意义。

4. 已知某场地土层情况（自上而下）为：第一层为杂填土，厚度 1.0 m；第二层为粉土，$e<0.75$，厚度 5.0 m；第三层为粉质黏土，$I_L=0.25$，厚度 5.0 m。采用预制桩基础，截面尺寸为 400 mm×400 mm，承台埋深 $d=1.2$ m，桩端进入粉质黏土层 3 m。试按经验公式法计算该单桩竖向极限承载力设计值。

5. 场地土层情况同习题 3，采用一框架柱的预制桩基础，截面尺寸为 350 mm×350 mm，承台埋深 $d=1.0$ m，承台有基桩 5 根，桩端进入粉质黏土层 3 m。柱底在地面处的荷载设计值为：轴向力 $F=3\,500$ kN，桩基安全等级为二级。试对该桩基础进行竖向承载力验算。

任务 3 桩基础设计

一、任务介绍

桩基础的设计应做到安全、合理、经济、施工方便快捷，并能发挥桩土体系的力学性能。桩和承台应有足够的强度、刚度和耐久性，地基应有足够的承载力，并且不产生超过上部结构安全和正常使用所允许的变形。桩型的多样性决定了桩基础设计的多样性，要按照不同的地质条件选择合适的桩型、桩基础设计方案，以保证建筑物的长久安全。本任务主要介绍桩基础设计的步骤，桩数的确定和平面布置，桩身设计及承台设计等内容。

二、理论知识

1. 桩基础设计的内容和步骤

桩基础的一般设计内容和步骤（程序）如下。

（1）调查研究，收集设计资料。需要掌握的资料有：① 建筑物上部结构的类型、平面尺寸、构造及使用上的要求；② 上部结构传来的荷载大小及性质；③ 工程地质勘察资料，在提出勘察任务书时，必须说明拟议中的桩基方案，以便勘察工作符合有关规范的一般规定和桩基工程的专门要求；④ 当地的施工技术条件，包括成桩机具、材料供应、施工方法及施工质量；⑤ 施工现场的交通、电源、邻近建筑物、周围环境及地下管线情况；⑥ 当地及现场周围建筑基础工程设计及施工的经验教训等。

（2）选择桩的类型及其几何尺寸，包括桩的材料、顶底标高（即承台埋深）、持力层的选定。

（3）确定单桩承载力设计值。

（4）确定桩的数量及平面布置，包括承台的平面形状尺寸。

（5）确定群桩或带桩基础的承载力，必要时验算群桩地基强度和变形（沉降量）。

（6）桩身构造设计与强度计算。

（7）承台设计，包括构造和受弯、冲切、剪切计算。

（8）绘制桩基础施工图。

其中，（3）、（5）项如前述，下面对上述（2）、（4）、（6）各项分别进行介绍。

2. 确定桩型和截面尺寸

1）选择桩型

选择桩的类型，应根据工程地质状况、施工技术条件、工期情况以及施工对周围环境的影响等因素综合考虑，应根据具体情况进行综合技术与经济分析。

2）选择持力层

持力层应尽可能选择坚硬土层或岩层。如在一般桩长深度内没有坚硬土层，也可考虑选择中等强度的土层，如中密以上砂层或中等压缩性的一般黏性土等。桩端进入持力层的深度（d 为桩径）黏性土和粉土应不小于 $2d$；砂土应不小于 $1.5d$；碎石类土应不小于 d。当存在软弱下卧层时，桩基以下硬持力层厚度应不小于 $4d$。当硬持力层较厚且施工许可时，桩端进入持力层的深度应尽可能达到桩端阻力的临界深度，以提高桩端阻力。临界深度值，对于砂、砾石为（3～6）d；对于粉土、黏性土为（5～10）d。嵌岩灌注桩的周边嵌入微风化或中等风化岩体的最小深度不宜小于 0.5 m。

3）确定桩长、承台底面标高

桩长为承台底面标高与桩端标高（不包括桩尖）之差。在确定持力层及其进入深度后，就要拟定承台底面标高，即承台埋置深度。一般情况下，应使承台顶面低于室外地面 100 mm 以上；如有基础梁、筏板、箱基等，其厚（高）应考虑在内；同时要考虑季节性冻土和地下水的影响。

4）桩截面尺寸

（1）最小桩径。钢筋混凝土方桩边长应不小于 250 mm；干作业钻孔桩和振动沉管灌注桩应不小于 $\phi300$ mm；泥浆护壁回转或冲击钻孔桩应不小于 $\phi500$ mm；人工挖孔桩应不小于 $\phi800$ mm；钢管桩应不小于 $\phi400$ mm。

（2）摩擦桩宜采用细长桩，以获得较大比表面（桩侧表面积与体积之比）。

（3）端承桩的持力层强度低于桩材强度，而地基土层又适宜时，应优先考虑采用扩底灌注桩。

（4）桩径的确定还要考虑单桩承载力的需求和布桩的构造要求。如条形基础不能用过大的桩距而造成承台梁跨度过大；柱下独立基础不宜使承台板平面尺寸过大。一般情况下，同一建筑的桩基采用相同桩径，但当荷载分布不均匀时，尤其是采用灌注桩时，可根据荷载和地基土条件采用不同直径的桩。

（5）当高承台桩基露出地面较高，或桩侧土为淤泥或自重湿陷性黄土时，为保证桩身不产生受压屈服失稳，端承桩的长径比应取 $l/d \leqslant 40$；按施工垂直度偏差要求也需控制长径比，对一般黏性土、砂土，端承桩的长径比应取 $l/d \leqslant 60$；对摩擦桩则不限制。

3. 确定桩数与平面布置

1）确定桩数

当桩的类型、基本尺寸和单桩承载力设计值确定后，可根据上部结构情况，按下式初步确定桩数。

$$n \geqslant \mu \frac{F_k + G_k}{R_a} \qquad (8\text{-}27)$$

式中：n——桩数；

F_k——相应于荷载效应标准组合用于桩基承台顶面的竖向力，kN；

G_k——桩基承台和承台上土自重标准值，kN；

R_a——单桩竖向承载力特征值，kN；

μ——系数，当桩基为轴心受压时 $\mu=1$，当偏心受压时 $\mu=1.1\sim1.2$。

初步确定的桩数，可据以进行桩的平面布置，如经有关验算可作必要的修改。

2）桩的平面布置

桩基中各桩的中心距主要取决于群桩效应（包括挤土桩的挤土效应）和承台分担荷载的作用及承台用料等。《建筑地基基础设计规范》（GB 50007—2011）规定，桩的中心距不宜小于 3 倍桩身直径；若为扩底灌注桩，桩的中心距不宜小于 1.5 倍扩底直径。《建筑桩基技术规范》（JGJ 94—2008）中规定桩的最小中心距见表 8-12。

表 8-12 桩的最小中心距

成桩工艺及土类		桩排数≥3 排，桩数≥9 根的摩擦桩基	其他情况
非挤土和部分挤土灌注桩		3.0d	2.5d
挤土灌注桩	穿越非饱和土	3.5d	3.0d
	穿越饱和软土	4.0d	3.5d
挤土预制桩		3.5d	3.0d
打入式敞口管桩和 H 型钢桩		3.5d	3.0d

若设计为大面积挤土桩群，宜按表 8-12 中的值适当加大桩距。

扩底灌注桩除应该符合表 8-11 的要求外，还应满足如下规定：钻、挖孔灌注桩桩距≥1.5D 或 $D+1$ m（当 $D>2$ m 时）；对沉管扩灌注桩桩距≥2D（D 为扩大端设计径）。

进行桩位布置时，应尽可能使上部荷载的中心和桩群横截面的形心重合。应力求各桩受力相近，宜将桩布置在承台外围，而各桩应距离垂直于偏心荷载或水平力与弯矩较大方向的横截面轴线大些，以便使桩群截面对该轴具有较大的惯性矩。

桩的排列可采用行列式或梅花式，如图 8-5 所示，适用于较大面积的满堂桩基；箱基和带梁筏基及墙下条形基础的桩，宜沿墙或梁下布置成单排或双排，以减小底板厚度或承台梁宽度。

柱下独立基础的桩宜采用承台板，形状如图 8-6 所示。此外，为了使桩受力合理，在墙的转角及交叉处应布桩，窗下及门下尽可能不布桩。

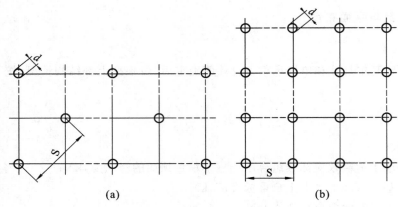

图 8-5　桩的排列图

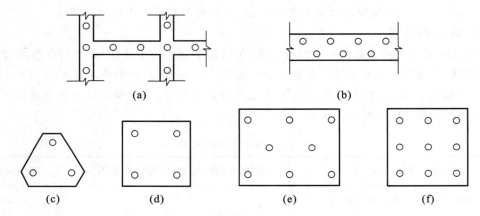

图 8-6　桩基承台平面形状

4. 桩身设计

（1）混凝土强度等级。预制桩混凝土强度大于等于 C30；灌注桩混凝土强度大于等于 C25；预应力桩混凝土强度大于等于 C40。

（2）桩身配筋。桩的主筋应经计算确定，打入式预制桩的最小配筋率宜为 $\rho \geqslant 0.8\%$，静置预制桩宜为 $\rho \geqslant 0.6\%$；灌注桩宜为 $\rho > 0.2\% \sim 0.65\%$（小直径桩取大值）。

（3）配筋长度。

① 受水平荷载和弯矩形较大的桩，配筋长度应通过计算确定。

② 桩基承台下存在淤泥、淤泥质土或液化土层时，配筋长度应穿过淤泥、淤泥土层或液化土层。

③ 坡地岩边的桩、8 度及 8 度以上地震区的桩、抗拔桩、嵌岩端承桩应通长配筋。

④ 桩径大于 600 mm 的钻孔灌注桩，构造钢筋的长度不宜小于桩长的 2/3。

（4）桩顶构造。桩顶嵌入承台内的长度不宜小于 50 mm。主筋伸入承台内的锚固长度不宜小于 $35d$。对于大直径灌注桩，当采用一柱一桩时，可设置承台或将桩和柱直接连接，桩纵筋插入桩身的长度应满足锚固长度的要求。

5. 承台设计

1）桩基承台的作用

桩基承台的作用包括以下 3 项。

（1）把多根桩连接成整体，共同承受上部荷载。

（2）把上部结构荷载通过桩承台传递到各根桩的顶部。

（3）桩基承台为现浇钢筋混凝土结构，相当于一个浅基础，因此桩基承台本身具有类似于浅基础的承载能力，即桩基承台效应。

2）桩基承台的种类

（1）高桩承台。当桩顶位于地面以上相当高度的承台称为高桩承台。如上海宝钢位于长江上运输矿石的栈桥桥台，为高桩承台。

（2）低桩承台。凡桩顶位于地面以下的桩承台称低桩承台，通常建筑物基础承重的桩承台都属于这一类。低桩承台与浅基础一样，要求承台底面埋置于当地冻结深度以下。

3）桩基承台的材料与施工

（1）桩基承台应采用钢筋混凝土材料，现场浇筑施工。因各桩施工时桩顶的高度与间距不可能非常规则，要将各桩紧密连接成为整体，桩基承台无法预制。

（2）承台的混凝土强度等级不宜低于 C20。

（3）承台配筋按计算确定。矩形承台应按双向均匀通长布置受力钢筋，钢筋直径不宜小于 10 mm，间距不宜大于 200 mm；对于三桩承台，钢筋应按三向板带均匀布置，并且最里面的三根钢筋围成的三角形应在柱截面范围内。承台梁的主筋除满足计算要求外尚应符合国家现行《混凝土结构设计规范》(GB 50010—2010)关于最小配筋率的规定，主筋直径不宜小于 12 mm，架立筋不宜小于 10 mm；箍筋直径不小于 6 mm。

（4）钢筋保护层厚度不宜小于 50 mm。

4）桩基承台的尺寸

（1）桩基承台的平面尺寸。

依据桩的平面布置，承台周边至边桩的净距不宜小于 0.5 倍桩径（或边长），并且桩的外边缘至承台边缘的距离不小于 150 mm；对于条形承台梁，桩的外边缘至承台梁边缘的距离不小于 150 mm；承台的宽度不宜小于 500 mm。

（2）桩基承台的厚度。

桩基承台的厚度要保证桩顶嵌入承台，并防止桩的集中荷载造成承台的冲切破坏。承台的最小厚度不宜小于 300 mm。对大中型工程承台厚度应进行抗冲切计算确定。我国西南地区一幢大楼因采用桩基础，由于桩基承台厚度太小，承台发生冲切破坏，造成了整幢大楼倒塌的严重事故，应引以为戒。

5）桩基承台的内力

桩基承台的内力可按简化计算方法确定，并按《混凝土结构设计规范》(GB 50010—2010)进行局部受压、受冲切、受剪及受弯的强度计算，防止桩承台破坏，保证工程的安全。

三、任务实施

例8-4 某多层建筑一框架柱截面为 400 mm×800 mm,承担上部结构传来的荷载设计值为:轴力 $F=2800$ kN,弯矩 $M=420$ kN·m,水平力 $H=50$ kN。经勘察,地基土依次为:0.8 m厚人工填土;1.5 m厚黏土;9.0 m厚淤泥质黏土;6 m厚粉土。各层物理力学性质指标如表8-13所示,地下水位离地表1.5 m。试设计桩基础。

表8-13 各土层物理力学指标

土层号	土层名称	土层厚度/m	含水量/(%)	重度/(kN/m³)	孔隙比	液性指数	压缩模量/MPa	内摩擦角/(°)	黏聚力/kPa
①	人工填土	0.8		18					
②	黏土	1.5	32	19	0.864	0.363	5.2	13	12
③	淤泥质黏土	9.0	49	17.5	1.34	1.613	2.8	11	16
④	粉土	6.0	32.8	18.9	0.80	0.527	11.07	18	3
⑤	淤泥质黏土	12.0	43	17.6	1.20	1.349	3.1	12	17
⑥	风化砾石	5.0							

解 (1)确定持力层、桩型、承台埋深和桩长。

由勘察资料可知,地基表层填土和1.5 m厚的黏土以下为厚度达9 m的软黏土,而不太深处有一层形状较好的粉土层。分析表明,在柱荷载作用下天然地基难以满足要求时,考虑采用桩基础。根据地质情况,选择粉土层作为桩端的持力层。

根据工程地质情况,在勘察深度范围内无较好的持力层,故桩为摩擦型桩。选择钢筋混凝土预制桩,边长 350 mm×350 mm,桩承台埋深 1.2 m,桩进入持力层④(粉土层)2d,伸入承台100 mm,则桩长为 10.9 m。

(2)确定基桩的竖向承载力。

确定单桩竖向极限承载力标准值 Q_{uk}。

查相关表格,可得:

第②黏土层:$q_{sik}=75$ kPa,$l_i=(0.8+1.5-1.2)$ m$=1.1$ m

第③黏土层:$q_{sik}=23$ kPa,$l_i=9$ m

第④粉土层:$q_{sik}=55$ kPa,$l_i=2d=2×0.35$ m$=0.7$ m

$$q_{pk}=1\ 800\ \text{kPa}$$

$$Q_{uk}=Q_{sk}+Q_{pk}=u\sum q_{sik}l_i+A_p q_{pk}=(459.2+220.5)\ \text{kN}=679.7\ \text{kN}$$

确定基桩竖向承载力设计值 R。

桩数超过3根的非端承桩复合桩基,应考虑桩群、土、承台的相互作用效应,因承台下有淤泥质黏土,不考虑承台效应,取 $\eta_c=0$。查表时取 $B_c/L=0.2$ 一栏的对应值。因桩数位置,桩距 s_a 也未知,先按 $S_a/d=3$ 查表得 $\eta_s=0.80$,$\eta_p=1.64$;查表8-4得 $\gamma_s=\gamma_p=1.65$。待桩数及桩距确定后,再验算基桩的承载力设计值是否满足要求。

$$R = \eta_s \frac{Q_{sk}}{\gamma_s} + \eta_p \frac{Q_{pk}}{\gamma_p} + \eta_c \frac{Q_{ck}}{\gamma_c} = 0.8 \times \frac{459.2}{1.65} \text{ kN} + 1.64 \times \frac{220.5}{1.65} \text{ kN} = 441.8 \text{ kN}$$

(3)确定桩数、布桩及承台尺寸。

① 确定桩数:由于桩数未知,承台尺寸未知,先不考虑承台质量,初步确定桩数,待布置完桩后,再计承台质量,验算桩数是否满足要求。

$$n = (1.1 \sim 1.2) \frac{F+G}{R} = 6.97 \sim 7.60$$

故取 $n = 8$。

② 确定桩距 s_a:根据规范规定,摩擦型桩的中心矩,不宜小于桩身直径的 3 倍,又考虑到穿越饱和软土,相应的最小中心矩为 $4d$,故取 $s_a = 4d = 4 \times 350 \text{ mm} = 1\,400 \text{ mm}$,边距取 350 mm。

桩布置形式采用长方形布置,承台尺寸如图 8-7 所示。

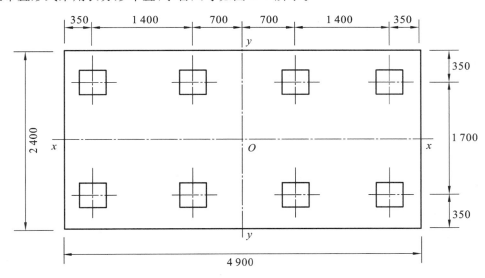

图 8-7 承台尺寸

(4)桩数验算。

承台及上覆土重为

$$G = \gamma_G A d = 20 \times 2.4 \times 4.9 \times 1.2 \text{ kN} = 282.2 \text{ kN}$$

$$\frac{F+G}{R} = \frac{2800+282.2}{441.8} = 6.98 < 8$$

故满足要求。

(5)桩基竖向承载力验算。

① 基桩平均竖向荷载设计值。

$$N = \frac{F+G}{n} = \frac{2800+1.2 \times 282.2}{8} \text{ kN} = 392.3 \text{ kN} < R = 441.8 \text{ kN}$$

② 基桩最大竖向荷载设计值。

作用在承台底的弯矩为 $M_y = M + Hd = (420 + 50 \times 1.2) \text{ kN} \cdot \text{m} = 480 \text{ kN} \cdot \text{m}$

$$\begin{matrix} N_{max} \\ N_{min} \end{matrix} = \frac{F+G}{n} \pm \frac{M_y x_{max}}{\sum x_i^2} = \begin{matrix} 443.7 \text{ kN} \\ 340.9 \text{ kN} \end{matrix}$$

$$N_{max} = 443.7 \text{ kN} < 1.2R = 1.2 \times 441.8 \text{ kN} = 530.16 \text{kN}$$

故均满足要求。

四、任务小结

1. 桩数的确定

当桩的类型,基本尺寸和单桩承载力设计值确定后,可根据上部结构情况,按下式初步确定桩数。

$$n \geqslant \mu \frac{F_k + G_k}{R_a}$$

2. 桩的排列

可采用行列式或梅花式,适用于较大面积的满堂桩基。箱基和带梁筏基及墙下条形基础的桩,宜沿墙或梁下布置成单排或双排,以减小底板厚度或承台梁宽度。柱下独立基础的桩宜采用承台板。此外,为了使桩受力合理,在墙的转角及交叉处应布桩。窗下及门下尽可能不布桩。

五、拓展练习

1. 简述桩基础的设计步骤?

2. 怎样确定桩的长度和截面尺寸?

3. 桩的平面布置有哪些要求?

4. 桩承台的作用有哪些?

5. 某教师住宅为 6 层砖混结构,横墙承重。作用在横墙墙角底面荷载为 165.9 kN/m。横墙长度为 10.5 m,墙厚 370 mm。地基土表层为中密杂填土,层厚 $h_1 = 2.2$ m,桩侧阻力特征值 $q_{sa1} = 11$ kPa;第二层为流塑淤泥,层厚 $h_2 = 2.4$ m,$q_{sa2} = 8$ kPa;第三层为可塑粉土,层厚 $h_3 = 2.6$ m,$q_{sa3} = 25$ kPa,第四层为硬塑粉质黏土,层厚 $h_4 = 6.8$ m,$q_{sa4} = 40$ kPa,桩端阻力特征值 $q_{pa} = 1\,800$ kPa。试设计横墙桩基础。

6. 有一建筑场地地基土情况:第一层,杂填土,厚 1 m;第二层,粉土,软塑 $e = 0.92$,$\omega = 30\%$,$\gamma = 18.6$ kN/m,厚 7 m,$q_{sa2} = 12$ kPa;第三层,粉砂,中密,$e = 0.82$,厚 4 m,$q_{sa3} = 30$ kPa;第四层,黏土,$e = 1.2$,$\gamma = 17$ kN/m,流塑 $I_L = 1.2$,厚度 10 m 以上(夹薄层砂),$q_{sa4} = 25$ kPa,$q_{pa} = 1\,800$ kPa。立柱的截面为 1.0 m×0.6 m;荷载 $F = 4\,000$ kN,$M_y = 500$ kN·m,$H = 100$ kN。地下水位在室外地面下 4 m。试为柱下独立基础选择桩型,并设计桩基础及其承台。

项目 9　地基处理

地基处理的目的是针对软土地基上建造建筑物可能产生的问题,采取人工的方法改善地基土的工程性质,达到满足上部结构对地基稳定和变形的要求。这些方法主要包括:提高土的抗剪强度,使地基保持稳定;降低土的压缩性或改善地基组成,使地基的沉降和不均匀沉降在容许范围内;降低土的渗透性或渗流的水力梯度,防止或减少水的渗漏,避免渗流造成地基破坏;改善土的动力性能,防止地基产生震陷变形或因土的振动液化而丧失稳定性;消除或减少土的湿陷性或胀缩性引起的地基变形,避免建筑物破坏或影响其正常使用。

地基处理的方法众多,按其处理原理和效果大致可分为置换法、拌入法、排水固结法、振密和挤密法、灌浆法、加筋法及其他类型等。各类地基处理方法,均有各自的特点和作用机理,在不同的土类中产生不同的加固效果,但也存在着局限性。因此,对于每一项工程必须进行综合考虑,通过方案的比选,选择一种技术可靠、经济合理、施工可行的方案,既可以是单一的地基处理方法,也可以是多种方法的综合处理。

本项目主要介绍常用的地基处理方法,包括换填法、预压法、强夯法、挤密桩法等内容。通过本项目内容的学习,能够掌握常见地基处理方法的基本原理、设计与施工要点、质量检验方法;能够依据地基条件、地基处理方法的适用范围及选用原则,初步选择地基处理方法。

任务 1　换填法

一、任务介绍

换填垫层法主要适用于浅层软弱地基及不均匀地基的处理。应根据建筑体型、结构特点、荷载性质、岩土工程条件、施工机械设备及填料的性质和来源等进行综合分析,进行换填垫层的设计和选择施工方法。本任务的重点是掌握换土垫层法的概念、适用条件及其五个作用;对砂

垫层厚度、宽度的设计；换土垫层法的质量检验方法。

二、理论知识

1. 换填法的原理及适用范围

1）换填法的概念

当软弱土地基的承载力和变形满足不了建筑物的要求，而软土层的厚度又不是很大时，将基础底面下处理范围内的软弱土层部分或全部挖去，然后分层换填强度较大的砂（碎石、灰土、高炉干渣、粉煤灰）或其他性能稳定、无侵蚀性的材料，并夯压（振实）至要求的密实度为止，这种地基处理方法称为换填法。

2）垫层的作用

换填的材料主要有灰土、砂、碎石、高炉干渣和粉煤灰等，应具有强度高、压缩性低、稳定性好和无侵蚀性等良好的工程特性。当软土层部分换填时，地基便由垫层及（软弱）下卧层组成，足够厚度的垫层置换可能被剪切破坏的软土层，以使垫层底部的软弱下卧层满足承载力的要求，而达到加固地基的目的。按垫层回填材料的不同，可分别称为砂垫层、碎石垫层、素土垫层、灰土垫层、矿渣垫层、粉煤灰垫层等。垫层的主要作用有以下几点。

（1）提高地基承载力。

地基中的剪切破坏是从基础底面开始，随着基底压力的增大，逐渐向纵深发展。故强度较大的砂石等材料代替可能产生剪切破坏的软弱土，就可避免地基的破坏。

（2）减少地基沉降量。

一般基础下浅层部分的沉降量在总沉降量中所占的比例较大，若以密实的砂石替换上部软弱土层，就可减少这部分沉降量。此外，砂石垫层对基底压力的扩散作用，使作用在软弱下卧层上的压力减小，也相应地减少软弱下卧层的沉降量。

（3）垫层用透水材料可加速软弱土层的排水固结。

透水材料做垫层，为基底下软土提供了良好的排水面，不仅可使基础下面的孔隙水迅速消散，避免地基土的塑性破坏，还可加速垫层下软土层的固结及强度提高。但固结效果仅限于表层，对深部的影响并不显著。

（4）防止冻胀。

因粗颗粒的垫层材料孔隙大，能消除毛细现象，故可以防止寒冷地区土中结冰造成的冻胀。这时垫层的底面应满足当地冻结深度的要求。

（5）消除膨胀土的胀缩作用。

在膨胀土地基上可以选用砂、碎石、块石、煤渣、二灰或灰土等材料作为垫层以消除胀缩作用。

3）换填法的适用范围

换填法适用于淤泥、淤泥质土、湿陷性黄土、素填土、杂填土地基及暗沟、暗塘等的浅层处理。换土垫层法的处理深度常控制在 $3\sim5$ m 范围以内。若换土垫层太薄，其作用不甚明显，因此处理深度也不应小于 0.5 m。换填法各种垫层的适用范围见表 9-1。

表 9-1 各种垫层的适用范围

垫层种类	适用范围
砂垫层(碎石、砂砾)	多用于中小型建筑工程的浜、塘、沟等的局部处理。适用于一般饱和、非饱和的软弱土和水下黄土地基处理,不宜用于湿陷性黄土地基,也不适宜用于大面积堆载、密集基础和动力基础的软土地基处理,砂垫层不宜用于有地下水且流速快、流量大的地基处理。不宜采用粉细砂做垫层
素土垫层	中小工程,大面积回填,湿陷性黄土
灰土垫层	中小型工程,膨胀土,尤其湿陷性黄土
粉煤灰垫层	用于厂房、机场、港区陆域和堆场等大、中、小工程的大面积填筑,粉煤灰垫层在地下水位以下时,其强度降低幅度在30%左右
干渣垫层	用于中小型建筑工程,尤其适用于地坪、堆场等工程大面积的地基处理和场地平整、铁路、道路地基等。但对于受酸性或碱性废水影响的地基不得用干渣做垫层

2. 垫层的设计

为使换土垫层达到预期效果,应保证垫层本身的强度和变形满足设计要求,同时垫层下地基所受压力和地基变形在容许范围内,而且应符合经济合理的原则。垫层设计的主要内容是确定断面的合理宽度和厚度,即要求有足够的厚度以置换可能被剪切破坏的软弱土层,又要求有足够的宽度以防止砂垫层向两侧挤出。主要起排水作用的砂(石)垫层,一般厚度要求为 30 cm,并需在基底下形成一个排水面,以保证地基土排水路径的畅通,促进软弱土层的固结,从而提高地基强度。

1)垫层厚度的确定

砂垫层的厚度一般是根据砂垫层底部软土层的承载力来确定的,即作用在垫层底面处土的附加应力与自重应力之和,不大于软弱层的承载力设计值,如图 9-1 所示,并符合下式要求。

$$p_z + p_{cz} \leqslant f_{az} \tag{9-1}$$

式中:p_z——相应于荷载效应标准组合时,垫层底面处的附加压力,kPa;

p_{cz}——垫层底面处土的自重压力,kPa;

f_{az}——垫层底面处经深度修正后的地基承载力特征值,kPa。

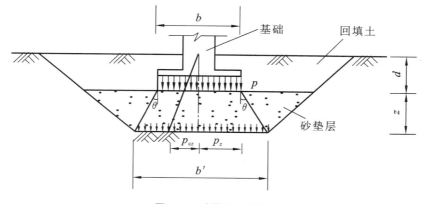

图 9-1 砂垫层剖面图

垫层底面处的附加应力值 p_z，除了可用弹性理论土中应力的计算公式求得外，也可按应力扩散角 θ 进行简化计算。

条形基础：
$$p_z = \frac{b(p_k - p_c)}{b + 2z\tan\theta} \tag{9-2}$$

矩形基础：
$$p_z = \frac{bl(p_k - p_c)}{(b + 2z\tan\theta)(l + 2z\tan\theta)} \tag{9-3}$$

式中：b——矩形基础或条形基础底面的宽度，m；

l——矩形基础底面的长度，m；

p_k——相应于荷载效应标准组合时，基础底面处的平均压力值，kPa；

p_c——基础底面处土的自重压力，kPa；

z——基础底面下垫层的厚度，m；

θ——垫层的压力扩散角，宜通过试验确定，当无试验资料时，可按表9-2来选取。

表 9-2　压力扩散角 θ 单位：(°)

换填材料 z/b	中砂、粗砂、砾砂、圆砾、角砾、卵石、碎石	黏性土和粉土 $(8 < I_p < 14)$	灰土
0.25	20	6	30
≥0.50	30	23	30

注：(1) 当 $z/b < 0.25$ 时，除灰土仍取 $\theta = 28°$ 外，其余材料均取 $\theta = 0°$。

(2) 当 $0.25 \leq z/b < 0.5$ 时，θ 值可采用内插求得。

一般计算时，可先根据初步拟定的垫层厚度，再用式（9-1）进行复核。垫层厚度一般不宜大于 3 m，太厚会使施工困难；也不宜小于 0.5 m，太薄则换土垫层的作用不显著。

2）垫层宽度的确定

垫层底面尺寸的确定，应从两方面考虑：一方面要满足应力扩散的要求；另一方面要防止基础受力时，因垫层两侧土质较软弱出现砂垫层向两侧土挤出，使基础沉降增大。关于垫层宽度的计算，目前还缺乏可行的理论方法，在实践中常常按照当地某些经验数（考虑砂垫层两侧土的性质）或按经验方法确定。常用的经验方法是扩散角法。此时，图 9-1 中矩形基础的垫层底面的宽度 b' 为

$$b' \geq b + 2z\tan\theta \tag{9-4}$$

式中：b'——垫层底面宽度，m；

θ——垫层的压力扩散角，仍按表 9-2 取值。

垫层顶面每边最好比基础底面大 300 mm，或者从垫层底面两侧向上按当地开挖基坑经验的要求放坡延伸至地面。整片垫层的宽度可根据施工的要求适当加宽。当垫层的厚度、宽度和放坡线一经确定时，即可得垫层的设计断面。

3）垫层承载力的确定

垫层的承载力宜通过现场载荷试验确定，当无试验资料时，可按表 9-3 选用，并应进行下卧层承载力的验算。

表 9-3 各种垫层的承载力

施工方法	换填材料类别	压实系数 λ_c	承载力特征值 f_{ak}/ kPa
碾压、振密或重锤夯实	碎石卵石	0.94～0.97	200～300
	砂夹石其中碎石卵石占全重的 30%～50%		200～250
	土夹石其中碎石卵石占全重的 30%～50%		150～200
	中砂、粗砂、砾砂、圆砾、角砾		150～200
	粉质黏土		130～180
	灰 土	0.93～0.95	200～250
	粉煤灰	0.90～0.95	120～150
	石 屑	0.94～0.97	150～200
	矿 渣	—	200～300

注：(1) 压实系数 λ_c，为土控制干密度 ρ_d 与最大干密度 ρ_{dmax} 的比值，土的最大干密度宜采用击实试验确定，碎石或卵石的最大干密度可取 $(2.0～2.2)\times10^3$ kg/m³。

(2) 采用轻型击实试验时，压实系数 λ_c 宜取高值；采用重型击实试验时，压实系数 λ_c 宜取低值。

(3) 矿渣垫层的压实指标为使最后两遍压实的压陷差小于 2 mm 的值。

4）沉降计算

采用换填法对地基进行处理后，由于垫层下软弱土层的变形，建筑物地基往往仍将产生一定的沉降量及差异沉降量。因此，在垫层的厚度和宽度确定后，对于重要的建筑物或垫层下存在软弱下卧层的建筑物，还应进行地基的变形计算。

换土垫层后的建筑物地基沉降由垫层自身的变形量和下卧土层的变形量两部分所构成，即

$$s = s_1 + s_2 \tag{9-5}$$

式中：s_1——基础沉降量，cm；

s_2——垫层自身变形量，cm；

s——压缩层厚度范围内，自垫层底面算起的各土层压缩变形量之和，cm。

对超出原地面标高的垫层或换填材料的密度高于天然土层密度的垫层，宜早换填并考虑其附加的荷载对建造的建筑物及邻近建筑物的影响。

3. 垫层材料选择

1）砂石

宜选用碎石、卵石、角砾、圆砾、砾砂、粗砂、中砂或石屑（粒径小于 2 mm 的部分不应超过总重的 45%），应级配良好，不含植物残体、垃圾等杂质。当使用粉细砂或石粉（粒径小于 0.075 mm 的部分不超过总重的 9%）时，应掺入不少于总重 30% 的碎石或卵石。砂石的最大粒径不宜大于 50 mm。对于湿陷性黄土地基，不得选用砂石等透水材料。

2）粉质黏土

土料中有机质含量不得超过 5%，亦不得含有冻土或膨胀土。当含有碎石时，其粒径不宜大于 50 mm。用于湿陷性黄土或膨胀土地基的粉质黏土垫层，土料中不得夹有砖、瓦和石块。

3）灰土

体积配合比宜为 2∶8 或 3∶7。土料宜用粉质黏土,不宜使用块状黏土和砂质粉土,不得含有松软杂质,并应过筛,其颗粒不得大于 15 mm。石灰宜用新鲜的消石灰,其颗粒不得大于 5 mm。

4）粉煤灰

可用于道路、堆场和小型建筑、构筑物等的换填垫层。粉煤灰垫层上宜覆土 0.3～0.5 m。粉煤灰垫层中采用掺加剂时,应通过试验确定其性能及适用条件。作为建筑物垫层的粉煤灰应符合有关放射性安全标准的要求。粉煤灰垫层中的金属构件、管网宜采取适当的防腐措施。大量填筑粉煤灰时应考虑对地下水和土壤的环境影响。

5）矿渣

垫层使用的矿渣是指高炉重矿渣,可分为分级矿渣、混合矿渣及原状矿渣。矿渣垫层主要用于堆场、道路和地坪,也可用于小型建筑、构筑物地基。选用矿渣的松散重度不小于 11 kN/m³,有机质及含泥总量不得超过 5%。设计、施工前必须对选用的矿渣进行试验,在确认其性能稳定并符合安全规定后方可使用。作为建筑物垫层的矿渣应符合对放射性安全标准的要求。易受酸、碱影响的基础或地下管网不得采用矿渣垫层。大量填筑矿渣时,应考虑其对地下水和土壤的环境影响。

6）其他工业废渣

在有可靠试验结果或成功的工程经验时,对质地坚硬、性能稳定、无腐蚀性和放射性危害的工业废渣等均可用于填筑换填垫层。被选用工业废渣的粒径、级配和施工工艺等应通过试验确定。

7）土工合成材料

由分层铺设的土工合成材料与地基土构成加筋垫层。所用土工合成材料的品种均匀性能及填料的土类应根据工程特性和地基土条件,按照现行国家标准《土工合成材料应用技术规范》(GB/T 50290—2014)的要求,通过设计并进行现场试验后确定。作为加筋的土工合成材料应采用抗拉强度较高,受力时伸长率不大于 4%～5%,耐久性好,抗腐蚀的土工格栅、土工格室、土工垫或土工织物等土工合成材料;垫层填料宜用碎石、角砾、砾砂、粗砂、中砂或粉质黏土等材料。当工程要求垫层具有排水功能时,垫层材料应具有良好的透水性。在软土地基上使用加筋垫层时,应保证建筑稳定并满足允许变形的要求。

4. 施工要点

(1)垫层施工应根据不同的换填材料选择施工机械。粉质黏土、灰土宜采用平碾、振动碾或羊足碾,中小型工程也可采用蛙式夯、柴油夯;砂石等宜用振动碾;粉煤灰宜采用平碾、振动碾、平板振动器、蛙式夯;矿渣宜采用平板振动器或平碾,也可采用振动碾。

(2)垫层的施工方法、分层铺填厚度,每层压实遍数等宜通过试验确定。除接触下卧软土层的垫层底部应根据施工机械设备及下卧层土质条件确定厚度外,一般情况下,垫层的分层铺填厚度可取 200～300 mm。为保证分层压实质量,应控制机械碾压速度。

(3)粉质黏土和灰土垫层土料的施工含水量宜控制在最优含水量±20%的范围内,粉煤灰垫层的施工含水量宜控制在±40%的范围内,最优含水量可通过击实试验确定,也可按当地经验取用。

（4）当垫层底部存在古井、古墓、洞穴、旧基础、暗塘等软硬不均的部位时，应根据建筑对不均匀沉降的要求予以处理，并经检验合格后，方可铺填垫层。

（5）基坑开挖时应避免坑底土层受扰动，可保留约 200 mm 厚的土层暂不挖去，待铺填垫层前再挖至设计标高。严禁扰动垫层下的软弱土层，防止其被践踏、受冻或受水浸泡。在碎石或卵石垫层底部宜设置 150～300 mm 厚的砂垫层或铺一层土工织物，以防止软弱土层表面的局部破坏，同时必须防止基坑边坡坍土混入垫层。

（6）换填垫层施工应注意基坑排水，除采用水撼法施工砂垫层外，不得在浸水条件下施工，必要时应采用降低地下水位的措施。

（7）垫层底面宜设在同一标高上，如深度不同，基坑底土面应挖成阶梯或斜坡搭接，并按先深后浅的顺序进行垫层施工，搭接处应夯压密实。粉质黏土及灰土垫层分段施工时，不得在柱基、墙角及承重窗间墙下接缝。上下两层的缝距不得小于 500 mm。接缝处应夯压密实，灰土应拌和均匀并应当日铺填夯压。灰土压密实后 3 天内不得受水浸泡。粉煤灰垫层铺填后宜当天压实，每层验收后应及时铺填上层或封层，防止干燥后松散起尘污染，同时应禁止车辆碾压通行。垫层竣工验收合格后，应及时进行基础施工与基坑回填。

（8）铺设土工合成材料时，下铺地基土层顶面应平整，防止土工合成材料被刺穿、顶破。铺设时应把土工合成材料张拉平直、绷紧，严禁有折皱；端头应固定或回折锚固；切忌曝晒或裸露；连接宜用搭接法、缝接法和胶结法，并均应保证主要受力方向的连接强度不低于所采用材料的抗拉强度。

5. 质量检验

1）检验频率

垫层的施工质量检验必须分层进行，应在每层的压实系数符合设计要求后铺填上层土。

2）检验方法

对粉质黏土、灰土、粉煤灰和砂石垫层的施工质量检验可用环刀法、贯入仪、静力触探、轻型动力触探和标准贯入试验检验。对砂石、矿渣垫层可用重型动力触探检验，并均应通过现场试验以设计压实系数所对应的贯入度为标准检验垫层的施工质量。压实系数也可采用环刀法、灌砂法、灌水法或其他方法检验。

当采用环刀法取样时，取样点应位于每层的 2/3 的深度处，对大基坑每 50～100 m² 不少于一个检验点；对基槽每 10～20 m 应不少于 1 个点；每个单独柱基础应不少于 1 个点。采用贯入仪或动力触探检验垫层的施工质量时，每分层检验点的间距应小于 4 m。

用钢筋检验砂垫层质量时，通常可用 20 mm 的平头钢筋，钢筋长 1.25 m，垂直举离砂面 0.7 m，自由下落，测其贯入深度，检验点的间距应小于 4 m。对砂石垫层可设置纯砂检验点，再按环刀法取样检验。

3）承载力检验

竣工验收采用载荷试验检验垫层承载力时，每个单体工程不宜少于 3 点，对于大型工程则应按单体工程的数量或工程的面积确定检验点数。

三、任务实施

例9-1 上海理工大学动力馆砂垫层地基处理工程。

1. 工程概况

上海理工大学动力馆是三层混合结构，建造在冲填土的暗浜范围内，上部建筑正立面与基础平剖面布置如图9-2和图9-3所示。

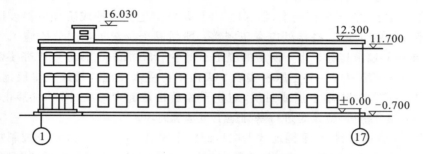

图9-2 建筑物正立面

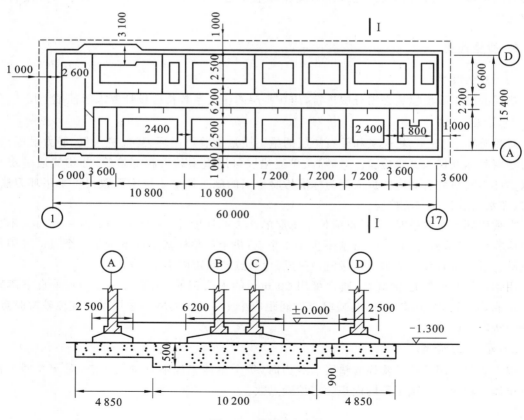

图9-3 基础平剖面

2. 工程地质条件

建筑物场地系一池塘,冲填时塘底淤泥未挖除,地下水位较高,冲填龄期虽然已达 40 年之久但仍未能固结。其主要物理力学性质指标见表 9-4。在基础平面外冲填土层曾做过两个载荷试验,地基承载力标准值为 50 kPa 和 70 kPa。

表 9-4　地基土主要物理力学指标

土层名称	土层厚度/m	层底标高/m	ω/(%)	γ/(kN/m)³	I_p	e	c/kPa	φ/(°)	a_{1-2}/kPa^{-1}	f/kPa
褐黄色冲填土	1.0	+3.38								
灰色冲填土	2.3	+1.08	5.6	17.74	11.3	1.04	8.8	22.5	0.029	
塘底淤泥	0.5	+0.58	43.9	16.95	14.5	1.30	8.8	16	0.061	
淤泥质亚黏土	7	−6.42	34.2	18.23	11.3	1.00	8.8	21	0.043	98
淤泥质黏土	未穿		53.0	16.66	20.0	1.47	8.8	11.5	0.013	58.8

3. 设计方案选择

设计时曾经考虑过以下几种方案。

(1) 挖除填土,将基础落深,如将基础落深至淤泥质粉质黏土层内,需挖土 4 m,因而土方工程量大,地下水位又高,塘泥淤泥渗透性差,采用井点降水效果估计不够理想,并且施工也十分困难。

(2) 打钢筋混凝土 20 cm×20 cm 短桩,长度 5~8 m,单桩承载力 50~80 kN。通常以暗浜下有黏质粉土和粉砂的效果较为显著。

当无试验资料时,桩基设计可假定承台底面下的桩与承台底面下的土起共同支承作用。计算时一般按桩承受荷载的 70% 计算,但地基土承受的荷载不宜超过 30 kPa。本工程因冲填时尚未固结,需做架空地板,这样也会增加处理造价。

(3) 采用基础梁跨越。本工程因暗浜宽度太大,因而不可能选用基础梁跨越方法。

(4) 采用砂垫层置换部分冲填土。砂垫层厚度选用 0.9 m 和 1.5 m 两种,辅以井点降水,并适当降低基底压力,控制基底压力为 74 kPa,经分析研究,最后决定采用本方案。

4. 施工情况

(1) 砂垫层材料采用中砂,使用平板振动器分层振实,控制土的干密度为 1.6 t/m³。

(2) 建筑物四周布置井点,开始时井管滤头进入淤泥质粉质黏土层内,但因暗浜底淤泥的渗透性差,降水效果欠佳,最后补打井点,将滤头提高至填土层层底。

5. 效果评价

(1) 由于纵横条形基础和砂垫层处理起到了均匀传递扩散压力的作用,并改善了暗浜内填土的排水固结条件。冲填土和淤泥在承受上部荷载后,孔隙水压力可通过砂垫层排水消散,地基土逐渐固结,强度也随之提高。

(2) 实测沉降量约 200 mm,在规范容许沉降范围以内,实际使用效果良好。

例 9-2　某 4 层砖混结构住宅,承重墙下为条形基础,宽为 1.2 m,埋深为 1.0 m,上部建筑物作用于基础的顶面上的荷载为 120 kN/m，基础及基础上土的平均重度为 20 kN/m³。场地土质条件为第 1 层为粉质黏土，厚度为 1.0 m，重度为 17.5 kN/m³；第 2 层为淤泥质黏土，厚度为 15 m，重度为 17.8 kN/m³，含水量为 65%，承载力特征值为 45 kPa；第 3 层为密实沙砾石层，地下水距地表为 1.0 m。试进行该项目垫层法设计。

解 采用砂垫层时压力扩散角 $\theta = 30°$。

（1）确定砂垫层厚度。

① 先假设砂垫层厚度为 1.0 m，并要求分层碾压夯实，其干密度要求大于 1.62 t/m³。

② 试算砂垫层厚度。基础底面的平均压力值为

$$p_k = \frac{120 + 1.2 \times 20 \times 1.0}{1.2} \text{ kPa} = 120 \text{ kPa}$$

③ 砂垫层底面的附加压力为

$$p_z = \frac{b(p_k - p_c)}{b + 2z\tan\theta} = \frac{1.2(120 - 17.5 \times 1.0)}{1.2 + 2 \times 1 \times \tan 30°} \text{ kPa} = 52.2 \text{ kPa}$$

④ 垫层底面处土的自重压力为

$$p_{cz} = [17.5 \times 1 + (17.8 - 10) \times 1.0] \text{ kPa} = 25.3 \text{ kPa}$$

⑤ 垫层底面经深度修正后的地基承载力特征值为

$$f_{az} = f_{ak} + \eta_d \gamma_m (d - 0.5) = \left[45 + 1.0 \times \frac{17.5 \times 1.0 + 7.8 \times 1.0}{2} (2.0 - 1.5)\right] \text{ kPa} = 64 \text{ kPa}$$

$$p_z + p_{cz} = (52.2 + 25.3) \text{ kPa} = 77.5 \text{ kPa} > 64 \text{ kPa}$$

以上说明设计的垫层厚度不够，再重新设计垫层厚度为 1.7 m，重新计算得

$$p_z + p_{cz} = (38.9 + 30.8) \text{ kPa} = 69.7 \text{ kPa} < 72.8 \text{ kPa}$$

说明满足设计要求，故垫层厚度应取 1.7 m。

（2）确定垫层宽度。

$$b' = b + 2z\tan\theta = (1.2 + 2 \times 1.7 \times \tan 30°) \text{ m} = 3.2 \text{ m}$$

故应取垫层宽度为 3.2 m。

（3）沉降计算（略）。

四、任务小结

1. 换填法的概念

换填垫层法适用于浅层软弱地基及不均匀地基的处理。工程实践表明，换填垫层法主要用于淤泥、淤泥质土、湿陷性黄土、素填土、杂填土地基及暗沟、暗塘等的浅层处理。

2. 垫层设计

垫层设计的主要内容是确定断面的合理宽度和厚度。即要求有足够的厚度以置换可能被剪切破坏的软弱土层，又要求有足够的宽度以防止砂垫层向两侧挤出。

3. 垫层施工要点

砂垫层材料应选用级配良好的中粗砂，含泥量不超过 3%，并应除去树皮、草皮等杂质。

垫层施工必须保证达到设计要求的密实度。根据施工时使用的机具不同,施工方法可分为机械碾压法、重锤夯实法、振动压实法等;垫层的砂料必须具有良好的压实性;开挖基坑铺设垫层时,必须避免对软弱土层的扰动和破坏坑底土的结构。

4. 质量检验

垫层的质量检验包括分层质量检查和工程质量验收。

五、拓展提高

素土垫层或灰土垫层(石灰与土地体积配合比一般为 2∶8 或 3∶7)总称为土垫层,是一种以土治土处理湿陷性黄土地基的传统方法,处理深度一般为 1~3 m。由于湿陷性黄土地基在外荷载作用下受水浸湿后产生的湿陷变形,包括土的竖向变形和侧向挤出两部分。经载荷试验表明,若垫层宽度超出基础底面宽度较小时,防止浸湿后的地基土产生侧向挤出的作用也较小,地基土的湿陷变形量仍然较大。因此,工程实践中,将垫层每边超出基础底面的宽度,控制在不得小于垫层厚度的 40% 以内,并且不得小于 0.5 m。通过处理基底下的部分湿陷性土层,可以达到减小地基的总湿陷量,并控制未处理土层的湿陷量不大于规定值,以保证处理效果。

素土垫层或灰土垫层按垫层布置范围可分为局部垫层和整片垫层。在应力扩散角满足要求的前提下,前者仅布置在基础(单独基础、条形基础)底面以下一定范围内,而后者则布置于整个建筑物范围内。为了保护整个建筑物范围内垫层下的湿陷性黄土不致受水浸湿,整片土垫层超出外墙基础外缘的宽度不宜小于土垫层的厚度,并且不得小于 2 m。当仅要求消除基底下处理土层的湿陷性时,宜采用素土垫层,除了上述要求以外,还要求提高地基土的承载力或水稳性时,则宜采用灰土垫层。

经研究证实,作为燃煤电厂废弃物的粉煤灰,也是一种良好的地基处理材料,由于该材料的物理、力学性能能满足地基处理工程设计的技术要求,从而使利用粉煤灰作为地基处理材料成为岩土工程领域的一项新技术。

粉煤灰类似于砂质粉土,粉煤灰垫层的应力扩散角 $\theta=22°$。粉煤灰垫层的最大干密度和最优含水量在设计和施工前,应按照《土工试验方法标准》(GB/T 50123—1999)的击实试验法测定。粉煤灰的内摩擦角 φ、黏聚力 c、压缩模量 E 和渗透系数 k,随粉煤灰的材料性质和压实密度而变化,应该通过室内土工试验确定。

粉煤灰垫层具有遇水后强度降低的特性,其经验数值是:对压实系数 $\lambda_c=0.90~0.95$ 的浸水垫层,其容许承载力可采用 120~200 kPa,可满足软弱下卧层的强度与地基变形要求;当 $\lambda_c>0.90$ 时,可抗地震液化。

干渣(简称矿渣)亦称高炉重矿渣,是高炉冶炼生铁过程中所产生的固体废渣经自然冷却而形成的,也可以作为一种换土垫层的填料。冶金工业部已制订了相应的技术标准,如《高炉重矿渣应用暂行技术规程》等。

高炉重矿渣在力学性质上最为重要的特点是:当垫层压实效果符合标准时,则荷载与变形关系具有直线变形体的一系列特点;如果垫层压实不佳,强度不足,则会引起显著的非线性变形。

素土垫层或灰土垫层、粉煤灰垫层和干渣垫层的设计可以根据砂垫层的设计原则,再结合各自的垫层特点和场地条件与施工机械条件,确定合理的施工方法和选择各种设计计算参数,并可参照有关的技术和文献资料。

六、拓展练习

1. 地基处理有哪些主要方法？
2. 换填法的基本原理及适用范围是什么？
3. 换土垫层法中垫层的主要作用是什么？
4. 砂垫层的厚度和宽度是如何确定的？
5. 垫层材料一般应选择哪些材料？
6. 垫层用的土工合成材料有哪些要求？
7. 砂垫层的施工质量检验可采用哪些方法来进行检验？
8. 某4层砖混结构住宅，承重墙下为条形基础，宽为1.2 m，埋深为1.0 m，承重墙传至基础荷载为180 kN/m，基础及基础上土的平均重度为20 kN/m³。地表为1.5 m厚的杂填土，重度为16 kN/m³，饱和重度为17 kN/m³；下面为淤泥质黏土，饱和重度为19 kN/m³，含水量为50%，地基承载力特征值为80 kPa，地下水距地表为1.0 m。试设计基础的垫层。

任务 2 预压法

一、任务介绍

预压法又称排水固结法，指直接在天然地基或在设置有袋状砂井、塑料排水带等竖向排水体地基上，利用建筑物本身重量分级逐渐加载或在建筑物建造前在场地先行加载预压，使土体中孔隙水排出，提前完成土体固结沉降，逐步增加地基强度的一种软土地基加固方法。

预压法由加压系统和排水系统两部分组成。加压系统通过预先对地基施加荷载，使地基中的孔隙水产生压力差，从饱和地基中自然排出，进而使土体固结；排水系统则通过改变地基原有的排水边界条件，增加孔隙水排出的途径，缩短排水距离，使地基在预压期间尽快地完成设计要求的沉降量，并及时提高地基土强度。

预压法，是加固软土地基的一种比较成熟、应用广泛的方法，它主要用于解决沉降和稳定问题。本任务主要介绍砂井堆载预压法和真空预压法的基本原理、设计和施工要点。

二、理论知识

1. 预压法的原理和适用范围

我国东南沿海和内陆广泛分布着饱和软黏土，该地基土的特点是含水量大、孔隙比大、颗粒细,因而压缩性高、强度低、透水性差。在该地基上直接修建筑物或进行填方工程时,由于在荷载作用下会产生很大的固结沉降和沉降差,并且地基土强度不够,其承载力和稳定性也往往不能满足工程要求,在工程实践中,常采用预压法对软黏土地基进行处理。

根据太沙基固结理论,饱和黏性土固结所需的时间和排水距离的平方成正比。为了加速土层固结,最有效的方法是增加土层排水途径,缩短排水距离。因此常在被加固地基中置入砂井、塑料排水板等竖向排水体,使土层中孔隙水主要从水平向通过砂井和部分从竖向排出,砂井缩短了排水距离,因而大大加速了地基的固结速率。

预压法以事先预测的固结沉降和由于固结使地基强度增长为目标。预压法处理地基应预先通过勘察查明土层在水平方向和竖直方向的分布、层理变化,查明透水层的位置、地下水类型及水源补给情况等。并应通过土工试验确定土层的先期固结压力、孔隙比与固结压力的关系、渗透系数、固结系数、三轴试验抗剪强度指标以及原位十字板抗剪强度等。

预压法的实施包括两个方面:一个是加载预压;另一个是排水,即在地基中做排水通道,以缩短孔隙水渗流距离,加速地基土固结过程。

为了改变地基原有的排水边界条件,增加孔隙水排出的通道,缩短排水距离,加速地基土的固结,常在地基中设置竖向排水体和水平排水体。竖向排水体可采用就地灌筑砂井、袋装砂井、塑料排水板等做成。水平排水体一般由地基表面的砂垫层组成。

施加荷载的目的主要是使土中孔隙水产生压力差而渗流使土固结,常见方法有堆载法、真空法、降低地下水位法等。在实际中,可单独使用一种方法,也可将几种方法联合使用。

通常堆载预压有以下两种情况。

(1) 在建筑物建造之前,在场地先进行堆载预压,待建筑物施工时再移去预压荷载。堆载预压减小建筑物沉降的原理如图 9-4 所示。由图可知,如不先预压直接在场地建造建筑物,则沉降-时间曲线如曲线①所示,其最终沉降量为 s_f'。经堆载预压,建筑物使用期间的沉降-时间曲线如曲线②所示,其最终沉降量为 s_f。可见,通过预压,建筑物使用期间的沉降大大减小。

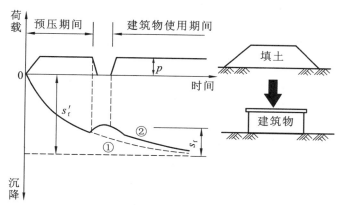

图 9-4 堆载预压法

(2) 超载预压。在预压过程中,将一超过使用荷载 p_f 的超载 p_s 先加上去,待沉降满足要求后,再将超载移去,建造建筑物,如图 9-5 所示的建筑物的沉降 s_f 将很小。

预压法处理地基,适合于淤泥质土、淤泥和冲填土等饱和黏性土地基,也可用于可压缩粉土、有机质黏土和泥炭土地基等。预压法已经成功用于码头、堆场、道路、机场跑道、油罐、桥台、

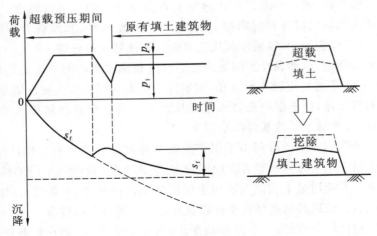

图 9-5　超载预压法

房屋建筑等对沉降和稳定性要求比较高的建（构）筑物地基。目前在地基处理工程中广泛采用且行之有效的方法是堆载预压法，特别是砂井堆载预压法。

2. 砂井堆载预压法

在地基土中打入砂井，利用其作为排水通道，缩短孔隙水排出的途径，而且在砂井顶部铺设砂垫层，砂垫层上部加载以增加土中附加应力。地基土在附加应力的作用下产生超静水压力，并将水排出土体，使地基土提前固结，以增加地基土的强度，这种方法就是砂井堆载预压法（简称砂井法）。典型的砂井地基剖面如图 9-6 所示。

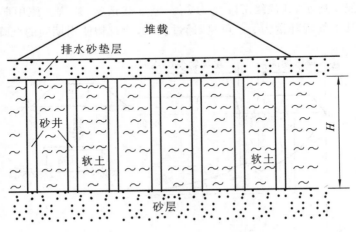

图 9-6　砂井布置立面图

1925 年，丹尼尔·莫兰（Daniel E. Moran）最早将垂直砂井用于土的深层加固，并于 1926 年取得专利。美国加利福尼亚州公路局于 1933 年至 1934 年间进行了室内与现场实验，并于 1934 年建造了第一个砂井工程。1941 年开始将此法应用于美国东部地区。与此同时，太沙基也采用了这种方法。

此法早期由于无理论根据而只能按经验设计。直到 1940 年至 1942 年间，巴隆（Barron）基于太沙基的固结理论,提出了砂井法的设计与计算方法。20 世纪 50 年代以后逐步发展,到目前为止,该理论计算方法已达到比较完善的水平。我国从 20 世纪 50 年代起已开始应用砂井法,至今已经积累了许多宝贵的经验。

砂井法主要适用于承担大面积分布荷载的工程,如水库土坝、油罐、仓库、铁路路堤、储矿场以及港口的水工建筑物(码头、防浪堤)等工程。对泥炭土、有机质黏土和高塑性土等土层,由于土层的次固结沉降占相当大的部分,故砂井排水法起不到加固处理的作用。

1)砂井预压法的设计

(1)砂井的布置。

砂井布置主要包括选择适当的砂井直径、间距、深度、排列方式、布置范围以及形成砂井排水系统所需的材料、砂垫层厚度等,以使地基在堆载预压过程中,在预期的时间内,达到所需要的固结度(通常定为 80%)。

① 砂井的直径和间距。砂井的直径和间距取决于土的固结特性和施工期的要求。从主要原则上来说,为达到相同的固结度,缩短砂井间距比增加砂井直径的效果要好,即以"细而密"为佳,不过,考虑到施工的可操作性,普通砂井的直径为 300~500 mm,袋装砂井直径可取 70~120 mm。塑料排水带的当量换算直径可按式(9-6)计算。

$$D_p = \alpha \frac{2(b+\delta)}{\pi} \qquad (9-6)$$

式中:D_p——塑料排水带当量换算直径,mm;

α——换算系数,无试验资料时可取 0.75~1.00;

b——塑料排水带宽度,mm;

δ——塑料排水带厚度,mm。

通常砂井的间距可按井径比选用,井径比按式(9-7)确定,普通砂井的间距可按 $n=6\sim8$ 选用;袋装砂井或塑料排水带的间距可按 $n=15\sim22$ 选用。

$$n = \frac{d_e}{d_\omega} \qquad (9-7)$$

式中:d_e——砂井的有效排水圆柱体直径,mm;

d_ω——竖井直径,mm。

② 砂井深度。砂井深度主要根据土层的分布、地基中的附加应力大小、施工期限和条件及地基稳定性等因素确定。当软土不厚(一般为 10~20 m)时,尽量要穿过软土层达到砂层;当软土过厚(超过 20 m),不必打穿黏土,可根据建筑物对地基的稳定性和变形的要求确定。对以地基抗滑稳定性控制的工程,竖井深度应超过最危险滑动面 2.0 m 以上。

③ 砂井排列。砂井的平面布置可采用正方形或等边三角形,如图 9-7 所示,在大面积荷载作用下,认为每个砂井均起独立排水作用。为了简化计算,将每个砂井平面上的排水影响面积以等面积的圆来代替,可得一根砂井的有效排水圆柱体的直径 d_e 和砂井间距 l 的关系按下式考虑。

等边三角形布置 $\qquad d_e = \sqrt{\frac{2\sqrt{3}}{\pi}} l = 1.05l \qquad (9-8)$

正方形布置 $\qquad d_e = \sqrt{\frac{4}{\pi}} l = 1.128l \qquad (9-9)$

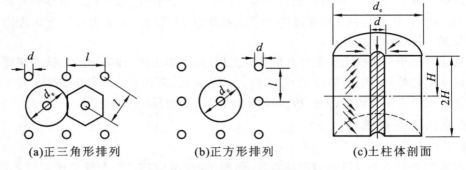

图 9-7　砂井的平面布置及固结渗透途径

④ 砂井的布置范围。由于在基础以外一定的范围内仍然存在压应力和剪应力，所以砂井的布置范围应比基础范围大为好，一般由基础的轮廓线向外增加 2～4 m。

⑤ 砂料。砂料宜用中、粗砂，必须保证良好的透水性，含泥量不应超过 3%，渗透系数应大于 10^{-3} cm/s。

⑥ 砂垫层。为了使砂井有良好的排水通道，砂井顶部应铺设砂垫层，垫层砂料粒度和砂井砂料相同，厚度一般为 0.5～1 m。如砂料缺乏，可采用砂沟，一般在纵向或横向每排砂井设置一条砂沟，在另一方向按中间密两侧疏的原则设置砂沟，并使之连通。砂沟的深度一般为 500～1 000 mm，其宽度取砂井直径的 2 倍。

（2）砂井地基固结度计算。

《建筑地基处理技术规范》（JGJ 79—2012）规定一级或多级等速加载条件下，当固结时间为 t 时，对应总荷载的地基平均固结度可按式（9-10）计算：

$$\overline{U}_t = \sum_{i=1}^{n} \frac{\dot{q}_i}{\sum \Delta p} \left[(T_i - T_{i-1}) - \frac{\alpha}{\beta} e^{-\beta t} (e^{\beta T_i} - e^{\beta T_{i-1}}) \right] \tag{9-10}$$

式中：$\overline{U}_t$——t 时间地基的平均固结度；

　　　$\dot{q}_i$—— 第 i 级荷载的加载速率，kPa/d；

　　　$\sum \Delta p$—— 各级荷载的累加值，kPa；

　　　T_{i-1}, T_i—— 分别为第 i 级荷载加载的起始和终止时间（从零点起算，当计算第 i 级荷载加载过程中某时间 t 的固结度时，T_i 改为 t），d；

　　　α, β—— 参数，根据地基土排水固结条件按表 9-5 采用。对于竖井地基，表中所列 β 为不考虑涂抹和井阻影响的参数值。

当排水竖井采用挤土方式施工时，应考虑涂抹对土体固结的影响。当竖井的纵向通水量与天然土层水平向渗透系数的比值较小，并且长度又较长时，还应考虑井阻影响。瞬时加载条件下，考虑涂抹和井阻影响时，竖井地基径向排水平均固结度可按式（9-11）计算。

$$\overline{U}_r = 1 - e^{\frac{8C_h}{F d_e}} \tag{9-11}$$

其中
$$F = F_n + F_s + F_r \tag{9-12}$$

$$F_n = \ln n - \frac{3}{4} \quad (n \geqslant 15) \tag{9-13}$$

表 9-5 参数 α,β 的取值表

参数 \ 排水固结条件	竖向排水固结 $\overline{U_z}>30\%$	向内径向排水固结	竖向和向内径向排水固结（竖井穿透受压土层）
α	$\dfrac{8}{\pi^2}$	1	$\dfrac{8}{\pi^2}$
β	$\dfrac{\pi^2 C_h}{4H^2}$	$\dfrac{8C_h}{F_n d_e^2}$	$\dfrac{8C_h}{F_n d_e^2}+\dfrac{\pi^2 C_v}{4H_2}$

注：(1) C_v——土的竖向排水固结系数，$\mathrm{cm^2/s}$；

(2) C_h——土的径向排水固结系数，$\mathrm{cm^2/s}$；

(3) $\overline{U_z}$——双面排水土层或固结应力均不分布的单面排水土层平均固结度；

(4) $F_n=\dfrac{n^2}{n^2-1}\ln n-\dfrac{3n^2-1}{4n}$，井径比 $n=d_e/d_\omega$。

$$F_s=\left(\frac{k_h}{k_s}-1\right)\ln s \tag{9-14}$$

$$F_r=\frac{\pi^2 L^2}{4}\frac{k_h}{q_\omega} \tag{9-15}$$

式中：$\overline{U_r}$——固结时间 t 时竖井地基径向排水的平均固结度；

k_h——天然上层水平向渗透系数，$\mathrm{cm/s}$；

k_s——涂抹区土的水平向渗透系数，可取 $k_s=(1/5\sim1/3)k_h$，$\mathrm{cm/s}$；

s——涂抹区直径 d_e 与竖井直径 d_ω 的比值，可取 $s=2.0\sim3.0$，对中等灵敏黏性土取低值，对高灵敏黏性土取高值；

L——竖井深度，cm；

q_ω——竖井纵向通水量，为单位水力梯度下单位时间的排水量，$\mathrm{cm^3/s}$。

一级或多级等速加荷条件下，考虑涂抹和井阻影响时竖井穿透受压土层地基之平均固结度可按式(9-10)计算，其中 $\alpha=8/\pi^2$，$\beta=\dfrac{8C_h}{F_n d_e^2}+\dfrac{\pi^2 C_v}{4H^2}$。

2）施工要点

（1）砂井施工。

砂井施工一般先在地基中成孔，再在孔内灌砂形成砂井。表 9-6 为砂井成孔和灌砂方法，选用时应尽量选用对周围土扰动小且施工效率高的方法。

表 9-6 砂井成孔和灌砂方法

类型	成孔方法		灌砂方法	
使用套管	管端封闭	冲击打入 振动打入	用压缩空气 用饱和砂	静力提拔套管 振动提拔套管
		静力打入		静力提拔套管
	管端敞开		浸水自然下沉	静力提拔套管
不使用套管	旋转射水、冲击射水		用饱和砂	

砂井成孔的典型方法有套管法、射水法、螺旋钻成孔法和爆破法。

① 套管法。

该法是将带活瓣管尖或套用混凝土端靴的套管沉到预定深度，然后在管内灌砂、拔出套管形成砂井。根据沉管工艺的不同，又分为静压沉管法、锤击沉管法、锤击静压联合沉管法和振动沉管法等。

静压、锤击及其联合沉管法提管时易将管内砂柱带起来，造成砂井缩颈或断开，影响排水效果，辅以气压法虽有一定效果，但工艺复杂。

采用振动沉管法，是以振动锤为动力，将套管沉到预定深度，灌砂后振动、提管形成砂井。其能保证砂井连续，但其振动作用对土的扰动较大。此外，沉管法的一个公共缺点是由于击土效应产生一定的涂抹作用，影响孔隙水排出。

② 水冲成孔法。

该法是通过专用喷头、依靠高压下的水射流成孔，成孔后经清孔、灌砂形成砂井。

射水成孔工艺，对土质较好且均匀的黏性土地基是较适用的，但对土质很软的淤泥，因成孔和灌砂过程中容易缩孔，很难保证砂井的直径和连续性，对夹有粉砂薄层的软土地基，若压力控制不严，宜在冲水成孔时出现串孔，对地基扰动较大。

射水成孔的设备比较简单，对土的扰动较小，但在泥浆排放、塌孔、缩颈、串孔、灌砂等方面都存在一定的问题。

③ 螺旋钻成孔法。

该法以螺旋钻具干钻成孔，然后在孔内灌砂形成砂井。此法适用于陆上工程，砂井长度在10 m 以内，土质较好，不会出现缩颈和塌孔现象的软弱地基。该法所用设备简单而机动，成孔比较规整，但灌砂质量较难掌握，对很软弱的地基也不适用。

④ 爆破成孔法。

此法是先用直径 73 mm 的螺纹钻钻成一个砂井所要求设计深度的孔，在孔中放置由传爆线和炸药组成的条药包，爆破后将孔扩大，然后往孔内灌砂形成砂井。这种方法施工简易，不需要复杂的机具，适用于深为 6～7 m 的浅砂井。

（2）砂料选择。

制作砂井的砂宜选用渗透性好的砂料，以减小砂井阻力的影响。一般选用含泥量小于 3% 的中粗砂或矿渣，但渗透系数不得小于 10^{-2} cm/s。

垫层的砂料宜用透水性好的中粗砂，其含泥量不得大于 4%，砂垫层的干密度宜大于 1.5 t/m³，其渗透系数不宜小于 10^{-2} cm/s。

（3）质量控制。

砂井施工要求：保证砂井连续和密实，并且不出现颈缩现象；尽量减少对周围土的扰动；砂井的长度、直径和间距应满足设计要求。砂井位置的允许偏差为该井的直径，垂直度的允许偏差为 1.5%。砂井的灌砂量，应按砂在中密状态时的干重度和井管外径所形成的体积计算，其实际灌砂量按质量控制要求，不得小于计算值的 95%。

施工时应进行现场测试：①边桩水平位观测，主要用于判断地基的稳定性，决定安全的加荷速率，要求边桩位移速率控制在 3～5 mm/d；②地面沉降观测，主要控制地面沉降速度，要求最大沉降速率不宜超过 10 mm/d；③孔隙水压力观测，用于计算土体固结度、强度及强度增长，分析地基的稳定，从而控制堆载速度，防止堆载过多、过快导致地基破坏。

3. 真空预压法

真空预压(vacuum preloading)是在需要加固的软土地基表面先铺设砂垫层,然后埋设垂直排水通道,再用不透气的封闭膜使其与大气隔绝,薄膜四周埋入土中,通过砂垫层内埋设的吸水管道,用真空装置进行抽气,先后在地表砂垫层和竖向排水通道内形成负压,使土体内部与排水通道、砂垫层之间形成压力差。在此压力差作用下,土体中的孔隙水不断地从排水通道中排出,从而使土体固结,如图 9-8 和图 9-9 所示。

真空预压的原理主要反映在以下几个方面。

(1) 薄膜上面承受等于薄膜内外压差的荷载。

(2) 地下水位降低,相应增加附加应力。

(3) 封闭气泡排出,土的渗透性加大。

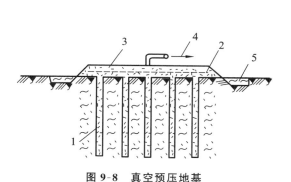

图 9-8 真空预压地基
1—砂井;2—砂垫层;3—薄膜;4—抽水、气;5—黏土

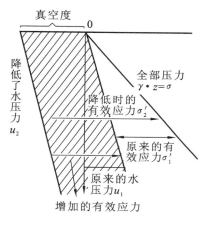

图 9-9 用真空方法增加的有效应力

1) **真空预压法的特点及适用范围**

(1) 设备及施工工艺简单,省略了加荷、卸荷工序,缩短了预压时间,节省了大量原材料、能源和运输能力,无噪声、无振动、无污染,技术经济效果显著。

(2) 在真空预压过程中,加固体内外大气压差,孔隙水的渗流方向,渗透力引起的附加应力等均指向被加固土体,所引起的侧向变形也指向被加固土体。真空预压可一次施加,地基不会发生剪切破坏而引起地基失稳,可有效缩短总的排水固结时间。

(3) 真空所产生的负压使地基土的孔隙水加速排出,可缩短固结时间;同时由于孔隙水排出,地下水位降低,由渗透力和降低水位引起的土中有效自重应力也随之增大,提高了加固效果;并且负压可通过管路送到任何场地,适应性强。

真空预压法适用于均质黏性土及含薄粉砂夹层黏性土等,尤其适用于新吹填土地基的加固。对于在加固范围内有足够补给水源的透水层,而又没有采取隔断措施时,不宜采用该法。

2) **真空预压法施工**

(1) 工艺流程。

真空预压法为保证在较短的时间内达到加固效果,一般与竖向排水井联合使用,其工艺布置及流程如图 9-10 和图 9-11 所示。

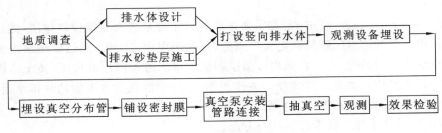

图 9-10　真空预压工艺流程

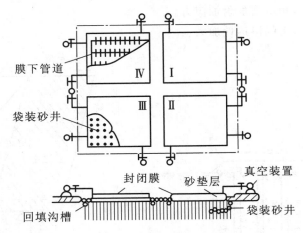

图 9-11　典型工程真空预压工艺设备

（2）水平向分布滤水管埋设。

水管的主要作用是使真空度在整个加固区域内均匀分布。滤水管在预压过程中应能适应地基的变形，特别是差异变形。滤水可用钢管或塑料管，其外侧宜缠绕铅丝，外包尼龙砂网或土工织物作为滤水层。滤水管在加固区内的分布形式可采用条状、梳子状或羽毛状等形状，如图9-12 所示。滤水管埋设在排水砂垫层中间，其上应有 100～200 mm 砂层覆盖。

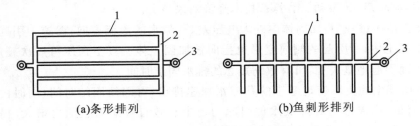

图 9-12　真空分布管排列示意图
1—真空压力分布管；2—集水管；3—出膜口

（3）封闭膜的铺设。

密封膜铺设质量是真空预压加固法成败的关键。密封膜应选用抗老化性能好、韧性大、抗穿刺能力强的不透气材料。普通聚氯乙烯薄膜虽可使用，但性能不如线性聚乙烯等专用膜好。密封膜热合时宜用双热合缝平搭接，搭接长度应大于 15 mm。密封膜宜铺设三层，以确保自身密封性能。膜周边可采用挖沟折铺、平铺并用黏土压边,围捻沟内覆水以及膜上全面覆水等方法进行密封。当处理区内有充足水源补给的透水层时,应采用封闭式板桩墙、封闭式板桩墙加沟内覆水或其他密封措施隔断透水层,如图 9-13 所示。

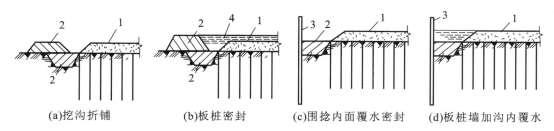

(a)挖沟折铺　　　　(b)板桩密封　　　　(c)围捻内面覆水密封　　　(d)板桩墙加沟内覆水

图 9-13　薄膜周边密封方法

1—密封膜;2—填土压实;3—钢板桩;4—覆水

(4)抽真空设备的施工。

抽真空设备主要包括出膜装置和真空射流泵。出膜装置是指膜下的主管与膜外的抽真空装置相连接的一种装置。真空射流泵包括离心泵、射流喷嘴和循环水箱,射流喷嘴和循环水箱由玻璃钢制成。真空泵的设置数量应根据预压面积、真空泵性能指标以及施工经验确定,让每块预压区至少设置两台真空泵。对真空泵性能的一般要求是,抽真空效率高,能适应连续运转,工作可靠等。

(5)质量控制。

真空分布管的距离要适当,使真空度分布均匀,包管滤膜渗透系数不小于 10^{-2} cm/s;真空泵及膜内真空度应达到 96 kPa 和 73 kPa 以上的技术要求;地表总沉降应符合一般堆载预压时的沉降规律。如发现异常应及时采取措施,以免影响最终加固效果。

三、任务实施

例 9-3　某建筑地基采用预压排水固结法加固地基,软土厚度为 10 m,软土层上下均为砂土层,未设置竖井排水。为简化计算,假定预压是一次瞬时施加的。已知该土层的孔隙比为 1.60,压缩系数为 0.8 MPa^{-1},竖向渗透系数为 5.8×10^{-7} cm/s。试计算预压时间为多少天,软土地基固结度达到 0.8。

解
$$\overline{U}_t = 1 - \alpha e^{-\beta t}, \quad \alpha = 8/\pi^2, \quad \beta = \frac{\pi^2 C_v}{4H^2}$$

$$C_v = \frac{k_v(1+e)}{a\gamma_\omega} = \frac{5.8 \times 10^{-7} \times (1+1.6)}{0.8 \times 10^{-2} \times 9.81 \times 10^{-3}} \text{ cm}^3/\text{d} = 0.019 \text{ cm}^3/\text{d}$$

$$\beta = \frac{\pi^2 \times 0.019}{4 \times 5^2} = 0.0019$$

若双面排水,则 $H = 10/2$ m $= 5$ m。

$$t = \frac{\ln\left[\frac{\pi^2}{8}(1-\overline{U}_t)\right]}{-\beta} = \frac{\ln\left[\frac{\pi^2}{8}(1-0.8)\right]}{-0.0019} \text{ d} = 736.5 \text{ d}$$

例 9-4 某地基下分布有 15 m 软黏土层，其下为粉细砂层，采用砂井加固，井径 $d_w=0.4$ m，井距 $s=2.5$ m，等边三角形布桩，土的固结系数 $C_v=C_h=1.5\times10^{-3}$ cm/s。在大面积荷载作用下，按径向固结考虑，当固结度达到 80% 时需要时间为多少天？

解 由平均固结度公式可知：$t=\dfrac{\ln(1-\overline{U}_t)}{-8C_h}\cdot F_n d_e^2$

$$d_e=1.05\ s=2.625\ \text{m}, \quad d_e^2=6.89\ \text{m}^2, \quad n=d_e/d_w=2.625/0.4=6.56$$

$$F_n=\frac{n^2}{n^2-1}\ln n-\frac{3n^2-1}{4n^2}=\frac{6.56^2}{6.56^2-1}\ln 6.56-\frac{3\times6.56^2-1}{4\times6.56^2}=1.182$$

$$t=\frac{\ln(1-\overline{U}_t)}{-8C_h}\cdot F_n d_e^2=\frac{\ln(1-0.8)}{-8\times0.013}\times1.181\times6.89\ \text{d}=126.03\ \text{d}$$

四、任务小结

预压法是对天然地基加载预压，或先在天然地基中设置砂井（袋装砂井或塑料排水板）等竖向排水体，然后利用建筑物本身重量分级逐渐加荷，或在建筑物建造前在场地先行加载预压，使土体中的孔隙水排出，土体逐渐固结，地基发生沉降，同时强度逐步提高的一种方法。

砂井地基的设计工作包括选择适当的砂井排水系统所需的材料、砂垫层厚度等，以便使地基在堆载过程中达到所需要的固结度。砂井的布置包括确定砂井直径、间距、深度、砂井布置范围和砂垫层的布置范围、铺设厚度等。

真空预压法处理地基必须设置排水竖井。设计内容包括：竖井断面尺寸、间距、排列方式和深度的选择；预压区面积和分块大小；真空预压工艺；要求达到的真空度和土层的固结度；真空预压和建筑物荷载下地基的变形计算；真空预压后地基土的强度增长计算等。

五、拓展提高

1. 降低地下水位法

降低地下水位法是指利用井点降水，使地下水位下降，以增加土的自重应力，达到预压加固的目的。由于地基土自重应力的增加，将导致地基发生附加沉降。降低地下水位，使地基中的软土承受了相当于水位下降高度的水柱重量，因而地基产生固结，这种增加有效应力的方法如图 9-14 所示。

降低地下水位法最适用于砂性土地基，或在软黏土层中存在砂或粉土的情况。对于深厚的软黏土层，常设置砂井并采用井点法来降低地下水位，以加速其固结。当应用真空装置降水时，地下水位可降低 5~6 m。

降水方法的选用与土层的渗透性关系密切，可参考表 9-7。

表 9-7　各类井点的适用范围

井点类别	土层渗透系数/(m/d)	降低水位深度/m
单层轻型井点	0.1~50	3~6
多层轻型井点	0.1~50	6~12

续表

井点类别	土层渗透系数/(m/d)	降低水位深度/m
喷射井点	0.1～2	8～20
电渗井点	<0.1	根据选用的井点确定
管井井点	20～200	3～5
深井井点	10～250	>15

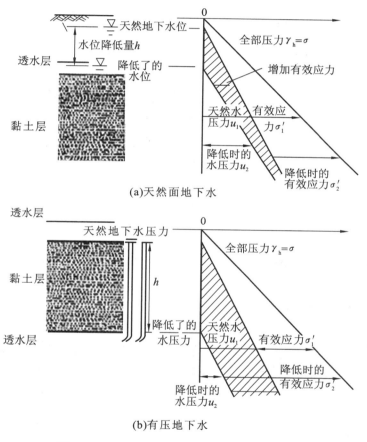

图 9-14　降低地下水位和增加有效应力的关系

2. 电渗法

在地基土中插入金属电极并通以直流电,在直流电场的作用下,土中的水分从阳极流向阴极,这种现象称电渗。如果将汇聚在阴极的水排除,而在阳极不予补充,那么土层就会固结,引起土层的压缩。

电渗法应用于饱和粉土和粉质黏土、正常固结黏土以及孔隙水电解浓度低的情况下是经济和有效的。在实际工程中,可利用电渗法降低黏土中的含水量和地下水位。以提高土坡和基坑边坡的稳定性;利用电渗法也可以加速堆载预压饱和黏性土地基的固结和提高强度等。

六、拓展练习

1. 预压法的基本原理及适用范围？
2. 堆载预压有哪几种情况？
3. 砂井堆载预压法的原理及适用范围？
4. 砂井设计要点包括哪几个方面？
5. 砂井成孔的方法有哪几种？
6. 真空预压法的原理及适用范围？
7. 真空预压法的特点是什么？
8. 某建筑物地基土层为淤泥质黏土，固结系数 $C_h = C_v = 1.5 \times 10^{-3}$ cm²/s，受压土层厚度为 20 m，袋袋砂井直径 $d_w = 70$ mm，间距 $L = 1.4$ m，深度 $H = 20$ m，砂井底部为不透水黏土层，砂井打穿受压土层。预压荷载总压力 $p = 100$ kPa，分两级等速加载，如图 9-15 所示。计算地基堆载预压 120 d 后，地层的平均固结度（不考虑排水板的井阻和涂抹影响）。

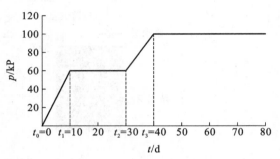

图 9-15　堆载预压法加载曲线图

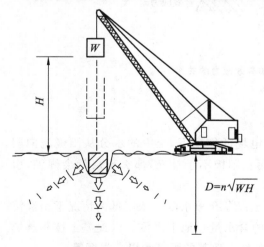

任务 **3** 强夯法

一、任务介绍

图 9-16　强夯法示意图

强夯法，亦称为动力固结法，是由法国 Menard 技术公司在 1969 年创立并应用的。这种方法是将重锤（一般 8～30 t，最重达 200 t）提升到高处使其自由落下（落距一般为 8～20 m，最高达 40 m），给地基反复的冲击和振动，从而提高地基土的强度并降低其压缩性、改善砂土的抗液化条件、消除湿陷性黄土的湿陷性等作用，如图 9-16 所示。同时，夯击能还可以提高土层的均匀程度，减少将来可能出现的地基差异沉降。

工程实践表明，强夯法具有施工简单、加固效果好、使用经济等优点，因而被世界各国工程界所重视。我国于 20 世纪 70 年代末首次在天津新港三号公路进行了强夯试验,随后在各地进行了多次实践和应用。到目前为止,国内已有多项工程采用了强夯法,并取得了良好的加固效果。本任务主要介绍强夯法的加固原理、设计和施工要点及质量检验方法。

二、理论知识

1. 强夯法的加固原理及适用范围

目前,强夯法加固地基有三种不同的加固机理,即动力密实(dynamic compaction)、动力固结(dynamic consolidation)和动力置换(dynamic replacement),各种加固机理的待性取决于地基土的类别和强夯施工工艺。

1)加固原理

(1)动力密实。

强夯法加固多孔隙、粗颗粒、非饱和土是基于动力密实的机理,即用冲击型动力荷载,使土体中的孔隙体积减小,土体变得密实,从而提高地基土强度。非饱和土的夯实过程,就是土中的气相被挤出的过程,夯实变形主要是由于土颗粒的相对位移引起的。实际工程表明,在冲击能作用下,地面会立即产生沉陷,夯击一遍后,其夯坑深度一般可达 0.6～1.0 m,夯坑底部形成一超压密硬壳层,承载力可比夯前提高 2～3 倍。

(2)动力固结。

强夯法处理细颗粒饱和土时,则是基于动力固结机理,即巨大的冲击能在土中产生很大的应力波,破坏了土体原有的结构,使土体局部发生液化并产生许多裂隙,使孔隙水顺利逸出,待超孔隙水压力消散后,土体固结,加上软土具有触变性,土的强度得以提高。

(3)动力置换。

动力置换可分为整式置换和桩式置换,如图 9-17 所示。整式置换是采用强夯法将碎石整体挤入淤泥中,其作用机理类似于换土垫层。桩式置换是通过强夯法将碎石填筑于土体中,部分碎石桩(墩)间隔地夯入软土中,形成桩(墩)式的碎石桩(墩)。其作用机理类似于振冲法等形成的碎石桩,它主要是靠碎石内摩擦角和墩间土的侧限来维持桩体的平衡,并与墩间土起复合地基作用。

(a)整式置换　　　　　　　　　　　(b)桩式置换

图 9-17　动力置换类型

2)适用范围

强夯法适用于处理碎石土、砂土、低饱和度的粉土与黏性土、素填土和杂填土等地基,它不仅能提高地基土的强度,降低土的压缩性,还能改善其抗振动液化的能力和消除土的湿陷性,所以还用于处理可液化砂土地基和湿陷性黄土对等。对饱和度较高的淤泥和淤泥质土,使用时应慎重。近年来,对高饱和度的粉土与黏性土地基,有人采用在坑内回填碎石、块石或其他粗颗粒材料,强行夯入并排开软土,最后形成碎石桩与软土的复合地基,该方法称之为强夯置换(或强夯挤淤、动力置换)。例如,深圳国际机场即采用强夯块石墩法加固跑道范围内地基土。

2. 设计要点

1) 有效加固深度

有效加固深度既是选择地基处理方法的重要依据,又是反映地基处理效果的重要参数。其确切定义国内尚无,但一般可以理解为:经强夯加固后,可使土层强度提高,压缩模量增大,加固效果显著的土层范围。

有效加固深度应根据现场试夯或当地经验确定,也可按下列公式估算有效加固深度。

$$H = K \sqrt{\frac{Wh}{10}}$$

(9-16)

式中:H——有效加固深度,m;

W——锤重,kN;

h——落距,m;

K——修正系数,一般为 0.34～0.8,如黄土修正系数取 0.34～0.5。

实际上影响有效加固深度的因素很多,除了锤重和落距外,还有地基土性质、不同土层的厚度和埋藏顺序、地下水位及其他强夯设计参数等。因此,强夯的有效加固深度应根据现场试夯或当地经验确定。在无条件时,可按表 9-8 预估。

表 9-8　强夯法的有效加固深度　　　　　　　　　　　　　单位:m

单击夯击能/(kN·m)	碎石土、砂土等	粉土、黏性土、湿陷性黄土等
1 000	5.0～6.0	4.0～5.0
2 000	6.0～7.0	5.0～6.0
3 000	7.0～8.0	6.0～7.0
4 000	8.0～9.0	7.0～8.0
5 000	9.0～9.5	8.0～8.5
6 000	9.5～10.0	8.5～9.0
8 000	10.0～10.5	9.0～9.5

注:强夯法的有效加固深度应从最初起夯面算起。

2) 夯锤和落距

夯锤重 M 与落距 h 的乘积称为单击夯击能。整个加固场地的总夯击能量(即锤重×落距×总夯击数)除以加固面积称为单位夯击能。强夯的单位夯击能应根据地基土类别、结构类型、荷载大小和要求处理的深度等综合考虑,并可以通过试验确定。一般情况下,粗粒土可取 1 000～3 000 kN·m/m²,细粒土可取 1 500～4 000 kN·m/m²。

夯锤多采用钢板外壳,内部焊接钢筋骨架后浇筑 C30 混凝土,如图 9-18 所示,或用钢板做成组合成的夯锤,如图 9-19 所示,以便于使用和运输。夯锤底面有圆形和方形两种,圆形不易旋转,定位方便,稳定性和重合性好,故采用较广。锤底面积宜按土的性质和锤重确定,锤底静压力值可取 25~40 kPa;夯锤中宜设 1~4 个直径为 250~300 mm 上下贯通的排气孔,以利于空气迅速排走,减小起锤时,锤底与土面间形成真空产生的强吸附力和夯锤下落时的空气阻力,以保证夯击能的有效性。

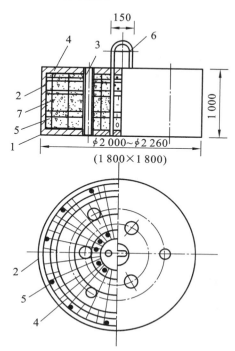

图 9-18 混凝土夯锤(圆柱形重 12 t;方形重 8 t)

1—30 mm 厚钢板底板;2—18 mm 厚钢板外壳;
3—6×φ159 mm 钢管;4—水平钢筋网片 φ16 @200 mm;
5—钢筋骨架 φ14 @400 mm;6—φ50 mm 吊环;7—C30 混凝土

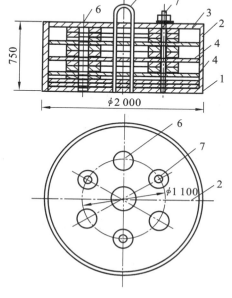

图 9-19 装配式钢夯锤(可组合成 6 t、8 t、10 t、12 t)

1—50 mm 厚钢板底盘;2—15 mm 厚钢板外壳;
3—30 mm 厚钢板顶板;4—中间块(50 mm 厚钢板);
5—φ50 mm 吊环;6—φ200 mm 排气孔;7—M48 mm 螺栓

确定夯锤规格后,根据要求的单击夯击能量,可确定夯锤的落距。国内常采用 8~25 m 的落距。对相同的夯击能量,应选用大落距的施工方案,这是因为增大落距可获得较大的触地速度,能将大部分能量有效地传递到地下深处,增加夯实效果,减少消耗在地表土层塑性变形上的能量。

3) 夯击点布置和间距

(1) 夯击点布置。

夯击点位置可根据基底平面形状,采用等边三角形、等腰三角形或正方形布置。对基础面积较大的建(构)筑物,可以按等边三角形布置;对办公楼和住宅,可在承重墙位置按等腰三角形布点;对工业厂房,可根据柱网来布置夯点。

强夯的处理范围应大于基础范围。对于一般建筑物而言,每边超出基础外缘的宽度宜为设计处理深度的 1/2~2/3,并且不宜小于 3 m。

(2) 夯点间距。

夯间距应根据地基土的性质和要求处理的深度来确定。第一遍夯击点间距可取夯锤直径

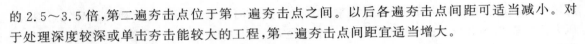

的 2.5～3.5 倍,第二遍夯击点位于第一遍夯击点之间。以后各遍夯击点间距可适当减小。对于处理深度较深或单击夯击能较大的工程,第一遍夯击点间距宜适当增大。

4）夯击次数与遍数

夯击次数应根据现场试夯的夯击次数和夯沉量关系曲线并结合现场具体情况来确定。施工的合理夯击次数,应取单击夯沉量开始趋于稳定时的累计夯击次数,并且这一稳定的单击夯沉量即可用作为施工时收锤的控制夯沉量。但必须同时满足以下条件。

(1) 最后两击的平均夯沉量不宜大于下列数值:当单击夯击能小于 400 kN・m 时为 50 mm;当单击夯击能为 4 000～6 000 kN・m 时为 100 mm;当单击夯击能大于 6 000 kN・m 时为 200 mm。

(2) 夯坑周围地基不应发生过大的隆起。

(3) 不因夯坑过深而发生起锤困难。

夯击遍数应根据地基土的性质确定,可采用点夯 2～3 遍,对于渗透性较差的细颗粒土,必要时夯击遍数可适当增加。最后再以低能量满夯 2 遍,满夯可采用轻锤或低落距锤多次夯击,锤印搭接。

5）铺设垫层

强夯前,往往在拟加固的场地内满铺一定厚度的砂石垫层,因场地必须具有稍硬的表层,使其能支承起重设备,并使施工时产生的“夯击能”得到扩散,同时也可以加大地下水位与地表面的距离。地下水位较高的饱和黏性土和易于液化流动的饱和砂土,均需铺设砂(砾)或碎石垫层才能进行强夯,否则土体会发生流动的。对场地地下水位在−2 m 深度以下的砂砾石土层,可直接强夯而不用铺设垫层。垫层厚度随场地的土质条件、夯锤重量和形状等条件而定。垫层厚度一般为 0.5～1.5 m。铺设的垫层不能含有黏土。

6）间歇时间

需要分两遍或多遍夯击的工程,两遍夯击之间应有一定的时间间隔。各遍间的间隔时间取决于加固土层中孔隙水压力消散所需要的时间。对砂性土来说,孔隙水压力的峰值出现在夯完后的瞬间,消散时间只有 2～4 分钟。所以,对渗透系数较大的砂性土可以连续夯击。对于黏性土,因孔隙水压力消散较慢,故当夯击能逐渐增加时,孔隙水压力亦相应叠加,其间歇时间取决于孔隙水压力的消散情况,一般为 3～4 周。即对于渗透性较差的黏性土地基的间隔时间,应不小于 3～4 周,渗透性较好的地基可连续夯击。但如果人为地在黏性土中设置排水通道,则可以缩短间歇时间。

3. 施工工艺

1）施工机械

履带式起重机起吊夯锤,其稳定性好,行走方便,如图 9-20 所示,采用履带式起重机作强夯起重设备。国内目前使用较多的是通过动滑轮组用脱钩装置来起落夯锤,如图 9-21 所示。拉动自动脱钩器的钢丝绳,其一端拴在桩架的架盘上,以钢丝绳的长短控制夯锤的落距。夯锤挂在脱钩器的钩上,当吊钩提升到要求的高度时,张紧的钢丝绳将脱钩器的伸臂拉转一个角度,致使夯锤突然落下。自动脱钩装置应具有足够的强度,而且施工时要求灵活。为了防止落锤时起重机架倾覆,应采取相应的安全保护措施。

2) 施工步骤

强夯法施工可以按下列步骤进行。

（1）清理并平整施工场地，标出第一遍夯击点位置，并测量场地标高。

（2）起重机就位，使夯锤对准夯点位置，测量夯前锤顶高程。

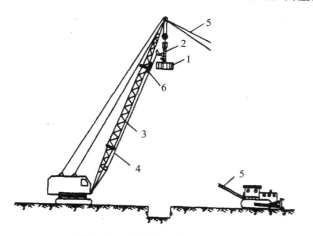

图 9-20　用履带式起重机强夯

1—夯锤；2—自动脱钩装置；3—起重臂杆；
4—拉绳；5—锚绳；6—废轮胎

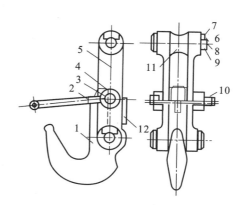

图 9-21　强夯脱钩装置图

1—吊钩；2—锁卡焊合件；3、6—螺栓；4—开口销；5—架板；
7—垫圈；8—止动板；9—销轴；10—螺母；11—鼓形轮；12—护板

（3）将夯锤起吊到预定高度，待夯锤脱钩自由下落后放下吊钩，测量锤顶高程；若出现坑底不平而造成夯锤歪斜时，应及时将坑底整平。

（4）重复步骤（3），按设计规定的夯击次数和控制标准，完成一个夯点的夯击。

（5）重复步骤（2）～（5），完成第一遍全部夯点的夯击。

（6）用推土机填平夯坑，并测量场地高程。

（7）在规定的间歇时间后，重复以上步骤逐次完成全部夯击遍数，最后用低能量满夯，使场地表层松土密实，并测量夯后场地高程。

当场地表土软弱或地下水位较高，夯坑底积水影响施工时，宜采用人工降低地下水位或铺填一定厚度的松散性材料，使地下水位低于坑底面以下 2 m。坑内或场地积水应及时排除。

当强夯施工所产生的振动对邻近建筑物或设备产生有害影响时，应采取防振或隔振措施。

3) 施工注意事项

（1）强夯的施工顺序是先深后浅，即先加固深层土，再加固中层土，最后加固浅层土。

（2）在饱和软黏土场地上施工，为保护吊车的稳定，需铺设一定厚度的粗粒料垫层，垫层料的粒径不应大于 10 cm，也不宜用粉细砂。

（3）注意吊车、夯锤附近人员的安全。

4) 质量检验

（1）检验的数量。

强夯地基竣工验收承载力检验的数量，应根据场地复杂程度和建筑物的重要性确定。对于简单场地上的一般建筑物，每个建筑地基的载荷试验检验点不应少于 3 点；对于复杂场地或重要建筑地基应增加检验点数。

（2）检验的时间。

强夯处理后的地基，其强度随着时间的增长会逐步恢复和提高的。因此，竣工验收承载力检验，应在施工结束后间隔一定时间方能进行，其间隔时间可根据土的性质而定，时间越长，强度增长越高，对于碎石土和砂土地基，其间隔时间可取 7～14 天；粉土和黏性土地基可取 14～28 天。

（3）检验方法。

强夯处理后的地基竣工验收时，承载力检验应采用原位测试和室内土工试验方法。一般工程应采用两种或两种以上的方法进行检验，对于重要工程应增加检验项目。

（4）检查强夯施工过程中的各项测试数据和施工记录。

不符合设计要求时，应补夯或采取其他有效措施。

4. 现场测试

现场测试工作是强夯施工中的一个重要组成部分。因此，在大面积施工之前应选择面积不小于 400 m² 的场地，进行现场试验以取得强夯设计数据。测试工作一般有以下几个方面的内容。

1）地面及深层变形

地面变形研究的目的如下。

（1）了解地表隆起的影响范围及垫层的密实度变化。

（2）研究夯击能与夯沉量的关系，用于确定单点最佳夯击能。

（3）确定场地平均沉降量和搭夯的沉降量，以便用于研究强夯的加固效果。

变形研究手段有：地面沉降观测、深层沉降观测和水平位移观测等。

2）孔隙水压力

一般可在试验现场沿夯击点等距离的不同深度和等深度的不同距离埋设钢弦式孔隙水压力仪，在夯击作用下，进行孔隙水压力沿深度和水平距离的变化情况测试，从而确定两个夯击点的夯距、夯击影响范围、间歇时间以及饱和夯击能等参数。

3）侧向挤压力

将带有钢弦式土压力盒的钢板桩埋入土中（见图 9-22），在夯击作用下，可测试每夯击一次的压力增量沿深度的分布规律。

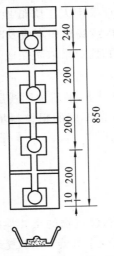

图 9-22　钢板桩压力盒布置图

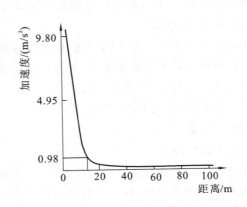

图 9-23　振动加速度与水平距离关系曲线

4）振动加速度

为了了解强夯施工时的振动对现有建筑物的影响，需要研究地面振动加速度。为此，强夯时应沿不同距离测试地表面的水平振动加速度，绘制成加速度与距离的关系曲线，如图 9-23 所示。以地表最大振动强度相当于 0.98 m/s^2 处（即认为相当于七度地震烈度）作为设计时振动影响安全距离。为了减少振动的影响，在夯区周围设置隔振沟（指一般在建筑物邻近开挖深 3 m 左右的隔振沟）是一种较有效的方法。

三、任务实施

例 9-5 深圳国际机场采用整式强夯挤淤置换跑道范围内地基土。

1. 工程概况

深圳国际机场跑道及滑行道长度约 3 400 m。要求机场建成后地基剩余沉降量不超过 50 mm。场道均位于 5～9 m 深的含水量高达 84% 的流塑状海相淤泥上，该土的特点是含水量大、强度低、灵敏度高（见表 9-9），不同深度工程性质基本一致，表层基本无硬壳层，有利于形成整式强夯挤淤置换。

2. 设计与施工

实现该方案的最关键技术，就是要使长达 16 576 m、顶宽不小于 13 m、高 7～11 m 的堆石拦淤堤整体穿过 5～9 m 深海相淤泥沉至持力层——粉质黏土层上，起到挖淤后的挡淤作用。在端部进行抛石压载挤淤施工中，拦淤堤可沉入淤泥中 2.5～3.0 m，再采用两侧挖淤和卸荷挤淤，又可下沉 1.0～1.5 m。此时拦淤堤底部距持力层仍有 1.5～3.0 m 厚淤泥，采用强夯挤淤方法沉到持力硬土层上，强夯挤淤施工参数见表 9-10。现场载荷实验的 $p\text{-}s$ 图如图 9-24 所示。

表 9-9　深圳机场淤泥的物理力学指标

项目	含水量/（%）	重度/（kN/m³）	孔隙比	液限	塑限	塑性指数
范围	74.6～92.6	14.8～15.7	2.08～2.54	53.1～59.5	26.7～33.1	23.4～29.1
平均	85.8	15.1	2.34	57.1	30.9	26.3

项目	十字板抗剪强度/ kPa	灵敏度	压缩系数/ MPa⁻¹	颗粒组成/mm			
				＞0.1	0.1～0.05	0.05～0.005	＜0.005
范围	3～7	4～7	1.27～2.59	0	2～5	23－29	66～75
平均	5.4		2.24				

表 9-10　实际采用的强夯挤淤参数（自动脱钩）

项目	施工试验		实际施工	
锤重/t	18.5	18	18	21
锤直径/m	2.5	1.5	1.4	1.6
夯锤底面积/m²	3.64	1.766	1.54	2.00
落距/m	14	14	14	24

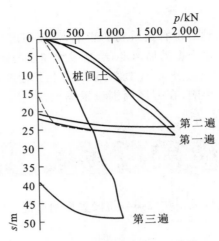

图 9-24　现场载荷实验 $p\text{-}s$ 曲线

3. 加固效果及经济效益

全部拦淤堤填筑量达 189 000m³，在不到 9 个月(1989.5.20—1990.2.16)内全部完成，达到了安全挡淤和形成换填地基施工基坑的目的。与常规爆破挤淤相比，工期只有爆破挤淤的 1/8，造价只有爆破挤淤的 1/2(爆破挤淤每立方米填料费用为 7～8 元，强夯挤淤为 3～3.5 元)，经强夯挤淤后实测堆石体干密度为 2.05～2.15 t/m³。

四、任务小结

1. 强夯法的概念

将重锤(一般 8～30 t，最重达 200 t)提升到高处使其自由落下(落距一般为 8～20 m，最高达 40 m)，给地基反复冲击和振动，从而提高地基土的强度并降低其压缩性、改善砂土的抗液化条件、消除湿陷性黄土的湿陷性等作用。

2. 适用条件

强夯法适用于处理碎石土、砂土、低饱和度的粉土与黏性土、湿陷性黄土、素填土和杂填土等地基。

3. 加固机理

加固机理包括：动力密实、动力固结和动力置换。

4. 设计要点

设计的主要参数包括：有效加固深度、夯击能、夯击点的布置和间距、夯击次数和遍数、垫层铺设和间隔时间。

5. 施工要点和质量检测

施工机械宜采用带有自动脱钩装置的履带式起重机或其他专用设备。采用履带式起重机时,可在臂杆端部设置辅助门架,或采取其他安全措施,防止落锤时机架倾覆。施工步骤按照规定进行,并注意施工安全。

强夯处理后的地基竣工验收时,承载力检验应采用原位测试和室内土工试验。

五、拓展提高

国内强夯技术发展迅速,应用更加广泛,出现了强夯法的两种新工法:动力排水固结法和动静结合排水固结法。自 1989 年以来,新强夯法在我国已成功地完成了 50 余项工程,如上海某机场,深圳世界之窗填海区,深圳多座立交桥,深圳春风路高架桥,深圳机场达利花园,海南大学图书馆,海南边防局三亚海警基地,深圳保安中心区罗田路、兴华西路等,所有工程均取得上佳的工程效果。

1. 动力排水固结法

Smoltczyk 认为动力固结法只适于塑性指数 $I_p \leq 10$ 的土,Gambin 也给出类似的结论。软黏土地基动力固结法失败的原因主要是对软黏土的特性了解不够,所采用的动力固结法工艺不适合软黏土地基的加固;冯遗兴等人采取了适应软黏土动力固结加固的有效排水系统,采用了适应软黏土地基的"先轻后重、逐级加能、少击多遍、逐层加固"的夯击方式,确立了一整套动力固结法新工艺。动力排水固结工法与传统强夯法的对比见表 9-11。

表 9-11 动力排水固结工法与传统强夯法对比表

项目	动力排水固结工法	传统强夯法
机理	以不完全破坏土体结构强度为前提,根据土体强度情况,逐步增加能量的动力固结	大能量和能量积聚的动力固结
夯击方法	先轻后重,少击多遍	重锤多击
排水方法	设置竖向排水体与表面土层排水体,同时使土体中形成微裂缝排水	通常靠砂土自身渗透性
能量控制	激发土体孔压,并使土体产生微裂缝,但又不完全破坏土体结构强度,不形成橡皮土 先轻后重,少击多遍,从上至下,逐步增大加固深度与范围	靠控制夯击能增大影响深度
附加设施	排水板,地表砂垫层	通常无
运用范围	各种土体,包括低透水性、结构性强的黏性土、埋藏较深的土、深层加固	高透水性、无黏结性、埋藏不深(6~8 m 以内)、浅层加固

加固机理:在砂垫层(或吹填砂层)上往下插设塑料排水板至软土层中,然后以严格控制的强夯动力产生附加应力,作用到软土中,产生相应的超孔隙水压力;借助于插设塑料排水板所形成的"水柱"作为传递工具,将强夯产生的附加应力迅即传到"水柱"的底部,从而使排水板所达

到的深度范围内的软土都受到强夯的影响；同时，动载压缩波传到地表临空面时反射则成为拉伸波再传入土中，土越软，抗拉强度越低，则越容易产生拉伸微裂纹，在很高的孔隙压力梯度作用下，软土中的拉伸微裂纹贯通成排水通道，与排水板构成横竖交叉的网状排水系统，使软土中高压孔隙水经网状排水系统很快排到地表夯坑或排水砂层中，立即排出或流散。随着土中孔隙压力消散，软土含水量和孔隙比明显降低，软土固结后变成较密实的可塑状土，强度大幅度增长，压缩性大大减低。因强夯时附加动应力很高，往往比后续使用荷载高 2～3 个数量级，用动力排水固结工法加固后，浅层地基土成为超固结土，即使深层土有一些差异沉降，由于地表 12 m 已成为硬壳层，能调整地基差异沉降，从而使表层仅呈现小量的较均匀沉降，而不会出现明显的不均匀沉降。

强夯法的主要优点如下。

（1）传统强夯法为一种大能量和能量积聚的动力固结方法，采用重锤多击，适用砂性土加固。而动力排水固结工法采用严格控制强夯动力和夯击能，使软黏土中产生的超孔隙水压力不会过快上升，以确保软土不变成"橡皮土"，成功地克服了传统强夯法用于软土的致命弱点。

（2）利用塑料排水板所形成的"水柱"将强夯产生的附加应力快速向土体深部传递，从而大大扩展了强夯的影响深度，使动力排水固结工法用于加固深厚软土成为可能。已有的工程实例表明，动力排水固结工法的加固深度已超过 25 m，大大突破了传统强夯法有限的加固深度（6 m）。

（3）巧妙利用动载压缩波在层状土中传播与反射而使软土产生的拉伸微裂纹，以及在较高孔压梯度作用下，拉伸微裂纹又贯通成水平排水通道，并与排水板构成横竖交叉的网状排水系统，从而使软土中高压孔隙水经网状排水系统很快排出，大大加速了软土的固结过程。

（4）将受到严格控制的强夯动力反复、逐步增强地作用于软土，使软土中的超孔隙水压力维持在较高的、必要的、合理的水平上，既不破坏软土的结构，又能加速软土中孔隙水的快速排出，达到快速、稳步加固软土的目的，这是传统强夯法无法做到的。

2. 动静结合排水固结法

动静结合排水固结法的基本思想是：通过改善地基土的排水条件，将强夯法和填土预压法相结合，利用动荷载较大的冲击能激发较高的孔隙水压力，在静荷载作用下孔压消散固结，土体强度得以提高。其主要特点如下。

（1）夯击前应铺设足够厚度的垫层（如砂垫层和预压填土），避免夯锤直接接触软土而导致橡皮土现象，同时填土亦作为静荷载。

（2）必须有较好的排水条件，保证动荷载作用下产生的孔隙水压力能迅速消散，土体固结。这是软土强度得以提高的根本原因，也是该法与一般强夯法的区别所在。

（3）强调动静荷载的联合使用。静荷载作用下的固结排水份额是基本的，动荷载作用下的固结量是附加的，但其作用不是两者简单的叠加，而是相辅相成、相互作用的。

（4）冲击荷载的作用不会对浅层淤泥加以彻底扰动，可保持软土内某些可靠的微结构，土体再固结后强度可以迅速提高。

（5）它使经典意义上的动力固结作用得到充分发挥，即动力八面体压缩应力作用下的孔压增长明显，而动力八面体偏应力幅值相对较小，孔压消散过程中土将固结得更彻底，相当于较大的超载预压。

动静结合排水固结法的关键在于改善地基土的排水条件，为此可设置垂直方向和水平方向排水体。由于塑料排水板具有的优点,一般使用塑料排水板作为竖向排水体,它的布设可按静荷载作用下的设计方法来进行计算;水平排水体通常由砂垫层、排水盲沟和集水井组成。砂垫层一般要求用透水性较好的中粗砂,厚度不宜小于 50 cm。集水井的作用是汇集排水并用水泵及时将水排到场区外,保证排水通畅。

强夯法两种新工法的具体施工方法可详见其他参考文献。

六、拓展练习

1. 何为强夯法? 强夯法的加固机理是什么?
2. 动力置换分为哪几类,其作用机理是什么?
3. 强夯法的适用范围有哪些,其设计要点包括哪些?
4. 什么是单击夯击能? 什么是单位夯击能?
5. 夯击点应如何布置?
6. 使用强夯法时,加固哪些土是基于动力密实机理,加固哪些土是基于动力固结理论?
7. 简述强夯法的施工步骤?
8. 现场测试工作一般包括哪些内容?

任务 4 挤密桩法

一、任务介绍

挤密桩法是以振动、冲击或带套管等方法成孔,然后向孔内填入砂、碎石、土或灰土、石灰、渣土或其他材料,再加以振实成桩并且进一步挤密桩间土的方法。其加固原理一方面是施工过程中挤密、振密桩间土,另一方面桩体与桩间土形成复合地基。挤密桩按填料类别可分为土或灰土桩、石灰桩、碎(砂)石桩、渣土桩等;按施工方法可分为振冲挤密桩、沉管振动桩、爆破挤密桩等。本任务主要介绍土和灰土桩、石灰桩、碎(砂)石桩、水泥粉煤灰碎石桩的加固机理、设计和施工要点。

二、理论知识

1. 土桩和灰土桩

土桩与灰土桩在我国西北、华北地区应用比较广泛,适用于处理地下水位以上的湿陷性黄土、新近堆积的黄土、素填土和杂填土。它是利用打入钢套管(或振动沉管、炸药爆破)在地基中成孔,通过"挤压作用",使地基土加密,然后再在孔内分层填入素土(或灰土、粉煤灰加石灰)后夯实而形成土桩(或灰土桩、二灰桩)。它们属于柔性桩,桩与桩间土共同组成复合地基。

所谓复合地基,一般可认为由两种刚度(或模量)不同的材料(桩体和桩间土)所组成,在相对刚性基础下,两者共同分担上部荷载并协调变形(包括剪切变形)的地基。

土(或灰土、二灰)桩挤密法与其他地基处理方法比较,主要有以下特点。

(1) 土(或灰土、二灰)桩挤密法是横向挤密,同样可以达到加固后所要求的最大干密度。

(2) 与换土垫层相比,不需要开挖回填,因而节约了时间,比换土垫层法缩短工期约一半。

(3) 由于不受开挖和回填的限制,处理深度一般可达 12～15 m。

(4) 由于填料是就地取材,因而常比其他处理湿陷性黄土和人工填土的地基处理方法造价低,尤其是可利用粉煤灰变废为宝,取得很好的社会效益和经济效益。

当地基的含水量大于 24%,并且其饱和度大于 65% 时,由于成孔质量不好,拔管后桩孔容易缩颈,而且打管时容易对邻近已回填的桩体造成破坏。如果施工时不采取排水措施,则不宜采用土(或灰土、二灰)桩挤密法处理地基。还应注意的是:如果黄土层中夹有薄沙砾层时,必须要经过成孔试验;而且当夹层厚度大于 0.4 m 时,因施工时打管困难,也不宜采用土(或灰土、二灰)桩挤密法。

土桩主要用来消除湿陷性黄土的湿陷性,当以提高地基的承载力或水稳性为主要目的时,应适用灰土桩。

1) 土桩和灰土桩的设计

(1) 桩孔直径。

根据工程量、挤密效果、施工设备、成孔方法及经济等情况而定,一般选用直径为 300～450 mm。

(2) 桩长。

根据土质情况、桩处理地基的深度、工程要求和成孔设备等因素确定,一般为 5～15 m。

(3) 桩距和排距。

桩孔一般按等边三角形布置,桩孔之间的中心距离,可为桩孔直径的 2.0～2.5 倍,也可按下式估算。

$$s = 0.95d \sqrt{\frac{\bar{\eta}_c \rho_{dmax}}{\bar{\eta}_c \rho_{dmax} - \bar{\rho}_d}} \tag{9-17}$$

式中:s——桩孔之间的中心距离,m;

$\quad\quad d$——桩孔直径,m;

$\quad\quad \rho_{dmax}$——桩间土的最大干密度,t/m³;

$\quad\quad \bar{\rho}_d$——地基处理前土的平均干密度,t/m³;

$\quad\quad \bar{\eta}_c$——桩间土经成孔挤密后的平均挤密系数,对重要工程不宜小于 0.93,对一般工程不应小于 0.90。

桩间土的平均挤密系数 $\bar{\eta}_c$,应按下式计算。

$$\bar{\eta}_c = \frac{\bar{\rho}_{d1}}{\rho_{dmax}} \tag{9-18}$$

式中:$\bar{\rho}_{d1}$——在成孔挤密深度内,桩间土的平均干密度,t/m³。

平均试样不应少于 6 组。桩孔的数量可按下式估算。

$$n = \frac{A}{A_e} \qquad (9\text{-}19)$$

式中：n——桩孔的数量；

A——拟处理地基的面积，m^2；

A_e——根土或灰土挤密桩所承担的处理地基面积，m^2；

d_e——根桩分担的处理地基面积的等效圆直径，m。

桩孔按等边三角形布置时，有 $d_e = 1.05s$；桩孔按正方形布置时，有 $d_e = 1.13s$。

其中

$$A_e = \frac{\pi d_e^2}{4} \qquad (9\text{-}20)$$

（4）处理范围。

灰土挤密桩和土挤密桩处理地基的面积，应大于基础或建筑物底层平面的面积，并应符合下列规定：当采用局部处理时，对非自重湿陷性黄土、素填土和杂填土等地基，每边不应小于基底宽度的 0.25 倍，并不应小于 0.50 m；对自重湿陷性黄土地基，每边不应小于基底宽度的 0.75 倍，并不应小于 1.00 m。当采用整片处理时，超出建筑物外墙基础底面外缘的宽度，每边不宜小于处理土层厚度的 1/2，并不应小于 2 m。

（5）填料和压实系数。

桩孔内的填料，应根据工程要求或处理地基的目的确定，桩体的夯实质量宜用平均压实系数 $\bar{\lambda}_c$ 控制。

当桩孔内用灰土或素土分层回填、分层夯实时，桩体内的平均压实系数 $\bar{\lambda}_c$ 值，均不应小于 0.96。消石灰与土的体积配合比，宜为 2∶8 或 3∶7。

（6）承载力和变形模量。

灰土挤密桩和土挤密桩复合地基承载力特征值，应通过现场单桩或多桩复合地基载荷试验确定。初步设计当无试验资料时，可按当地经验确定，但对于灰土挤密桩复合地基的承载力特征值，不宜大于处理前的 2.0 倍，并不宜大于 250 kPa；对于土挤密桩复合地基的承载力特征值，不宜大于处理前的 1.4 倍，并不宜大于 180 kPa。

（7）变形计算。

灰土挤密桩和土挤密桩复合地基的变形计算，应符合现行国家标准《建筑地基基础设计规范》（GB 50007—2011）的有关规定，其中复合土层的压缩模量，可采用载荷试验的变形模量代替。

2）土桩和灰土桩的施工

（1）成孔方法。

土桩和灰土桩的成孔方法有沉管法、爆扩法及冲击法等。可按地基土的物理力学性质、桩孔深度、机械设备和施工经验等因素选定。

沉管法是用打桩机将与桩孔同直径的钢管打入土中，使土向孔的周围挤密，然后缓慢拔管成孔。桩管顶设桩帽，下端做成锥形约成 60°角，桩尖可以上下活动（见图 9-25），以利空气流动，可减少拔管时的阻力，避免坍孔。成孔后应及时拔出桩管，不应在土中搁置时间过长。成孔施工时，地基土宜接近最优含水量，当含水量低于 12% 时，宜加水增湿至最优含水量。本法简单易行，孔壁光滑平整，挤密效果好，应用最广。但处理深度受桩架限制，一般不超过 8 m。

爆扩法系用钢钎打入土中形成直径 25～40 mm 孔或用洛阳铲打成直径 60～80 mm 孔，然

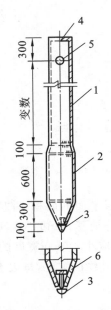

图 9-25　桩管构造

1—φ275 mm 无缝钢管；
2—φ300 mm×10 mm 无缝钢管；
3—活动桩尖；4—10 mm 厚封头板
（设 φ300 mm 排气孔）；5—φ45 mm
管焊于桩管内，穿 M40 螺栓；6—重块

后在孔中装人条形炸药卷和 2～3 个雷管，爆扩成直径 20～45 cm。本法工艺简单，但孔径不易控制。冲击法是使用冲击钻钻孔，将 0.6～3.2 t 锥形锤头提升 0.5～2.0 m 高后落下，反复冲击成孔，用泥浆护壁，直径可达 50～60 cm，深度可达 15 m 以上，适于处理湿陷性较大的土层。

（2）桩孔回填夯实。

桩孔应分层回填夯实，每次回填厚度为 250～400 mm，人工夯实用重 25 kg，带长柄的混凝土锤，机械夯实用偏心轮夹杆或夯实机或卷扬机提升式夯实机，或链条传动摩擦轮提升连续式夯实机，一般落锤高度不小于 2 m，每层夯实不少于 10 锤。施打时，逐层以量斗定量向孔内下料，逐层夯实。当采用连续夯实机时，则将灰土用铁锹不间断地下料，每下 2 锹夯 2 击，均匀地向桩孔下料、夯实。桩顶应高出设计标高 15 cm，挖土时将高出部分铲除。

成孔和孔内回填夯实应符合下列要求。

① 成孔和孔内回填夯实的施工顺序，当整片处理时，宜从里（或中间）向外间隔 1～2 孔进行，对大型工程，可采取分段施工；当局部处理时，宜从外向里间隔 1～2 孔进行。

② 向孔内填料前，孔底应夯实，并应抽样检查桩孔的直径、深度和垂直度。

③ 桩孔的垂直度偏差不宜大于 1.5%。

④ 桩孔中心点的偏差不宜超过桩距设计值的 5%。

⑤ 经检验合格后，应按设计要求，向孔内分层填入筛好的素土、灰土或其他填料，并应分层夯实至设计标高。

桩孔填料夯实机目前有两种：一种是偏心轮夹杆式夯实机；另一种是采用电动卷扬机提升式夯实机。前者可上、下自动夯实，后者需用人工操作。

夯锤形状一般采用下端呈抛物线锤体形的梨形锤或长锤形，二者重量均不小于 0.1 t。夯锤直径应小于桩孔直径 100 mm 左右，使夯锤自由下落时将填料夯实。填料时每一锹料夯击一次或二次，夯锤落距一般在 600～700 mm，每分钟夯击 25～30 次，长 6 m 桩可在 15～20 min 内夯击完成。

（3）施工中可能出现的问题和处理方法。

① 夯打时桩孔内有渗水、涌水、积水现象可将孔内水排出地表，或将水下部分改为混凝土桩或碎石桩，水上部分仍为土（或灰土）桩。

② 沉管成孔过程中遇障碍物时可采取以下措施处理。

● 用洛阳铲探查并挖除障碍物，也可在其上面或四周适当增加桩数，以弥补局部处理深度的不足，或从结构上采取适当措施进行弥补。

● 对未填实的墓穴、坑洞、地道等面积不大，挖除不便时，可将桩打穿通过，并在此范围内增加桩数，或从结构上采取适当措施进行弥补。

③ 夯打时造成缩径、堵塞、挤密成孔困难、孔壁坍塌等情况，可采取以下措施处理。

● 当含水量过大缩径比较严重时,可向孔内填干砂、生石灰块、碎砖碴、干水泥、粉煤灰;如含水量过小,可预先浸水,使之达到或接近最优含水量。

● 遵守成孔顺序,由外向里间隔进行(硬土由里向外)。施工中宜打一孔,填一孔,或隔几个桩位跳打夯实,合理控制桩的有效挤密范围。

3) 质量检验

成桩后,应及时抽样检验灰土挤密桩或土挤密桩处理地基的质量。对一般工程,主要应检查施工记录、检测全部处理深度内桩体和桩间土的干密度,并将其分别换算为平均压实系数 $\bar{\lambda}_c$ 和平均挤密系数 η_c。对重要工程,除检测上述内容外,还应测定全部处理深度内桩间土的压缩性和湿陷性。

抽样检验的数量,对一般工程不应少于桩总数的 1%,对重要工程不应少于桩总数的 1.5%。

灰土挤密桩和土挤密桩地基竣工验收时,承载力检验应采用复合地基载荷试验。检验数量不应少于桩总数的 0.5%,并且每项单体工程不应少于 3 点。

夯实质量的检验方法有下列几种。

(1) 轻便触探检验法先通过试验夯填,求得“检定锤击数”,施工检验时以实际锤击数不小于检定锤击数为合格。

(2) 环刀取样检验法先用洛阳铲在桩孔中心挖孔或通过开剖桩身,从基底算起沿深度方向每隔 1.0~1.5 m 用带长把的小环刀分层取出原状夯实土样,测定其干密度。

(3) 载荷试验法对重要的大型工程应进行现场载荷试验和浸水载荷试验,直接测试承载力和湿陷情况。

上述前两项检验法,其中对灰土桩应在桩孔夯实后 48 h 内进行,二灰桩应在 36 h 内进行,否则将由于灰土或二灰的胶凝强度的影响而无法进行检验。

2. 石灰桩

石灰桩是指采用机械或人工在地基中成孔,然后灌入生石灰或按一定比例加入粉煤灰、炉渣、火山灰等掺和料及少量外加剂进行振密或夯实而形成的桩体,石灰桩与经过改良后的桩周土共同承担上部建筑物荷载。

用石灰加固软弱地基至少有 2000 年的历史,但直到 20 世纪中叶,不论是国内还是国外,大多还只是属于表层或浅层处理。例如,用 3∶7 或 2∶8 的灰土夯实作为路基和房基,或将生石灰直接投入软土层,用木夯夯实,使土挤密、干燥和变硬。由此,发展到用木槌在土中冲孔,在土中投入生石灰块,经吸水膨胀形成桩体,其深度一般在 300~500 mm,形状上大下小,桩周土往往形成一层坚硬的外壳,近似陶土。

我国于 1953 年开始对石灰桩进行了研究,当时天津大学与天津市等单位对生石灰的基本性质、加固机理、设计和施工等方面进行了系统的研究,由于当时的条件,施工系手工操作,桩径仅 100~200 mm,长度仅 2 m,又因为发现桩中心软弱等问题,所以工作未能继续。1975—1980 年,北京铁路局勘测设计所、同济大学等单位进行了石灰桩与其他加固方法对比试验研究,证明了石灰桩的良好加固效果。

直到 1981 年后,江苏省建筑设计院对东南沿海的大面积软土地基采用生石灰与粉煤灰掺和料进行加固,仅南京市采用生石灰桩加固了 50 余幢房屋的软土地基,加固面积达 30 000m²,

取得了较好的经济技术效果。其后浙江省建筑科学研究所与湖北省建筑科学研究院等单位相继展开了试验研究和工程实践应用，都做出了卓有成就的工作。

在国外，20世纪60年代期间，德、美、英、法、苏联、日、瑞典、澳大利亚等国纷纷开展石灰加固软基的研究和应用，现代化机械施工加大了桩长的应用，拓宽了应用领域。

1）石灰桩的分类

按用料特征和施工工艺分类，可分为以下三种。

（1）块灰灌入法（亦称石灰桩法）。

采用钢套管成孔，在孔内灌入新鲜生石灰块，或在石灰块中掺入适量的水硬性掺和料粉煤灰和火山灰，配合比一般为8∶2或7∶3，在拔管的同时进行振密和挤密。利用生石灰吸取桩周土体中水分进行水化反应，此时生石灰的吸水、膨胀、发热及离子交换作用，使桩四周土体的含水量降低、孔隙减小，土体挤密和桩体硬化。

（2）石灰柱法（粉灰搅拌法）。

粉灰搅拌法是粉体喷射搅拌法的一种，所用的原材料是石灰粉。通特制的搅拌机将石灰粉加固料与原位软土搅拌均匀，促使软土硬结，形成石灰土柱。例如，采用水泥粉作为加固料，称为水泥粉喷射桩。

（3）石灰浆压力喷注法。

石灰浆压力喷注法是高压喷射注浆法的一种。它是采用压力将石灰浆或石灰-粉煤灰（二灰）浆喷射注于地基土的孔隙内或预先钻进桩孔内，使灰浆在地基土中扩散和硬凝，形成不透水的网状结构层，从而达到加固的目的。

2）加固机理

石灰桩既有别于砂桩、碎石桩等散体材料桩，又与混凝土桩等刚性桩不同。其主要特点是在形成桩身强度的同时也加固了桩间土。当用于建筑物地基时，石灰桩与桩间土组成了石灰桩复合地基共同承担上部结构的荷载。在加固机理上，石灰桩与古老的石灰掺填法及现代石灰桩法有共同之处，它们都是利用石灰、水和土的基本作用，但是，在作用的贡献上却有所不同。石灰桩加固地基的机理可以从以下几个方面探讨。

（1）石灰桩的挤密作用。

① 成桩挤密作用。石灰桩施工时是由振动钢管下沉成孔，使桩间土产生挤压和排土作用，其挤密效果与土质、上覆压力及地下水状况等有密切关联。一般地基土的渗透性越大，打桩挤密效果越好，挤密效果对地下水位以上比以下的要好。

② 膨胀挤密作用。石灰桩在成孔后贯入生石灰便吸水膨胀，使桩间土收到强大的挤压力，这对地下水位一下软黏土的挤密起主导作用。测试结果表明：根据生石灰质量高低，在自然状态下熟化后其体积可增加1.5～3.5倍，即体膨胀系数为1.5～3.5。

（2）吸水、升温使桩间土强度提高。

软黏土的含水量一般为40%～80%，1 kg生石灰的消化反应要吸收0.32 kg的水，同时在理论上将放出278 kC的热量。

我国加掺和料的石灰桩，桩内温度最高到200～300 ℃。桩间土的温度升高滞后于桩体，在正常情况下，桩间土的温度最高可达40～50 ℃，其土体产生一定的气化脱水。从而使土体含水量下降，孔隙减小，土体颗粒靠拢挤密，加固区的地下水位也有一定的下降。

（3）石灰桩的排水固结作用。

试验分析结果表明,石灰桩桩体的渗透系数一般为 $10^{-5} \sim 10^{-3}$ cm/s,亦相当于细砂。由于其桩间距较小(一般为 $2 \sim 3$ 倍桩径),水平排水路径很短,具有较好的排水固结作用。从建筑物沉降记录表明,建筑竣工开始,其沉降已基本稳定。

（4）胶凝、离子交换和碳化作用使桩周土强度提高。

由于生石灰吸水生成的 $Ca(OH)_2$ 一部分与土中 SiO_2 和 Al_2O_3 产生反应,生成水化硅酸钙、水化铝酸钙等。水化物对土体颗粒起胶结作用,使土聚集体积增大,并趋于紧密。同时加固土体黏粒含量减少,说明颗粒胶结根本上改变土的结构,提高了土的强度,而使土的强度将随龄期的增长而增加。

（5）生石灰的置换作用。

由于石灰桩桩体具有桩间土更大的强度(抗压强度 $0.5 \sim 1$ MPa),因此形成复合地基。

对于砂类土等,由于成孔挤密了桩间土,加固层的重量变化不大。对于饱和黏性土,成孔时土体将隆起或侧向挤出,加固层的减载作用仍可考虑。

（6）加固层的减载作用。

石灰桩的密度为 8 kN/m^3,显著小于土的密度,即使桩体饱和后,其密度也小于土的天然密度。当采用排土成桩时,加固层的自重减小,作用在下卧层的自重应力显著减小,即减小了下卧层顶面的附加应力。

采用不排土成桩时,对于杂填土和砂类土等,由于成孔挤密了桩间土,加固层的重量变化不大。对于饱和黏性土,成孔时土体将隆起或侧向挤出,加固层的减载作用仍可考虑。

3）设计计算

石灰桩设计的主要内容有桩身材料、桩径、桩长、置换率、桩距和布桩范围,并根据复合地基承载力和下卧层承载力要求以及变形控制的要求综合确定。

（1）材料。

石灰桩的材料以生石灰为主,生石灰选用现烧的并过筛,粒径一般为 50 mm 左右,含粉量不得超过总重量的 20%,CaO 含量不低于 70%,其中夹石不大于 5%。

掺和料优先选用粉煤灰、火山灰、炉渣等工业废料,生石灰与掺和料的配合比宜根据地质情况确定。生石灰与掺和料的体积比可选用 1:1 或 1:2,对于淤泥、淤泥质土等软土可适当增加生石灰用量,桩顶附近生石灰用量不宜过大。当掺石膏和水泥时,掺加量为生石灰的 3% ～ 10%。

块状生石灰经测试其孔隙比为 35%～39%,掺和料的掺入数量理论上应能充满生石灰的孔隙,以降低造价,减少生石灰的膨胀作用的内耗。

在淤泥中增加生石灰的用量有利于淤泥的固结,桩顶附近减少石灰的用量可减少石灰膨胀而引起的地面隆起,同时桩体强度较高。

（2）桩孔的布置和范围。

石灰桩可布设在基础地面下,当基底土的承载力特征值小于 70 kPa 时,宜在基础外布设1～2 排围护桩。

过去的习惯是将基础以外也布置数排石灰桩,如此造价则剧增。试验表明在一般的软土中,围护桩对提高复合地基承载力的增益不大。在承载力很低的淤泥或淤泥质土中,基础外围增加1～2 排围护桩有利于淤泥的加固,可以提高地基的整体稳定性,同时围护桩可将土中大孔隙挤密其止水作用,可提高内排桩的施工质量。

石灰桩成孔直径应根据设计要求及所选用的冲孔方法确定,常用 300～400 mm,可按等边三角形或矩形布置,桩中心距可取 2～3 倍的成孔直径。

（3）桩长。

桩的长度取决于石灰桩的加固目的和上部结构的条件。

如果加固目的是为了形成一个压缩小的垫层,则桩长可较小,一般可取 2～4 m。洛阳铲成孔时不宜超过 6 m;机械成孔外投料时,桩长不宜超过 8 m;螺旋钻成孔及管内投料时可适当增加。

但是石灰桩的桩端宜选在承载力较高的土层中。由于石灰桩复合地基的桩土变形协调,石灰桩身又为可压缩的柔性桩,复合土层承载性能接近人工垫层。大量工程经验表明,复合土层沉降仅为桩长的 0.5%～8%,沉降主要来自于桩底下卧层,因此宜将桩端置于承载力较高的土层中。

若加固目的是为了减少沉降,则就需要较长的桩。如果为了解决深层滑动问题,也需要较长的桩,保证桩身穿过滑动面。

（4）垫层。

当地基需要排水通道时,可在桩顶以上设 200～300 mm 厚的砂石垫层。石灰桩宜留 500 mm 以上的孔口高度,并用含水量适当的黏性土封口,封口材料务必夯实,封口标高应略于原地面。石灰桩桩顶施工标高应高出设计桩顶标高的 100 mm 以上。

（5）承载力。

复合地基承载力特征值不宜超过 160 MPa,当土质较好且采取保证桩身强度的措施时,经过试验后可适当提高。其复合地基承载力特征值应通过单桩或多桩复合地基载荷试验确定。初步设计时可按一般散体材料桩的复合地基承载力公式估算。

$$f_{spk} = m f_{pk} + (1-m) f_{sk} \qquad (9\text{-}21)$$

式中:f_{pk}——石灰桩桩身抗压强度比例界限值,由单桩竖向载荷试验测定,初步设计时可取
350～500 kPa,土质软弱时取低值,kPa;

f_{sk}——桩间土承载力特征值,取天然地基承载力特征值的 1.05～1.20 倍,土质软弱或置换率大时取高值,kPa;

m——面积置换率,桩面积按 1.1～1.2 倍成孔直径计算,土质软弱时宜取高值。

4）施工工艺

（1）成桩工艺。

石灰桩的成桩工艺分无管成桩和有管成桩两大类。无管成桩是用人工或机械在土中成孔以后,分段填料、分段夯实,最后封顶而成。有管成桩是用各类打桩机在土中沉入钢管,往管内填料,然后用芯管压实或在施工时振动、压缩空气等作用的同时,拔管形成桩身,再用盲板封管将桩顶段反压密实,同样封顶成桩。

最简单的成桩工具是洛阳铲,用于无管成桩,桩长一般不超过 5～6 m。较先进的设备是能施加空气压力的生石灰专用打桩机。而用得最多的还是各类振动、锤击、静力压桩机,可采用预制桩尖或活瓣钢管,通常是管内成桩,其中,以振动打桩机的成桩质量较好。静压成桩仅用于软土。

（2）施工注意事项及安全措施。

① 施工前应进行成桩试验和材料配合比试验,以验证成桩工艺的合理性,确定合理的成桩

参数,如桩身材料配合比、填料数量、气压或夯击参数,并了解施工中可能发生的问题和相应对策。

② 修复破损的明沟、下水道、化粪池等,截断邻近的河流池塘的渗流,防止施工中地表水和邻近水源的渗水浸入石灰桩身。

③ 生石灰不能长期储存,应随进随用,也不能露天堆放。有条件时,宜采用双层塑料袋包装的生石灰。当储存量大于时,应先采取措施防止生石灰的自燃。

④ 打桩应按"先外排后内排,先周围后中间"的原则进行,单排桩应采用"先两端后中间"的施工方式,为便于打桩的进行和增加约束力,桩机行驶路线宜采用前进式,并采用两遍跳打方式。

5)质量检验

石灰桩施工检测宜在施工 7～10 d 后进行,竣工验收检测宜在施工 28 d 后进行。

施工检测可采用静力触探、动力触探或标准贯入试验。检测部位为桩中心及桩间土,每两点为一组。检测组数不少于总桩数的 1%。

石灰桩地基竣工验收时,承载力检验应采用复合地基载荷试验。载荷试验数量宜为地基处理面积每 200 m² 左右布置一个点,并且每一单体工程不应少于 3 点。

3. 碎石桩和砂桩

砂桩和砂石桩统称砂石桩,是指用振动、冲击或水冲等方式在软弱地基中成孔后,再将砂或砂卵石(或砾石、碎石)挤压入土孔中,形成大直径的砂或砂卵石(碎石)所构成的密实桩体,它是处理软弱地基的一种常用的方法。

这种方法经济、简单且有效。对于松砂地基,可通过挤压、振动等作用,使地基达到密实,从而增加地基承载力,降低孔隙比,减少建筑物沉降,提高砂基抵抗震动液化的能力。用于处理软黏土地基时,可起到置换和排水砂井的作用,加速土的固结,形成置换桩与固结后软黏土的复合地基,显著地提高地基抗剪强度。而且这种桩施工机具常规,操作工艺简单,可节省水泥、钢材、就地使用廉价地方材料,速度快,工程成本低,故应用较为广泛。适用于挤密松散砂土、素填土和杂填土等地基,对建在饱和黏性土地基上主要不以变形控制的工程,也可采用砂石桩作置换处理。

碎石桩最早由法国于 1835 年在 Bayonne 建造兵工厂时采用,此后被人们所遗忘,直到 1937 年德国人发明了振动水冲法(vibroflotation,简称振冲法)才用来挤密松砂地基。20 世纪 60 年代初期,振冲法开始用于加固黏性土地基,并形成碎石桩。从此以后,一般将振冲法在黏性土、粉土、饱和黄土及填土中形成的密实碎石柱称作碎石桩。

随着时间的推移,各种不同的施工方法相继产生,如沉管法、振动气冲法、袋装碎石桩法、强夯置换法等,使碎石桩和砂桩的应用范围不断扩大。只要最终制成的柱(桩)体是以石料组成的,都称之为"碎石桩"。

国内在进行碎石桩及砂桩施工时,最常用的方法主要有振动成桩法(振动法)、锤击成桩法(锤击法)及振动水冲法(振冲法)。其中,采用振动法及锤击法成桩时,均有沉管施工过程。

采用振冲法施工碎石(砂)桩时,按其加固机理的不同,又可分为振冲置换和振冲密实法两类。

在处理黏性土地基时,一般将含泥量不大的碎石、卵石、角砾、圆砾等硬质材料充填在振冲施工形成的孔道中,经振实形成多根石料桩体,这些桩体与原地基土共同构成所谓复合地基,使地基承载力提高,沉降减少。由于碎石桩在黏性土中主要起置换作用,故称为振冲置换法。该法适用于处理不排水抗剪强度不小于 20kPa 的黏性土、粉土、饱和黄土及填土等地基。

在处理砂土、粉土地基时,由于振冲施工过程中,桩间土在振动及压水作用下土层发生液化,土粒重新排列,孔隙减小,使地基土承载力和抗液化能力提高。由于施工过程中对桩间土起挤密作用,故称为振冲密实法。施工时,除了振冲置换法所采用的填料外,还可采用砾砂、粗砂及中砂等。

碎石桩和砂桩适用于以下建筑:①中小型工业与民用建筑物;②土工构筑物,如土石坝、路基等;③港湾构筑物,如码头、护岸等;④材料堆放场,如原料场、矿石场等;⑤其他工程,如火车轨道、滑道和船坞等。

下面,对施工粗料土桩(碎石桩、砂桩)时的加固机理、设计计算和施工工艺等方面做一简要的介绍。

1) 加固机理

(1) 对松散砂性土的加固机理。

砂土属于单粒结构。对密实的单粒结构而言,因颗粒排列已接近最稳定的位置,在动力和静力作用下不会再产生较大的沉降,所以是理想的天然地基。而疏松的单粒结构,颗粒间孔隙大,颗粒位置不稳定,在动力和静力作用下,颗粒很容易产生位移,因而会产生较大的沉降,特别是在振动力作用下,这种现象更为显著,其体积可以减少 20% 左右。因此,松散砂性土未经处理不能作为地基。

碎石桩和砂桩挤密法加固砂性土地基的主要目的,就是提高地基土承载力,减少变形量和增强地基抗液化性能。两者加固砂土地基抗液化的机理主要有以下三个方面。

① 挤密作用。

挤密砂桩和碎石桩采用沉管法(管端有底盖或放置预制桩头)或干振法施工有如下优点。

● 由于在成桩过程中桩管对周围砂层产生很大的横向挤压力,桩管将地基土中等于桩管体积的砂挤向桩管周围的砂层中,使桩管周围的砂层密实度增大,从而提高了地基的抗剪强度和水平抵抗力。

● 使砂土地基挤实到临界孔隙比以下,以防止砂土在地震时产生液化。

● 由于砂层孔隙比减小,因而促使其固结变形减少。

● 由于施工时的挤密作用,促使地基土变得十分均匀。

当采用振冲法施工时,砂土颗粒在受高频强迫振动时重新排列致密,又因填入振冲孔中的大重粗骨料被强大的水平振动力挤入周围土中,使砂土密实度明显提高,孔隙率降低,干重度及内摩擦角增大,承载力提高,抗液化性能得到改善。

② 排水减压作用。

碎石桩加固砂土时,桩孔内充填碎石(卵、砾石)等反滤性好的粗颗粒料,在地基中形成了渗透性能良好的人工竖向排水减压通道,可以有效地消散和防止超孔隙水压力的增高和砂土产生液化,并可加快地基的排水固结。

③ 砂基预震效应。

美国的 H.B.Seed 等人于 1975 年进行的试验证实:在一定动应力循环次数下,当两个试样的相对密实度相同时,要造成经过预震的试样发生液化,所需施加的应力要比引起未经预震的试样液化所需的应力值提高 46%。因此可知,砂土液化除了与土的相对密实度有关外,还与砂土的振动应变历史有关。振冲法施工时,振冲器以 1 450 次/min 的振动频率,98 m/s² 的水平加速度和 90 kN 的激振力喷水沉入土中,施工过程使填料和地基土在挤密的同时获得强烈的预震,这对砂土地基增强抗液化能力是极为有利的。

碎石桩和砂桩挤密法适用于粉细砂到砾粗砂土中。一般认为,只要粒径小于 0.005 mm 的细粒含量不超过 10%,都可以得到显著的挤密效果。

（2）对黏性土的加固机理。

对黏性土地基(尤指饱和软土)而言,由于土的黏粒含量多,粒间结合力强,渗透系数小,在振动力或挤压力作用下土中水不易排出,所以碎石桩和砂桩的作用不是使地基挤密,而是置换和对地基土起排水固结作用。碎石桩或砂桩与桩间土形成了复合地基,提高了地基的承载力,减少地基沉降,还提高了土体的抗剪强度,增大了地基的整体稳定性。由密实的碎石桩和砂桩在地基中形成了排水路径,起着排水砂井的作用,因而加速了黏性土地基的固结速率。

2）设计计算

（1）加固范围。

加固范围应根据建筑物的重要性和场地条件确定,通常都大于基础底面面积。若为振冲置换法,对一般地基,宜在基础外缘增加 1～2 排桩;对可液化地基,应在基础外缘增加 2～4 排桩。若为振冲密实法,应在基础外缘放宽不得少于 5 m。若采用振动成桩法或锤击成桩法进行沉管作业时,应在基础外缘增加不少于 1～3 排桩;当用于防止砂层液化时,每边放宽不宜小于处理深度的 1/2,并不应小于 5 m;当可液化土层上覆盖有厚度大于 3 m 的非液化土层时,每边放宽不宜小于液化土层厚度的 1/2,并且不应小于 3 m。

（2）桩位布置。

需进行大面积满堂处理时,桩位宜采用等边三角形布置;对于独立基础或条形基础,桩位宜采用正方形、矩形或等腰三角形布置;对于圆形基础或环形基础(如油罐基础)宜采用放射形布置,如图 9-26 所示。

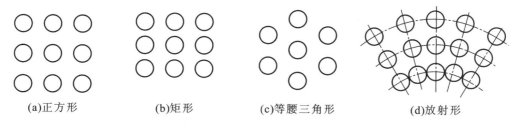

(a)正方形　　　　(b)矩形　　　　(c)等腰三角形　　　　(d)放射形

图 9-26　桩位布置

（3）桩径。

桩径应根据地基土质情况和成桩设备等因素确定。采用 30 kW 振冲器成桩时,碎石桩直径一般为 0.70～1.0 m;采用沉管法成桩时,碎石桩和砂桩的直径一般为 0.3～0.8 m。对饱和黏性土地基宜选用较大的直径。

（4）加固深度。

砂石桩桩长可根据工程要求和工程地质条件通过计算确定。当松软件土层厚度不大时,砂石桩桩长宜穿过松软土层;当松软土层厚度较大时,对按稳定性控制的工程,砂石桩桩长应不小于最危险滑动面以下 2 m 的深度；对按变形控制的工程，砂石桩桩长应满足处理后地基变形量不超过建筑物的地基变形允许值，并满足软弱下卧层承载力的要求；对可液化的地基，砂石桩桩长应按现行国家标准《建筑抗震设计规范》（GB 50011—2010）的有关规定采用，桩长不宜小于 4 m。

（5）桩距的确定。

砂石桩的间距应通过现场试验确定。对粉土和砂土地基，不宜大于砂石桩直径的 4.5 倍；对黏性土地基不宜大于砂石桩直径的 3 倍。初步设计时，砂石桩的间距也可按下列公式估算。

松散粉土和砂土地基可根据挤密后要求达到的孔隙比 e_1 来确定。

当按等边三角形布置时，有

$$s = 0.95 \xi d \sqrt{\frac{1+e_0}{e_0-e_1}} \tag{9-22}$$

当按正方形布置时，有

$$s = 0.89 \xi d \sqrt{\frac{1+e_0}{e_0-e_1}} \tag{9-23}$$

$$e_1 = e_{max} - D_{r1}(e_{max} - e_{min}) \tag{9-24}$$

式中：s——砂石桩间距，m；

d——砂石桩直径，m；

ξ——修正系数，当考虑振动下沉密实作用时，可取 1.1～1.2，不考虑振动下沉密实作用时，可取 1.0；

e_0——地基处理前砂土的孔隙比，可按原状土样试验确定，也可根据动力或静力触探等对比试验确定；

e_1——地基挤密后要求达到的孔隙比；

e_{max}, e_{min}——砂土的最大、最小孔隙比，可按现行国家标准《土工试验方法标准》（GB/T 50123—1999）的有关规定确定；

D_{r1}——地基挤密后砂土的相对密实度，可取 0.70～0.85。

黏性土地基，可根据式或式计算。

按等边三角形布置时，有

$$s = 1.08 \sqrt{A_e} \tag{9-25}$$

按正方形布置时，有

$$s = \sqrt{A_e} \tag{9-26}$$

式中：A_e——根砂石桩承担的处理面积，m^2。

$$A_e = \frac{A_p}{m} \tag{9-27}$$

式中：A_p——砂石桩的截面积，m^2；

m——面积置换率。

3）施工工艺

目前国内常用的成桩工艺多种多样，这里主要介绍振冲法，其他方法可以参考相关资料。

（1）机具设备。

① 主体设备：振冲器。振冲器为中空轴立式潜水电机带动偏心块振动的短柱状机具，如图

9-27 所示。

② 配套设备:起重机。起重机一般为轮胎式或履带式。起重能力和提升高度应满足施工要求。

（2）施工过程。

振冲法是碎（砂）石桩的主要施工方法之一。该法是以起重机吊起振冲器,启动潜水电机后带动偏心块,使振冲器产生高频振动,同时开动水泵,使高压水通过喷嘴喷射出高压水流,在边振边冲的联合作用下,将振冲器沉到土中的设计深度。在进行振冲置换法施工时,因孔内泥浆太稠而影响填料的下沉速度,需以回水带出稠浆进行清孔,之后从地面向孔中逐段填入碎石,并在振动作用下,碎石被振挤密实,达到所要求的密实度后提升振冲器。如此重复填料和振密,直至地面,从而在地基中形成一根大直径的密实度很高的桩体,如图 9-28 所示。

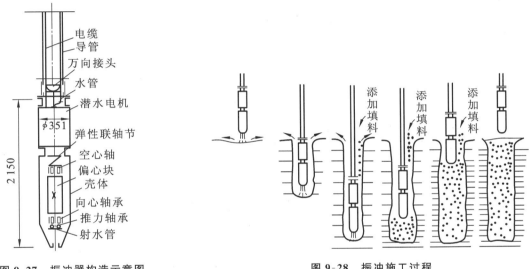

图 9-27 振冲器构造示意图   图 9-28 振冲施工过程

施工过程中的填料量、密实电流和留振时间是振冲法施工中质量检验的关键。这三者实际上相互联系和互为保证的。只有在一定填料量的情况下,才能保证达到一定的密实电流,而这时必须要有一定的留振时间,才能把填料挤紧振密。

4）质量检验

振冲施工结束后,除砂土地基外,应间隔一定时间以后再进行地基加固的质量检验。对于粉土地基而言,间隔时间可取 2～3 周进行质量检验。对黏性土地基,可间隔 3～4 周进行质量检验。

可以采用单桩载荷试验进行质量检验,试验所用圆形压板的直径与桩的直径相等。按每200～400 根桩随机抽取一根桩进行检验,但总桩数不得少于 3 根。对砂土或粉土层中的碎石（砂）桩,除了用单桩载荷试验检验外,还可用标准贯入、静力触探等试验对桩间土进行处理前后的对比试验。对砂桩也可采用标准贯入或动力触探等方法检测桩的挤密质量。

对大型的、重要的或场地复杂的碎石（砂）桩工程,应进行复合地基的处理效果检验。可采用单桩或多桩复合地基载荷试验,检验点应选择在有代表性的或土质较差的地段,其数量可按处理面积的大小取 2～4 组。

4. 水泥粉煤灰碎石桩

水泥粉煤灰碎石桩(cement fly-ash gravel pile)，简称CFG桩，是近年发展起来的处理软弱地基的一种新方法。它是在碎石桩的基础上掺入适量石屑、粉煤灰和少量水泥，加水拌和后制成具有一定强度的桩体。其骨料仍为碎石，通过掺入石屑来改善颗粒级配；通过掺入粉煤灰来改善混合料的和易性，以及利用其活性减少水泥用量；并通过掺入少量水泥使具一定的黏结强度。CFG桩不同于碎石桩，碎石桩是由松散的碎石组成，在荷载作用下将会产生压胀变形，当桩周土为强度较低的软黏土时，桩体易产生压胀破坏；并且碎石桩仅在上部约3倍桩径长度的范围内传递荷载，超过此长度，增加桩长，承载力提高不显著，故用碎石桩加固黏性土地基，承载力提高幅度不大。而CFG桩可充分利用桩间土的承载力，共同作用，并可传递荷载到深层地基中去，具有较好的技术性能和经济效果。碎石桩与CFG桩的对比见表9-12。

表 9-12　碎石桩与 CFG 桩的对比

对比值 ＼ 桩型	碎石桩	CFG 桩
单桩承载力	桩的承载力主要靠桩顶以下有限长度范围内桩周土的侧向约束。当桩长大于有效桩长时，增加桩长对承载力的提高作用不大。以置换率10%计，桩承担荷载占总荷载的15%～30%	桩的承载力主要来自全桩长的摩阻力及桩端承载力，桩越长则承载力越高。以置换率10%计，桩承担的荷载占总荷载的40%～75%
复合地基承载力	加固黏性土复合地基承载力的提高幅度较小，一般为0.5～1倍	承载力提高幅度有较大的可调性，可提高4倍或更高
变形	减少地基变形的幅度较小，总的变形量较大	增加桩长可有效地减少变形，总的变形量小
三轴应力应变曲线	应力应变曲线不呈直线关系。增加围压，破坏主应力差增大	应力应变曲线为直线关系，围压对应力-应变曲线没有多大影响
适用范围	多层建筑地基	多层和高层建筑地基

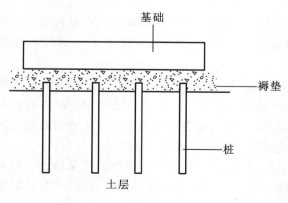

图 9-29　CFG 桩复合地基示意图

1）加固机理

CFG桩加固软弱地基，桩和桩间土一起通过褥垫层形成CFG桩复合地基，如图9-29所示。此处的褥垫层不是基础施工时通常做的10 cm厚的素混凝土垫层，而是由粒状材料组成的散体垫层。由于CFG桩是高黏结强度桩，褥垫层是桩和桩间土形成复合地基的必要条件，亦即褥垫层是CFG桩复合地基不可缺少的一部分。加固软弱地基主要有以下三种作用。

（1）桩体作用。

在荷载作用下，CFG 桩的压缩性明显小于其周围软土。因此，基础传递给复合地基的附加应力随地基的变形逐渐集中到桩体上，即出现了应力集中现象。复合地基中的 CFG 桩起到了桩体作用。

另外，与由松散材料组成的碎石桩不同，CFG 桩桩身具有一定的黏结强度。在荷载作用下，CFG 桩桩身不会出现压胀变形，桩身的荷载通过桩周的摩阻力和桩端阻力传递到地基深处，使复合地基的承载力有较大幅度的提高，加固效果显著。而且 CFG 桩复合地基变形小，沉降稳定快。

（2）挤密作用。

由于 CFG 桩采用振动沉管法施工，机械的振动和挤压作用使桩间土得以挤密。经加固处理后，地基土的物理力学指标都有所提高，这也说明加固后的桩间土已挤密。

（3）褥垫层作用。

由级配砂石、粗砂、碎石等散体材料组成的褥垫，在复合地基中有如下几种作用：①保证桩、土共同承担荷载；②减少基础底面的应力集中；③褥垫厚度可以调整桩、土荷载分担比；④褥垫层厚度可以调整桩、土水平荷载分担比。

2）设计计算

（1）桩径。

水泥粉煤灰碎石桩可只在基础范围内布置，桩径宜取 350～600 mm。

（2）桩距根据土质、布桩形式、场地等实际情况，可按表 9-13 选用。

表 9-13　CFG 桩距选用参考值

桩距 ＼ 土质 ＼ 布桩形式	挤密性好的土，如砂土、粉土、松散填土等	可挤密性土，如粉质黏土、非饱和黏土等	不可挤密性土，如饱和黏土、淤泥质土等
单、双排布桩的条基	$(3\sim5)d$	$(3.5\sim5)d$	$(4\sim5)d$
含 9 根以下的独立基础	$(3\sim6)d$	$(3.5\sim6)d$	$(4\sim6)d$
满堂布桩	$(4\sim6)d$	$(4\sim6)d$	$(4.5\sim7)d$

注：d 表示桩径，以成桩后桩的实际桩径为准。

（3）褥垫层。

褥垫层厚度一般取 150～300 mm 为宜，当桩径和桩距过大时，褥垫层厚度宜取高值。褥垫层材料宜用中砂、粗砂、级配砂石或碎石等，最大粒径不宜大 30 mm。

3）施工方法

水泥粉煤灰碎石桩的施工，应根据现场条件选用下列施工工艺。

（1）长螺旋钻孔灌注成桩：适用于地下水位以上的黏性土、粉土、素填土、中等密实以上的砂土。

（2）长螺旋钻孔、管内泵压混合料灌注成桩，适用于黏性土、粉土、砂土以及对噪声或泥浆污染要求严格的场地。

（3）振动沉管灌注成桩，适用于粉土、黏性土及素填土地基。

实际工程中振动沉管机成桩施工较多,其振动成桩工艺如下。

① 沉管。

桩机就位须水平、稳固、调整沉管与地面垂直,确保垂直度偏差不大于1%。若采用预制钢筋混凝土桩尖,需埋入地表以下300 mm左右。启动电动机,开始沉管过程中注意调整桩机的稳定,严禁倾斜和错位。沉管过程中须做好记录,激振电流每沉1 m记录一次,对土层变化处应特别说明,直到沉管至设计标高。

② 投料。

在沉管过程中可用料斗进行空中投料,待沉管至设计标高后须尽快投料,直到管内混合料面与钢管料口平齐。如上料量不多,须在拔管过程中进行孔中投料,以保证成桩桩顶标高满足设计要求。混合料配比应严格执行规定,碎石和石屑含杂质不大于5%。按设计配比配制混合料,投入搅拌机加水拌和,加水量由混合料坍落度控制,一般坍落度为30～50 mm,成桩后桩顶浮浆厚度一般不超过200 mm。混合料的搅拌须均匀,搅拌时间不得少于1 min。

③ 拔管。

当混合料加至钢管投料口平齐后,开动电动机,沉管原地留振10 s左右,然后边振动边拔管。拔管速度按均匀线速控制,一般控制在1.2～1.5 m/min左右,如遇淤泥或淤泥质土,拔管速率可适当放慢。当桩管拔出地面,确认成桩符合设计要求后用粒状材料或湿黏土封顶,然后移机继续下一根桩施工。

④ 施工顺序。

连续施打可能造成的缺陷是桩径被挤扁或缩颈,但很少发生桩完全断开。跳打一般很少发生已打桩桩径被挤小或缩颈现象,但土质较硬时,在已打桩中间补打新桩时,已打桩可能被振断或振裂。

在软土中,桩距较大可采用隔桩跳打。在饱和的松散粉土中施打,如桩距较小,不宜采用隔桩跳打方案。满堂布桩,无论桩距大小,均不宜从四周向内推进施工。施打新桩时与已打桩间隔时间不应少于7 d。

⑤ 保护桩长与桩头处理。

所谓保护桩长是指成桩时预先设定加长的一段桩长,基础施工时将其剔掉。保护桩长越长,桩的施工质量越容易控制,但浪费的料也越多。设计桩顶标高离地表距离不大于1.5 m时,保护桩长可取50～70 cm,上部用土封顶。桩顶标高离地表距离较大时,保护桩长可设置70～100 cm,上部用粒状材料封顶直到地表。

CFG桩施工完毕,待桩体达到一定强度(一般为7 d左右)后,方可进行基槽开挖。在基槽开挖中,如果设计桩顶标高距地面不深(一般不大于1.5 m),宜考虑采用人工开挖,不仅可防止对桩体和桩间土产生不良影响,而且经济可行;如果基槽开挖较深,开挖面积大,采用人工开挖不经济,可考虑采用机械和人工联合开挖,但人工开挖留置厚度一般不宜小于700 mm。桩头凿平,并适当高出桩间土1～2 cm。

⑥ 褥垫铺设。

为了调整CFG桩和桩间土的共同作用,宜在基础下铺设一定厚度的褥垫层。褥垫材料多为粗砂、中砂或级配砂石,限制最大粒径不超过3 cm。

褥垫层铺设宜采用静力压实法,当基础底面下桩间土的含水量较小时,也可采用动力夯实法,夯填度(夯实后的褥垫层厚度与虚铺厚度的比值)不得大于0.9。

施工垂直度偏差不应大于 1%。对于满堂布桩基础，桩位偏差不应大于 0.4 倍桩径。对于条形基础，桩位偏差不应大于 0.25 倍桩径，对单排布桩桩位偏差不应大于 60 mm。

4）质量控制

水泥粉煤灰碎石桩地基检验应在桩身强度满足试验荷载条件时，并宜在施工结束 28 d 后进行。

桩间土检验桩间土质量检验可用标准贯入、静力触探和钻孔取样等试验对桩间土进行处理前后的对比试验。对砂性土地基可采用标准贯入或动力触探等方法检测挤密程度。

单桩和复合地基检验可采用单桩载荷试验、单桩或多桩复合地基载荷试验进行处理效果检验。试验数量宜为总桩数的 0.5%～1%，并且每个单体工程的试验数量不应少于 3 点。

应抽取不少于总桩数的 10% 的桩进行低应变动力试验，检测桩身完整性。

三、任务实施

例 9-6 甘肃省建工局木材厂单身宿舍土桩挤密法加固地基实例。

1. 工程概况

该厂单身宿舍兼办公楼为五层砖混结构，长×宽＝42.9 m×12.3 m，建筑面积 2 750 m²。地质勘察资料表明：在建筑场地内湿陷性黄土层厚 7～8 m，分级湿陷量为 300 mm，属 Ⅱ 级自重湿陷性场地。土的含水量 $\omega=8.7\%～14.2\%$，天然土干密度 $\rho_d=1.26～1.32$ t/m³，具有高～中压缩性。地基决定采用土挤密桩处理。

2. 设计

桩孔直径为 400 mm，桩中心距 $l=2.22d=0.89$ m。成孔挤密后桩间土的干密度计划提高到 1.55～1.61 t/m³，相应达到的压实系数 λ_c 为 0.925～0.943，可满足消除湿陷性要求。桩孔内填料采用接近最优含水量（15%～17%）的黄土，夯实后压实系数 λ_c 不低于 0.93。填料夯实按每两铲土锤击五次进行。

平面处理范围：每边超出基础最外边缘 2 m，处理面积为 790 m²，桩孔总数为 1 155 个，整片布置桩孔，每平方米处理面积内平均分布桩孔 1.46 个。从基础底面算起处理层厚度为 4.2 m，消除地基湿陷量 80%，剩余湿陷量 60 mm。

3. 施工

采用沉管法成孔，使用柴油沉桩机。桩孔填料采用人工定量填料，夯实使用偏心轮夹杆式夯实机。整个工期历时 78 d，实际工作 41 d，平均每日完成 28 个孔。

4. 效果检验

在施工过程中和施工结束后，分别在场地 11 个点上分层检验了桩间土的干密度和压实系数（见表 9-14），检验表明符合设计要求。

表 9-14 桩间土挤密效果检验

土层深度/m	含水量/（%）	干密度/（t/m²）	压实系数 λ_c
1.0	8.7	1.52	0.91
1.5	10.8	1.55	0.93
2.5	14.2	1.62	0.97
平均	11.2	1.56	0.94

注：（1）土的最大干密度 $\rho_{dmax}=1.67$ t/m³。

（2）土的含水量偏低，不利于挤密。

对桩孔填料夯实质量也进行了 11 个点的检验（见表 9-15）。检验结果表明，夯实质量差、不均匀，个别地方存在填料疏松未夯现象，普遍未能达到压实系数，产生这种情况的主要原因是施工管理不严、分次填料过快过多。填料含水量平均仅为 11.4%，远低于最优含水量（15%～17%），这也是影响夯实质量的一个重要因素。

桩孔填料夯实后的平均压实系数为 0.9，仅达到基本消除湿陷性的目的。经过综合分析，认为土桩挤密后尚可满足消除地基 80% 湿陷量的要求。

表 9-15 桩孔填料夯实质量检验

取样深度/m	干密度/（t/m³）	压实系数 λ_c
1.50	1.43	0.89
1.75	1.54	0.92
2.00	1.51	0.90
2.25	1.58	0.95
2.50	1.42	0.85
平均	1.51	0.90

例 9-7 某场地湿陷性黄土厚度为 7～8 m，平均干密度 $\bar{\rho}_d=1.15$ t/m³。设计要求消除黄土湿陷性，经地基处理后，桩间土最大干密度要求达到 1.6 t/m³。现决定采用灰土挤密桩处理地基。灰土桩桩径为 0.4 m，等边三角形布桩。该场地灰土桩的桩距最接近哪个值（桩间土平均压实系数 $\bar{\eta}_c$ 取 0.93）。

解 由式（9-17）得

$$s=0.95d\sqrt{\frac{\bar{\eta}_c\rho_{dmax}}{\bar{\eta}_c\rho_{dmax}-\bar{\rho}_d}}=0.95\times0.4\sqrt{\frac{0.93\times1.6}{0.93\times1.6-1.15}}\ \text{m}=0.797\ \text{m}$$

故取 s 为 0.8 m。

四、任务小结

土或灰土挤密桩是利用沉管、冲击或爆破等方法在地基中挤土，形成直径为 28～60 cm 的桩孔，然后向孔内夯填素土或灰土（灰土是用不同比例的消石灰和土掺和而成）形成的，与桩间

306

土共同组成复合地基以承受上部荷载。土桩主要用于消除湿陷性黄土的湿陷性;当以提高地基的承载力或水稳性为主要目的时,应适用灰土桩。土桩或灰土桩设计的主要内容包括桩孔直径、桩长、桩距和排距、处理范围、填料和压实系数、承载力和变形模量及变形计算;土桩和灰土桩的成孔方法有沉管法、爆扩法及冲击法等。

石灰桩是指采用机械或人工在地基中成孔,然后灌入生石灰或按一定比例加入粉煤灰、炉渣、火山灰等掺和料及少量外加剂进行振密或夯实而形成的桩体,石灰桩与经过改良后的桩周土共同承担上部建筑物荷载。石灰桩设计的主要内容有桩身材料、桩径、桩长、置换率、桩距和布桩范围,并根据复合地基承载力和下卧层承载力要求以及变形控制的要求综合确定。

砂石桩,是指用振动、冲击或水冲等方式在软弱地基中成孔后,再将砂或砂卵石(或砾石、碎石)挤压入土孔中,形成大直径的砂或砂卵石(碎石)所构成的密实桩体,它是处理软弱地基的一种常用的方法。设计的主要内容包括桩径、加固范围、加固深度、桩位布置、桩距的确定等;常用的成桩工艺主要是振冲法成桩。

水泥粉煤灰碎石桩,简称 CFG 桩,它是在碎石桩的基础上掺入适量石屑、粉煤灰和少量水泥,加水拌和后制成具有一定强度的桩体。CFG 桩的特点是:改变桩长、桩径、桩距等设计参数,可使承载力在较大范围内调整;沉降量小,变形稳定快,工艺性好,灌筑方便,易于控制施工质量;可节约大量水泥、钢材,利用工业废料,消耗大量粉煤灰,降低工程费用等特点。

五、拓展提高

1. 夯实水泥土复合地基

夯实水泥土复合地基是用洛阳铲或螺旋钻机成孔,在孔中分层填入水泥、土混合料经夯实成桩,与桩间土共同组成复合地基。

夯实水泥土复合地基,具有提高地基承载力(50%～100%),降低压缩性;材料易于解决;施工机具设备、工艺简单,施工方便,工效高,地基处理费用低等优点。适于加固地下水位以上,天然含水量 12%～23%、厚度 10 m 以内的新填土、杂填土、湿陷性黄土以及含水率较大的软弱土地基。

桩孔直径根据设计要求、成孔方法及技术经济效果等情况而定,一般选用直径为 300～500 mm。桩长根据土质情况、处理地基的深度和成孔工具设备等因素确定,一般为 3～10 m。桩端进入持力层应不小于 1～2 倍桩径。桩多采用条基(单排或双排)或满堂布置;桩体间距0.75～1.0 m,排距 0.65～1.0 m;在桩顶铺设 150～200 mm 厚 3∶7 灰土褥垫层。

2. 渣土桩法

渣土桩是指用建筑垃圾、生活垃圾和工业废料形成的无黏结强度的桩。此项技术既可消纳垃圾又可加固地基,具有显著的社会和经济效益。

渣土桩的施工方法很多,归纳起来,主要有垂直振动法成桩和垂直夯击法成桩两类。此方法使桩体密实,挤密效果显著,承载力大幅提高。另外,对于粒径小的渣土桩,为了提高其效果,可以在渣土料中加入一定比例的黏结剂,如石灰、水泥等,使桩身黏结强度提高,加固效果更好。

六、拓展练习

1. 什么是挤密桩法，其加固原理是什么？

2. 挤密桩法可分为哪几类？

3. 什么是土桩或灰土桩？与其他地基处理方法相比，其特点有哪些？

4. 土桩或灰土桩的成孔工艺有哪些？

5. 什么是碎石桩和砂桩？其适用范围有哪些？

6. 碎石桩设计时加固范围是如何规定的？

7. 什么是水泥粉煤灰碎石桩（CFG 桩），其加固机理是什么？

8. 水泥粉煤灰碎石桩的施工工艺主要有哪些？

项目 10 特殊土地基

我国地域辽阔，从沿海到内陆，从山区到平原，广泛分布着各种各样的土类。某些土类，由于生成时不同的地理环境、气候条件、地质成因、历史过程和次生变化等原因，使它们具有一些特殊的成分、结构和性质。当作为建筑物的地基时，如果不注意这些特殊性就可能引起事故。通常把这些具有特殊工程地质的土类称为特殊土。各种天然形成的特殊土的地理分布存在着一定的规律，表现出一定的区域性，故又有区域性特殊土之称。

我国主要的区域性特殊土有湿陷性黄土、膨胀土、红黏土、软土以及盐渍土和多年冻土地基等。此外，我国山区广大，广泛分布在我国西南地区的山区地基与平原相比，其主要表现为地基的不均匀性和场地的不稳定性两方面，工程地质条件更为复杂，如岩溶、土洞及土岩组合地基等，对构筑物更具有直接和潜在的危险，为保证各类构筑物的安全和正常使用，应根据其工程特点和要求，因地制宜、综合治理。尤其是我国西部工程建设的高速发展，对该类地基的处治提出了更高的要求。

限于篇幅，本章主要特殊土地基的工程特征和分布，讲述其特殊的工程性质和产生原因以及评估指标，以及在这些地区从事工程建设时应采取的处理措施。

任务 1 湿陷性黄土地基

一、任务介绍

黄土是一种产生于第四纪地质历史时期干旱条件下的沉积物，其外观颜色较杂乱，主要呈黄色或褐黄色，颗粒组成以粉粒（0.075～0.005 mm）为主，同时含有砂粒和黏粒。它的内部物质成分和外部形态特征与同时期其他沉积物不同。一般认为不具层理的风成黄土为原生黄土，原生黄土经流水冲刷、搬运和重新沉积形成的黄土称次生黄土，常具层理和砾石夹层。

具有天然含水量的黄土，如未受水浸湿，一般强度较高，压缩性较小，某些黄土在一定压力下受水浸湿，土结构迅速破坏，产生显著附加下沉，强度也迅速降低，其称为湿陷性黄土，主要属于晚更新世（Q_3）的马兰黄土以及全新世（Q_4）的次生黄土。该类黄土形成年代较晚，土质均匀或较为均匀，结构疏松，大孔发育，有较强烈的湿陷性。在一定压力下受水浸湿，土结构不破坏，并无显著附加下沉的黄土称为非湿陷性黄土，一般属于中更新世（Q_1）的午城黄土，其形成年代久远，土质密实，颗粒均匀，无大孔或略具大孔结构，一般不具有湿陷性或仅具轻微湿陷性。非湿陷性黄土地基的设计和施工与一般黏性土地基无甚差异，故本任务仅讨论与工程建设关系密切的湿陷性黄土，主要介绍其分布、黄土湿陷发生的原因和影响因素、黄土湿陷性的判定和地基的评价。

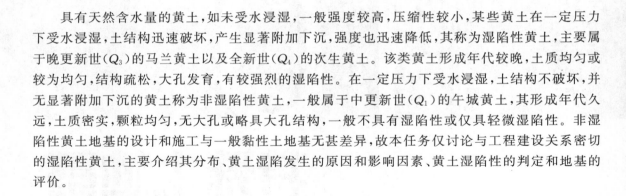

二、理论知识

1. 湿陷性黄土的定义和分布

凡天然黄土在一定压力作用下，受水浸湿后，土的结构迅速破坏，发生显著的湿陷变形，强度也随之降低的，称为湿陷性黄土。湿陷性黄土分为自重湿陷性和非自重湿陷性两种。黄土受水浸湿后，在上覆土层自重应力作用下发生湿陷的称自重湿陷性黄土；若在自重应力作用下不发生湿陷，而需在自重和外荷共同作用下才发生湿陷的称为非自重湿陷性黄土。

在我国，它占黄土地区总面积的 60% 以上，约为 40 万平方千米，而且又多出现在地表浅层，如晚更新世（Q_3）及全新世（Q_4）新黄土或新堆积黄土是湿陷性黄土主要土层，主要分布在黄河中游山西、陕西、甘肃大部分地区以及河南西部，其次是宁夏、青海、河北的一部分地区，新疆、山东、辽宁等地局部也有发现。

我国《湿陷性黄土地区建筑规范》（GB 50025—2004）（以下简称《黄土规范》）在调查和搜集各地区湿陷性黄土的物理力学性质指标、水文地质条件、湿陷性资料等基础上，综合考虑各区域的气候、地貌、地层等因素，给出了我国湿陷性黄土工程地质分区略图以供参考。

2. 影响黄土湿陷性的主要因素

1）黄土的湿陷机理

黄土的湿陷现象是一个复杂的地质、物理、化学过程，其湿陷机理国内外学者有各种不同假说，如毛细管假说、溶盐假说、胶体不足假说、欠压密理论和结构学假说等。但至今尚未获得能够充分解释所有湿陷现象和本质的统一理论。以下仅简要介绍几种被公认为比较合理的假说。

（1）黄土的欠压密理论。

在干旱、少雨气候下，黄土沉积过程中水分不断蒸发，土粒间盐类析出，胶体凝固，形成固化黏聚力，在土湿度不大时，上覆土层不足以克服土中形成的固化黏聚力，因而形成欠压密状态，一旦受水浸湿，固化黏聚力消失，则产生沉陷。

（2）溶盐假说。

黄土湿陷是由于黄土中存在大量的易溶盐。黄土中含水量较低时，易溶盐处于微晶状态，附于颗粒表面，起胶结作用。而受水浸湿后，易溶盐溶解，胶结作用丧失，从而产生湿陷。但溶盐假说并不能解释所有湿陷现象,如我国湿陷性黄土中易溶盐含量就较少。

（3）结构学说。

黄土湿陷的根本原因是其特殊的粒状架空结构体系所造成。该结构体系由集粒和碎屑组成的骨架颗粒相互联结形成,如图 10-1 所示,含有大量架空孔隙。颗粒间的连接强度是在干旱、半干旱条件下形成,来源于上覆土重的压密,少量的水在粒间接触处形成毛管压力,粒间电分子引力,粒间摩擦及少量胶凝物质的固化黏聚等。该结构体系在水和外荷载作用下,必然导致连接强度降低、连接点破坏,致使整个结构体系失去稳定。

尽管解释黄土湿陷原因的观点各异,但归纳起来可分为外因和内因两个方面。黄土受水浸湿和荷载作用是湿陷发生的外因,黄土的结构特征及物质成分是产生湿陷性的内在原因。

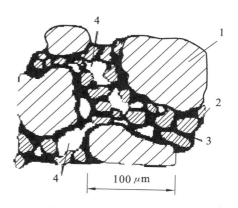

图 10-1 黄土结构示意图
1—砂粒;2—粗粉粒;3—胶结物;4—大孔隙

2）影响黄土湿陷性的因素

（1）黄土的物质成分。

黄土中胶结物的多寡和成分,以及颗粒的组成和分布,对于黄土的结构特点和湿陷性的强弱有着重要的影响。胶结物含量大,可把骨架颗粒包围起来,则结构致密。黏粒含量特别是胶结能力较强的小于 0.001 mm 颗粒的含量多,其均匀分布在骨架之间也起了胶结物的作用,均使湿陷性降低并使力学性质得到改善。反之,粒径大于 0.05 mm 的颗粒增多,胶结物多呈薄膜状分布,骨架颗粒多数彼此直接接触,其结构疏松,强度降低而湿陷性增强。我国黄土湿陷性存在着由西北向东南递减的趋势,就是与自西北向东南方向砂粒含量减少而黏粒含量增多是一致的。此外黄土中的盐类以及其存在状态对湿陷性也有着直接的影响,如以较难溶解的碳酸钙为主而具有胶结作用时,湿陷性减弱,但石膏及其他碳酸盐、硫酸盐和氯化物等易溶盐的含量愈大时,湿陷性增强。

（2）黄土的物理性质。

黄土的湿陷性与其孔隙比和含水量等土的物理性质有关。天然孔隙比越大,或天然含水量越小,则湿陷性越强。饱和度 $S_r \geq 80\%$ 的黄土,称为饱和黄土,饱和黄土的湿陷性已退化。在天然含水量相同时,黄土的湿陷变形随湿度的增加而增大。

（3）外加压力。

黄土的湿陷性还与外加压力有关。外加压力越大,湿陷量也显著增加,但当压力超过某一数值后,再增加压力,湿陷量反而减少。

3. 湿陷性黄土的评价与勘查

正确评价黄土地基的湿陷性具有很重要的工程意义,其主要包括三方面内容:①查明一定压力下黄土浸水后是否具有湿陷性;②判别场地的湿陷类型,是自重湿陷性还是非自重湿陷性;③判定湿陷黄土地基的湿陷等级,即其强弱程度。

1）黄土湿陷性的判定

（1）湿陷系数 δ_s。

黄土湿陷性在国内外都采用湿陷系数 δ_s 值来判定。湿陷系数 δ_s 为单位厚度的土层,由于浸水在规定压力下产生的湿陷量,它表示了土样所代表黄土层的湿陷程度。其试验方法如下。

δ_s 可通过室内浸水压缩试验测定。把保持天然含水量和结构的黄土土样装入侧限压缩仪内,逐级加压,达到规定试验压力,土样压缩稳定后,进行浸水,使含水量接近饱和,土样又迅速下沉,再次达到稳定,得到浸水后土样高度 h'_p,由式(10-1)求得土的湿陷系数 δ_s。

$$\delta_s = \frac{h_p - h'_p}{h_0} \tag{10-1}$$

式中：h_0——土样的原始高,m；

$\quad\quad h_p$——土样在无侧向膨胀条件下,在规定试验压力 p 的作用下,压缩稳定后的高度,m；

$\quad\quad h'_p$——对在压力 p 作用下的土样进行浸水,到达湿陷稳定后的土样高度,m。

在工程中,δ_s 主要用于判别黄土的湿陷性,当 $\delta_s < 0.015$ 时,应定为非湿陷性黄土；$\delta_s \geqslant 0.015$ 时,应定为湿陷性黄土。试验时测定湿陷系数的压力 p 应采用黄土地基的实际压力,但初勘阶段,建筑物的平面位置、基础尺寸和埋深等尚未确定,即实际压力大小难以预估。因而《黄土规范》中规定：自基础底面(初勘时,自地面下 1.5 m)算起,10 m 以上的土层应用 200 kPa,10 m 以下至非湿陷性土层顶面,应用其上覆土的饱和自重应力(当大于 300 kPa 时,仍应用 300 kPa)。如基底压力大于 300 kPa 时,宜用实际压力判别黄土的湿陷性。

（2）湿陷起始压力。

如前所述,黄土的湿陷量是压力的函数。事实上存在一个压力界限值,若黄土所受压力低于该数值,即使浸了水也只产生压缩变形而无湿陷现象。该界限称为湿陷起始压力 p_{sh}(kPa),它是一个很有实用价值的指标。例如,当设计荷载不大的非自重湿陷性黄土地基的基础和土垫层时,可适当选取基础底面尺寸及埋深或土垫层厚度,使基底或垫层底面总压应力 $\leqslant p_{sh}$,则可避免湿陷发生。

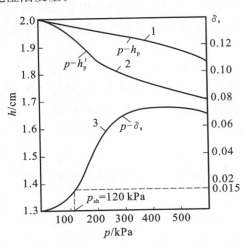

图 10-2 双线法压缩试验曲线

1—不浸水试样 $p\text{-}h_p$ 曲线；

2—浸水试样 $p\text{-}h'_p$ 曲线；3—$p\text{-}\sigma_s$ 曲线

湿陷起始压力可根据室内压缩试验或野外载荷试验确定,其分析方法可采用双线法或单线法。

① 双线法。在同一取土点的同一深度处,以环刀切取 2 个试样。一个在天然湿度下分级加荷,另一个在天然湿度下加第一级荷重,下沉稳定后浸水,至湿陷稳定后再分级加荷。分别测定两个试样在各级压力下,下沉稳定后的试样高度 h_p 和浸水下沉稳定后的试样高度 h'_p,绘制不浸水试样的 $p\text{-}h_p$ 曲线和浸水试样的 $p\text{-}h'_p$ 曲线如图 10-2 所示。然后按式(7-1)计算各级荷载下的湿陷系数 δ_s,并绘制 $p\text{-}\delta_s$ 曲线。在 $p\text{-}\delta_s$ 曲线上取 $\delta_s = 0.015$ 所对应的压力作为湿陷起始压力 p_{sh}。

② 单线法。在同一取土点的同一深度处,至少以环刀切取 5 个试样。各试样均分别在天然湿度下分级加荷至不同的规定压力。下沉稳定后测定土

样高度 h_p，再浸水至湿陷稳定为止，测试样高度 h'_p，绘制 p-δ_s 曲线。p_{sh} 的确定方法与双线法相同。

上述方法是针对室内压缩试验而言，按野外载荷试验方法相同，此处不赘述。我国各地湿陷起始压力相差较大，如兰州地区一般为 $20\sim50$ kPa，洛阳地区常在 120 kPa 以上。此外，大量试验结果表明，黄土的湿陷起始压力随土的密度、湿度、胶结物含量以及土的埋藏深度等的增加而增加。

2）场地湿陷类型的划分

工程实践表明，自重湿陷性黄土无外荷载作用时，浸水后也会迅速发生剧烈的湿陷，甚至一些很轻的建筑物也难免遭受其害。而对非自重湿陷性黄土地基则很少发生。对两种湿陷性黄土地基，所采取的设计和施工措施应有所区别。因此必须正确划分场地的湿陷类型。

建筑物场地的湿陷类型，应按实测自重湿陷量或计算自重湿陷量，或计算自重湿陷量 Δ_{zs} 判定。实测自重湿陷量应根据现场试坑浸水试验确定，其结果可靠，但费水费时，并且有时受各种条件限制而不易做到。计算自重湿陷量可按下式计算。

$$\Delta_{zs} = \beta_0 \sum_{i=1}^{n} \delta_{zsi} h_i \tag{10-2}$$

式中：β_0——根据我国建筑经验，因各地区土质而异的修正系数，对陇西地区可取 1.5，陇东、陕北地区可取 1.2，关中地区取 0.7，其他地区（如山西、河北、河南等）取 0.5；

δ_{zsi}——第 i 层地基土样在压力值等于上覆土的饱和（$S_\gamma > 85\%$）自重应力时，试验测定的自重湿陷系数（当饱和自重应力大于 300 kPa 时，仍用 300 kPa）；

h_i——地基中第 i 层土的厚度，m；

n——计算总厚度内土层数。

当 $\Delta_{zs} \leqslant 7$ cm 时，应定为非自重湿陷性黄土场地；当 $\Delta_{zs} > 7$ cm 时，应定为自重湿陷性黄土场地。

用上式计算时，土层总厚度从基底算起，到全部湿陷性黄土层底面为止，其中 $\delta_{zs} < 0.015$ 的土层（属于非自重湿陷性黄土层）不累计在内。

3）黄土地基的湿陷等级

湿陷性黄土地基的湿陷等级，即地基土受水浸湿，发生湿陷的程度，可以用地基内各土层湿陷下沉稳定后所发生湿陷量的总和（总湿陷量）来衡量。

《黄土规范》对地基总湿陷量 Δ_s（cm）按下式计算。

$$\Delta_s = \sum_{i=1}^{n} \beta \delta_{si} h_i \tag{10-3}$$

式中：δ_{si}——第 i 层土的湿陷系数；

h_i——第 i 层土的厚度，m；

β——考虑地基土浸水概率、侧向挤出条件等因素的修正系数，基底下 5 m（或压缩层）深度内取 1.5，基底下 $5\sim10$ m 深度内取 1，基底下 10 m 以下至非自重湿陷性黄土层顶面，在自重湿陷性黄土场地可按式（10-2）β_0 取值。

湿陷等级的判定：可根据地基总湿陷量 Δ_s 和计算自重湿陷量 Δ_{zs} 综合，按表 10-1 判定。

表 10-1 湿陷性黄土地基的湿陷等级

湿陷类型 Δ_{zs}/mm	非自重湿陷性地基	自重湿陷性地基	
Δ_s/mm	$\leqslant 70$	$70<\Delta_{zs}\leqslant 350$	>350
$\leqslant 300$	Ⅰ（轻微）	Ⅱ（中等）	—
$300<\Delta_s\leqslant 700$	Ⅱ（中等）	Ⅱ 或 Ⅲ	Ⅲ（严重）
>700	—	Ⅲ（严重）	Ⅳ（很严重）

注：当湿陷量计算值 $\Delta_s>600$ mm，自重湿陷量 $\Delta_{zs}>300$ mm 时，可判为Ⅲ，其余判为Ⅱ级。

Δ_s 是湿陷性黄土地基在规定压力下充分浸水后可能发生的湿陷变形值。设计时应根据黄土地基的湿陷等级考虑相应的设计措施。相同情况下湿陷程度愈高，设计措施要求也愈高。

4）黄土地基的勘察

湿陷性黄土地区的地基勘察除满足一般勘察要求外，还需针对湿陷性黄土的特点进行如下勘察工作。

（1）应着重查明地层时代、成因、湿陷性土层的厚度、土的物理力学性质（包括湿陷起始压力），湿陷系数随深度的变化、地下水位变化幅度和其他工程地质条件，以及划分湿陷类型和湿陷等级，确定湿陷性、非湿陷性土层在平面与深度上的界限。

（2）划分不同的地貌单元，查明湿陷洼地、黄土溶洞、滑坡、崩塌、冲沟和泥石流等不良地质现象的分布地段、规模和发展趋势及其对建设的影响。

（3）了解场地内有无地下坑穴，如古墓、古井、坑、穴、地道、砂井和砂巷等；研究地形的起伏和降水的积累及排泄条件；调查山洪淹没范围及其发生时间，地下水位的深度及其季节性变化情况，地表水体和灌溉情况等。

（4）调查邻近已有建筑物的现状及其开裂与损坏情况。

（5）采取原状土样，必须保持其天然湿度和结构（Ⅰ级土试样），探井中取样竖向间距一般为1 m，土样直径不小于 10 cm。钻孔中取样，必须注意钻进工艺。取土勘探点中应有一定数量的探井。在Ⅲ、Ⅳ级自重湿陷性黄土场地上，探井数量不得少于取土勘探点的 1/3。场地内应有一定数量的取土勘探点穿透湿陷性黄土层。

4. 湿陷性黄土地基的设计和工程措施

湿陷性黄土地基处理的方法很多，在不同的地区，根据不同的地基土质和不同的建筑物，地基处理应选用不同的处理方法。在勘察阶段，经过现场取样，以试验数据进行分析，判定属于自重湿陷性黄土还是非自重湿陷性黄土，以及湿陷性黄土层的厚度、湿陷等级、类别后，通过经济分析比较，综合考虑工艺环境、工期等诸多方面的因素。最后选择一个最合适的地基处理方法，经过优化设计后，确保满足处理后的地基具有足够的承载力和变形条件的要求。

1）地基处理

地基处理的目的在于改善土的性质和结构，减少土的渗水性、压缩性，控制其湿陷性的发生，部分或全部消除它的湿陷性。在明确地基湿陷性黄土层的厚度、湿陷性类型、等级等后，应结合建筑物的工程性质、施工条件和材料来源等，采取必要的措施，对地基进行处理，满足建筑物在安全、使用方面的要求。常用的地基处理方法如表 10-2 所示。

（1）灰土或素土垫层。

将基底以下湿陷性土层全部挖除或挖至预计的深度，然后以灰土或素土分层回填夯实。垫层厚度一般为 1.0～3.0 m。它消除了垫层范围内的湿陷性，减轻或避免了地基因附加压力产生的湿陷，可以使地基的自重湿陷表现不出来。这种方法施工简易，效果显著，是一种常用的地基浅层处理或部分湿陷性处理方法，经这种方法处理的灰土垫层的地基承载力可达到 300 kPa（素土垫层可达 200 kPa）且有良好的均匀性。

施工中应注意以下问题。

① 地基土的含水量。对于含水量较大，或曾局部基坑进水者，要采取相应的措施（如晾晒等），严格控制灰土（或素土）的最佳含水量，对接近最佳含水量时，宁小勿大，偏大时土体强度则显著下降，变形明显增大。

② 垫层处理的宽度要达到规范要求，使碾压设备能充分碾压到位，还使形成的垫层压实度产生差异。

③ 严把质量关，施工中碾压分层的厚度不宜大于 30 cm，并逐层检测压实度，达到设计规范要求。

（2）强夯法。

强夯法是将重锤提升到一定高度，自由下落将地基进行夯实，可消除 3～12 m 范围内土层的湿陷性。

强夯法亦称动力固结法，通过重锤的自由落下，对土体进行强力夯实，以提高其强度，降低其压缩性，该法设备简单，原理直观，适用广泛，特别是对非饱和土加固效果显著。这种方法加固地基速度快，效果好，投资省，是当前最经济简便的地基加固方法之一。

施工中注意以下问题。

① 设计阶段，应考虑湿陷性黄土处于哪一种类别、等级，以及场地等因素，因为强夯的夯击能量，夯点布置，夯击深度，夯击次数和遍数等因场地而异，土的含水量、孔隙比及夯击的单位面积夯击能对湿陷性黄土的强夯有效加固深度起着重要的作用。在经过试夯后确定出设计参数，确定施工设计方案，因此不经试夯确定施工参数往往会给工程造成后患。

② 由于强夯影响深度内土的含水量差异，会导致局部处理效果不佳，对于此种情况必须采取土的增湿或减湿措施，以免出现"橡皮土"情况。如有此种情况，应立即停止夯击，当晾晒一定时间后，在夯击坑内加入碎石类的粗骨料，继续夯击。

③ 施工中在控制关键工序上严把质量关，因为一份设计提供后，锤重、落距、夯点布置等是没有随意性的，而唯一可能被人为改变的是夯击次数，因在试夯时根据最后夯击的沉降量来确定夯击次数的，当别的参数已确定后，它就成为影响处理的唯一因素，所以施工中应以它为质量控制的关键工序管理点。

④ 强夯结束后，检测的重点是判定它的有效加固深度是否达到设计要求，因为有效加固深度的第一标准应是消除湿陷性，也就是以 $\delta_s < 0.015$ 作为判别指标。所以检验手段应采用探井取不扰动土试样进行检测。当这一指标达到要求后，一般情况下对承载力的要求等也均可满足。

（3）石灰土或二灰（石灰与粉煤灰）挤密桩。

用打入桩、冲钻或爆扩等方法在土中成孔，然后用石灰土或将石灰与粉煤灰混合分层夯填桩孔而成（少数也有用素土），用挤密的方法破坏黄土地基的松散、大孔结构，达到消除或减轻地基的湿陷性。此方法适用于消除 5～15 m 深度内地基土的湿陷性。

（4）预浸水处理。

自重湿陷性黄土地基利用其自重湿陷的特性，可在建筑物修筑前，先将地基充分浸水，使其在自重作用下发生湿陷，然后再修筑。

估算非自重湿陷性黄土地基的单桩承载力时，桩端阻力和桩侧摩阻力均应按饱和状态下的土性指标确定。计算自重湿陷性黄土地基的单桩承载力时，不计湿陷性土层范围内桩侧摩阻力，并应扣除桩侧负摩阻力。桩侧负摩阻力的计算深度，应自桩基承台底面算起至湿陷性土层顶面为止。

表 10-2　湿陷性黄土地基常用的处理方法

名称	适 用 范 围	可处理湿陷性黄土层厚度/m
垫层法	地下水位以上，局部或整片处理	1～3
强夯法	地下水位以上，$S_r \leqslant 60\%$ 的湿陷性黄土，局部或整片处理	3～12
挤密法	地下水位以上，$S_r \leqslant 65\%$ 的湿陷性黄土	5～15
预浸水法	自重湿陷性黄土场地，地基湿陷等级为Ⅲ、Ⅳ级地，可消除地面下 6 m 以下湿陷性黄土层的全部湿陷性	6 m 以上，尚应采用垫层或其他方法处理
其他方法	经试验研究或工程实践证明行之有效	

注：在雨季、冬季选择垫层法、夯实法和挤密法处理地基时，施工期间应采取防雨、防冻措施；并应防止地面水流入已处理和未处理的基坑或基槽内。

2）防水措施

其目的是消除黄土发生湿陷变形的外因。要求做好建筑物在施工及长期使用期间的防水、排水工作，防止地基土受水浸湿。其基本防水措施包括：①做好场地平整和防水系统，防止地面积水；②压实建筑物四周地表土层，做好散水，防止雨水直接渗入地基；③主要给排水管道离建筑物有一定防护距离；④提高防水地面、排水沟、检漏管沟和井等设施的设计标准，避免漏水浸泡局部地基土体等。

3）结构措施

从地基基础和上部结构相互作用概念出发，在建筑结构设计中采取适当措施，以减小建筑物的不均匀沉降或使结构能适应地基的湿陷变形。如选取适宜的结构体系和基础型式，加强上部结构整体刚度，预留沉降净空等。

4）施工措施及使用维护

湿陷性黄土地基的建筑物施工，应根据地基土的特性和设计要求合理安排施工程序，防止施工用水和场地雨水流入建筑物地基引起湿陷。在使用期间，对建筑物和管道应经常进行维护和检修，确保防水措施的有效发挥，防止地基浸水湿陷。

在上述措施中，地基处理是主要的工程措施。防水、结构措施的采用，应根据地基处理的程度不同而有所差别。若通过地基处理消除了全部地基土的湿陷性，就不必再考虑其他措施；若只是消除了地基主要部分湿陷量，则还应辅以防水和结构措施。

三、任务实施

例 10-1 陕北地区某建筑场地，工程地质勘察中探坑每隔 1 m 取土样，测得各土样 δ_{zsi} 和 δ_{si} 如表 10-3 所示，试确定该场地的湿陷类型和地基的湿陷等级。

表 10-3 例 10-1 中土样测试结果

取土深度/m	1	2	3	4	5	6	7	8	9	10
δ_{zsi}	0.002	0.014	0.020	0.013	0.026	0.056	0.045	0.014	0.001	0.020
δ_{si}	0.070	0.060	0.073	0.025	0.088	0.084	0.071	0.037	0.002	0.039

注：δ_{zsi} 或 $\delta_{si} < 0.015$，属于非湿陷性土层。

解 （1）场地湿陷类型判别。

首先计算自重湿陷量 Δ_{zs}，自天然地面算起至其下全部湿陷性黄土层面为止，陕北地区可取 $\beta_0 = 1.2$，由式（10-2）可得

$$\Delta_{zs} = \beta_0 \sum_{i=1}^{n} \delta_{zsi} h_i = 1.2 \times (0.020 + 0.026 + 0.056 + 0.020 + 0.045) \times 100 \text{ cm}$$
$$= 20.04 \text{ cm} > 7 \text{ cm}$$

故该场地应判定为自重湿陷性黄土场地。

（2）黄土地基湿陷等级判别。

由式（10-3）计算黄土地基的总湿陷量 Δ_s，并且取 $\beta = \beta_0$，则

$$\Delta_s = \sum_{i=1}^{n} \beta \delta_{si} h_i$$
$$= 1.2 \times (0.070 + 0.060 + 0.073 + 0.025 + 0.088 + 0.084 + 0.071 + 0.037 + 0.039) \times 100 \text{ mm}$$
$$= 656.4 \text{ mm}$$

根据表 10-1，该湿陷性黄土地基的湿陷性等级可判定为 Ⅱ 级或 Ⅲ 级。

四、任务小结

凡天然黄土在一定压力作用下，受水浸湿后，土的结构迅速破坏，发生显著的湿陷变形，强度也随之降低的，称为湿陷性黄土。湿陷性黄土分为自重湿陷性和非自重湿陷性两种。

解释黄土湿陷原因的观点各异，但归纳起来可分为外因和内因两个方面。黄土受水浸湿和荷载作用是湿陷发生的外因，黄土的结构特征及物质成分是产生湿陷性的内在原因。

评价黄土地基的湿陷性，其主要包括三方面内容：①查明一定压力下黄土浸水后是否具有湿陷性；②判别场地的湿陷类型，是自重湿陷性还是非自重湿陷性；③判定湿陷黄土地基的湿陷等级，即其强弱程度。

湿陷性黄土地基的设计和工程措施包括地基处理、防水措施和结构措施。常见的地基处理方法包括灰土或素土垫层法、强夯法、挤密法、预浸水法等。

五、拓展提高

《湿陷性黄土地区建筑规范》(GB 50025—2004)中规定,湿陷性黄土地基承载力特征值,应根据地基载荷试验及当地经验数据确定。

当基础宽度大于 3 m 或埋置深度大于 1.5 m 时,地基承载力特征值应按下式修正。

$$[f_a] = [f_{ak}] + \eta_b \gamma (b-3) + \eta_d \gamma_m (d-1.50) \tag{10-4}$$

式中:f_a——修正后的地基承载力特征值,kPa;

f_{ak}——相应于 $b=3$ m 和 $b=1.50$ m 的地基承载力特征值,可按规范确定;

η_b、η_d——分别为地基宽度和基础埋深的地基承载力修正系数,可按基底下土的类别由规范查得;

γ——基础底面以下土的重度,地下水位以下取有效重度,kN/m³;

γ_m——基础底面以上土的加权平均重度,地下水位以下取有效重度,kN/m³;

b——基础底面宽度,当基础宽度小于 3 m 或大于 6 m 时,可分别按 3 m 或 6 m 计算,m;

d——基础埋置深度,一般可自室外地面标高算起;当为填方时,可自填土底面标高算起,但填方在上部结构施工完成时,应自天然地面标高算起;对于地下室,如采用箱形或基础或筏形基础时,基础埋置深度可自室外地面标高算起;在其他情况下,应自室内底面标高算起。

对于进行消除全部湿陷性处理的地基,可不再计算湿陷量(但仍应计算下卧层的压缩变形);对于进行消除部分湿陷性处理的地基,应计算地基在处理后的剩余湿陷量;对于仅进行结构处理或防水处理的湿陷性黄土地基应计算其全部湿陷量。

压缩变形计算可参照本书项目 2 中相关内容进行,湿陷量计算可参照式(10-3)进行。压缩沉降及湿陷量之和如超过沉降容许值时,还必须采取减少沉降量与湿陷量等措施。

六、拓展练习

1. 什么是湿陷性黄土？试述湿陷性黄土的分类？

2. 影响黄土湿陷性的因素有哪些？

3. 如何评价黄土地基的湿陷性？

4. 如何判别黄土地基的湿陷程度？怎样区分自重和非自重湿陷性场地？如何划分湿陷性黄土地基的等级？

5. 什么是湿陷起始压力？

6. 对于湿陷性黄土地基而言,在防水和结构方面可采取哪些措施？

7. 湿陷性黄土地基常见的地基处理方法有哪些？

8. 山东省某电厂灰坝工地,强夯施工前,每隔 1 m 钻孔取土样,测得各土样 δ_{zsi} 和 δ_{si} 如下表所示,试确定该场地的湿陷类型和地基的湿陷等级。

取土深度/m	1	2	3	4	5	6	7	8	9	10
δ_{zsi}	0.017	0.022	0.022	0.022	0.026	0.039	0.043	0.029	0.014	0.012
δ_{si}	0.086	0.074	0.077	0.078	0.087	0.094	0.076	0.049	0.012	0.002

注：δ_{zsi} 或 $\delta_{si}<0.015$，属非湿陷性土层。

任务 2 膨胀土地基

一、任务介绍

　　膨胀土一般是指黏粒成分主要由亲水性矿物组成，同时具有显著的吸水膨胀和失水收缩两种变形特性的黏性土，其一般强度较高，压缩性低，易被误认为是建筑性能较好的地基土。通常，一般黏性土也具有膨胀和收缩特性，但胀缩量不大，对工程无太多影响；而膨胀土的膨胀—收缩—再膨胀的周期性变化特性非常显著，常给工程带来危害。通常需将其与一般黏性土区别，作为特殊土处理。此外，由于该类土同时具有吸水膨胀和失水收缩的往复胀缩性，故亦称为胀缩性土。本任务主要介绍膨胀土的特征及分布、膨胀土地基的勘察和评价，以及膨胀土地基变形量的计算和工程措施等内容。

二、理论知识

1. 膨胀土的特征及分布

　　我国膨胀土除少数形成于全新世（Q_4）外，其地质年代多属第四纪晚更新世（Q_3）或更早一些，在自然条件下，膨胀土液性指数常小于零，呈硬塑或坚硬状态，压缩性较低，具黄、红、灰白等色，常呈斑状，并含有铁锰质或钙质结核，具有如下一些工程特征。

　　（1）多出露于二级及二级以上的河谷阶地、山前和盆地边缘及丘陵地带。地形坡度平缓，一般坡度小于 12 度，无明显的天然陡坎。膨胀土在结构上多呈坚硬—硬塑状态，结构致密，呈棱形土块者常具有胀缩性，并且棱形土块愈小，胀缩性愈强。

　　（2）裂隙发育是膨胀土的一个重要特征，常见光滑面或擦痕。裂隙有竖向、斜交和水平三种。裂隙间常充填灰绿、灰白色黏土。竖向裂隙常出露地表，裂隙宽度随深度的增加而逐渐尖灭；斜交剪切缝隙越发育，胀缩性越严重。此外，膨胀土地区旱季常出现地裂，上宽下窄，长可达数十米至百米，深数米，壁面陡立而粗糙，雨季则闭合。

　　（3）我国膨胀土的黏粒含量一般很高，粒径小于 0.002 mm 的胶体颗粒含量一般超过 20%。液限大于 40%，塑性指数大于 17，并且多在 22～35 之间。自由膨胀率一般超过 40%（红黏土除外）。其天然含水量接近或略小于塑限,液性指数常小于零,压缩性小,多属低压缩性土。

（4）膨胀土的含水量变化易产生胀缩变形。初始含水量与胀后含水量越接近,土的膨胀就越小,收缩的可能性和收缩值就越大。膨胀土地区多为上层滞水或裂隙水,水位随季节性变化,常引起地基的不均匀胀缩变形。

膨胀土在我国分布广泛,并且常常呈岛状分布,以黄河以南地区较多,广西、云南、湖北、河南、安徽、四川、河北、山东、陕西、江苏、贵州和广东等地均有不同范围的分布。国外也一样,美国50个州中有膨胀土的占40个州。此外在印度、澳大利亚、南美洲、非洲和中东广大地区,也常有不同程度的分布。目前,膨胀土的工程问题已成为世界性的研究课题。我国在总结大量勘察、设计、施工和维护等方面的成套经验基础上,已制订出《膨胀土地区建筑技术规范》（GB 50112—2013）（以下简称《膨胀土规范》）。

2. 膨胀土的危害性

膨胀土具有显著的吸水膨胀和失水收缩的变形特性,使建造在其上的构筑物随季节性气候的变化而反复不断地产生不均匀的升降,致使房屋开裂、倾斜,公路路基发生破坏,堤岸、路堑产生滑坡,涵洞、桥梁等刚性结构物产生不均匀沉降等,造成巨大损失。其破坏具有如下特征和规律。

（1）建筑物的开裂破坏具有地区性成群出现的特点,建筑物裂缝随气候变化不停地张开和闭合。由于低层轻型、砖混结构重量轻、整体性较差,并且基础埋置浅,地基土易受外界环境变化的影响而产生胀缩变形,其损坏最为严重。

（2）因建筑物在垂直和水平方向受弯扭,故转角处首先开裂,墙上常出现对称或不对称的八字形、X形交叉裂缝、外纵墙基础因受到地基膨胀过程中产生的竖向切力和侧向水平推力作用而产生水平裂缝和位移,室内地坪和楼板则发生纵向隆起开裂。

（3）膨胀土边坡不稳定,易产生水平滑坡,引起房屋和构筑物开裂,且构筑物的损坏比平地上更为严重。

世界上已有40多个国家发现膨胀土造成的危害。据报道,目前每年给工程建设带来的经济损失已超过百亿美元,比洪水、飓风和地震所造成的损失总和的两倍还多。膨胀土的工程问题已引起包括我国在内的各国学术界和工程界的高度重视。

3. 影响膨胀土胀缩变形的主要因素

膨胀土的胀缩变形特性主要取决于膨胀土的矿物成分与含量、微观结构等内在机制（内因）,但同时受到气候、地形地貌等外部环境（外因）的影响。

1）影响膨胀土胀缩变形的内因

（1）矿物成分。

膨胀土中主要黏土矿物是蒙脱石,其次为伊利石。蒙脱石矿物亲水性强,具有既易吸水又易失水的强烈活动性。伊利石亲水性比蒙脱石低,但也有较高的活动性。两种矿物含量的大小直接决定了土的膨胀性大小。此外,蒙脱石矿物吸附外来阳离子的类型对土的胀缩性也有影响,如吸附钠离子（钠蒙脱石）时就具有特别强烈的胀缩性。

（2）微观结构。

膨胀土中普遍存在着片状黏土矿物,颗粒彼此叠聚成微集聚体基本结构单元,其微观结构为集聚体与集聚体彼此面-面接触形成分散结构,该结构具有很大的吸水膨胀和失水收缩的能力。故膨胀土的胀缩性还取决于其矿物在空间分布上的结构特征。

（3）黏粒含量。

由于黏土颗粒细小，比面积大，因而具有很大的表面能，对水分子和水中阳离子的吸附能力强。因此土中黏粒含量（粒径小于 2 m）越高，则土的胀缩性越强。

（4）干密度。

土的胀缩表现于土的体积变化。土的密度越大，则孔隙比越小，浸水膨胀越强烈，失水收缩越小；反之，孔隙比越大，浸水膨胀越小，失水收缩越大。

（5）初始含水量。

土的初始含水量与胀后含水量的差值影响土的胀缩变形，初始含水量与胀后含水量相差越大，则遇水后土的膨胀越大，而失水后土的收缩越小。

（6）土的结构强度。

结构强度越大，土体限制胀缩变形的能力也越大。当土的结构受到破坏以后，土的胀缩性随之增强。

2）影响膨胀土胀缩变形的外因

（1）气候条件。

一般膨胀土分布地区降雨量集中，旱季较长。若建筑场地潜水位较低，则表层膨胀土受大气影响，土中水分处于剧烈变动之中，对室外土层影响较大，故基础室内外土的胀缩变形存在明显差异，甚至外缩内胀，使建筑物受到往复不均匀变形的影响，导致建筑物开裂。实测资料表明，季节性气候变化对地基土中水分的影响随深度的增加而递减。

（2）地形地貌。

高地临空面大，地基中水分蒸发条件好，故含水量变化幅度大，地基土的胀缩变形也较剧烈。因此一般低地的膨胀土地基较高地的同类地基的胀缩变形要小得多；在边坡地带，坡脚地段比坡肩地段的同类地基的胀缩性又要小得多。

（3）日照环境。

日照的时间与强度也不可忽视。通常房屋向阳面开裂较多，背阳面（即北面）开裂较少。此外，建筑物周围树木（尤其是不落叶的阔叶树）对胀缩变形也将造成不利影响（树根吸水，减少土中含水量），加剧地基的干缩变形；建筑物内外的局部水源补给，也会增加胀缩变形的差异。

4. 膨胀土地基的勘察和评价

1）膨胀土的工程特性指标

为了判别及评价膨胀土的胀缩性，除一般物理力学指标外，还应确定下列胀缩性指标。

（1）自由膨胀率。

将人工制备的磨细烘干土样（结构内部无约束力），经无颈漏斗注入量土杯（容积 10 mL），盛满刮平后，倒入盛有蒸馏水的量筒（容积 50 mL）内，加入凝聚剂并用搅拌器上下均匀搅拌 10 次，使土样充分吸水膨胀，至稳定后测其体积。则在水中增加的体积与原体积之比，称为自由膨胀率 δ_{ef}，可按下式计算。

$$\delta_{ef} = \frac{V_\omega - V_0}{V_0} \tag{10-5}$$

式中：V_ω——土样在水中膨胀稳定后的体积，mL；

V_0——干土样原有体积，mL。

自由膨胀率表示膨胀土在无结构力影响下和无压力作用下的膨胀特性，可反映土的矿物成分及含量，用于初步判定是否为膨胀土。

（2）膨胀率。

膨胀率是指原状土样在一定压力下，处于侧限条件下浸水膨胀后，土样增加的高度与原高度之比。试验时，将原状土置于侧限压缩仪中，根据工程需要确定最大压力，并逐级加荷至最大压力。待下沉稳定后，浸水使其膨胀并测读膨胀稳定值。然后逐级卸荷至零，测定各级压力下膨胀稳定时的土样高度变化值。按下式计算膨胀率 δ_{ep}。

$$\delta_{ep}=\frac{h_\omega-h_0}{h_0} \tag{10-6}$$

式中：h_ω——侧限条件下土样浸水膨胀稳定后的高度，mm；

h_0——土样的原始高度，mm。

膨胀率 δ_{ep} 可用于评价地基的胀缩等级，计算膨胀土地基的变形量以及测定其膨胀力。

（3）线缩率和收缩系数。

膨胀土失水收缩，其收缩性可用线缩率和收缩系数表示。它们是地基变形计算中的两项主要指标。线缩率指土的竖向收缩变形与原状土样高度之比。试验时将土样从环刀中推出后，置于20℃恒温或15～40℃自然条件下干缩，按规定时间测读试样高度，并同时测定其含水量。按下式计算土的线收缩率 δ_s。

$$\delta_s=\frac{h_0-h_i}{h_0}\times100\% \tag{10-7}$$

式中：h_i——某含水量 ω_i 时的土样高度，mm；

h_0——土样的原始高度，mm。

根据不同时刻的线缩率及相应的含水量可绘制出收缩曲线如图10-3所示。可以看出，随着含水量的蒸发，土样高度逐渐减小，δ_s 增大。原状土样在直线收缩阶段中含水量每降低1%时，所对应的竖向线缩率的改变即为收缩系数 λ_s。

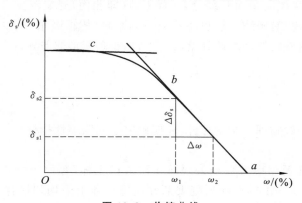

图 10-3　收缩曲线

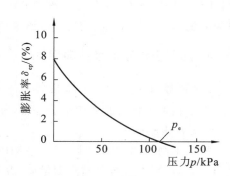

图 10-4　p-δ_{ep}关系曲线

$$\lambda_s=\frac{\Delta\delta_s}{\Delta\omega} \tag{10-8}$$

式中：$\Delta\omega$——收缩过程中，直线变化阶段内两点含水量之差，%；

$\Delta\delta_s$——两点含水量之差对应的竖向线缩率之差，%。

（4）膨胀力。

原状土样在体积不变时，由于浸水产生的最大内应力称为膨胀力 p_e。若以试验结果中各级压力下的膨胀率 δ_{ep} 为纵坐标，压力 p 为横坐标，可得 $p\text{-}\delta_{ep}$ 关系曲线如图 10-4 所示，该曲线与横坐标的交点即为膨胀力 p_e。

在选择基础形式及基底压力时，膨胀力是一个有用的指标，若需减小膨胀变形，则应使基底压力接近 p_e。

2）膨胀土地基的评价

（1）膨胀土的判别。

《膨胀土规范》中规定，凡具有下列工程地质特征的场地，并且自由膨胀率 $\delta_{ef} \geqslant 40\%$ 的土应判定为膨胀土。

① 裂隙发育，常有光滑面和擦痕，有的裂隙中充填着灰白、灰绿色黏土。在自然条件下呈坚硬或硬塑状态。

② 多出露于二级或二级以上阶地、山前和盆地边缘丘陵地带，地形平缓，无明显自然陡坎。

③ 常见浅层塑性滑坡、地裂，新开挖坑（槽）壁易发生坍塌等。

④ 建筑物裂缝随气候变化而张开和闭合。

（2）膨胀土的膨胀潜势。

不同胀缩性能的膨胀土对建筑物的危害程度明显不同。故判定为膨胀土后，还要进一步确定膨胀土的胀缩性能，即胀缩强弱。研究表明：δ_{ef} 较小的膨胀土，膨胀潜势较弱，建筑物损坏轻微；δ_{ef} 较大的膨胀土，膨胀潜势较强，建筑物损坏严重。因此，《膨胀土规范》按 δ_{ef} 大小划分土的膨胀潜势强弱，以判别土的胀缩性高低，见表 10-4。

表 10-4 膨胀土的膨胀潜势分析

自由膨胀率/(%)	膨胀潜势
$40 \leqslant \delta_{ef} < 65$	弱
$65 \leqslant \delta_{ef} < 90$	中
$\delta_{ef} \geqslant 90$	强

（3）膨胀土地基的胀缩等级。

评价膨胀土地基，应根据其膨胀、收缩变形对低层砖混结构的影响程度进行。《膨胀土规范》规定以 50 kPa 压力下（相当于一层砖石结构的基底压力）测定的土的膨胀率，计算地基分级变形量 s_c，作为划分膨胀土地基胀缩等级的标准，见表 10-5。

表 10-5 膨胀土地基的胀缩等级

地基分级变形量 s_c/mm	级 别	破坏程度
$15 \leqslant s_c < 35$	I	轻 微
$35 \leqslant s_c < 70$	II	中 等
$s_c \geqslant 70$	III	严 重

注：地基分级变形量 s_c 应按式（10-9）计算，式中膨胀率采用的压力应为 50 kPa。

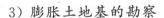

3）膨胀土地基的勘察

膨胀土地基勘察除满足一般勘察要求外，还应着重进行如下工作。

（1）收集当地多年的气象资料（降水量、气温、蒸发量、地温等），了解其变化特点。

（2）查明膨胀土的成因，划分地貌单元，了解地形形态及有无不良地质现象。

（3）调查地表水排泄积累情况以及地下水的类型、埋藏条件、水位和变化幅度。

（4）测定土的物理力学性质指标，进行收缩试验、膨胀力试验和膨胀率试验，确定膨胀土地基的胀缩等级。

（5）调查植被等周围环境对建筑物的影响，分析当地建筑物损坏原因。

5. 膨胀土地基计算及工程措施

1）膨胀土地基变形量计算

根据场地的地形、地貌条件，可将膨胀土建筑场地分为：①平坦场地，地形坡度<5°，或为5°～14°，并且距坡肩水平距离大于 10 m 的坡顶地带；②坡地场地，地形坡度≥5°，或地形坡度<5°，但同一建筑物范围内局部地形高差大于 1 m。

地基的变形形态在不同条件下可表现为 3 种不同的变形形态，即上升型变形，下降型变形和升降型变形。因此，膨胀土地基变形量计算应根据实际情况，可按下列 3 种情况分别计算：①当离地表 1 m 处地基土的天然含水量等于或接近最小值时，或地面有覆盖且无蒸发可能时，以及建筑物在使用期间经常受水浸湿的地基，可按膨胀变形量计算；②当离地表 1 m 处地基土的天然含水量大于 1.2 倍塑限含水量时，或直接受高温作用的地基，可按收缩变形量计算；③其他情况下可按胀、缩变形量计算。

地基变形量的计算方法仍采用分层总和法。下面分别将上述 3 种变形量计算方法介绍如下。

（1）地基土的膨胀变形量 s_e。

$$s_e = \psi_e \sum_{i=1}^{n} \delta_{epi} h_i \tag{10-9}$$

式中：ψ_e——计算膨胀变形量的经验系数，宜根据当地经验确定，若无可依据经验时，3 层及 3 层以下建筑物，可采用 0.6；

δ_{epi}——基础底面下第 i 层土在该层土的平均自重应力与平均附加应力之和作用下的膨胀率，由室内试验确定，%；

h_i——第 i 层土的计算厚度，mm；

n——自基础底面至计算深度 z_n 内所划分的土层数，计算深度应根据大气影响深度确定；有浸水可能时，可按浸水影响深度确定。

（2）地基土的收缩变形量 s_s。

$$s_s = \psi_s \sum_{i=1}^{n} \lambda_{si} \Delta \omega_i h_i \tag{10-10}$$

式中：ψ_s——计算收缩变形量的经验系数，宜根据当地经验确定。若无可依据经验时，3 层及 3 层以下建筑物，可采用 0.8；

λ_{si}——第 i 层土的收缩系数，应由室内试验确定；

$\Delta \omega_i$——地基土收缩过程中，第 i 层土可能发生的含水量变化的平均值（以小数表示）；

n——自基础底面至计算深度内所划分的土层数,计算深度可取大气影响深度,当有热源影响时,应按热源影响深度确定。

在计算深度时,各土层的含水量变化值 $\Delta\omega_i$ 应按下式计算。

$$\Delta\omega_i = \Delta\omega_1 - (\Delta\omega_1 - 0.01)\frac{z_{i-1}}{z_{n-1}} \tag{10-11}$$

$$\Delta\omega_1 = \omega_1 - \omega_\omega\omega_p \tag{10-12}$$

式中:ω_1,ω_p——地表下 1 m 处土的天然含水量和塑限含水量(以小数表示);

ψ_ω——土的湿度系数;

z_i——第 i 层土的深度,m;

z_n——计算深度,可取大气影响深度,m。

(3)地基土的胀缩变形量 s。

$$s = \psi\sum_{i=1}^n (\delta_{epi} + \lambda_{si}\Delta\omega_i)h_i \tag{10-13}$$

式中:ψ——计算胀缩变形量的经验系数,可取 0.7。

位于平坦场地的建筑物地基,承载力可由现场浸水载荷试验、饱和三轴不排水试验或《膨胀土规范》承载力表确定,变形则按胀缩变形量控制。而位于斜坡场地上的建筑物地基,除上述计算控制外,尚应进行地基的稳定性计算。

2)膨胀土地基的工程措施

膨胀土地基的工程建设,应根据当地气候条件、地基胀缩等级、场地工程地质和水文地质条件,结合当地建筑施工经验,因地制宜采取综合措施,一般可从以下几方面考虑。

(1)设计措施。

选择场地时应避开地质条件不良地段,如浅层滑坡、地裂发育、地下水位剧烈等地段。尽量布置在地形条件比较简单、地质较均匀、胀缩性较弱的场地。坡地建筑应避免大开挖,依山就势布置,同时应利用和保护天然排水系统,并设置必要的排洪、借流和导流等排水措施,加强隔水、排水,防止局部浸水和渗漏现象。

建筑上力求体型简单,建筑物不宜过长,在地基土不均匀、建筑平面转折、高差较大及建筑结构类型不同处,应设置沉降缝。一般地坪可采用预制块铺砌,块体间嵌柔性材料,大面积地面作分格变形缝;对有特殊要求的地坪可采用地面配筋或地面架空等措施,尽量与墙体脱开。民用建筑层数宜多于 2 层,以加大基底压力,防止膨胀变形。并应合理确定建筑物与周围树木间距离,避免选用吸水量大、蒸发量大的树种绿化。

结构上应加强建筑物的整体刚度,承重墙体宜采用拉结较好的实心砖墙,不得采用空斗墙、砌块墙或无砂混凝土砌体,避免采用对变形敏感的砖拱结构、无砂大孔混凝土和无筋中型砌块等。基础顶部和房屋顶部宜设置圈梁,其他层隔层设置或层层设置。建筑物的角段和内外墙的连接处,必要时可增设水平钢筋。

加大基础埋深,并且不应小于 1 m。当以基础埋深为主要防治措施时,基底埋置宜超过大气影响深度或通过变形验算确定。较均匀的膨胀土地基,可采用条基;基础埋深较大或条基基底压力较小时,宜采用墩基。

可采用地基处理方法减小或消除地基胀缩对建筑物的危害,常用的方法有换土垫层、土性改良、深基础等。换土应采用非膨胀性黏土,砂石或灰土等材料,厚度应通过变形计算确定,垫层宽度应大于基底宽度。土性改良可通过在膨胀土中掺入一定量的石灰来提高土的强度。也可采用压力灌浆将石灰浆液灌注入膨胀土的裂缝中起加固作用。当大气影响深度较深，膨胀土层较厚，选用地基加固或墩式基础施工困难时，可选用桩基础穿越。

（2）施工措施。

在施工中应尽量减少地基中含水量的变化。基槽开挖施工宜分段快速作业，避免基坑岩土体受到曝晒或浸泡。雨季施工应采取防水措施。当基槽开挖接近基底设计标高时，应注意以下几点：① 宜预留 150～300 mm 厚土层，待下一工序开始前挖除；② 基槽验槽后应及时封闭坑底和坑壁；③ 基坑施工完毕后，应及时分层回填夯实。

膨胀土坡地具有多向失水性和不稳定性，坡地建筑比平坦场地的破坏严重，故应尽量避免在坡坎上建筑。若无法避开，首先应采取排水措施，设置支挡和护坡进行治坡，整治环境，再开始兴建建筑。

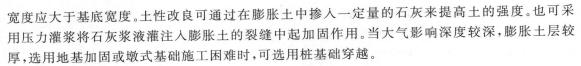

三、任务实施

例 10-2 膨胀土路基处理案例。

1. 工程概况

工程位于湖南省的中西部，邻近湘西自治州、邵阳等膨胀土典型分布地区。此区域的县乡公路上以及娄底—邵阳铁路和长沙—石门铁路修建期间发生过多起因膨胀土产生的路基病害。湘潭—邵阳高速公路全程 217 km，经过邵阳地区有约 22 km 膨胀土地带，涉及路基土石方近百万立方米。

2. 潭邵高速膨胀土路基的处治技术

膨胀土的膨胀性发生在膨胀土所处的环境改变的时候，环境变化包括压力释放、温度增高引起的干缩及由于水进入而引起的体积增大，影响膨胀土的主要因素是水。一般来说，膨胀土的膨胀潜能是可以减小甚至完全消除的。适合潭邵高速公路的部分方案概括为以下几种。

1）换土

换土包括全部换土和部分换土两种。潭邵高速公路 16、17 标段大部分地区为弱膨胀土，仅小部分为中等膨胀土，并且膨胀量不大。为减少投资，可采用部分换土的方法，即路基中间是弱膨胀土，其两侧及上表面用其他土覆盖一定厚度，但要有配套的排水和防护措施。

2）湿度控制

湿度控制包括预湿膨胀土和保持含水量稳定两个方面。用土工合成材料、浆砌片石等材料把膨胀土隔离，并配有良好的排水系统，使其含水量保持在一定的范围之内。

（1）复合土工布用于封闭路基膨胀填土。

在路面下铺一层复合土工布，如用"两布一膜"土工布全断面铺设，两侧不能暴露于基床外，铺设时应平整无褶，连接时采用焊接或搭接方式，搭接宽度大于 30 cm，搭接时应使高端压在低端上。接着及时铺设一层厚 10 cm 的中粗砂保护层，并设 4% 的横向排水坡度，经人工整平后碾压，达到地基系数和孔隙率要求后，再填筑上部基床材料，再用压路机碾压。

（2）封闭法（包盖法）。

全封闭法是用非膨胀土包盖堤身，将封闭土与填料一道分层填筑并压实，包盖厚度应≥1.5 m。

分区或混合法是将胀缩性强的土填在下层、内部，胀缩性弱的土填在上层、外部；或者将膨胀土与非膨胀土交替分层摊铺并碾压。若混合后土体仍相当于弱膨胀土时还需设置包盖。

3）化学固剂

用化学添加剂诸如石灰和水泥等材料来进行膨胀土的化学固化。

（1）石灰处理膨胀土。

石灰处理膨胀土应用较广，石灰是适用于高塑性类土的最普及的稳定剂。石灰稳定的一般（反应）过程有阳离子的交换、凝聚与结块，碳化作用和胶凝作用。前两个作用过程使土的可塑性增大，因而改变了膨胀土的电荷；后两个作用过程是黏结反应过程，使土的承载力提高。

（2）NCS 处理膨胀土。

NCS是一种新型复合黏土性固化材料，由石灰、水泥与合成"SCA"添加剂改性而成。NCS固化后能抑制土体膨胀和收缩，比石灰土有较好的强度和耐久性。路基干燥状态下用石灰土处理膨胀土是行之有效的措施，但在潮湿状态下用 NCS 更为有效。

4）土工织物

在对路基作整体稳定性分析的基础上，充分利用土工网格的抗拉强度、土与网格的相互咬合摩擦作用。一方面，通过土中铺设网格吸收部分土体因干燥失水收缩产生的应力，抑制边坡土体开裂的宽度和深度；另一方面，土中加网格又可抑制因水分进入坡面引起膨胀土膨胀、松散，提高路基表面土体的整体性和抗剪强度，保证边坡表面土体雨季饱水后，不至于因强度降低过多、自重过大而失稳。

5）支挡结构

支挡结构主要应用于两方面，对于开挖的强膨胀土或中等膨胀土边坡采取预防支挡措施，以便防止滑坡的发生；对于已发生滑动的边坡进行治理支挡措施使工程运行正常。支挡结构有：网格式加筋土挡土结构稳定膨胀土边坡；用土钉墙处理膨胀土路堑边坡；十字形锚杆骨架护坡和梁形锚杆骨架护坡。

3. 潭邵高速公路膨胀土施工处理的控制要点

1）路基断面

考虑以下几点来减少或避免路基 - 土基系统干湿引起的季节性波浪变形。

① 采用厚层石灰土底基层，一般达 40 ～ 60 cm。石灰掺量按 4% ～ 6% 为宜。

② 路基和路肩断面横坡尽可能大，必要时设防渗层。路肩宽度应不小于 2.0 ～ 2.5 m。

③ 边沟适当加宽、加深，沟底应在土基顶面以下 40 ～ 50 cm。

④ 路侧不应种树，避免种生长快、吸水和蒸发量大的树。

⑤ 设置排水网系，铺砌并加固排水沟渠。

2）路基高度

膨胀土高路堤后期沉降量大，不宜过高，一般控制在小于 3 m，若大于 3 m 须考虑沉降稳定问题，如果超过 6 m 须考虑预留沉降量和路基加宽。

3）路堤填筑

中等膨胀土作为路床填料时，应掺灰改性处理，处理后胀缩总率应小于等于 0.7，路堤填成后,路堤顶面和两边边坡要用非膨胀土封层,并立即用浆砌片石封闭边坡。

4) 路堑开挖

膨胀土地区的路堑应超挖 30 ～ 50 cm,并立即用粒料或非膨胀土分层回填或用改性土回填,按规定压实。对土质均匀、膨胀性较弱且高度小于 10 m 的路堑采用直线式边坡;当边坡下部为砂卵石层时,上部为膨胀土层时采用折线形边坡;当膨胀土边坡高度大于 10 m 时,则设置平台式边坡,各级平台的位置按土体结构面设置。

四、任务小结

膨胀土是指土中黏粒成分主要由亲水性矿物组成,同时具有显著的吸水膨胀和失水收缩两种变形特性的黏性土。

膨胀土的胀缩变形特性主要取决于膨胀土的矿物成分与含量、微观结构等内在机制(内因),但同时受到气候、地形地貌等外部环境(外因)的影响。

为判别及评价膨胀土的胀缩性,除一般物理力学指标外,还包括胀缩性指标:自由膨胀率、膨胀率、膨胀力、线缩率和收缩系数等指标。

膨胀土地基的设计包括:场地选择、总平面设计、建筑设计、结构措施、基础设计、地基处理和地裂处理等方面内容。

五、拓展提高

关于膨胀土的判别与分类,近几年,国内外开展了大量的研究工作,提出了许多判别与分类方法,但目前还没有一个单一指标能充分表述作为工程环境或工程结构体一部分的膨胀土的复杂性态。因此,使用一些因素的某种组合来对膨胀土进行判别与分类是十分必要的。

目前,国内外膨胀土分类的方法很多,不同的研究者提出了不同的标准,所选择的指标和标准也不一,其中仅举个别具有代表性的分类方法如下。

1. 美国垦务局法(USBR 法)

将膨胀土胀缩等级分为 4 级评价指标,即塑性指数、缩限、膨胀体变、小于 0.001 mm 胶粒含量,分类标准见表 10-6。

表 10-6　美国膨胀土分类标准

指标	塑性指数	缩限 /(%)	膨胀体变 /(%)	胶粒含量 (< 0.001 mm)/(%)
极强	> 35	< 11	> 30	> 28
强	25 ～ 41	7 ～ 12	20 ～ 30	20 ～ 31
中	5 ～ 28	10 ～ 16	10 ～ 20	13 ～ 23
弱	< 18	> 15	< 10	< 15

2. 南非威廉姆斯膨胀土的分类标准

采用塑性指数及小于 $2~\mu m$ 颗粒的成分含量作为评判指标,对膨胀土分为极高、高、中等、低等 4 级。其具体标准如图 10-5 所示。

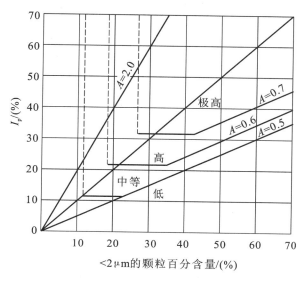

图 10-5　采用塑性指数对膨胀土分类

3. 印度对膨胀土的判别分类标准

印度将膨胀土分为 4 个等级,采用的评判指标为塑性指数、收缩指数、胶粒含量、液限、膨胀率、膨胀势、差分自由膨胀率,其分类方法如图 10-6 所示。

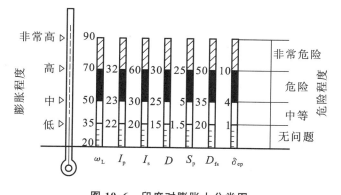

图 10-6　印度对膨胀土分类图

ω_L—液限;I_p—塑性指数;I_s—收缩指数;D—胶粒含量;
S_p—膨胀势;δ_{ep}—膨胀率;D_{fs}—差分自由膨胀率

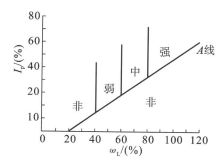

图 10-7　按塑性图判别

4. 按塑性图判别与分类

塑性图系由 A.卡萨格兰首先提出,后来李生林教授作了深入的研究,它是以塑性指数为纵轴,以液限为横轴的直角坐标,如图 10-7 所示。因此,运用塑性图联合使用塑性指数与液限来判别膨胀土,不仅能反映直接影响胀缩性能的物质组成成分,而且也能在一定程度上反映控制形成胀缩性能的浓差渗透吸附结合水的发育程度。

六、拓展练习

1. 试述膨胀土的特征？
2. 影响膨胀土膨胀变形的主要因素是什么？膨胀土地基对哪些房屋的危害最大？
3. 自由膨胀率、膨胀率、膨胀力的物理意义是什么？
4. 如何划分膨胀潜势、胀缩等级？
5. 膨胀土地基的变形形态有哪几种？怎样计算膨胀土地基的变形？
6. 膨胀土的施工措施主要包括哪些？
7. 膨胀土的设计措施主要包括哪些？
8. 某膨胀土地基试样原始体积 $V_0 = 10$ mL,膨胀稳定后的体积 $V_w = 15$ mL,该土样原始高度 $h_0 = 20$ mm,在压力 100 kPa 作用下膨胀稳定后的高度 $h_w = 21$ mm,试计算该土样的自由膨胀率 δ_{ef} 和膨胀率 δ_{ep},并确定其膨胀潜势。

任务 **3** 软土地基

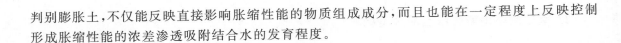

一、任务介绍

软土系指天然孔隙比大于或等于 1.0,天然含水量大于液限,压缩系数宜大于 0.5 MPa^{-1},不排水抗剪强度宜小于 30 kPa,并且具有灵敏结构性的细粒土。软土包括淤泥、淤泥质土、泥炭、泥炭质土等。本任务主要介绍软土的分布及类型、软土的工程性质及其评价和软土地基的工程措施。

二、理论知识

1. 软土的分布及类型

软土多为在静水或缓慢流水环境中沉积,并经生物化学作用形成,其成因类型主要有滨海环境沉积、海陆过渡环境沉积(三角洲沉积)、河流环境沉积、湖泊环境沉积和沼泽环境沉积等。我国软土分布很广,如长江、珠江地区的三角洲沉积;上海、天津塘沽、浙江温州、宁波、江苏连云港等地的滨海相沉积;闽江口平原的溺谷相沉积;洞庭湖、洪泽湖、太湖以及昆明滇池等地区的内陆湖泊相沉积;河滩沉积位于各大、中河流的中下游地区;沼泽沉积的有内蒙古、东北地区的大兴安岭和小兴安岭、华南及西南森林地区等。

此外,广西、贵州、云南等省(自治区)的某些地区还存在山地型的软土,是泥灰岩、炭质页岩、泥质砂页岩等风化产物和地表的有机物质经水流搬运,沉积于低洼处,长期饱水软化或间有微生物作用而形成。沉积的类型属于坡洪积、湖沉积和冲沉积为主。其特点是分布面积不大,但厚度变化很大,有时相距 2～3 m 内,厚度变化可达 7～8 m。

我国厚度较大的软土,一般表层有 0～3 m 厚的中或低压缩性黏性土(俗称硬壳层或表土层),其层理上大致可分为以下几种类型。

① 表层为 1～3 m 褐黄色粉质黏土,第二、三层为淤泥质黏土,一般厚约 20 m,属高压缩性土,第四层为较密实的黏土层或砂层。

② 表层由人工填土及较薄的粉质黏土组成,厚 3～5 m,第二层为 5～8 m 的高压缩性淤泥层,基岩离地表较近,起伏变化较大。

③ 表层为 1 m 余厚的黏性土,其下为 30 m 以上的高压缩性淤泥层。

④ 表层为 3～5 m 厚褐黄色粉质黏土,以下为淤泥及粉砂夹层交错形成。

⑤ 表层同④,第二层为厚度变化很大、呈喇叭口状的高压缩性淤泥,第三层为较薄残积层,其下为基岩,多分布在山前沉积平原或河流两岸靠山地区。

⑥ 表层为浅黄色黏性土,其下为饱和软土或淤泥及泥炭,成因复杂,极大部分为坡洪积、湖沼沉积、冲积以及残积,分布面积不大,厚度变化悬殊的山地型软土。

2. 软土的工程特性及其评价

软土的主要特征是含水量高($\omega = 35\% \sim 80\%$)、孔隙比大($e \geq 1$)、压缩性高、强度低、渗透性差,并含有机质,一般具有如下工程特性。

1)触变性

尤其是滨海相软土一旦受到扰动(振动、搅拌、挤压或搓揉等),原有结构破坏,土的强度明显降低或很快变成稀释状态。触变性的大小,常用灵敏度 S_t 来表示,一般 S_t 在 3～4 之间,个别可达 8～9。故软土地基在振动荷载下,易产生侧向滑动、沉降及基底向两侧挤出等现象。

2)流变性

软土除排水固结引起变形外,在剪应力作用下,土体还会发生缓慢而长期的剪切变形,对地基沉降有较大影响,对斜坡、堤岸、码头及地基稳定性不利。

3)高压缩性

软土的压缩系数大,一般 $a_{1-2} = 0.5 \sim 1.5$ MPa^{-1},最大可达 4.5 MPa^{-1};压缩指数 C_c 为 0.35～0.75,软土地基的变形特性与其天然固结状态相关,欠固结软土在荷载作用下沉降较大,天然状态下的软土层大多属于正常固结状态。

4)低强度

软土的天然不排水抗剪强度一般小于 20 kPa,其变化范围为 5～25 kPa,有效内摩擦角 j' 为 12°～35°,固结不排水剪内摩擦角 $j_{cu} = 12° \sim 17°$,软土地基的承载力常为 50～80 kPa。

5)低透水性

软土的渗透系数一般为 $i \times 10^{-6} \sim i \times 10^{-8}$ cm/s,在自重或荷载作用下固结速率很慢。同时,在加载初期地基中常出现较高的孔隙水压力,影响地基的强度,延长建筑物沉降时间。

6）不均匀性

由于沉降环境的变化，黏性土层中常局部夹有厚薄不等的粉土使水平和垂直分布上有所差异，使建筑物地基易产生差异沉降。

软土地基的岩土工程分析和评价应根据其工程特性，结合不同工程要求进行，通常应包括以下内容。

（1）判定地基产生滑移和不均匀变形的可能性。当建筑物位于池塘、河岸、边坡附近时，应验算其稳定性。

（2）选择适宜的持力层和基础形式，当有地表硬壳层时，基础宜浅埋。

（3）当建筑物相邻高低层荷载相差很大时，应分别计算各自的沉降，并分析其相互影响。当地面有较大面积堆载时，应分析对相邻建筑物的不利影响。

（4）软土地基承载力应根据地区建筑经验，并结合下列因素综合确定。

① 软土成分条件、应力历史、力学特性及排水条件。

② 上部结构的类型、刚度、荷载性质、大小和分布，对不均匀沉降的敏感性。

③ 基础的类型、尺寸、埋深、刚度等。

④ 施工方法和程序。

⑤ 采用预压排水处理的地基，应考虑软土固结排水后强度的增长。

（5）地基的沉降量可采用分层总和法计算，并乘以经验系数；也可采用土的应力历史的沉降计算方法。

（6）在软土开挖、打桩、降水时，应按《岩土工程勘察规范》（GB 50021—2001）2009 年版有关规定执行。

此外，还须特别强调软土地基承载力综合评定的原则，不能单靠理论计算，要以地区经验为主。软土地基承载力的评定，变形控制原则比按强度控制原则更为重要。

软土地基主要受力层中的倾斜基岩或其他倾斜坚硬地层，是软土地基的一大隐患。其可能导致不均匀沉降，以及蠕变滑移而产生剪切破坏，因此对这类地基不但要考虑变形，而且要考虑稳定性。若主要受力层中存在有砂层，砂层将起排水通道作用，加速软土固结，有利于地基承载力的提高。

水文地质条件对软土地基影响较大，如抽降地下水形成降落漏斗将导致附近建筑物产生沉降或不均匀沉降；基坑迅速抽水则会使基坑周围水力坡度增大而产生较大的附加应力，致使坑壁坍塌；承压水头改变将引起明显的地面浮沉等。这些问题在岩土工程评价中应引起重视。此外，沼气逸出等对地基稳定和变形也有影响，通常应查明沼气带的埋藏深度、含气量和压力的大小，以此评价对地基影响的程度。

建筑施工加荷速率的适当控制或改善土的排水固结条件可提高软土地基的承载力及其稳定性。即随着荷载的施加地基土强度逐渐增大，承载力得以提高；反之，若荷载过大，加荷速率过快，将出现局部塑性变形，甚至产生整体剪切破坏。

3. 软土地基的工程措施

在软土地基上修建各种构筑物时，要特别重视地基的变形和稳定问题，并考虑上部结构与地基的共同作用，采用必要的建筑及结构措施，确定合理的施工顺序和地基处理方法，并应采取下列措施。

(1) 充分利用表层密实的黏性土(一般厚 1~2 m)作为持力层,基底尽可能浅埋(埋深 $d=300\sim800$ mm),但应验算下卧层软土的强度。

(2) 尽可能设法减小基底附加应力,如采用轻型结构、轻质墙体、扩大基础底面、设置地下室或半地下室等。

(3) 采用换土垫层或桩基础等,但应考虑欠固结软土产生的桩侧负摩阻力。

(4) 采用砂井预压,加速土层排水固结。

(5) 采用高压喷射、深层搅拌、粉体喷射等处理方法。

(6) 使用期间,对大面积地面堆载划分范围,避免荷载局部集中、直接压在基础上。

当遇到暗塘、暗沟、杂填土及冲填土时,须查明范围、深度及填土成分。较密实均匀的建筑垃圾及性能稳定的工业废料可作为持力层,而有机质含量大的生活垃圾和对地基有侵害作用的工业废料,未经处理不宜作为持力层。并应根据具体情况,选用如下处理方法。

(1) 不挖土,直接打入短桩。如上海地区通常采用长约 7m、断面 200 mm×200 mm 的钢筋混凝土桩,每桩承载力 30~70 kN。并认为承台底土与桩共同承载,土承受该桩所受荷载的 70% 左右,但不超过 30 kPa,对暗塘、暗沟下有强度较高的土层效果更佳。

(2) 填土不深时,可挖去填土,将基础落深,或用毛石混凝土、混凝土等加厚垫层,或用砂石垫层处理。若暗塘、暗沟不宽,也可设置基础梁直接跨越。

(3) 对于低层民用建筑可适当降低地基承载力,直接利用填土作为持力层。

(4) 冲填土一般可直接作为地基。若土质不良时,可选用上述方法加以处理。

三、任务实施

例 10-3 软土地基处理案例。

1. 工程概况及地质条件

××高速公路×合同段全长 5.12 km,路面宽 24.5 m,其中软土地基 29 645 m²,插设塑料排水板 75 332 延米,铺设沙砾垫层 17 787 m³,超载预压 35 574 m³。

该段软基属"山地型"软土,表层为 1~2 m 深的淤泥,下部为低液限黏土,软基最深处达到 23 m,含水量大,承载力小。其成因主要是由于泥质页岩风化产物和地表的有机物质经水流搬运,沉积于原始地形的低洼处,长期饱水软化,间有微生物作用形成。

2. 加固原理简介

塑料排水板的内部为聚乙烯或聚丙烯加工而成的多孔道板带,外包土工织物滤套,具有隔离土颗粒和渗透功能。根据地基固结理论,黏性土固结所需的时间和排水距离的平方成正比,施工时,通过插板机在软土地层中打入塑料排水板,可以改变原有地基的边界条件,增加孔隙水的有效排出途径,缩短排水距离。在上部荷载的作用下,地基中的水分能够通过塑料排水板的竖向孔道和砂垫层快速排出,从而加快地基固结和沉降的速率。

3. 本工法特点及适用范围

相比袋装砂井等其他软基处理方法,该工法具有成本低、工效高、排水效果好的特点,因此广泛用于公路、铁路、机场、码头、堆放场、堤坝及房屋等软土地基的加固。

4. 塑料排水板超载预压设计

1）排水板型号

采用 SPB-A 型，宽度 100 mm，厚度 4 mm，纵向通水量 $\geqslant 25$ cm^3/s，复合体抗拉强度 1.3 kN/10 cm。

2）井径

由于塑料排水板与砂井的加固原理相同，设计使用日本构尾新一郎的算式，将塑料排水板的断面换算成相当直径的袋装砂井。设塑料排水板宽度为 b，厚度为 δ，则换算相当于圆的直径为

$$d_{\mathrm{p}} = \alpha \cdot \frac{2(b+\delta)}{\pi} = 0.75 \times \frac{2(10+0.4)}{3.14} \text{ cm} = 5 \text{ cm}$$

3）排水板的布置方式

采用等边三角形布置。

4）排水板间距

采用细而密的原则选择塑料排水板的直径和间距，井径比 n 取 20。

由 $$n = d_{\mathrm{e}}/d_{\omega}$$

则影响圆的直径为

$$d_{\mathrm{e}} = n \cdot d_{\omega} = 20 \times 6 \text{ cm} = 120 \text{ cm}$$

根据 $$d_{\mathrm{e}} = \sqrt{\frac{2\sqrt{3}}{\pi}} \times L = 1.05 \times L$$

反算出塑料排水板间距为 $$L = 110 \text{ cm}$$

5）排水板插设深度

根据实际地质情况，塑料排水板的插设深度应到达软土层底部。

6）砂砾层和盲沟

设计采用天然级配的砂砾作为横向排水通道，砂砾层厚度为 80 cm。为了让砂砾中的水能尽快排出路基之外，在砂砾层下设置片石盲沟，沟深 60 cm，沟底宽 60 cm，沟顶宽 120 cm。

7）预压层厚度

预压层厚度采用 50 cm。

四、任务小结

软土多为静水或缓慢流水环境中沉积，并经生物化学作用形成，其成因类型主要有滨海环境沉积、海陆过渡环境沉积（三角洲沉积）、河流环境沉积、湖泊环境沉积和和沼泽环境沉积等。

软土根据特征，可划分为软黏性土、淤泥质土、淤泥、泥炭质土及泥炭五种类型。其特点是天然含水量大、孔隙比大、压缩系数高、强度低，并具有蠕变性、触变性等特殊的工程地质性质，工程地质条件较差。

在软土地基上修建各种构筑物时，要特别重视地基的变形和稳定问题，并考虑上部结构与地基的共同作用，采用必要的建筑及结构措施，确定合理的施工顺序和地基处理方法。

五、拓展提高

软土的组成成分和结构特征是由其生成环境决定的。

（1）组成成分。由于软土形成于水流不通畅、饱和缺氧的静水盆地，这类土主要由黏粒和粉粒等细小颗粒组成。淤泥的黏粒含量较高，一般达 30％～60％。黏粒的黏土矿物成分以水云母和蒙脱石为主，含大量的有机质。有机质含量一般达 5％～15％，最大达 17％～25％。

（2）结构特征。黏土矿物和有机质颗粒表面带有大量负荷，与水分子作用非常强烈，因而在其颗粒外围形成很厚的结合水膜。并且在沉积过程中由于粒间静电引力和分子引力作用，形成絮状和蜂窝状结构。

软土含有大量的结合水，并由于存在一定强度的粒间联结而具有显著的结构性。由于软土的生成环境及粒度、矿物组成和结构特征，结构性显著且处于形成初期，呈饱和状态，这都使软土在其自重作用下难于压密，而且来不及压密。因此，不仅使之必然具有高孔隙性和高含水量，而且使淤泥一般呈欠压密状态，以致其孔隙比和天然含水量随埋藏深度很小变化，因而土质特别松软。淤泥质土一般呈稍欠压密或正常压密状态，其强度随深度有所增大。淤泥和淤泥质土一般呈软塑状态，但当其结构一经扰动破坏，就会使其强度剧烈降低甚至呈流动状态。

六、拓展练习

1. 什么是软土？软土包括哪些类型？
2. 软土分布在哪些区域？
3. 软土的工程特征有哪些？
4. 软土地基评价的内容有哪些？
5. 软土地基处理常采用哪些措施？应注意什么事项？
6. 水文地质条件对软土地基有什么影响？
7. 建筑施工加荷速率对软土地基的承载力有什么影响？

任务 4 山区地基及红黏土地基

一、任务介绍

山区地基覆盖层厚薄不均，下卧基岩面起伏较大，土岩组合地基在山区较为普遍。当地基下卧岩层为可溶性岩层时，易出现岩溶发育。土洞是岩溶作用的产物，凡具备土洞发育条件的岩溶地区，一般均有土洞发育。红黏土也常分布在岩溶地区，成为基岩的覆盖层。由于地表水和地下水的运动引起冲蚀和潜蚀作用，红黏土中也常有土洞存在。本任务主要介绍土岩组合地基、岩溶地基、土洞地基及红黏土地基的分布和工程特征以及工程处理措施。

二、理论知识

1. 土岩组合地基

当建筑地基的主要受力层范围内存在有以下三者之一时，则属于土岩组合地基。

（1）下卧基岩表面坡度较大。

（2）石牙密布并有出露的地基。

（3）大块孤石地基之一。

1）土岩组合地基的工程特性

土岩组合地基在山区建设中较为常见，其主要特征是地基在水平和垂直方向具有不均匀性，主要工程特性如下。

（1）下卧基岩表面坡度较大。

若下卧基岩表面坡度较大，其上覆土层厚薄不均，将使地基承载力和压缩性相差悬殊而引起建筑物不均匀沉降，致使建筑物倾斜或土层沿岩面滑动而丧失稳定。

如建筑物位于沟谷部位，基岩呈 V 形，岩石坡度较平缓，上覆土层强度较高时，对中小型建筑物，只需适当加强上部结构刚度，不必进行地基处理。若基岩呈八字形倾斜，建筑物极易在两个倾斜面交界处出现裂缝，此时可在倾斜交界处用沉降缝将建筑物分开。

（2）石芽密布并有出露的地基。

该类地基多系岩溶的结果，在我国贵州、广西和云南等地广泛分布。其特点是基岩表面凹凸不平，起伏较大，石芽间多被红黏土充填，如图 10-8 所示，即使采用很密集的勘探点，也不易查清岩石起伏变化全貌。其地基变形目前理论上尚无法计算。若充填于石芽间的土强度较高，则地基变形较小；反之变形较大，有可能使建筑物产生过大的不均匀沉降。

（3）大块孤石或个别石芽出露地基。

地基中夹杂着大块孤石，多出现在山前洪积层中或冰碛层中。该类地基类似于岩层面相背倾斜及个别石芽出露地基，其变形条件最为不利，在软硬交界处极易产生不均匀沉降，造成建筑物开裂。

2）土岩组合地基的处理

土岩组合地基的处理，可分为结构措施和地基处理两方面，两者相互协调与补偿。

（1）结构措施。

建造在软硬相差比较悬殊的土岩组合地基，若建筑物长度较大或造型复杂，为减小不均匀沉降所造成的危害，宜用沉降缝将建筑物分开，缝宽 30～50 mm。必要时应加强上部结构的刚度，如加密隔墙，增设圈梁等。

（2）地基处理。

地基处理措施可分为两大类。一类是处理压缩性较高部分的地基，使之适应压缩性较低的地基。例如，采用桩基础、局部深挖、换填或用梁、板、拱跨越等方法，当石芽稳定可靠时，以石芽作支墩基础等方法。此类处理方法效果较好,但费用较高。另一类是处理压缩性较低部分的地基,使之适应压缩性较高的地基。如在石芽出露部位作褥垫,如图 10-9 所示,也能取得良好效果。褥垫可采用炉渣、中砂、土夹石(其中碎石含量占 20%~30%)或黏性土等,厚度宜取 300~500 mm,采用分层夯实。

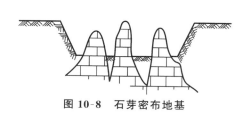

图 10-8 石芽密布地基

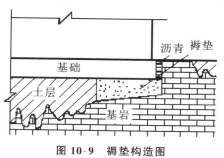

图 10-9 褥垫构造图

2. 岩溶

岩溶即喀斯特(Karst)是指可溶性岩石,如石灰岩、白云岩、石膏、岩盐等受水的长期溶蚀作用而形成溶洞、溶沟、裂隙、暗河、石芽、漏斗、钟乳石等奇特的地区及地下形态的总称,如图 10-10 所示。我国岩溶分布较广,尤其是碳酸盐类岩溶,西南、东南地区均有分布,贵州、云南、广西等地最为典型。

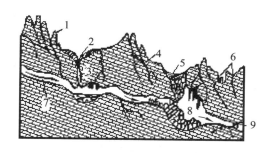

图 10-10 岩溶岩层剖面示意图

1—石芽、石林;2—漏斗;3—落水洞;4—溶蚀裂隙;
5—塌陷洼地;6—溶沟、溶槽;7—暗河;8—溶洞;9—钟乳石

1)岩溶发育条件和规律

岩溶的发育与可溶性岩层、地下水活动、气候、地质构造及地形等因素有关,前两项是形成岩溶的必要条件。若可溶性岩层具有裂隙,能透水,而又具有足够溶解能力和足够流量的水,就可能出现岩溶现象。岩溶的形成必须有地下水的活动,因富含 CO_2 的大气降水和地表水渗入地下后,不断更新水质,维持地下水对可溶性岩层的化学溶解能力,从而加速岩溶的发展。若大气降水丰富,地下水源充沛,岩溶发展就快。此外,地质构造上具有裂隙的背斜顶部和向斜轴部、断层破碎带、岩层接触面和构造断裂带等,地下水流动快,有利于岩溶的发育。地形的起伏直接影响地下水的流速和流向,如地势高差大,地表水和地下水流速大,也将加速岩溶的发育。

可溶性岩层不同,岩石的性质和形成条件不同,岩溶的发育速度也就不同。一般情况下,石灰岩、泥灰岩、白云岩及大理岩发育较慢。岩盐、石膏及石膏质岩层发育很快,经常存在有漏斗、洞穴并发生塌陷现象。岩溶的发育和分布规律主要受岩性、裂隙、断层以及不同可溶性岩层接触面的控制。其分布常具有带状和成层性,当不同岩性的倾斜岩层相互成层时,岩溶在平面上呈带状分布。

2)岩溶地基稳定性评价和处理措施

对岩溶地基的评价与处理,是山区工程建设经常遇到的问题,通常,应先查明其发育、分布等情况,进行准确评价,其次是预防与处理。

首先要了解岩溶的发育规律、分布情况和稳定程度。岩溶对地基稳定性的影响主要表现在：①地基主要受力层范围内若有溶洞、暗河等，在附加荷载或振动作用下，溶洞顶板塌陷，地基出现突然下沉；②溶洞、溶槽、石芽、漏斗等岩溶形态使基岩面起伏较大，或分布有软土，导致地基沉降不均匀；③基岩上基础附近有溶沟、竖向岩溶裂痕、落水洞等，可能使基底沿倾向临空面的软弱结构面产生滑动；④基岩和上覆土层内，因岩溶地区较复杂的水文地质条件，易产生新的工程地质问题，造成地基恶化。

一般情况下，应尽量避免在上述不稳定的岩溶地区进行工程建设，若一定要利用这些地段作为建筑场地，应结合岩溶的发育情况、工程要求、施工条件、经济与安全的原则，采取如下必要的防护和处理措施。

（1）清爆换填。适用于处理顶板不稳定的浅埋溶洞地基。即清除覆土，爆开顶板，挖去松软填充物，回填块石、碎石、黏土或毛石混凝土等，并分层密实。对地基岩体内的裂隙，可灌注水泥浆、沥青或黏土浆等。

（2）梁、板跨越。对于洞壁完整、强度较高而顶板破碎的岩溶地基，宜采用钢筋混凝土梁、板跨越，但支承点必须落在较完整的岩面上。

（3）洞底支撑。适用于处理跨度较大，顶板具有一定厚度，但稳定条件差的情况，若能进入洞内，可用石砌柱、拱或钢筋混凝土柱支撑洞顶，但应查明洞底的稳定性。

（4）水流排导。地下水宜疏不宜堵，一般宜采用排水隧洞、排水管道等进行疏导，以防止水流通道堵塞，造成动水压力对基坑底板、地坪及道路等的不良影响。

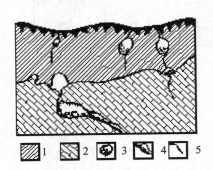

图 10-11 土洞剖面示意图
1—土；2—灰岩；3—洞；4—溶洞；5—裂隙

3. 土洞地基

1）概述

土洞是岩溶地区上覆土层在地表水冲蚀或地下水潜蚀作用下形成的洞穴，如图 10-11 所示。土洞若继续发展，逐渐扩大，则会引起地表塌陷。

土洞多位于黏性土层中，在砂土和碎石土中少见。其形成和发育与土层的性质、地质构造、水的活动、岩溶的发育等因素有关，并且以土层、岩溶的存在和水的活动等三因素最为重要。根据地表或地下水的作用可将土洞分为：①地表水形成的土洞，因地表水下渗，内部冲蚀淘空而逐渐形成的土洞；②地下水形成的土洞，若地下水升降频繁或人工降低地下水位，水对松软土产生潜蚀作用，使岩土交界面处形成土洞。

2）土洞地基的工程措施

在土洞发育地区进行工程建设，应查明土洞的发育程度和分布规律，土洞和塌陷的形状、大小、深度和密度，以提供建筑场地选择、建筑总平面布置所需的资料。

建筑场地最好选择于地势较高或最高水位低于基岩面的地段，并避开岩溶强烈发育及基岩面软黏土厚而集中的地段。若地下水位高于基岩面，在建筑施工或使用期间，应注意因人工降水或取水时形成土洞或发生地表塌陷的可能性。

在建筑物地基范围内有土洞和地表塌陷时，必须认真进行处理，可采取如下措施。

（1）地表、地下水处理　在建筑场地范围内，作好地表水的截流、防渗、堵漏，杜绝地表水渗入,使之停止发育。尤其对地表水引起的土洞和地表塌陷,可起到根治作用。对形成土洞的地下水,若地质条件许可,可采取截流、改道的办法,防止土洞和塌陷的进一步发展。

（2）挖填夯实　对于浅层土洞,可先挖除软土,然后用块石或毛石混凝土回填。对地下水形成的土洞和塌陷,可挖除软土和抛填块石后做反滤层,面层用黏土夯实。也可用强夯破坏土洞,加固地基,效果良好。

（3）灌填处理　适用于埋藏深、洞径大的土洞。施工时在洞体范围的顶板上钻两个或多个钻孔,用水冲法将砂、砾石从孔中（直径 100 mm）灌入洞内,直至排气孔（小孔,直径 50 mm）冒砂为止。若洞内有水,灌砂困难时,也可用压力灌注 C15 的细石混凝土等。

（4）垫层处理　在基底夯填黏土夹碎石作垫层,以扩散土洞顶板的附加压力,碎石骨架还可降低垫层沉降量,增加垫层强度,碎石之间以黏性土充填,可避免地表水下渗。

（5）梁板跨越　若土洞发育剧烈,可用梁、板跨越土洞,以支承上部建筑物,但需考虑洞旁土体的承载力和稳定性;若土洞直径较小,土层稳定性较好时,也可只在洞顶上部用钢筋混凝土连续板跨越。

（6）桩基和沉井　对重要建筑物,当土洞较深时,可用桩、沉井或其他深基础穿过覆盖土层,将建筑物荷载传至稳定的岩层上。

4. 红黏土地基

1）黏土的形成和分布

石灰岩、白云岩等碳酸盐系出露区的岩石在炎热湿润气候条件下,经长期的成土化学风化作用（红土化作用）,形成棕红、褐黄等色的高塑性黏土称红黏土。其液限一般大于 50%,具有表面收缩、上硬下软、裂隙发育等特征。

红黏土广泛分布于我国贵州、云南、广西等地,且湖南、湖北、安徽、四川等部分地区也有分布。通常堆积在山坡、山麓、盆地或洼地中,主要为残积、坡积类型。常为岩溶地区的覆盖层,因受基岩起伏影响,厚度变化较大。若红黏土层受间歇性水流冲蚀,被搬运至低洼处,沉积形成新土层,但仍保留其基本特征,并且液限大于 45% 者称为次生红黏土。

2）红黏土的工程地质特征

（1）矿物化学成分。

红黏土的矿物成分主要为石英和高岭石（或伊利石）,化学成分以 SiO_2、Fe_2O_3、Al_2O_3 为主。土中基本结构单元除静电引力和吸附水膜连接外,还有铁质胶结,使土体具有较高的连接强度,抑制土粒扩散层厚度和晶格扩展,在自然条件下具有较好的水稳性。由于红黏土分布区气候潮湿多雨,含水量远高于缩限,在自然条件下失水,土粒结合水膜减薄,颗粒距离缩小,使红黏土具有明显的收缩性和裂隙发育等特征。

（2）物理力学性质。

红黏土中较高的黏土颗粒含量（55%～70%）使其孔隙比较大（1.1～1.7）,常处于饱和状态（$S_r > 85\%$）,天然含水量（30%～60%）几乎与液限相等,但液性指数较小（−0.1～0.4）,即红黏土以含结合水为主。故其水量虽高,但土体一般仍处于硬塑或坚硬状态,并且具有较高的强度和较低的压缩性。在孔隙比相同时,其承载力约为软黏土的 2～3 倍。此外,红黏土的各种性能指标变化幅度很大,具有较高的分散性。

（3）不良工程特征。

从土的性质来说，红黏土是较好的建筑物地基，但也存在一些不良工程特征。例如：①有些地区的红黏土具有胀缩性；②厚度分布不均，常因石灰岩表面石芽、溶沟等的存在，其厚度在短距离内相差悬殊（有的在1 m的距离之间相差竟达8 m）；③上硬下软，从地表向下由硬至软明显变化，接近下卧基岩面处，土常呈软塑或流塑状态，土的强度逐渐降低，压缩性逐渐增大；④因地表水和地下水的运动引起的冲蚀和潜蚀作用，岩溶现象一般较为发育，在隐伏岩溶上的红黏土层常有土洞存在，影响场地稳定性。

3）红黏土地基评价与工程措施

在工程建设中，应根据具体情况，充分利用红黏土上硬下软的分布特征，基础尽量浅埋。当红黏土层下部存在局部的软弱下卧层和岩层起伏过大时，应考虑地基不均匀沉降的影响，采取相应的措施。

红黏土地还常存在岩溶和土洞，可按前述方法进行地基处理。为了清除红黏土中地基存在的石芽、土洞和土层不均匀等不利因素的影响，应采取换土、填洞、加强基础和上部结构整体刚度，或采用桩基和其他深基础等措施。

红黏土裂隙发育，在建筑物施工或使用期间均应做好防水排水措施，避免水分渗入地基。对于天然土坡和人工开挖的边坡及基槽，应防止破坏坡面植被和自然排水系统，坡面上的裂隙应加填塞，做好地表水、地下水及生产和生活用水的排泄、防渗等措施，保证土体的稳定性。对基岩面起伏大，岩质坚硬的地基，也可采用大直径嵌岩桩和墩基进行处理。

三、任务实施

例 10-4 复杂岩溶地基处理案例。

1. 工程概况

乳源某公司一期工程位于广东省韶关市乳源县城东面，占地面积大，约为33 000 m²；主要建筑物为铝板带箔工程压延车间、熔铸车间，为多跨（5跨）单层装配式厂房，最大跨度24 m。车间内有对沉降敏感的重型设备，有多台吊车，最大吊车吨位为50 t；边柱柱距6 m，中柱抽柱，柱距12 m，柱底内力大。车间内还分布着许多小型设备基础及辅助设施，如通风机室、变压器室、过滤间、电控室、配电室、办公室等。

2. 建筑场地的地质特征

1）地质情况

自上而下的地质情况如下。

（1）素填土　主要成分为粉质黏土，夹少量砾砂、卵石，土质均匀性较差，厚度为0.3～4.5 m。

（2）粉质黏土　湿或很湿，可塑，局部呈硬塑状，分布于场地的西南面，层厚为1.2～2.5 m。地基承载力建议值为60～120 kPa。

（3）中粗砂　含5%～8%的卵石，稍密、湿，厚度为0.9～2.4 m。

（4）卵石层　主要成分为砂岩及石英岩，层厚为1.3～3.4 m（此层在第一期的勘察报告中为 6.5～10.2 m,呈厚层状,与实际情况严重不符,地基承载力为 350 kPa)。

(5)砾砂、中粗砂粉土或粉质黏土　残积层,浅黄色,稍密或软塑至可塑,局部流塑状,湿,压缩性高,厚度一般为 0.3～8 m,局部呈巨厚层出现(厚度达 9.8～19.6 m)。

(6)灰岩　灰色、深灰色,含较多的炭质物,岩质较坚硬,局部为泥灰岩,局部裂隙发育,溶洞发育,洞内多见粉质黏土及砂砾充填物,呈软塑到流塑态,岩层埋深一般为 5～9 m,岩面起伏大。

3. 场地内溶洞发育情况

该工程在进行施工图详勘阶段时,从钻孔资料已发现岩溶发育都比较突出,洞内充满着淤泥质土和泥浆,为了进一步摸清溶洞的分布情况和建筑场地的工程地质条件,勘察部门进行了多次补勘。

(1)本工程场地先后四期勘察共 92 个钻孔,其中有 16 个钻孔揭露发育溶洞,溶洞高为 0.3～6.4 m,洞内多充填流塑黏土,部分为开口溶洞,灰岩顶板厚度很小,厚为 0～2.2 m,大部分溶洞顶板破碎,裂隙发育,钻进时严重漏水,很可能相互串通,并且岩面陡倾,场地工程条件很复杂。

(2)场地内的溶洞发育无一定的规律性,溶洞的大小、埋深、规模也很难确定。同时灰岩面上多发育软塑及流塑的软土层,为保证建筑物的安全稳定,必须对场地内灰岩溶洞及局部软弱地基(包括软土层)进行加固处理,以切断溶洞与第四系地层的水力联系,并防止溶洞继续发展,提高地基承载力,消除溶洞及软弱土层对建筑物基础的影响。

4. 地基处理

本工程针对以上工程情况及地质情况,在建筑场地内针对不同的基础采用了溶洞灌浆、高压旋喷注浆及灌浆钢管桩三种方案。

(1)溶洞灌浆。

溶洞灌浆是加固方法之一,主要针对众多的小型设备基础及辅助用房下的浅层多溶洞及软弱土,处理范围广,但造价低。其加固机理主要是使溶洞填充密实,形成具有一定强度的稳定体,其次尽量切断溶洞与土层及地下水之间联系,防止溶洞的发展,危害建筑物的安全。由于场地溶洞多为软塑状黏性土或夹有砂砾充填,存在严重漏水现象,有的则与上部土洞相通。为了保证加固效果,采用联合灌浆方法:即对溶洞内的充填物进行扰动清洗后,旋喷一定量的水泥浆,然后采用类似水下混凝土浇筑方法对溶洞灌注水泥混合浆,至孔口返浆,使溶洞内的充填饱满,从而达到加固目的,对洞内无充填物则不进行旋喷洗孔。高压旋喷清洗及注浆是为了保证灌注水泥混合浆液前溶洞内浆液的稳定,也保证加固处理后形成的灌浆体性质均匀稳定,不存在软弱"灶",并使溶洞没有继续发育的条件及空间。施工中应注意地层情况,准确控制需处理的溶洞的规模、深度、范围及充填情况。

复合地基承载力要求为 150 kPa,实践证明溶洞灌浆是大面积处理小型设备基础及辅助用房下的浅层溶洞的首选方案。

(2)高压旋喷注浆。

主要针对厂房基础加固,由于施工时发现地质情况与第一期的地质报告(提供给设计院的)严重不符,而且工程必须赶在雨季来临前完成厂房基础的施工,厂房基础的地基处理必须后延至基础完成后进行,即施工完成后进行加固处理,对需加固的基础采用高压旋喷注浆法及砂浆灌浆加固处理,即对溶洞先进行高压旋喷注浆后,再进行砂浆灌浆处理,形成旋喷桩,并在桩端及承台底部分进行复喷,以达到类似扩孔桩的效果。加固效果如图 10-12 所示。

设计要求地基承载力为 350 kPa，根据《建筑地基处理技术规范》(JGJ 79—2012)求出的复合地基承载力及静载试验证明，高压旋喷注浆处理地基完全可以满足设计要求，达到对新建建筑地基加固的目的。施工中特别应该引起注意的是灌浆量的控制，以免出现厂房柱基隆起或产生水平位移。

（3）灌浆钢管桩。

对重型设备及动荷设备的基础，对沉降要求严格，应以完整灰岩作持力层，可采用有孔钢管作为灌浆孔进行灌浆，以扩大灌浆影响范围，并利用钢管支承在完整灰岩中，获得较大的桩端承载力，最后在钢管内灌注强度较高的水泥砂浆成为钢管桩。灌浆钢管桩加固效果如图 10-13 所示。钢管桩具有强度高、施工进度快、施工工艺易行和施工质量易保证等特点。其他方案如人工挖孔桩基础，虽然成本低、施工简单，施工技术、施工工艺也比较成熟、完善，但受施工手段的限制，对于持力层深度大、地下水丰富、有软弱土或基岩岩溶强烈发育的地方，如果强行开挖，往往因护壁困难或涌水量骤增而无法施工，由此而导致基础施工停滞，工期延长，甚至造成环境质量等问题。

钢管桩布置根据要求的复合地基承载力 $f_k=250$ kPa，则钢管桩的单桩承载力应按照桩身强度与地基强度分别计算，取最小值。本工程最后取钢管桩的单桩承载力为 343 kN，钢管桩为群桩承载，端承桩群桩承载力等于各单桩承载力之和，根据设备基础的地面积即可确定桩数。钢管桩施工应保证纯水泥浆灌浆量及砂浆灌浆量，以保证钢管桩的桩径。

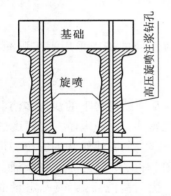

图 10-12 高压旋喷桩加固效果图

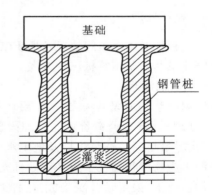

图 10-13 灌浆钢管桩加固效果图

四、任务小结

山区地基覆盖层厚薄不均，下卧基岩面起伏较大，土岩组合地基在山区较为普遍。当地基下卧岩层为可溶性岩层时，易出现岩溶发育。土洞是岩溶作用的产物，凡具备土洞发育条件的岩溶地区，一般均有土洞发育。红黏土也常分布在岩溶地区，成为基岩的覆盖层。

与平原地区相比，山区地基存在较多的不良物理现象，如岩石性质复杂、水文地质条件特殊、地形高差起伏大。

对山区地基如不妥善处理，势必引起建筑物不均匀沉降，使建筑物开裂、倾斜甚至破坏。在山区不良地质现象特别发育的地段，一般不容许选作建筑场地，如因特殊需要必须使用这类场地时，可采取可靠的防治措施。

五、拓展提高

所谓岩石地基,是指建筑物以岩体作为持力层的地基。人们通常认为在土质地基上修建建筑物比在岩石地基上更具有挑战性,这是因为在大多数情况下,岩石相对于土体来说要坚硬很多,具有很高的强度以抵抗建筑物的荷载。例如,完整的中等强度岩石的承载力就足以承受来自于摩天大楼或大型桥梁产生的荷载。因此,国内外基础工程的关注重点一般都在土质地基上,对于岩石地基工程的研究相对来说就少得多,而且工程师们都倾向认为岩石地基上的基础不会存在沉降与失稳的问题。然而,工程师们在实际工程中面对的岩石在大多数情况下都不是完整的岩块,而是具有各种不良地质结构面,包括各种断层、节理、裂隙及其填充物的复合体,称之为岩体。同时岩体还可能包含有洞穴或经历过不同程度的风化作用,甚至非常破碎。所有这些缺陷都有可能使表面上看起来有足够强度的岩石地基发生破坏,并导致灾难性的后果。

由此,我们可以总结出岩石地基工程的两大特征:①相对于土质地基,岩石地基可以承担大得多的外荷载;②岩石中各种缺陷的存在可能导致岩体强度远远小于完整岩块的强度。岩体强度的变化范围很大,从小于 5 MPa 到大于 200 MPa 都有。当岩石强度较高时,一个基底面积很小的扩展基础就有可能满足承载力的要求。然而,当岩石中包含有一条强度很低且方位较为特殊的裂隙时,地基就有可能发生滑动破坏,这生动地反映了岩石地基工程的两大特征。

由于岩石具有比土体更高的抗压、抗拉和抗剪强度,因此相对于土质地基,可以在岩石地基上修建更多类型的结构物,比如会产生倾斜荷载的大坝和拱桥,需要提供抗拔力的悬索桥,以及同时具有抗压和抗拉性能的嵌岩桩基础。

为了保证建筑物或构筑物的正常使用,对于支撑整个建筑荷载的岩石地基,设计中需要考虑以下三个方面的内容。

(1)基岩体需要有足够的承载能力,以保证在上部建筑物荷载作用下不产生碎裂或蠕变破坏。

(2)在外荷载作用下,由岩石的弹性应变和软弱夹层的非弹性压缩产生的岩石地基沉降值应该满足建筑物安全与正常使用的要求。

(3)确保由交错结构面形成的岩石块体在外荷载作用下不会发生滑动破坏,这种情况通常发生在高陡岩石边坡上的基础工程中。

与一般土体中的基础工程相比,岩石地基除了应该满足前两点,即强度和变形方面的要求外,还应该满足第三点,即地基岩石块体稳定性方面的要求,这也是由岩石地基工程的重要特征——地基岩体中包含各种结构面——决定的。

由于岩石地基具有承载力高和变形小等特点,因此岩石地基上的基础形式一般较为简单。根据上部建筑荷载的大小和方向,以及工程地质条件,在岩石上可以采取多种基础形式。目前对岩石地基的利用,主要有以下几种方法。

(1)墙下无大放脚基础。

若岩石地基的岩石单轴抗压强度较高,并且裂隙不太发育,对于砌体结构承重的建筑物,可在清除基岩表面风化层上直接砌筑,而不必设置基础大放脚,如图 10-14(a)所示。

(2)预制柱直接插入岩体。

以预制柱承重的建筑物,若其荷载及偏心矩均较小,并且岩体强度较高、整体性较好时,可直接在岩石地基上开凿杯口,承插上部结构预制柱,如图 10-14(b)所示。

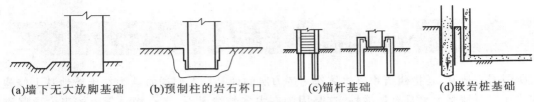

(a)墙下无大放脚基础　　(b)预制柱的岩石杯口　　(c)锚杆基础　　(d)嵌岩桩基础

图 10-14　岩石地基上的基础类型

（3）锚杆基础。

对于承受上浮力的构筑物，当其自身重力不足以抵抗上浮力时，需要在构筑物与岩石之间设置抗拉灌浆锚杆提供抗拔力，称之为抗拔基础。当上部结构传递给基础的荷载中，有较大的弯矩时，可采用锚杆基础。锚杆在岩石地基的基础工程中，主要承受上拔力以平衡基底可能出现的拉应力，如图 10-14(c)所示。

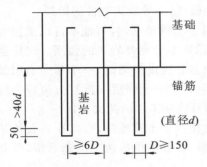

图 10-15　锚杆基础的构造要求

锚杆的锚孔是利用钻机在基岩中钻成的。其孔径 D 随成孔机具及锚杆抗拔力而定，一般取 $3\sim4d$（d 为锚筋的直径），但不得小于 $d+50$ mm，以便于将砂浆或混凝土捣固密实。锚孔的间距一般取决于基岩的情况和锚孔的直径，对于致密完整的基岩，其最小间距可取 $6\sim8D$；对裂隙发育的风化基岩，其最小间距可增大至 $10\sim12D$。锚筋一般采用螺纹钢筋，其有效长度应根据试验计算确定，应不小于 $40d$，如图 10-15 所示。

（4）嵌岩桩基础。

当浅层岩体的承载力不足以承担上部建筑物荷载，或者沉降值不满足正常使用要求时，就需要使用嵌岩桩将上部荷载直接作用到深层坚硬岩层上。例如，在已有建筑物附近没有空间修建扩展基础的情形时，可以考虑设置嵌岩桩，将荷载传递到邻近建筑物基底水平面下的坚硬岩石上。嵌岩桩的承载力由桩侧摩阻力、端部支承力和嵌固力提供。嵌岩桩可以被设计为抵抗各种不同形式的荷载，包括竖向压力和拉力，水平荷载以及力矩，如图 10-14(d)所示。

有关岩石地基的承载力、沉降计算及应力分布，以及岩石地基的稳定性和处理方法可以参考其他教材。

六、拓展练习

1. 什么是土岩组合地基？
2. 土岩组合地基有哪些工程特点？
3. 土岩组合地基相应的工程处理措施有哪些？
4. 岩溶对地基稳定性有什么影响？
5. 在岩溶地区进行工程建设时，应采取哪些工程措施？
6. 在土洞地区进行工程建设时，应采取哪些工程措施？
7. 什么是红黏土？红黏土地基有哪些不良工程特征？
8. 红黏土地基工程措施有哪些？

参考文献

[1] 中华人民共和国住房和城市建设部.中华人民共和国国家标准(GB 50007—2011):建筑地基基础设计规范[S].北京:中国建筑工业出版社,2011.

[2] 中华人民共和国住房和城市建设部.中华人民共和国国家标准(GB 50021—2001):岩土工程勘察规范(2009 年版)[S].北京:中国建筑工业出版社,2009.

[3] 中华人民共和国住房和城市建设部.中华人民共和国行业标准(JGJ 94—2008):建筑桩基技术规范[S].北京:中国建筑工业出版社,2008.

[4] 中华人民共和国住房和城市建设部.中华人民共和国行业标准(JGJ 79—2012):建筑地基处理技术规范[S].北京:中国建筑工业出版社,2002.

[5] 中华人民共和国住房和城市建设部.中华人民共和国国家标准(GB/T 50123—1999):土工试验方法标准[S].北京:中国计划出版社,1999.

[6] 中国建筑科学研究院.中华人民共和国行业标准(JGJ 120—2012):建筑基坑支护技术规程[S].北京:中国建筑工业出版社,1999.

[7] 《建筑施工手册》编写委员会.建筑施工手册[M].4 版.北京:中国建筑工业出版社,2008.

[8] 中华人民共和国住房和城市建设部.中华人民共和国国家标准(GB 50025—2004):湿陷性黄土地区建筑规范[S].北京:中国计划出版社,2004.

[9] 中华人民共和国住房和城市建设部.中华人民共和国国家标准(GB 50112—2013):膨胀土地区建筑技术规范[S].北京:中国计划出版社,2013.

[10] 张力霆.土力学与地基基础[M].2 版.北京:高等教育出版社,2007.

[11] 赵明华.土力学与基础工程[M].3 版.武汉:武汉理工出版社,2008.

[12] 龚文惠.土力学[M].武汉:华中科技大学出版社,2007.

[13] 程建伟.土力学与地基基础工程[M].北京:机械工业出版社,2010.

[14] 务新超,魏明.土力学与基础工程[M].北京:机械工业出版社,2007.

[15] 王晓谋,付润生.基础工程[M].2 版.成都:西南交通大学出版社,2009.

[16] 赵明华.基础工程[M].2 版.北京:高等教育出版社,2010.

[17] 肖昭然.土力学[M].2 版.郑州:郑州大学出版社,2007.

[18] 陈书申,陈晓平.土力学与地基基础[M].武汉:武汉理工大学出版社,2006.

[19] 陈晋中.土力学与地基基础[M].北京:机械工业出版社,2008.

[20] 马宁.土力学与地基基础[M].北京:科学出版社,2010.

[21] 陈熙哲.土力学与地基基础[M].北京:清华大学出版社,2004.

[22] 靳晓燕.土力学与地基基础[M].北京:人民交通出版社,2009.

[23] 李国民,付孝海,杨连梅,等.高层建筑地基不均匀沉降处理施工技术[J].煤炭工程.2003,No.8:20—21.

[24] 张忠苗.桩基工程[M].北京:中国建筑工业出版社,2007.